"十三五"江苏省高等学校重点教材

海洋数据处理分析方法

何宜军　陈忠彪　李洪利　刘保昌　编著

科学出版社
北　京

内 容 简 介

本书首先简述了数据预处理及展示方法，然后相继介绍了随机资料处理基本知识、时间序列数据处理方法（最大熵谱估计、交叉谱估计、短时傅里叶变换、小波变换、经验模态分解、信息流与因果分析方法等现代数据分析方法）、空间数据的处理方法（客观分析、主成分分析、经验正交函数分解、卡尔曼滤波、混合层深度估计和逆方法），以及极值分布和重现期极值的估计等。本书结合实例讲解海洋数据分析中的常用方法，从基本数据处理、统计分析方法到更现代的数据处理技术，如小波变换、经验模态分解和信息流与因果分析方法等。

本书是为高年级本科生、研究生和科研工作者设计的。我们希望本书能为海洋科学相关专业的学生提供学习材料，并为相关科研工作者提供参考。

审图号：GS 京（2022）0614 号

“十三五”江苏省高等学校重点教材编号：2018-2-225

图书在版编目(CIP)数据

海洋数据处理分析方法/何宜军等编著．—北京：科学出版社，2021.3

“十三五”江苏省高等学校重点教材

ISBN 978-7-03-068484-4

Ⅰ.①海…　Ⅱ.①何…　Ⅲ.①海洋学-数据处理-高等学校-教材

Ⅳ.①P7

中国版本图书馆 CIP 数据核字（2021）第 053547 号

责任编辑：杨明春　柴良木／责任校对：张小霞

责任印制：赵　博／封面设计：图阅盛世

科学出版社 出版

北京东黄城根北街 16 号

邮政编码：100717

http://www.sciencep.com

三河市骏杰印刷有限公司印刷

科学出版社发行　各地新华书店经销

*

2021 年 3 月第　一　版　开本：787×1092　1/16

2025 年 1 月第四次印刷　印张：15 3/4　插页：4

字数：385 000

定价：138.00 元

（如有印装质量问题，我社负责调换）

前　　言

在过去的几十年里，有许多关于数据分析方法的书。这些书大多针对数据处理的基本理论或集中在某一个特定的主题，很少涵盖从基本数据处理、统计分析方法到更现代的技术，如小波变换、旋转谱分解、卡尔曼滤波和信息流与因果分析方法等。本书是为海洋科学高年级本科生、研究生和科研工作者设计的。在大多数情况下，海洋科学研究生课程都有某种形式的方法，教学生学习海洋科学和地球物理数据的测量、校准、处理和解释，这些课程旨在让学生在数据处理与分析的实际问题方面获得所需的经验。本书结合实例讲解海洋数据分析中的常用方法，我们希望能为海洋科学相关专业的学生提供教学材料，并为海洋科学和地球物理研究分支领域科研工作者提供参考。

全书共五章。第一章讲述了数据预处理及展示方法，主要包括理想滤波器、海洋滤波器的设计，巴特沃斯滤波器等多种滤波器及数据资料的展示方法。该章由何宜军和刘保昌主笔编写。

第二章介绍随机资料处理基本知识，主要包括海洋资料的统计特征、随机过程的基本概念及统计特征、随机过程的微分和积分计算，以及随机过程其他的一些基本知识，该章和第三章由陈忠彪博士主笔编写。

第三章介绍了时间序列数据处理方法，主要包括最大熵谱估计、交叉谱估计、短时傅里叶变换、小波变换、经验模态分解、信息流与因果分析方法等现代数据分析方法。其中，信息流与因果分析方法由梁湘三教授提供。

第四章介绍了空间数据的处理方法，主要包括最优插值和克里金插值、主成分分析、经验正交函数分解、卡尔曼滤波、混合层深度估计和逆方法等。该章和第五章由李洪利博士主笔编写。

第五章主要介绍了极值分布和重现期极值的估计，主要包括极值分析中的重现期、极值分布曲线及估计方法，以及海洋典型要素极值计算实例。

本书总结的研究成果得到了国家自然科学基金（海洋领域多个项目）、2019 年江苏省品牌专业（海洋科学）和南京信息工程大学等的经费支持，在此一并致谢。另外，在本书撰写和出版过程中，还得到了多位同事的帮助，其中，梁湘三教授撰写了信息流与因果分析方法。研究生李刚、矣娜、顾经纬等对书稿的文字、公式、图表等进行了加工处理，在此一并表示感谢。

由于作者水平所限，加之本书所涉及的专业面较宽，书中难免存在不足之处，敬请读者批评指正。

目　　录

第一章　数据预处理及展示方法

海洋数据资料范围极为广泛，从空间上来说不仅包含反映海洋这个复杂水体本身变化的各类物理、化学和生物资料，还包含对海洋变化有直接影响的大气边界层的资料，以及海岸带和海底的地质资料。此外，海洋资料的来源也丰富多样，有直接观测资料（海洋浮标、船只等各种观测平台观测资料）、间接观测资料（海洋遥感资料）、数值模拟资料以及结合数值模拟和观测资料的再分析资料等，还有相关历史文献资料。本章主要介绍海洋数据的各种预处理和展示方法，其中包括数据简单处理以及各种滤波方法。

第一节　数据简单处理

一、概述

大部分仪器既不直接测量海水性质，也不存储调查者想得到的工程或地球物理参量。例如，温盐深仪（conductivity temperature depth，CTD）得到的初始数据是传感器电阻随外部环境的变化。反过来说，多个传感器组成独立的文氏桥振荡器模块中的单元，该振荡器模块的振荡频率随电阻变化。这些变化转换成模拟电压，模拟电压再转换为数据信号，最终依赖实验室所得的已知精确标准定标转换为温度与电导率。压强（深度）则通过机械压力传感器的电子输出与温度补偿测得。在这些传感器中，压力引起电阻应变片的电阻发生变化，从而导致电压发生变化。

从传感器电响应到振荡器电路的响应，再到海洋参数得出的这一系列过程在实际工作中更加复杂，因为所有测量系统的特征会随时间发生变化。这导致在确定测量值和/或存储值与所求物理量间的关系时，必须重复定标，故每一次观测是否有效很大程度取决于定标及后续数据处理过程的执行是否到位。数据处理包括利用定标信息将仪器值转换为工程单位，以及通过特定公式输出物理数据。例如，在使用 CTD 时，会利用定标系数将不同通道的电压转换成盐度、温度与深度。盐度是关于电导率、温度与压力的函数，而深度是关于压强与温度的函数。运用这些函数可以导出位温（压力压缩校正温度）、空间高度等物理量。

一旦数据收集完毕，便需要进一步处理检查错误并去除错误值。例如，在序列测量时，必要的第一步就是检查计时是否有错误。若记录时钟有问题导致采样间隔 t 改变，或在记录阶段跳过某些数据样品，这类错误便会产生。如果 N 表示采样数量，那么 $(N-1)t$ 应与总的记录时间 T 相等。这表明，对数据起始时刻与结束时刻的准确记录是重要的；必要时，还须在数据记录的序列中等间隔插入时间点。若 $T\neq(N-1)t$，调查者需要寻找是否有缺测值。同时，若存在记录值的突变，往往代表缺测值存在。时钟采样率的缓慢变化是更重要的问题，需要假设 Δt 在记录时期为某种线性变化，采样率的突变则更易发现。若起始时刻与结束时刻中有一个存在疑问，那么调查者必须依靠其他技术来确定采样时钟与采样频率是否可信。例如，在某一区域获得的正常潮汐运动的定点时间序列中，我们可以检查四个主要分潮 K_1，O_1，M_2，S_2 振幅比率是否与过去测量一致。若不一致，采样的时钟（或信号振幅的校准）也许存在问题。如果分潮的位相从过去该区域的观测中得知，可将其与未确定仪器得到的位相进行比较。对全日潮，每一小时的时间误差对应 15°的位相变化；半日潮的每小时误差则为 30°。大的偏离也表明数据的计时出现问题。在电缆传输式的海洋观测站观测中，高密度数据收集与传输往往在数据流中插入过多的时间点。插入时间点所需的有限时间会导致数据的中断与信息流中对应频率的缺失。

在数据编辑阶段，必须考虑以下两类误差：①由设备缺陷、功率激增或其余数据流中断（包括浮游动物部分阻碍海水流过或通过传感器）造成大值偶然错误或极值；②传感器架构、电子噪声或环境噪声、待解决的环境变化造成的较大随机误差或噪声。噪声可以用统计方法消除，但较大误差一般要求更加主观的计算过程。数据绘图或分布对于分辨大值误差是有用的，但处理小的随机误差则需用到数据的概率密度函数。通常假设随机误差统计独立且具有高斯概率分布。数据绘图有助于调查者对编辑过程进行评价，该过程可以“自动”去除数值超出记录平均值几倍标准差的数据点。例如，编辑过程可能需要去除满足 $|x-\bar{x}|>3\sigma$ 的数据点，其中 $\bar{x}$ 和 σ 分别表示 x 的平均值与标准差。但这个过程实际上存在缺陷，特别是在处理波动较大或分段的系统时。由于没有直接比较数据点与邻近值，调查者便无法确定舍弃的是否为不可信的数值。例如，在 1983 ~ 1984 年强厄尔尼诺事件中，西北太平洋中层沿 P 线的海水温度超出平均温度 10 个标准差 y_n，若没有其他证据表明该时期海盆尺度的海水加热，很容易将这些“异常”值舍弃。

2009 年 7 月，技术人员在位于加拿大不列颠哥伦比亚省中部海岸的几乎被陆地包围的伯利兹海湾收集到了高分辨率的 CTD 数据，在海盆内若干个观测点 70 ~ 210m 深度处观测到了异常的、小尺度（1 ~ 10m）阶梯结构分布的温度和盐度数据。他们最初认为这是仪器故障造成的，应将 CTD 重置。然而，进一步的检测发现，这种结构正是温盐梯度。后经证实这是对海岸峡湾内部双扩散特征的首次观测。厚度约 10m 的盐度舌阶梯出现在 70 ~ 140m 之间（温盐极小值位于 150m），而厚度约 1m 的扩散对流阶梯出现在 160 ~ 210m 深度之间。

二、定标

数据记录在进行误差检验与进一步分析前，必须先转换为有意义的物理单位的量。过去用来存储与现场数据处理的整数格式难以进行简单的视觉检验。二进制与 ASCII 格式普遍用来存储原始数据。存储二进制格式占用的空间只占 ASCII 码整数值占用空间的 20%，且二进制格式更加基本。原始数据的转换要求每个传感器有适当的定标系数。这些常数建立起记录值与测量参数的已知值之间的关系。因此数据的准确性取决于定标过程的可靠性与仪器的性能以及每一输出值独立测量的次数。即使仪器非常精准，定标效果差也会导致数据的不正确。实际中通过最小二乘法匹配校准值，得到记录值与适当物理值之间的数值或经验关系。这简化了后处理过程，因为原始数据可以轻易通过定标公式生成带有正确单位的观测资料。需要强调的是，编辑与定标工作绝对不能直接在原始的未编辑数据上操作，而应对原始数据拷贝再处理。

一些情况下，定标数据无法用多项式进行描述。以老式安德鲁海流计数据的方向通道为例，其定标数据包含原始记录 10 字节整数格式（数据范围 0 ~ 1024）数据与对应的罗盘定标方向。这需要一些方法来生成定标“函数”以最好地表达定标数据。利用现代计算设备，将定标数据构建为一个表格比将其转换为一个数学表达式更方便。然而更重要的是要保证定标可以准确反映仪器的性能与特征。对于新采集的数据，我们并不建议直接接受仪器生产方的定标，而是认为需要对每个传感器进行独立实验或定标。这有时也许并不现实，故应发展测量体系的总体平均定标关系。

一些仪器在试验前后都进行定标以确定传感器在操作过程中是否发生改变。事实上，大部分用于海洋的设备厂商要求他们的仪器定期返还定标。尽管设备的大部分部件都可以由购买者自行定标，但公司有相关的仪器专家，可以对其进行有效的定标。例如，海鸟电子科技有限公司不仅会对他们自己的传感器定标，还会对第三方附加设备定标，如透射表、荧光计等。如果定标表明一些传感器有问题，这些公司同样有维修仪器设备的能力。

转换为物理量时必须将前定标与后定标考虑在内。通常将前后定标取平均或确定一条定标趋势线，然后利用其将仪器工程单位转换成合适的物理量。有时后定标会反映严重的仪器故障，这时须对数据记录进行检查，寻找到错误发生的地方。该点的数据要被消除（或修正以说明仪器问题），且后定标信息不被用于转换物理量。即使仪器继续正常运行，它的定标记录对于从仪器进行准确物理测量来说也很重要。

三、插值

对于很多地球物理方面的数据记录而言，数据缺测是一个很常见的问题。物理海洋数据更是如此，仪器采集时要面临很艰难的环境条件。造成数据缺测的原因有不均匀采样或无规律采样（在时间或空间上），数据编辑时去除误差值，仪器记录系统故障，以及系统停止工作等。空间数据缺测的实例有红外海表温度图中云的存在引入的缺测、微波遥感图像中降雨导致的缺测。一般情况下，与关注的时间段相比，若缺测的间隙非常小，是可以将其忽略的；除非要研究的是短期分段事件而不是稳定的周期性现象。如果缺测的长度大于信号的显著部分（1/3 ~ 1/2），则会造成很大困难；若超过 20%，就会造成总体数据损失（Sturges，1983）。缺测对弱信号的影响比强信号更大，且对于最小的数据损失，缺测的反作用也会快速增加。尽管已经发展了一些有效的计算技术来处理不均匀分布的数据，甚至在给定的数据集中一定范围的 Nyquist 频率是有优势的，但大多数分析方法都要求数据在时间与空间上均匀分布。因此插值作为数据处理的一部分产生连续的数据集是很有必要的。值得关注的一个例外是利用潮汐分析程序导出潮汐分潮的标量和矢量时间序列。由于这基于对一定频率正余弦傅里叶分量的最小二乘分析，故存在缺测的时间序列对其没有影响的情况。下面将介绍插值的详细细节。

（一）插值的概念

在研究海洋科学和工程问题时，一般由采样、实验等方法获得观测数据，这些数据可能代表了变量随时间、空间等变化的函数。根据这些数据，我们往往希望得到一个连续的函数或曲线，或更密集的离散方程与已知数据互相吻合，即进行数据拟合；而在有些情况下，我们不需要或者无法获取数据在整个自变量区间的变化曲线，只需要或只能获得一定区间内的离散点，这时可以用插值的方法。在数值分析中，插值是一种通过已知的、离散的数据点，在一定范围内估算新数据点的方法。

插值要求曲线严格通过各个数据点，根据已知的数据点估算未给出的中间点的函数值或估计通过这些离散点的光滑曲线。已知的离散数据点可能是由于采样对时间和空间的离散，也可能是其他因素造成观测数据的缺失，如测量仪器的误差或观测条件的限制。图 1.1 是利用波浪浮标测量的一段时间内的波高变化，在第 102、第 163、第 326 个时间点波高急剧增大然后减小到正常值，由于浮标在固定的海区进行观测，而实际中的波高在短时间内一般不会急剧增大或减小，在处理数据时利用假设检验要去除这些“异常值”，这样就会导致观测数据的缺失。卫星遥感数据在海洋科学研究中的应用越来越多，但是由于降雨对电磁波的衰减作用，恶劣天气和高海况等条件下卫星的观测质量下降，有时候也会造成数据的缺失。例如，图 1.2 是台风期间 WindSat 卫星观测的海面降雨率和 SMOS 卫星观测的海表面温度，由于海面的降雨强烈，有些位置无法观测（图中的空白区域）。另外，插值也用于利用简单函数、近似复杂或未知的函数，求解非线性方程、微分方程等问题。

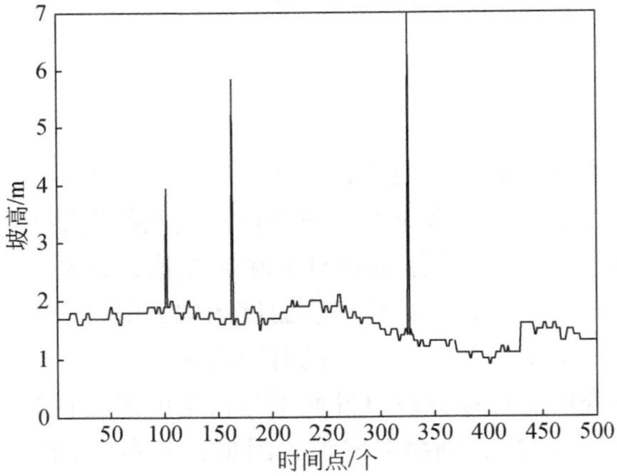

图 1.1 利用波浪浮标测量的一段时间内的波高变化

横坐标相邻两点之间的时间间隔为 10min，即每个波高为 10min 内的平均值

下面以一元函数的插值为例给出插值的严格定义。设 $y=f(x)$ 是区间 $[a, b]$ 定义的一条曲线，实验测量得 $n+1$ 个点上的函数值：

$$y_i=f(x_i) \qquad (i=0, 1, 2, \cdots, n) \tag{1.1}$$

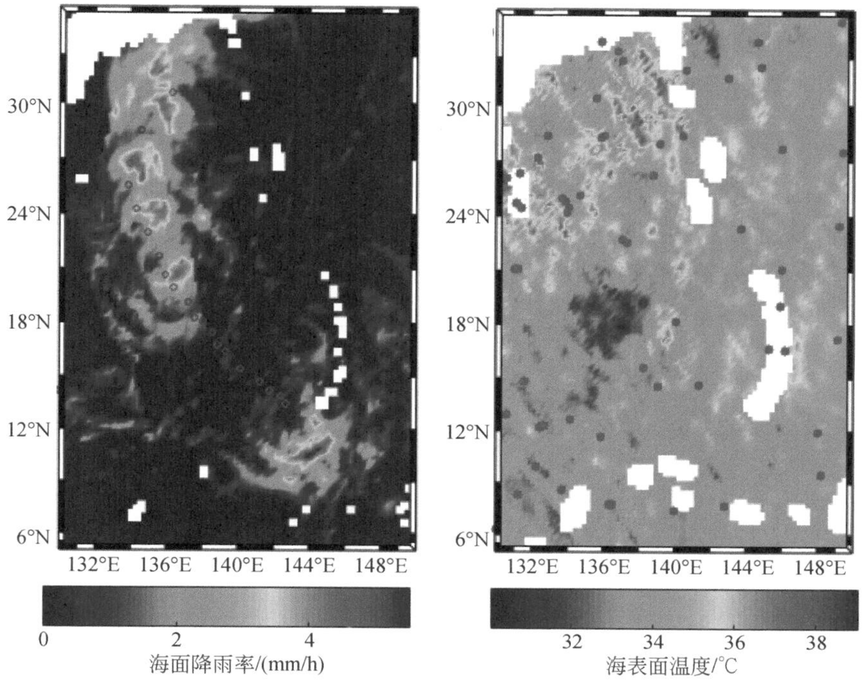

图 1.2　台风期间 WindSat 卫星观测的海面降雨率和 SMOS 卫星观测的海表面温度（彩图见文后彩插）

求一个确定的函数，使其满足

$$y_i=\phi(x_i)\qquad (i=0,\ 1,\ 2,\ \cdots,\ n)\tag{1.2}$$

这个过程称为插值。其中，$f(x)$ 为被插函数，$\phi(x)$ 为插值函数，点 x_0，x_1，…，x_n 为插值节点，区间 $[a,\ b]$ 为插值区间，$(x_0,\ y_0)$，$(x_1,\ y_1)$，$(x_2,\ y_2)$，…，$(x_n,\ y_n)$ 为插值点。

在实际问题中，一个变量随另一变量的变化曲线往往只能通过实验观测到离散的数据插值得到，插值函数由一组在点集 $\{x_0,\ x_1,\ \cdots,\ x_n\}$ 上线性无关的基函数 $\{\varphi_k(x),\ k=0,\ 1,\cdots,\ n\}$ 生成。插值基函数可以选择不同的形式，如计算简单方便的多项式函数，对插值函数的光滑性有要求时可以用埃尔米特多项式或样条函数，当数据有周期性变化时可以用三角函数或分段函数等。

本节介绍几种常用的一元函数插值方法，包括最邻近插值、多项式插值（拉格朗日插值法和牛顿插值法）、埃尔米特插值、分段插值和样条插值等。这里主要讲述插值算法的基本原理和步骤，对于算法的稳定性和精度分析等内容可以参考数值分析等课程（喻文健，2015；颜庆津，2012）。

（二）最邻近插值

最邻近插值是一种最简单的插值方法，即找到与待插值节点最近的节点，将其数据值直接分配给待插值的节点。最邻近算法的优点是计算简单方便，缺点是插值曲线容易出现锯齿，所以这种算法在一维问题的插值中应用较少，因为其计算量与线性插值接近，误差比线性插值大；但是，在高维的多变量插值中，计算量是限制插值算法应用的重要因素，最邻近插值算法往往是衡量速度和简单性之后的有利选择。

下面以 sinc 函数为例说明最邻近插值算法的应用。在数学中，sinc 函数定义为

$$\mathrm{sinc}(x)=\frac{\sin(x)}{x}$$

首先对该函数进行采样作为已知数据，如图 1.3 中的圆圈所示，然后利用最邻近插值算法进行插值，图 1.3 中的黑点为插值的节点，可以看出，每个节点插值后的值就是与其最近的采样值，所以插值后的函数锯齿现象明显。

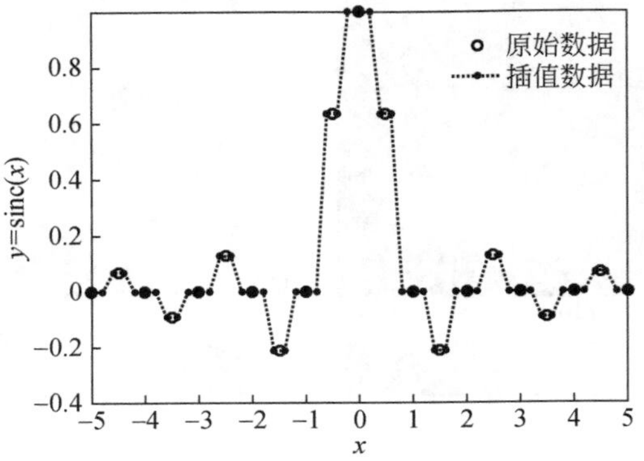

图 1.3 利用最邻近插值法对 sinc 函数插值

（三）多项式插值

如果插值函数 $\varphi(x)$ 是一个次数不超过 n 的多项式，即

$$\varphi(x)=a_0+a_1x+a_2x^2+\cdots+a_nx^n \tag{1.3}$$

式中，a_0，a_1，…，a_n 为待定系数，则相应的插值称为 n 次多项式插值。由于多项式函数具有易于求导、求值等特点，故多项式插值是最常用的插值方式之一。可以证明，在次数不超过 n 的多项式集合中，满足上式的多项式是存在并且唯一的。

当选定插值基函数 $\{\varphi_k(x),\ k=0,\ 1,\ \cdots,\ n\}$ 后，可以用基函数生成插值多项式：

$$p_n(x)=\sum_{k=0}^{n}c_k\varphi_k(x) \tag{1.4}$$

使其满足

$$\varphi_n(x_i)=f(x_i) \qquad (i=0,\ 1,\ \cdots,\ n) \tag{1.5}$$

式中，$\{c_k(x),\ k=0,\ 1,\ \cdots,\ n\}$ 为待定系数。根据不同的插值方法和插值基函数，可以获得不同的插值多项式。常用的多项式插值算法主要包括拉格朗日插值法和牛顿插值法。

1. 拉格朗日插值法

拉格朗日（Lagrange）插值法是多项式插值的最基本方法。下面首先利用简单的线性插值介绍拉格朗日插值法的基本思想，然后推广至高次多项式插值。

设两个插值节点为 x_k 和 x_{k+1}，对应的函数值为 $y_k=f(x_k)$ 和 $y_{k+1}=f(x_{k+1})$。根据解析几

何知识，通过两点的直线可以用“两点式”公式表示：

$$L_1(x)=\frac{x-x_{k+1}}{x_k-x_{k+1}}y_k+\frac{x-x_k}{x_{k+1}-x_k}y_{k+1} \tag{1.6}$$

该插值多项式为两个一次多项式的线性组合，即：

$$l_k(x)=\frac{x-x_{k+1}}{x_k-x_{k+1}} \tag{1.7}$$

和

$$l_{k+1}(x)=\frac{x-x_k}{x_{k+1}-x_k} \tag{1.8}$$

组合系数分别为函数值 y_k 和 y_{k+1}，即：

$$L_1(x)=y_k l_k(x)+y_{k+1}l_{k+1}(x) \tag{1.9}$$

插值多项式式（1.9）的特点是：由两个一次多项式 $l_k(x)$ 和 $l_{k+1}(x)$ 线性组合而成，并且多项式只在一个插值节点的值为1，而在其他节点的值为0；线性组合的系数分别为插值节点处的函数值。这两个一次多项式就是基函数。

将以上方法推广到高次多项式，即将插值多项式表示为多个基函数的线性组合，其中每个基函数在一个插值节点的函数值为1，在其他节点的值为0，并且线性组合的系数分别为每个节点的函数值，由此可以得到拉格朗日插值法。对于 $n+1$ 组离散观测值 $\{(x_k, y_k), k=0, 1, \cdots, n\}$，拉格朗日插值法的插值基函数为

$$l_k(x)=\prod_{j=0,\,j\neq k}^{n}\frac{x-x_j}{x_k-x_j} \quad (k=0, 1, \cdots, n) \tag{1.10}$$

由于插值函数要经过所有插值节点，并且系数为插值节点处的函数值，n 次拉格朗日插值多项式为

$$L_n(x)=\sum_{k=0}^{n}y_k l_k(x)=\sum_{k=0}^{n}y_k\left(\prod_{j=0,\,j\neq k}^{n}\frac{x-x_j}{x_k-x_j}\right) \tag{1.11}$$

2. 牛顿插值法

拉格朗日插值公式容易理解，但是计算量较大，特别是当已经对给定的节点求出插值函数之后，如果希望再增加一个插值节点得到新的插值函数，根据式（1.11），所有的插值基函数都需要重新计算。牛顿（Newton）插值法在计算过程中尽可能利用已知的数据信息，可以解决上述问题。

首先定义函数的差商。设 $\{x_k(k=0, 1, \cdots, n)\}$ 为一组互不相等的实数，函数 $f(x)$ 关于点 x_k 的零阶差商定义为

$$f[x_k]=f(x_k) \tag{1.12}$$

函数 $f(x)$ 关于点 x_0、x_k 的一阶差商定义为

$$f[x_0, x_k]=\frac{f(x_k)-f(x_0)}{x_k-x_0} \tag{1.13}$$

函数 $f(x)$ 关于点 x_i、x_j、x_k 的二阶差商定义为

$$f[x_i, x_j, x_k]=\frac{f[x_i, x_k]-f[x_i, x_j]}{x_k-x_j} \tag{1.14}$$

一般地，设$f(x)$ 的$k-1$ 阶差商已定义，则函数$f(x)$ 关于点x_0，x_1，…，x_k 的$k(k=2, 3, \cdots, n)$ 阶差商定义为

$$f[x_0, x_1, \cdots, x_k] = \frac{f[x_0, x_1, \cdots, x_{k-2}, x_k] - f[x_0, x_1, \cdots, x_{k-1}]}{x_k - x_{k-1}} \tag{1.15}$$

根据差商的定义可知，差商具有对称性，即任意改变差商中自变量的顺序不会改变差商的值：

$$f[x_0, x_1, x_2, \cdots, x_k] = f[x_1, x_0, x_2, \cdots, x_k] = \cdots = f[x_k, x_{k-1}, x_{k-2}, \cdots, x_0] \tag{1.16}$$

牛顿插值法的基本思想是：先利用一个节点的函数值建立零阶多项式，然后逐渐增加节点建立更高次的多项式，其中多项式的系数为相应阶数的差商，直至多项式包含所有的节点。下面具体介绍牛顿插值法。

当只有一个插值节点x_0 时，插值多项式为

$$N_0(x) = f[x_0]$$

当有两个插值节点x_0 和x_1 时，根据函数的一阶泰勒展开式可以得到插值多项式为

$$N_1(x) = f(x_0) + \frac{f(x_1) - f(x_0)}{x_1 - x_0}(x - x_0) = f(x_0) + f[x_0, x_1](x - x_0)$$

当有三个插值节点x_0、x_1 和x_2 时，根据上面的方法可以得到插值多项式为

$$N_2(x) = f(x_0) + \frac{f(x_1) - f(x_0)}{x_1 - x_0}(x - x_0) + \frac{1}{x_2 - x_1}\left[\frac{f(x_2) - f(x_0)}{x_2 - x_0} - \frac{f(x_1) - f(x_0)}{x_1 - x_0}\right](x - x_0)(x - x_1)$$

将以上步骤推广至n 个插值节点即可得到n 阶牛顿插值多项式，即：

$$N_n(x) = f[x_0] + f[x_0, x_1](x - x_0) + \cdots + f[x_0, \cdots, x_n]\prod_{i=0}^{n-1}(x - x_i) \tag{1.17}$$

尽管拉格朗日插值法和牛顿插值法构造多项式的步骤不同，但是它们都通过对$n+1$ 个数据点建立n 阶多项式来构造插值函数。前面提到，在不超过n 次的多项式集合中，满足插值函数式（1.3）的多项式是存在并且唯一的，所以拉格朗日插值法和牛顿插值法得到的多项式是相同的。以 sinc 函数的插值为例，图 1.4 中的圆圈是对 sinc 函数采样得到的已

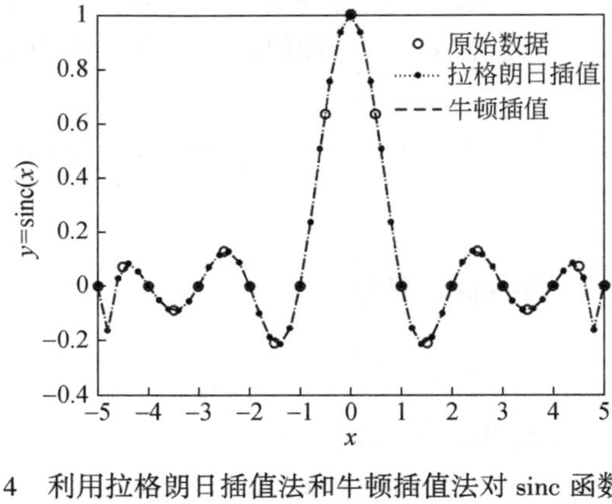

图 1.4　利用拉格朗日插值法和牛顿插值法对 sinc 函数插值

知点，点线和虚线是分别利用拉格朗日插值法和牛顿插值法的结果，图中两条曲线重合，这也说明拉格朗日插值和牛顿插值得到的插值多项式是相同的。

3. 埃尔米特插值

已知插值节点处的函数值时，可以利用拉格朗日插值和牛顿插值构造多项式进行插值。如果不仅知道被插函数在插值节点处的函数值$f(x)$，而且还知道插值节点处的一阶导数值$H(x)$时，可以求一个不仅通过插值点，而且还在插值点处具有与被插值函数相同的一阶导数值的函数，从而使插值函数具有更高的精度，这种插值叫作埃尔米特（Hermite）插值。

设插值节点$\{x_k(k=0, 1, \cdots, n)\}$处的函数值为$y_k=f(x_k)$，$k=0, 1, \cdots, n$，并且已知各节点处的一阶导数值$m_k=f'(x_k)$，$k=0, 1, \cdots, n$，则埃尔米特插值多项式满足

$$\begin{cases} H(x_k)=y_k \\ H'(x_k)=m_k \end{cases} \quad (k=0, 1, \cdots, n) \tag{1.18}$$

即埃尔米特多项式$y=H(x)$与函数$y=f(x)$在各个节点的函数值相等，并且函数的曲线在节点处相切。

式（1.18）中共$2(n+1)$个方程，可以确定一个次数不超过$2n+1$的多项式。仿照拉格朗日插值法，设

$$H(x)=\sum_{i=0}^{n}[a_i(x)y_i+b_i(x)m_i] \tag{1.19}$$

式中，$a_i(x)$和$b_i(x)$是埃尔米特插值的插值基函数。根据式（1.18），可得

$$\begin{cases} a_i(x_k)=\begin{cases} 0, & k\neq i \\ 1, & k=i \end{cases} \quad (i, k=0, 1, \cdots, n) \\ a_i'(x_k)=0 \end{cases} \tag{1.20}$$

和

$$\begin{cases} b_i(x_k)=0 \\ b_i'(x_k)=\begin{cases} 0, & k\neq i \\ 1, & k=i \end{cases} \quad (i, k=0, 1, \cdots, n) \end{cases} \tag{1.21}$$

根据式（1.20）和式（1.21），可以将插值基函数表示为

$$a_i(x)=\left[1-2(x-x_i)\sum_{k=0, k\neq i}^{n}\frac{1}{x_i-x_k}\right]l_i^2(x) \tag{1.22}$$

$$b_i(x)=(x-x_i)l_i^2(x) \tag{1.23}$$

式中，$l_i(x)$为拉格朗日插值基函数。

因此，埃尔米特插值多项式为

$$H(x)=\sum_{i=0}^{n}\left\{y_i+(x-x_i)\left[\left(2\sum_{k=0, k\neq i}^{n}\frac{1}{x_i-x_k}\right)y_i-m_i\right]\right\}l_i^2(x) \tag{1.24}$$

（四）分段插值

前面介绍的拉格朗日插值、牛顿插值和埃尔米特插值等多项式插值方法，其插值多项

式的次数与插值节点的个数有关。例如，给定 $n+1$ 个插值节点上的函数值，在拉格朗日插值和牛顿插值中可以得到一个次数不大于 n 的插值多项式；给定 $n+1$ 个插值节点上的函数值及导数值，在埃尔米特插值中可以得到一个次数不大于 $2n+1$ 的插值多项式。但是，通过增加插值节点的个数，使插值多项式的次数增加，得到的插值多项式的精度并不一定会提高。

例如，对于典型的函数

$$f(x)=\frac{1}{1+x^2} \tag{1.25}$$

先对该函数采样（如图 1.5 中的实线），然后分别利用不同阶数的多项式插值法做插值。当加密插值节点时，随着多项式阶数的增大，插值函数在两端剧烈震荡，稳定性较差，这种现象称为龙格（Runge）现象；分段插值法可以解决这一问题，本节介绍分段线性插值函数、分段抛物插值函数和分段埃尔米特插值函数的构造方法，类似地也可以构造更高次的分段多项式插值函数。

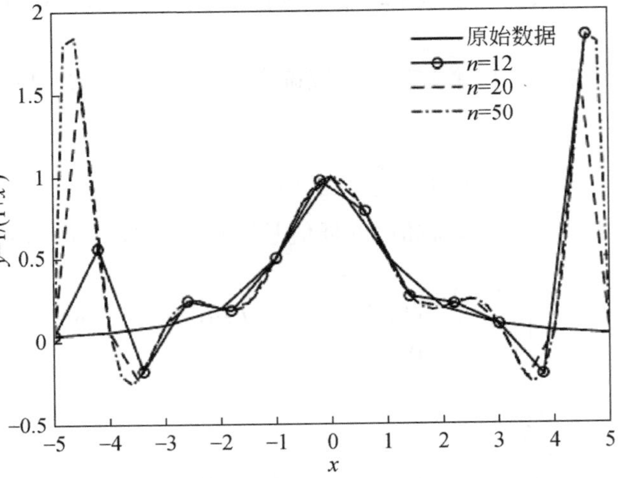

图 1.5　利用不同阶数的多项式拟合函数时的 Runge 现象

分段插值法就是将被插值函数逐段多项式化，构造一个分段多项式作为插值函数。其基本思想是：首先，将插值区间划分为若干小区间，在每一小区间上使用低阶多项式插值；然后，将各小区间上的插值多项式拼接在一起作为整个区间上的插值函数。如果使用的低阶插值为线性插值，则将拼接成一条折线，用它来逼近函数；如果使用二次函数、埃尔米特函数或其他高阶多项式构造小区间上的插值多项式，则将拼接成相应的高阶曲线。

1. 分段线性插值

设区间 $[a, b]$ 上的插值节点为：$a=x_0<x_1<\cdots<x_n=b$，对应的函数值为 $y_k=f(x_k)$，$k=0, 1, \cdots, n$。在每个小区间 $[x_{i-1}, x_i]$ 上构造线性函数

$$p_i(x)=y_i+\frac{y_i-y_{i-1}}{x_i-x_{i-1}}(x-x_{i-1})\quad (x_{i-1}\leqslant x\leqslant x_i,\ i=0,\ 1,\ \cdots,\ n) \tag{1.26}$$

将式（1.26）扩展到区间 $[a,\ b]$，就得到该区间的分段线性插值函数。

根据泰勒展开式，分段线性插值在小区间 $[x_{i-1},\ x_i]$ 上的误差是

$$|R(x)|=|f(x)-p(x)|\leqslant\frac{|f^{(2)}(\xi)|}{8}(x_n-x_{n-1})^2,\ \xi\in[x_{n-1},\ x_n] \tag{1.27}$$

即当函数 $f(x)$ 的二阶导数有界时，区间 $[x_{i-1},\ x_i]$ 的长度越小，分段线性插值的误差就越小。

2. 分段抛物插值

为了提高插值精度，可以在每个小区间 $[x_{i-1},\ x_{i+1}]$ 取三个插值节点进行二次插值，即对节点 $(x_{i-1},\ y_{i-1})$、$(x_i,\ y_i)$ 和 $(x_{i+1},\ y_{i+1})$ 做二次多项式插值。则插值公式为

$$p_i(x)=\sum_{k=0}^{n}y_k l_k(x)\quad (x_{i-1}\leqslant x\leqslant x_{i+1},\ i=0,\ 1,\ \cdots,\ n) \tag{1.28}$$

式中，$l_k(x)$ 为二次拉格朗日插值多项式。式（1.28）也可表示为

$$p_i(x)=\frac{(x-x_i)(x-x_{i+1})}{(x_{i-1}-x_i)(x_{i-1}-x_{i+1})}y_{i-1}+\frac{(x-x_{i-1})(x-x_{i+1})}{(x_i-x_{i-1})(x_i-x_{i+1})}y_i+\frac{(x-x_{i-1})(x-x_i)}{(x_{i+1}-x_{i-1})(x_{i+1}-x_i)}y_{i-1}$$
$$(x_{i-1}\leqslant x\leqslant x_{i+1},\ i=0,\ 1,\ \cdots,\ n) \tag{1.29}$$

对于边界处的插值节点，可以选用线性函数来插值。

类似地，在每个小区间上取四个插值节点可以进行分段三次多项式插值，以此类推。

3. 分段埃尔米特插值

如果已知插值节点处的函数值和一阶导数值，可以用埃尔米特多项式作为小区间上的插值函数，即进行分段埃尔米特插值。

设区间 $[a,\ b]$ 上的插值节点为：$a=x_0<x_1<\cdots<x_n=b$，对应的函数值为 $y_k=f(x_k)$，$k=0,\ 1,\ \cdots,\ n$ 和一阶导数值为 $m_k=f'(x_k)$，$k=0,\ 1,\ \cdots,\ n$。在每个小区间 $[x_{i-1},\ x_i]$ 上构造埃尔米特多项式 $H(x)$ 满足

$$\begin{cases}H(x_i)=y_i\\ H'(x_i)=m_i\end{cases}\quad (i=0,\ 1,\ \cdots,\ n) \tag{1.30}$$

在每个小区间分别利用本节的方法可以得到分段埃尔米特插值函数。

根据以上讨论可以看出，分段插值方法简单、收敛性可以得到保证，只要节点间距充分小，就能达到任何精度的要求；如果要修改某个数据，则插值函数仅在相关的小区间内受影响。但是，分段插值函数在节点处不一定连续，分段插值所拼接成的插值函数曲线不一定光滑。图 1.6 是分别利用分段线性插值和分段三次插值对 sinc 函数插值的结果，可以看出分段三次插值在节点间的变化较为平缓，但是分段线性插值的计算量较小。

（五）样条插值

在处理插值节点比较密集的问题时，分段线性插值和分段埃尔米特插值能够避免龙格现象，可在一定程度上减小误差。但是分段线性插值函数不具有连续的一阶导数，分段埃

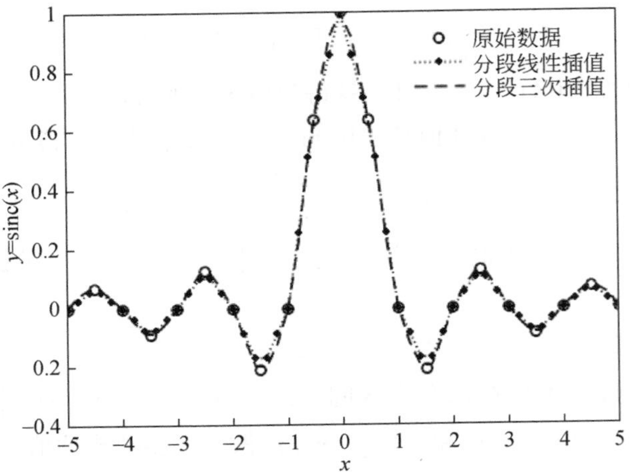

图 1.6　利用分段线性插值和分段三次插值对 sinc 函数插值

尔米特插值不具有连续的二阶导数，即它们无法保证插值函数的光滑性（插值函数在节点处不可导），因此尚不能满足实际问题的需要。如果既需要建立低次插值函数以保证稳定性，又要求插值函数具有良好的光滑性，就需要采用样条函数。样条函数是一类分段光滑，并且在各段的交接处也具有一定光滑性的函数。

1. 样条函数的定义

样条函数属于分段光滑插值，其基本思想是：在由两相邻节点所构成的小区间内用低阶多项式插值，同时在各节点的连接处又保证插值函数的导数连续。三次样条函数是应用比较广泛的一类样条函数。

设区间 $[a, b]$ 上的插值节点为：$a=x_0<x_1<\cdots<x_n=b$，如果函数 $S(x)$ 满足以下条件：

（1）二阶导数连续，即 $S''(x)\in C[a, b]$；

（2）在每个小区间 $[x_{i-1}, x_i]$，$i=1, \cdots, n$ 上，$S(x)$ 为三次多项式，则称 $S(x)$ 为关于节点 x_0，x_1，⋯，x_n 的三次样条函数。

如果给定 $y_k=f(x_k)$，$k=0, 1, \cdots, n$，并且三次样条函数满足 $S(x_k)=y_k$，$k=0, 1, \cdots, n$，则称 $S(x)$ 为 $f(x)$ 的三次样条插值函数。

根据三次样条函数的定义，三次样条函数是由分段三次多项式拼接而成，并且在插值节点处具有连续的二阶导数。所以样条插值函数在整个区间具有光滑性。

2. 三次样条函数的构造

构造三次样条插值函数通常有以下几种方法：一是以给定插值结点处的二阶导数值作为未知数来求解；二是以给定插值节点处的一阶导数作为未知数来求解；三是利用周期函数的周期性求解。

根据样条函数的定义，三次样条函数在节点处的一阶导数存在。设各节点处的一阶导数为：$S'(x_k)=m_k$，$k=0, 1, \cdots, n$。利用分段埃尔米特插值，可以得到样条函数在小区间 $[x_{k-1}, x_k]$ 的值为

$$S(x)=m_{k-1}\frac{(x-x_k)^2(x-x_{k-1})}{(x_k-x_{k-1})^2}+m_k\frac{(x-x_{k-1})^2(x-x_k)}{(x_k-x_{k-1})^2}$$
$$+\frac{y_{k-1}(x-x_k)^2[2(x-x_{k-1})+(x_k-x_{k-1})]}{(x_k-x_{k-1})^3} \tag{1.31}$$
$$+\frac{y_k(x-x_{k-1})^2[-2(x-x_k)+(x_k-x_{k-1})]}{(x_k-x_{k-1})^3}$$

根据式（1.31），只要知道各节点的一阶导数值 m_k，就可以确定三次样条插值函数 $S(x)$。由于 $S(x)$ 在区间［a，b］上的二阶导数是连续的，即在各节点的二阶左导数与二阶右导数相等：$S''(x_k-0)=S''(x_k+0)$，这样可以得到 $n-1$ 个方程。由于有 $n+1$ 个插值节点，而需要确定 $n+1$ 个节点处的导数值才能确定样条函数，所以还需要另外补充两个条件。实际问题中常用的三种边界条件如下。

（1）给定两个端点处的一阶导数值，即：

$$\begin{cases}m_0=S'(x_0)=y'_0\\ m_n=S'(x_n)=y'_n\end{cases} \tag{1.32}$$

（2）给定两个端点处的二阶导数值，即：

$$\begin{cases}S''(x_0)=y''_0\\ S''(x_n)=y''_n\end{cases} \tag{1.33}$$

特别地，如果 $y''_0=y''_n=0$，这种边界条件称为自然边界条件，此时不需要设置额外参数，在实际问题中应用广泛。

（3）插值函数为周期函数，即：

$$\begin{cases}y_0=y_n\\ S'(x_0-0)=S'(x_n+0)\\ S''(x_0-0)=S''(x_n+0)\end{cases} \tag{1.34}$$

根据以上条件就可以确定三次样条插值函数。

三次样条插值函数的光滑性比一般的分段插值（如分段线性插值、分段二次插值或分段埃尔米特插值）好，但是后者比前者更能反映数据点的变化趋势，并且计算简单。另外，如果边界条件选择不合理，样条插值可能会导致节点处误差较大。因此，实际应用中要综合考虑来选取插值函数。作为例子，图 1.7 给出了利用自然边界的样条函数对 sinc 函数插值的结果，与图 1.3、图 1.4 和图 1.6 相比，样条插值的插值曲线在节点处更加光滑。

（六）二元函数插值

以上介绍了一元函数的插值方法，在实际问题中还经常遇到二元函数的插值问题，如图像处理、极坐标与直角坐标的坐标转换等。下面介绍几种常用的二元函数插值算法，包括最邻近插值算法、双线性插值算法、双三次插值算法和 Lanczos 插值算法。

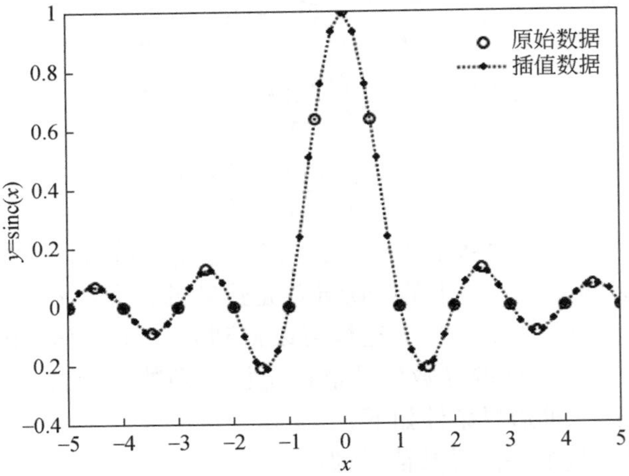

图 1.7　利用样条插值法对 sinc 函数插值

1. 最邻近插值算法

最邻近插值算法也叫零阶插值算法，与一元函数的最邻近插值相同，主要原理是让待插值节点的值等于邻域内与它距离最近的节点函数值。在数字图像处理中，最邻近插值算法是一种最基本、最简单的图像缩放算法。

下面用一个简单的例子说明最邻近插值算法。图 1.8（a）是一个 3 像素×3 像素的图像，即高为 3 个像素，宽也是 3 个像素的图像，其中每个像素的取值范围是 1～9（9 代表最亮，即白色；1 代表最暗，即黑色）。图像的像素值矩阵为

$$\begin{bmatrix} 8 & 1 & 6 \\ 3 & 5 & 7 \\ 4 & 9 & 2 \end{bmatrix}$$

图 1.8（b）为图 1.8（a）放大为 7 像素×7 像素的图像。根据最邻近插值算法，各像素的像素值等于邻域内距离它最近的点的像素值，依次填完每个像素，可以得到一幅放大后的图像，像素矩阵为

$$\begin{bmatrix} 8 & 8 & 1 & 1 & 6 & 6 & 6 \\ 8 & 8 & 1 & 1 & 6 & 6 & 6 \\ 3 & 3 & 5 & 5 & 7 & 7 & 7 \\ 3 & 3 & 5 & 5 & 7 & 7 & 7 \\ 4 & 4 & 9 & 9 & 2 & 2 & 2 \\ 4 & 4 & 9 & 9 & 2 & 2 & 2 \\ 4 & 4 & 9 & 9 & 2 & 2 & 2 \end{bmatrix}$$

根据以上结果可以看出，最邻近算法的缺点是图像容易出现锯齿，放大或缩小后的图像可能有严重的失真。但是，与其他二维插值算法相比，最邻近插值算法的优点是简单方便、计算量小，所以在数据量较大的函数插值或图像处理中，最邻近插值是一种实用的插值算法。

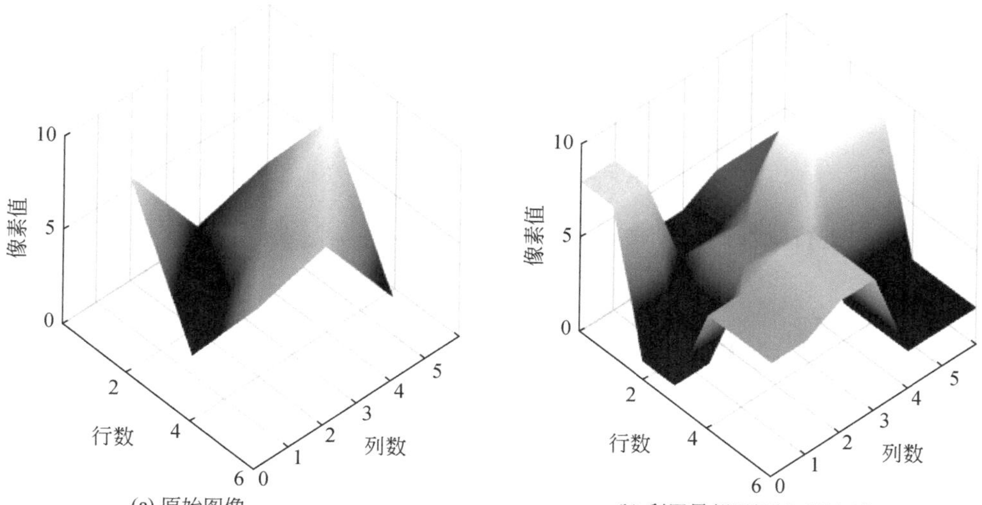

(a) 原始图像　　(b) 利用最邻近插值后的图像

图 1.8　原始图像和利用最邻近插值后的图像

图中的数字为各点的像素值

2. 双线性插值算法

双线性插值算法是一种比较好的图像缩放算法，它利用源图中待插值点周围的四个像素值（函数值）来决定待插值节点的像素值，因此图像缩放效果比简单的最邻近插值要好很多。下面介绍双线性插值的基本原理。

如图 1.9 所示，假设已知 4 个点（点 A_1、A_2、A_3 和 A_4）的像素值，要计算它们围成的区域内一点 P 的值。可以按照如下的步骤：首先，在 x 轴方向上，分别利用一维插值算法对 A_1 和 A_2 两个点进行插值得到 B_1 点的像素值、对 A_3 和 A_4 两个点进行插值得到 B_2 点的像素值；然后，根据 B_1 和 B_2 的像素值利用一维插值算法对 P 点进行插值，这就是双线性插值。

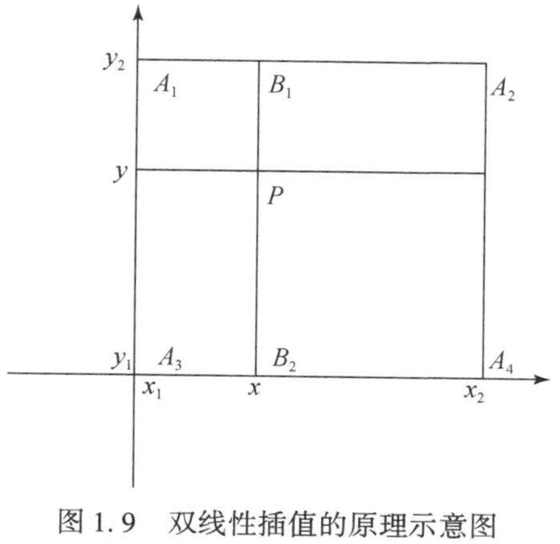

图 1.9　双线性插值的原理示意图

双线性插值的具体步骤如下。

首先，在 x 方向进行线性插值，得到

$$f(x,\ y_1)=\frac{x_2-x}{x_2-x_1}f(x_1,\ y_1)+\frac{x-x_1}{x_2-x_1}f(x_2,\ y_1) \tag{1.35}$$

$$f(x,\ y_2)=\frac{x_2-x}{x_2-x_1}f(x_1,\ y_2)+\frac{x-x_1}{x_2-x_1}f(x_2,\ y_2) \tag{1.36}$$

然后，在 y 方向进行线性插值，得到

$$f(x,\ y)=\frac{y_2-y}{y_2-y_1}f(x,\ y_1)+\frac{y-y_1}{y_2-y_1}f(x,\ y_2) \tag{1.37}$$

根据式（1.35）~式（1.37），即可得双线性插值公式。

3. 双三次插值算法

双线性插值中的一维线性插值也可以利用三次插值函数，得到双三次插值，其形式如下：

$$\sum_{i=0}^{3}\sum_{j=0}^{3}a_{ij}x^i y^j \tag{1.38}$$

双三次插值又称为立方卷积插值，它利用待采样点周围 16 个点的像素值作三次插值（图 1.10），不仅考虑到 4 个直接相邻点的像素值，而且考虑了各邻点间像素变化率的影响。双三次插值可以得到更接近高分辨率图像的放大效果，但也导致了运算量的急剧增加。

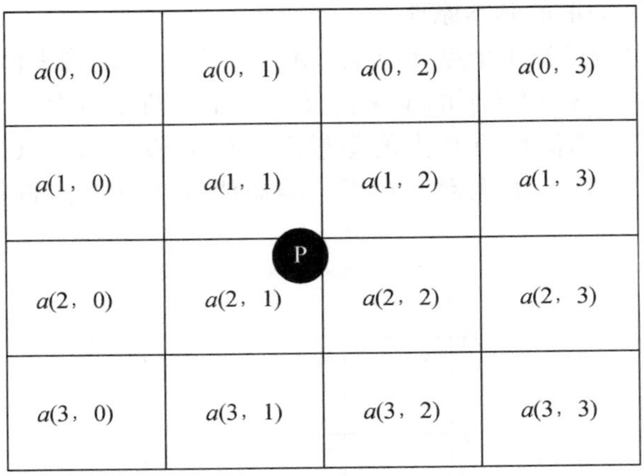

图 1.10　双三次插值算法示意图

元素 $a(i,\ j)$（$i,\ j=0,\ 1,\ 2,\ 3$）为已知值，P 为待插值点

双三次插值算法需要选取适当的插值基函数来对待插值点周围的数据加权，常用的插值基函数为（图 1.11）

$$S(w)=\begin{cases}1-2|w|^2+|w|^3, & |w|<1\\ 4-8|w|+5|w|^2-|w|^3, & 1\leqslant |w|<2\\ 0, & |w|\geqslant 2\end{cases} \tag{1.39}$$

对于待插值的像素点（x，y），取它附近的 4 像素×4 像素邻域内的点（x_i，y_j）（i，j=0,1，2，3）（图 1.10），利用基函数对各点做加权，可得双三次插值公式：

$$f(x,\ y) = \sum_{i=0}^{3}\sum_{j=0}^{3} f(x_i,\ y_j)S(x - x_i)S(y - y_j) \tag{1.40}$$

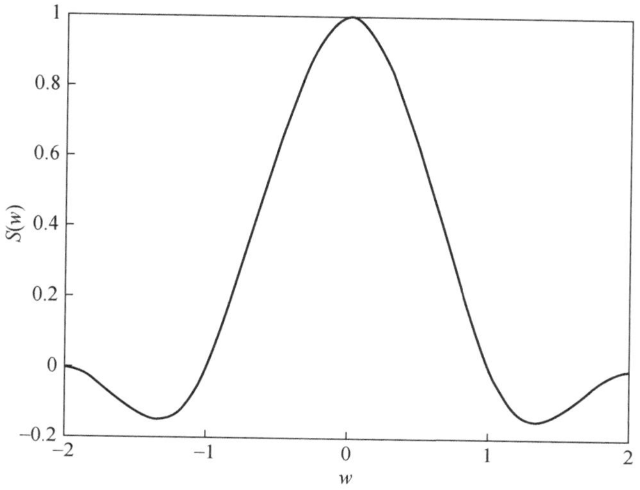

图 1.11 双三次插值基函数

4. Lanczos 插值算法

与双三次插值算法相似，Lanczos 插值算法也是利用基函数对待插值点周围的值进行加权，基本内容是计算模板中的权重信息。

假设已知点集为 $\boldsymbol{x}$，则待插值点周围的区域构成一个窗口，该窗口中每个位置的权重为 Lanczos 基函数：

$$L(x) = \begin{cases} 1, & x = 0 \\ \operatorname{sinc}(x)\operatorname{sinc}\left(\dfrac{x}{a}\right), & 0 < |x| < a \\ 0, & |x| \geqslant a \end{cases} \tag{1.41}$$

式中，a 为常数，通常取 2 或者 3。当 $a=2$ 时，该算法适用于图像缩小时的插值；当 $a=3$时，该算法适用于图像放大时的插值。对应不同 a 值得到的 Lanczos 基函数的曲线如图 1. 12 所示。

根据输入点 x 的位置，确定对应窗口中不同位置的权重 $L(x)$，然后对模板中的点值取加权平均，得到 Lanczos 插值公式：

$$f(x,\ y) = \sum_{i=\lfloor x\rfloor-a+1}^{\lfloor x\rfloor+a}\ \sum_{j=\lfloor x\rfloor-a+1}^{\lfloor x\rfloor+a} f(x_i,\ y_j)L(x - x_i)L(y - y_j) \tag{1.42}$$

式中，$[x]$ 表示对 x 取整数。

此外，在二元函数插值中也可以用一元函数插值中的样条插值等方法，基本步骤与一元插值相同，但是需要将它们扩展到二元函数。下面举两个例子说明二元函数插值算法的应用。

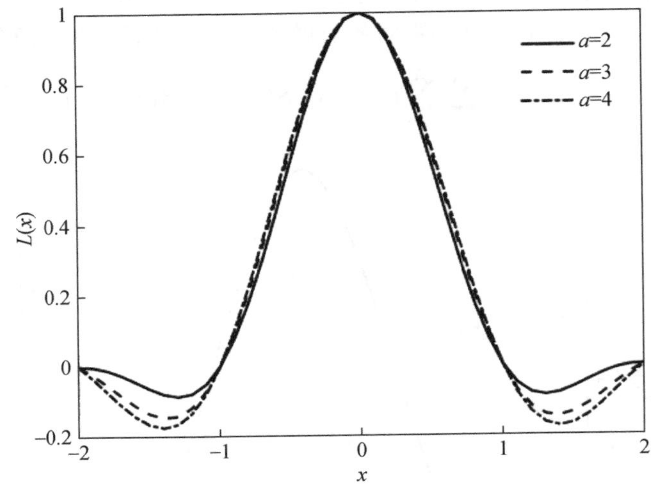

图 1.12　参数 a 取不同值时的 Lanczos 基函数

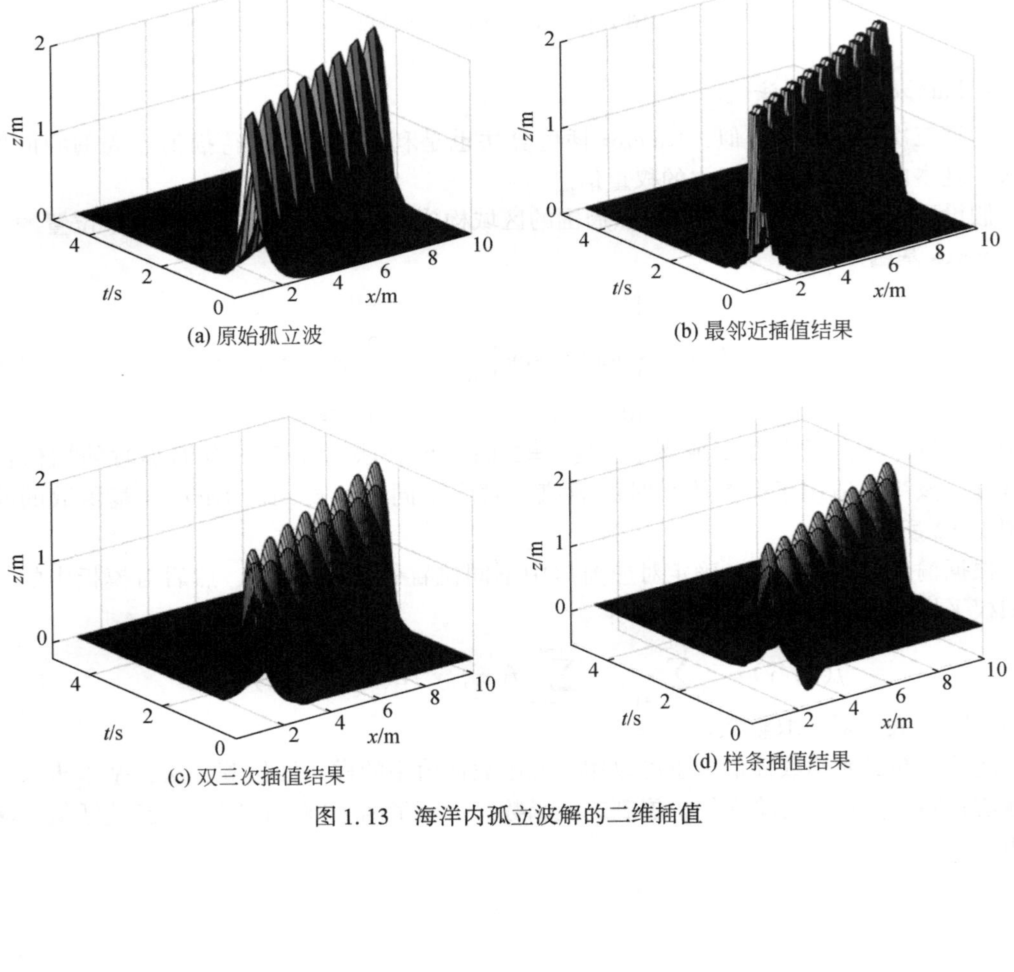

图 1.13　海洋内孤立波解的二维插值

（1）海洋中的内孤立波可以用 KdV 方程的解来表示，其波动方程为

$$u(x,\ t)=\frac{a}{2}\mathrm{sech}^2\frac{\sqrt{a}}{2}[(x-x_0)-a(t-t_0)]$$

式中，a 为孤立波的振幅；t_0为初始时刻；x_0为初始时刻孤立波的位置；x 为 t 时刻波的位置。图 1.13（a）是离散采样的一个孤立波，利用二元插值方法对空间和时间网格加密的结果如图 1.13（b）~（d）所示。图 1.13（b）是对图 1.13（a）作最邻近插值后的结果，插值节点处有明显的锯齿现象；图 1.13（c）是对图 1.13（a）作双三次插值的解，插值节点处较为光滑；图 1.13（d）是对图 1.13（a）作样条函数插值的结果，虽然插值节点处的变化更加平滑，但是解出现了负值，这说明求解样条函数时设置的节点处的导数可能不合理。

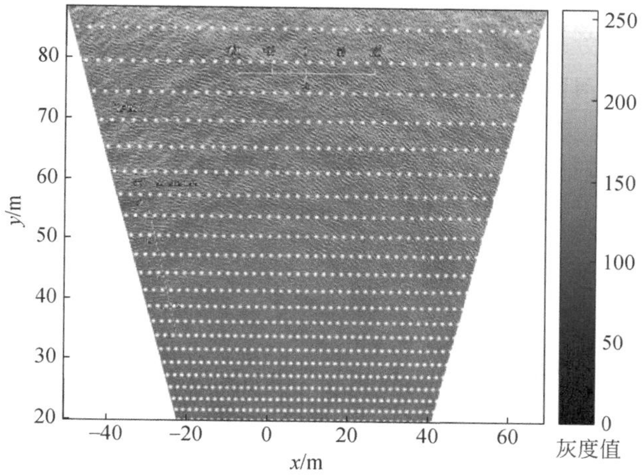

图 1.14　光学相机拍摄的一幅海面图像

点表示像素点的位置

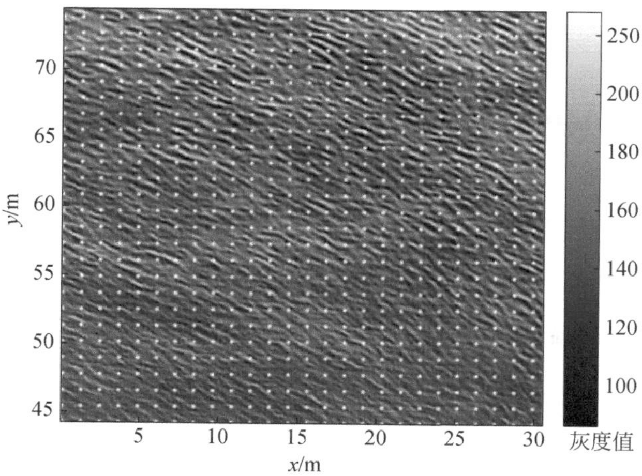

图 1.15　利用最邻近插值算法获得的一个矩形区域的图像

点表示像素点的位置

（2）二维图像的坐标转换插值。图 1. 14 是利用光学相机拍摄的一幅海面图像，由于光学成像时图像产生变形，距离相机较近处的分辨率高、较远处的分辨率低，图像中像素点的分布不均匀（如图 1. 14 中的黑点），而我们处理数据时一般要用均匀网格上的数据值，所以需要将非均匀网格上的像素点插值到均匀网格。利用最邻近插值算法对图 1. 14 进行插值，得到的图像如图 1. 15 所示，黑点是插值后的节点的位置，插值后的图像中可以清晰看出海面波浪的分布，这说明最邻近插值算法可以用于该图像的坐标转换插值。

第二节　数字滤波基本概念

数字滤波是海洋时间序列数据处理中的重要步骤。通过使用一系列专门设计的加权来平滑和抽取时间序列，消除选定频带的波动，以及信号相位的改变。数字滤波通过预处理记录的频谱来促进数据处理。例如，滤波器可用于研究惯性波，以分离局地科里奥利频率附近的海流变化，消除海啸调查中的背景海平面波动，以及消除低频海流振荡研究中的潮汐频率波动（图 1. 16）。术语“余流”（detided 或 residual）时间序列通常用于描述已经通过滤波去除潮汐成分的时间序列。滤波器还提供用于数据插值的算法，用于处理记录信号的积分和微分运算，以及线性预测模型。用于估计数据控制过程状态的卡尔曼滤波将在第四章第六节中讨论。

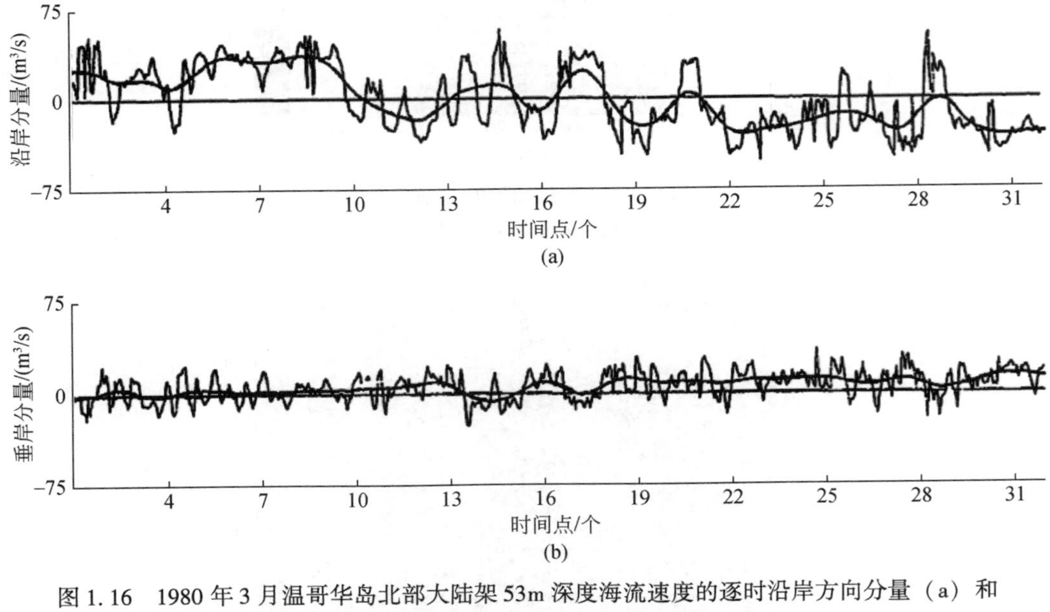

图 1. 16　1980 年 3 月温哥华岛北部大陆架 53m 深度海流速度的逐时沿岸方向分量（a）和垂直岸方向分量（b）的时间序列

每个时间点为 10min；波动大的线是小时为单位的原始数据；平缓的线是用低通 Godin 消潮滤波器滤波后的数据，$(A_{25}^2A_{24})/(25^224)$

在海洋学应用中，没有单一类型的数字滤波器。选择适当的滤波器取决于多种因素，包括数据的频率成分和在滤波记录上执行的分析类型，有时个人偏好和熟悉的滤波器类型也可以是决定因素。许多海洋学家都有自己惯用的滤波器，从而不会考虑其他方法。然而，对于特定任务，一种类型的滤波器可能优于另一种滤波器，并且适当的滤波器选择涉及一些预先的考虑，滤波器的类型必须适合手头的工作。例如，一些在海洋学中广泛使用的所谓“潮汐消除”滤波器被设计用于以半日潮为主的地区，因此当潮汐数据具有明显的日周期变化的时间序列特征时该方法失效（Walters and Heston，1982；Thomson，1983）。这些滤波器会导致多余的日潮能量掺杂到非潮汐（剩余）的滤波记录频段。通过适当的滤波器选择可以解决这个问题。

本节首先简要介绍滤波的基本概念，然后对目前用于海洋研究的一些有用的数字滤波器进行说明，重点介绍能降低给定海洋时间序列中高频振荡的低通滤波器。低通滤波器可用于构造其他类型的滤波器，包括给定类型的低通滤波器的高通版本。海洋数据处理中最常用的滤波器有滑动平均滤波器、Lanczos 余弦（或 Lanczos- cosine）滤波器和巴特沃斯滤波器等。本章第九节将重点介绍凯泽-贝塞尔（Kaiser-Bessel）滤波器，这是我们的首选滤波器之一。与本书中讨论的其他时间序列分析方法一样，我们在本章中介绍的所有滤波器也可以应用于空间域，前提是用户需要注意确保滤波算法的设置正确。

从实际应用角度来看，良好的低通滤波器应具有五个基本特性：①明确的截止点，从而能有效去除不需要的高频分量；②保持低频分量不变的相对平坦的通带；③简捷的瞬态响应，使得信号的快速变化不会导致滤波后的数据中存在虚假振荡；④零相移；⑤可接受的计算时间。通常，这些期望特性中有几条是相互矛盾的，导致在设计期望的滤波器时也会带来严重的限制。因此，我们就得权衡滤波器的使用效果与其数据丢失所带来的利与弊。例如，虽然特定频带通过增加自由度来降低滤波器的频率分辨率，可以改进统计的可靠性，但是定义严苛的频率截止却导致了更大的虚假振荡和数据丢失。考虑由以下序列组成的时间序列：

$$x(t_n)=x_n \quad (n=0,\ 1,\ \cdots,\ N-1) \tag{1.43}$$

在离散时间 $t_n=t_0+n\Delta t$ 处观察，其中 t_0 是标记记录的初始时间，Δt 是采样间隔时间。数字滤波器是一个代数过程，将序列输入 $\{x_n\}$ 系统地转换成序列输出 $\{y_n\}$。在使用线性滤波器的情况下，输出与输入是线性相关的，通过输入序列与滤波器的加权函数的卷积来完成时域变换，得到具有如下一般形式的滤波器：

$$y_n=\sum_{k=-M}^{M} w_k x_{n-k}+\sum_{j=-L}^{L} g_j y_{n-j} \quad (n=0,\ 1,\ \cdots,\ N-1) \tag{1.44}$$

式中，M，L 是整数；w_k 和 g_j 是非零加权函数或“权重”。该滤波器利用由第二个求和项指定的反馈回路来产生输出，因此该类滤波器称为递归滤波器。这样的滤波器保留了以往的数据信息，从这个意义上说，所有以往的输出值对所有未来的输出值都有所贡献。仅基于输入数据（权重 $g_j=0$）的滤波器称为非递归滤波器。$-M\leqslant k\leqslant M$ 的任何滤波器需要过去和未来的数据来计算输出，因此被认为在物理上是不可实现的，且任何实时输出都是无意义的。这种类型的滤波器能广泛地应用于所有数值的预记录数据的分析。仅使用过去和输入数据的滤波器则是可实现的，并且可用于实时数据采集和预测过程。

1. 脉冲响应

通过卷积获得非递归线性滤波器的输出 $\{y_n\}$：

$$y_n=\sum_{k=-M}^{M}w_k x_{n-k}=\sum_{k=-M}^{M}w_{n-k}x_k \quad (n=0,\ 1,\ \cdots,\ N-1) \tag{1.45}$$

式中，$\{w_k\}$ 是时间不变权重，并且存在 N 个数据值 x_0，x_1，…，x_{N-1}，对于对称滤波器，时域卷积变为

$$y_n=\sum_{k=0}^{M}w_k(x_{n-k}+x_{n+k}) \quad (n=0,\ 1,\ \cdots,\ N-1) \tag{1.46}$$

式中，$w_k=w_{-k}$。权重集 $\{w_k\}$ 称为脉冲响应函数（IRF），并且是滤波器对尖峰脉冲的响应。为了证明这一点，我们设置 $x_n=\delta_{0,n}$，其中 $x_n=\delta_{n,m}$是 δ 函数：

$$\delta_{n,m}=\begin{cases}0, & m\neq n\\ 1, & m=n\end{cases} \tag{1.47}$$

式（1.45）就变为

$$y_n=\sum_{k=-M}^{M}w_k\delta_{0,\ n-k}=w_n \quad (n=0,\ 1,\ \cdots,\ N-1) \tag{1.48}$$

式（1.45）和式（1.46）基于总共 $2M+1$ 个指定权重 w_k 值进行求和，其中下标 $k=-M$，$-M+1$，…，M。为了有实际意义，权重的数量被限制为 $M\ll N/2$，其中$(N-1)\Delta t$ 是记录长度。实际上，不可能使用式（1.45）来计算每一个时间 t_n 的输出值 y_n。由于响应函数跨越的时间有限，等于$(2M-1)\Delta t$，所以在数据记录的末端附近出现困难，我们不得不接受输出数据值总是比输入值少的事实。有三种方法：①对输出数据减少 $2M$ 个数据（由于数据输出的两端均有 $M\Delta t$ 的时间损失）；②可以在时间序列的观测范围 $0\leqslant t<(N-1)\Delta t$ 之外的时间内创建 $x(t_n)$的值；③可以根据剩余输入值的数量逐渐降低滤波器长度 M。在第一种方法中，对于 $n=0$，1，…，$N-1$ 定义 x_n，而对于缩短的范围 $n=M$，$M+1$，…，$N-(M+1)$ 来定义 y_n。在第二种方法中，x_n 的增补估计值在定性上应与两端的数据相似。例如，我们可以使用原始时间序列端点反射的数据的“镜像”来实现。在第三种方法中，y_{M-1} 和 $y_{N-(M-1)}$是基于（$M-1$）个权重得到的，y_{M-2} 和 $y_{N-(M-2)}$ 值是基于（$M-2$）个权重得到的，等等。

2. 频率响应

式（1.45）中 $y(t_n)$的傅里叶变换为

$$Y(\omega)=\sum_{n=-M}^{M}y_n\mathrm{e}^{-\mathrm{i}\omega n\Delta t}=\sum_{k=-M}^{M}w_k\mathrm{e}^{-\mathrm{i}\omega k\Delta t}\sum_{n=-M}^{M}x_{n-k}\mathrm{e}^{-\mathrm{i}\omega(n-k)\Delta t}=W(\omega)X(\omega) \tag{1.49}$$

为了让时域中的卷积对应于频域中的乘法，则：

$$W(\omega)=\frac{Y(\omega)}{X(\omega)}=\sum_{k=-M}^{M}w_k\mathrm{e}^{-\mathrm{i}\omega k\Delta t};\ \omega\equiv\omega_n=2\pi n/(N\Delta t) \tag{1.50}$$

式（1.50）被称为频率响应或传递函数，$n=0$，1，…，$N/2$，因为它确定了特定傅里叶分量 $X(\omega)$从输入变换为输出是如何被调整的（其中，ω 表示频率）。对于对称滤波器［式（1.46）］，传递函数变为

$$W(\omega)=w_0+2\sum_{k=1}^{M}w_k\cos(\omega k\Delta t) \tag{1.51}$$

一旦指定了 $W(\omega)$，则可以通过傅里叶逆变换找到权重 w_k：

$$w_k = \sum_{n=-N/2}^{N/2} W(\omega)\mathrm{e}^{\mathrm{i}\omega k\Delta t} \tag{1.52}$$

一般来说，频率响应（传递函数）$W(\omega)$是一个复杂的函数，它可以写为

$$W(\omega) = |W(\omega)|\mathrm{e}^{\mathrm{i}\varphi(\omega)} \tag{1.53}$$

其中，振幅$|W(\omega)|$称为滤波器的增益，$\varphi(\omega)$为滤波器的相位滞后。传递函数的功率$P(\omega)$由式（1.54）给定：

$$P(\omega) = W(\omega)W(-\omega) = W(\omega)W^*(\omega) = |W(\omega)|^2 \tag{1.54}$$

其中，上角*表示复共轭。

第三节　理想滤波器

理想滤波器在所有带通频段的增益为1，即$|W(\omega)|=1$，并且在指定阻带频率内的增益为0（图1.17）。当在处理海洋数据时，为了使滤波器不会改变频率分量的相位，通常对所有ω的相位滞后置为0，即$\Phi(\omega)=0$。在我们结合递归滤波器讨论时，零相移可以通过先向前输入，然后向后输入或反转后，再通过同一组权重来实现。在非递归滤波器的情况下，可以使用对称滤波器（即没有虚部）实现零相位。

用于处理海洋数据的数字滤波器通常可以分为低通、高通或带通滤波器。虽然不可能实现理想滤波器，但是我们希望理想滤波器的幅度满足以下关系（图1.17）。

低通滤波器为

$$|W(\omega)| = \begin{cases} 1, & |\omega| \leqslant \omega_c \\ 0, & \omega_c < |\omega| \end{cases} \tag{1.55a}$$

高通滤波器为

$$|W(\omega)| = \begin{cases} 0, & |\omega| \leqslant \omega_c \\ 1, & \omega_c < |\omega| \end{cases} \tag{1.55b}$$

带通滤波器为

$$|W(\omega)| = \begin{cases} 1, & \omega_{c1} \leqslant |\omega| \leqslant \omega_{c2} \\ 0, & \text{其他} \end{cases} \tag{1.55c}$$

截止频率$\omega_c(=2\pi f_v)$表示从通带到阻带的转换。对于理想的滤波器，转换是阶梯式的，而对于实际的滤波器，转换是基于有限宽度的。在实际滤波器中，ω_c被定义为通带中的平均滤波器幅度降低了$\sqrt{2}$倍的频率，并且其大小应当与所分析的时间序列中的频谱最小值大致一致，在截止频率处滤波器的功率会下降一半（-3dB）。顾名思义，低通滤波器允许（或者是能通过）低频信号，但会极大地衰减高频信号［图1.18（a）、(b)］。高通滤波器通过高频分量，强衰减低频分量［图1.18（a）、(c)］。带通滤波器则是只允许特定范围（或波段）内的频率通过，同时屏蔽其他频段。低通滤波器是海洋数据分析中最常用的滤波器。利用这些滤波器，可以确定海洋信号的低频长期变化。滑动平均滤波器是基于奇数数值的滑动平均值来实现滤波，是低通滤波器的最简单形式。更为复杂的滤波器通常具有更好的频率响应，如图1.18（b）中使用的低通凯泽-贝塞尔窗口（另见本章第九

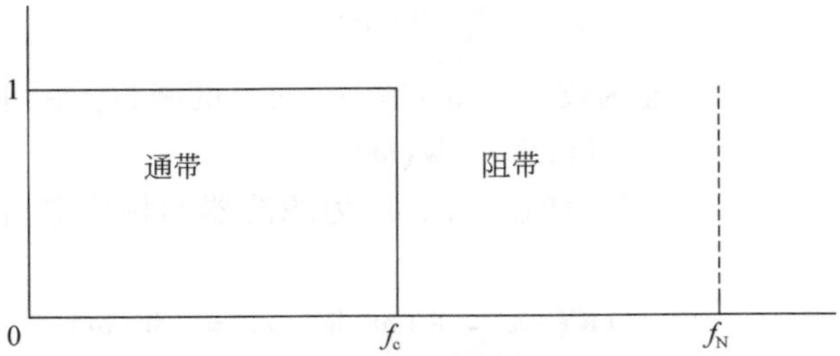

(a) 低通滤波器

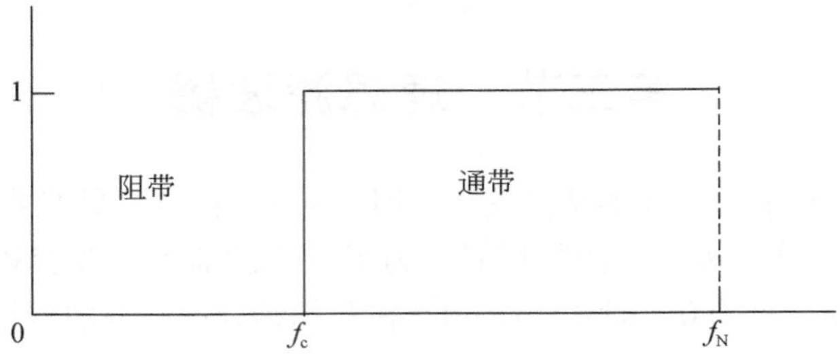

(b) 高通滤波器

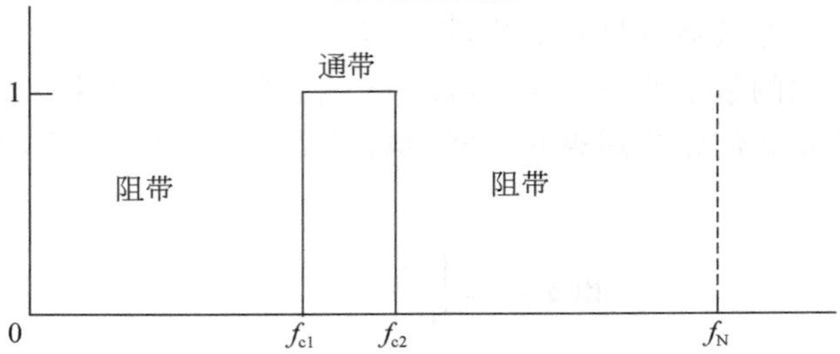

(c) 带通滤波器

图 1.17　理想滤波器的频率响应（传递）函数 $|W(f)|$

带通滤波器由低通滤波器和高通滤波器构成。f_N 和 f_c 分别是奈奎斯特频率和截止频率

节）。通过从导出低通数据的原始记录中减去低通滤波数据，可以容易地获得高通滤波数据，而不需要创建一个单独的高通滤波器。同样，带通滤波器可以通过低通滤波器和高通滤波器的适当组合形成。在海洋中，海水作为天然低通滤波器的一种形式，以比低频能量更快的速度衰减高频波或声能。几赫兹的声波可以在海洋中传播数千公里，而数百千赫兹或更高的声波在几百米处就会被强烈衰减。

高通滤波器比低通滤波器使用得少，一般用于内波带（$2f<\omega<\omega_{BV}$，其中 ω_{BV}是 Brunt-Väisälä 频率）的高频、高波数波动的划定以及封闭或半封闭盆地中的地震或海啸运动的分离。带通滤波器用于分离相对窄的频率范围（如近似惯性频带）的变化，或者用于分离在北美洲由交流电源引起的高频海洋数据中的电磁感应的 60Hz 的噪声。在高频端，数字滤波器可以覆盖的最大频率范围由奈奎斯特频率 $\omega_N=\pi/\Delta t$（弧度/单位时间）确定（$\omega_N=2\pi f_N$），在低频端则由基频确定，$\omega_1=2\pi/T$，其中 $T=N\Delta t$ 是记录长度。周期/单位时间的相应范围由$f_N=1/(2\Delta t)$和 $f_1=1/T$ 确定。假设截止频率与间隔的末端足够远，则可以在整个范围内应用数字滤波器，$\omega_1<|\omega|<\omega_N(f_1<|f|<f_N)$。

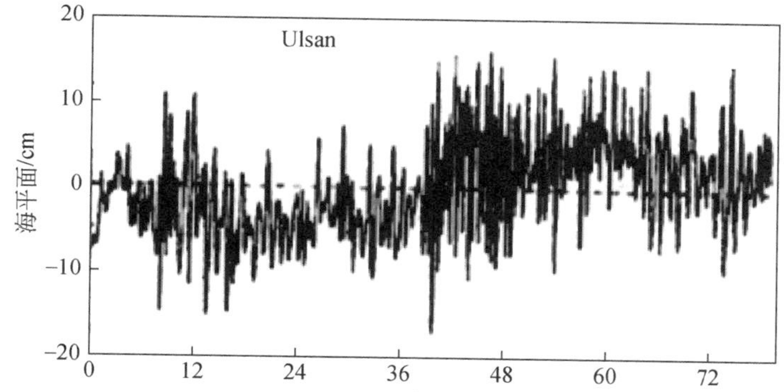

(a) 原始记录

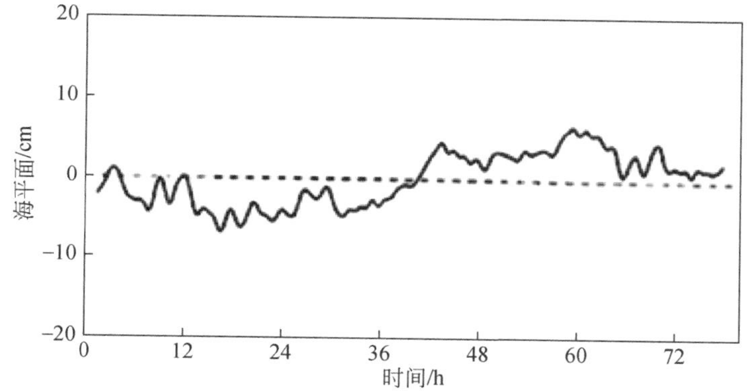

(b) 低通滤波记录

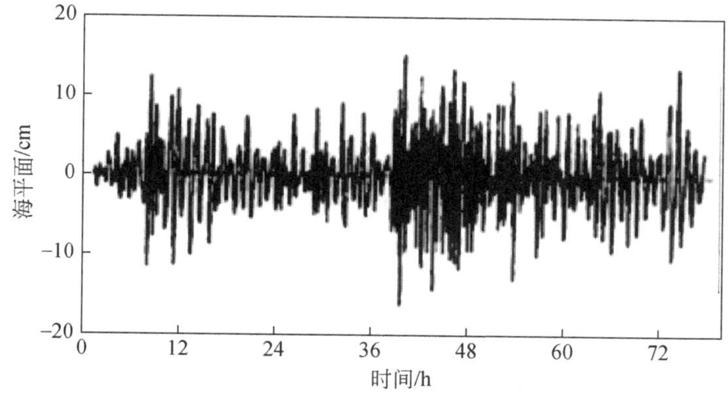

(c) 高通滤波记录

图 1.18　使用长度为 $T/27=3\text{h}$ 的低通和高通凯泽-贝塞尔滤波器滤波韩国蔚山潮汐记录 $T=81\text{h}$ 是记录长度，$\Delta t=0.5\text{min}$ 是采样间隔

如我们在前面所讨论的，要满足所有带通频率期望滤波器的振幅等于 1，也就是所有的带阻频率等于 0，那么由式（1.55a ~ c）表述的理想滤波器的响应系数可以通过采用理想频率响应的离散傅里叶变换（DFT）完成。因为滤波器必须在频带边缘处再现理想频率响应中的无限陡峭的不连续性，所以这将导致无限长的滤波器响应问题。为了创建有限冲

激响应滤波器，时域滤波器系数的数量必须通过将其乘以有限宽度窗函数来限制。矩形窗口是最简单的窗函数。为了抑制旁瓣并使滤波器的频率响应更接近于理想滤波器，窗口的宽度必须增加，并且窗函数在端部逐渐减小到零，这将增加带通和带阻之间的过渡区域宽度。

一、带宽

滤波器的带宽定义为通带两端之间的频率差。为了说明这一特征的相关性，我们考虑了一种具有恒定增益、线性相位和截止频率（ω_{c1}，ω_{c2}）的理想带通滤波器，使得

$$W(\omega)=\begin{cases}W_0\exp(-\mathrm{i}\omega t_0), & \omega_{c1}\leqslant|\omega|\leqslant\omega_{c2}\\ 0, & \text{其他}\end{cases} \tag{1.56}$$

根据式（1.55c），脉冲响应是

$$\begin{aligned}\omega_k &= \frac{1}{2\pi}W_0\left(\int_{\omega_{c1}}^{\omega_{c2}} \mathrm{e}^{-\mathrm{i}\omega t_0}\mathrm{e}^{\mathrm{i}\omega k\Delta y}\mathrm{d}\omega + \int_{\omega_{c1}}^{\omega_{c2}} \mathrm{e}^{\mathrm{i}\omega t_0}\mathrm{e}^{-\mathrm{i}\omega k\Delta y}\mathrm{d}\omega\right)\\ &= \frac{2W_0}{\pi}\Delta\omega\cos[\Omega(k\Delta t - t_0)]\frac{\sin[\Omega(k\Delta t - t_0)]}{[\Omega(k\Delta t - t_0)]}\end{aligned} \tag{1.57}$$

式中，$\Omega=1/2(\omega_{c1}+\omega_{c2})$是中心频率；$\Delta\omega=\omega_{c2}-\omega_{c1}$是带宽。对于高通或低通滤波器，带宽等于截止频率。

因为$\lim\limits_{p\to0}\frac{\sin(p)}{p}\equiv\lim\limits_{p\to0}\mathrm{sinc}(p)=1$，当$\Delta\omega(k\Delta t-t_0)\to0$时，滤波器的峰值振幅响应［式(1.57)］与带宽$\Delta\omega$成正比。还要注意当滤波器进行瞬态加载时，一个窄带滤波器($\Delta\omega\to0$)将比宽带滤波器振荡得更长（即持续到较高的k值）。换句话说，跟随滤波器应用到数据集的振铃的持续性随着带宽的减小而增加。从实践的角度来看，这意味着利用这个滤波器来解决顺序瞬态事件与带宽成反比。带宽越窄（即频率分辨率越好），解决单个事件所需的时间序列越长。例如，如果我们使用带通滤波器来隔离0.050～0.070cph[①]范围内的惯性频率运动，则带宽$\Delta f=\omega/2\pi=0.020$cph，该滤波器可以准确地解决间隔约为$1/\Delta f=50$的惯性事件。如果我们现在将带宽减小到0.010cph，那么滤波器只能解决超过100h的瞬时运动。

对上述关系的另一种说明是频率的不确定性，Δf（或$\Delta\omega$）与信号振荡的时间长度T成反比（即$\Delta f\approx1/T$），使得对于给定滤波器的$T\Delta f\approx1$。如果我们希望使用带宽非常窄的滤波器，则需要分析具有持续性的长时间序列记录，如潮汐。在观测数据方面，在海流速度、海平面高度或其他海洋参数中测量的振荡带宽与信号的持续性直接相关。例如，风产生的顺时针旋转惯性流有一个观察带宽$\Delta f\approx0.10$cpd[②]，这就意味着惯性能量的出现需要的持续时间为$T=1/\Delta f=10$d。

① cph. cycle per hour 的简称，次/小时。

② cpd. cycle per day 的简称，次/天。

二、吉布斯现象

实际上，如式（1.55a～c）所描述的阶梯传递函数是不可能实现的。数字滤波器总是在阻带和通带之间存在有限的斜率过渡区。为了说明创建理想滤波器的一些基本阻碍，考虑阶梯传递函数：

$$W(\omega)=\begin{cases}1, & 0<\omega\leqslant\omega_N\\ 0, & -\omega_N\leqslant\omega<0\end{cases} \tag{1.58}$$

为了方便起见，我们指定截止频率 $\omega_c=0$。假设 $W(\omega)$ 在基本间隔（$-\omega_N$，ω_N）的倍数上重复，式（1.58）的傅里叶级数展开为

$$W(\omega)=\frac{1}{2}a_0+\sum_{n=1}^{\infty}[a_n\cos(\omega n\Delta t)+b_n\sin(\omega\Delta t)] \tag{1.59}$$

其系数为

$$a_n=\frac{1}{\omega_n}\int_{-\omega_N}^{\omega_N}W(\omega)\cos(\omega n\Delta t)\,\mathrm{d}\omega \tag{1.60a}$$

$$b_n=\frac{1}{\omega_N}\int_{-\omega_N}^{\omega_N}W(\omega)\cos(\omega n\Delta t)\,\mathrm{d}\omega \tag{1.60b}$$

对于所有 n，$a_n=0$ 需要从函数的角度来重新阐述这个问题。

$$W_c(\omega)=W(\omega)-1/2 \tag{1.61}$$

$W_c(\omega)$是以 $W(\omega)=1/2$ 为中心的不连续平均函数值。由于 $W(\omega)$ 是奇函数，因此式（1.59）中的余弦项可以立即消除。此外，W_c 关于 $\omega=\pm\frac{1}{2}\omega_N=\pm\pi(2\Delta t)$ 对称，所以没有偶数的正弦项。n 为奇数时，由式（1.60b）得到 $b_n=2/n\pi$，式（1.59）在有限项之后必须被截断，变为

$$W(\omega)=\frac{1}{2}+\frac{2}{\pi}\left[\sin(\omega\Delta t)+\frac{\sin(3\omega\Delta t)}{3}+\frac{\sin(5\omega\Delta t)}{5}\right] \tag{1.62}$$

对于级数［式（1.62）］的逐次近似，以及函数方程式（1.58），会在不连续点（如图1.19所示的理想高通滤波器的阶梯状过渡区域）附近不收敛。在这个例子中，滤波器幅度 $|W(\omega)|$ 对于 $\omega<\omega_c$（阻带）为0，对于 $\omega_c<\omega<\omega_N$（通带）为1。

在时域描述一个不连续的信号的前提是信号有无穷的频率成分，但实际情况是不可能采集到无穷的频率成分的。信号采集系统只能采集一定频率范围内的信号，这将导致频率截断的现象，频率截断会引起时域信号产生振铃效应，这个现象称为吉布斯现象。任何突然不连续或阶跃信号总是会引起吉布斯现象，下面我们将使用一个方波信号来说明。在测量的时域信号的阶跃/转折位置，吉布斯现象表现为振铃效应，如图1.20所示。

在数字信号采集系统中的信号每一个阶跃处，振铃使得信号出现不一致。信号幅值的变化或者完全不变化取决于信号的瞬变时刻与数据采样点数的相对关系。当使用少于一定数目的频率成分来描述信号时，就会产生振铃效应。现实中，经常有这样的情况。

频率截断：测量系统不可能测量到无穷的频率带宽。例如，一个方波信号应包含无穷的谐波频率成分，当测量这个方波信号时，不可能测量到无穷的谐波频率成分，所以信号

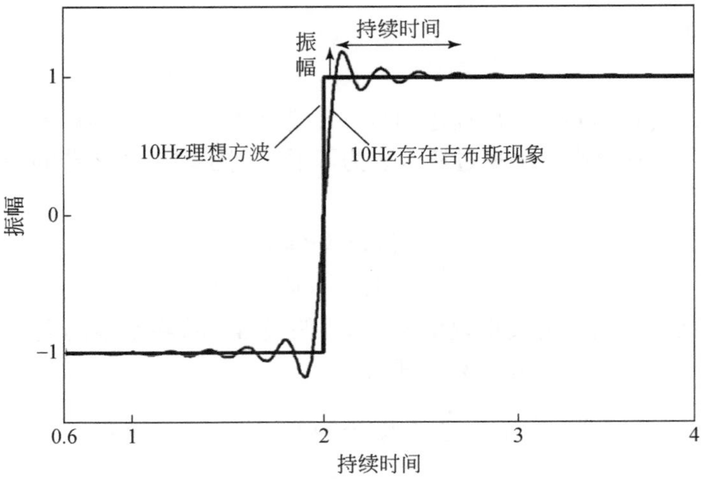

图 1. 19　吉布斯现象的振铃效应的幅值与持续时间

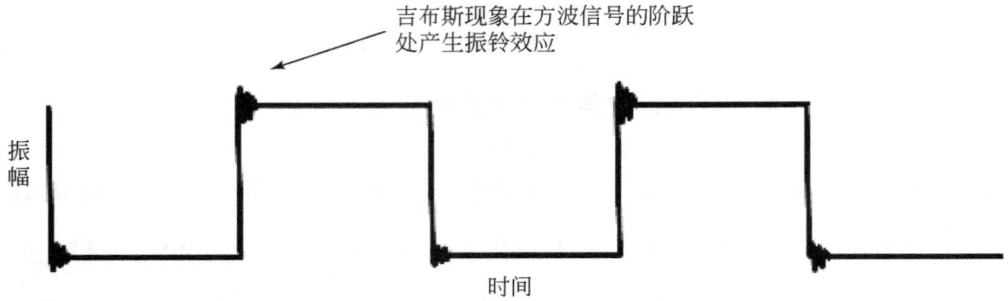

图 1. 20　方波中的吉布斯现象

总会出现频率截断。

滤波器形状：滤波器（如抗混叠滤波器）是测量系统经常要用的工具，它能引入与滤波器锐度相关的振铃效应。

我们从两个方面来描述吉布斯现象产生的振铃效应：①幅值，原始信号中有多大的过冲与下冲；②持续时间，吉布斯现象持续多长的时间。这两个变量的说明如图 1. 19 所示。

吉布斯现象的持续时间受信号的频率成分数目控制，而幅值受使用的滤波器类型影响。接下来将使用具有无穷频率成分的方波来说明吉布斯现象。

振铃的持续时间：谐波截断。

方波信号包含奇数的谐波成分，如图 1. 21 所示。如果移除一些谐波（如截断），那么，方波的时域描述将不再精确。

移除这些谐波，将引入吉布斯现象，即在方波波形的转折处将产生振铃效应。在图 1. 22 中，显示了同一个方波不同的情况：具有所有的谐波（蓝色）、截断到 2000Hz 的谐波（红色）和截断到 750Hz 的谐波（绿色），这是通过使用低通滤波器实现的。图 1. 22（a）显示同一方波的不同频谱：原始方波（蓝色）、2000Hz 低通滤波（红色）和 750Hz 低通滤波（绿色）；底部显示与顶部相对应的时域波形。图 1. 22（b）的时域

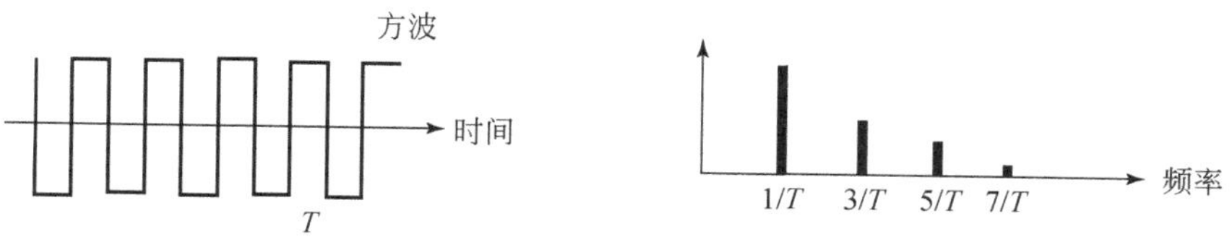

图 1.21　方波是一个具有无穷奇数谐波的信号

信号表明，移除的谐波成分越多，振铃效应的持续时间越长。另外，包含的谐波成分越少，方波的阶跃或不连续过渡越平滑。在图 1.22 中，绿色曲线的斜率不如蓝色和红色陡峭。

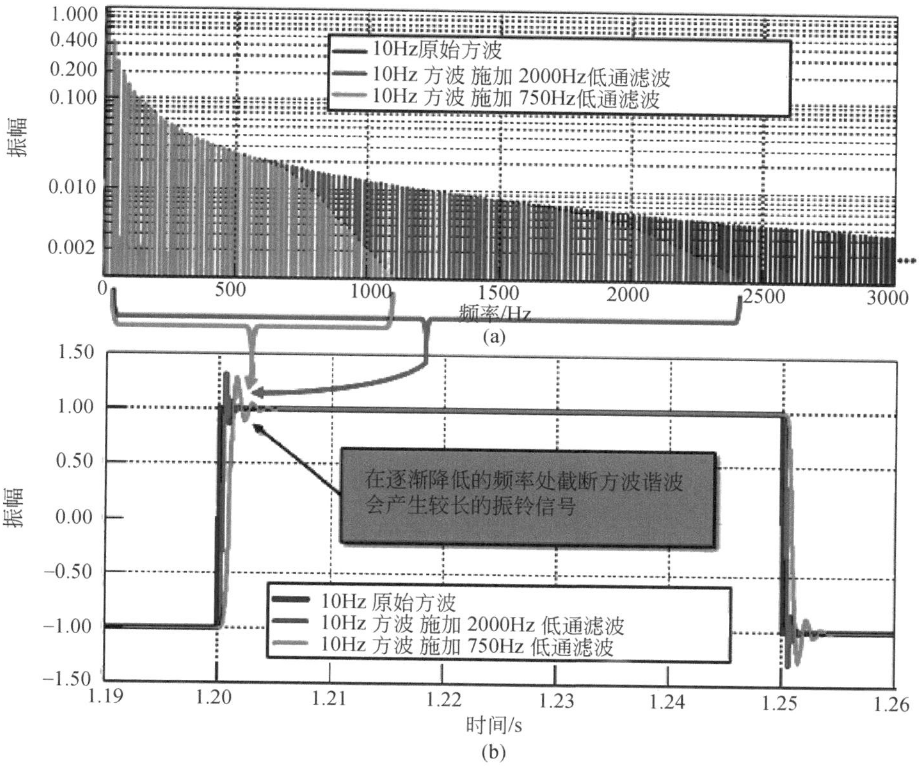

图 1.22　不同频率成分的方波的频谱（a）和时域波形（b）（彩图见文后彩插）

吉布斯现象具有相当重要的意义，即当函数有间断时它就发生了。如果信号不出现频率截断，那么吉布斯现象将不会出现。当吉布斯效应出现时，振铃的幅值也部分受采集过程中的抗混叠低通滤波器形状的影响（如图 1.23 所示）。例如，假设我们要使用式（1.62）去除截止频率 ω_c 附近的频谱分量。当我们在时域中应用理想滤波器的权重 $\{w_k\}$ 时，会出现更多的困难。考虑非递归低通滤波器（仅正频率）：

$$W(\omega)=\begin{cases}1, & 0\leqslant\omega\leqslant\omega_c\\0, & \text{其他}\end{cases} \tag{1.63}$$

对于 $k=-N, \cdots, N$，脉冲函数为

$$w(t_k)=w_k=\frac{1}{\omega_N}\sum_{\omega=0}^{\omega_c}\Delta\omega\cos(\omega k\Delta t)=\frac{\sin(\omega_c k\Delta t)}{\omega_N k\Delta t}=\frac{f_c}{f_N}\frac{\sin(2\pi f_c k\Delta t)}{2\pi f_c k\Delta t} \quad (1.64)$$

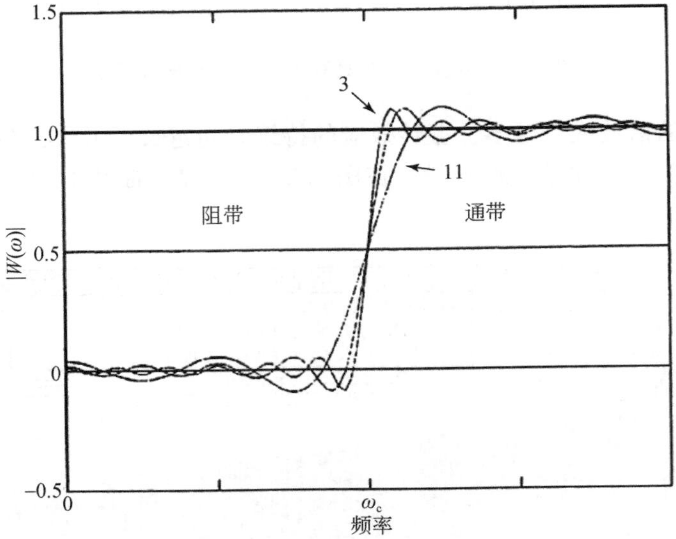

图 1.23　连续产生的吉布斯现象（过冲纹）

该现象近似于阶梯状函数 $|W(\omega)|=1$，$\omega_c<\omega<\omega_N$，否则为零。$\omega_c=2\pi f_c$ 是截止频率。

曲线由式（1.62）导出，使用 $M=3$，7 和 11 项

其中 $w_0=f_c/f_N$。权重 ω_k 以 $1/k$ 的速度缓慢衰减，如果要将滤波器频率响应 $W(\omega)$ 有效地变换到时域，则需要大量的项数。除了计算效率低之外，由大量权值构造的滤波器还会导致数据序列末端的信息大量丢失。实际考虑迫使我们截断一组权重，从而在频域内增强与吉布斯现象相关的过冲问题。此外，如果截断数据集的长度［式（1.43）］，我们将无法准确地复制频域中的方程［式（1.63）］。这导致滤波器的阻带和通带之间有一个有限斜率。

高通滤波器的情况类似

$$W(\omega)=\begin{cases}0, & 0\leqslant\omega\leqslant\omega_c\\ 1, & \text{其他}\end{cases} \quad (1.65a)$$

这种情况下，

$$w_k=\frac{1}{\omega_N}\sum_{-\omega_N}^{\omega_N}\Delta\omega\cos(\omega k\Delta t)=-\frac{f_c}{f_N}\frac{\sin(2\pi f_c k\Delta t)}{2\pi f_c k\Delta t}, \quad k=-M, \cdots, M \quad (1.65b)$$

其中 $w_0=1-f_c/f_N$，M 为整数（滤波器权重的总点数为 $2M+1$）。注意，除了中心项 w_0，高通滤波器［式（1.65b）］的权重 w_k 等于负的低通滤波器的权重 w_k［式（1.64）］。高通滤波器的中心值 w_0 由低通滤波器的 w_0 得到：w_0（高通）$=1-w_0$（低通）。

吉布斯现象所带来的困难在一定程度上得到了缓解，因为它应用了平滑的函数，减弱了过度的波动。同样地，为了改善加权项的衰减，就不得不加宽以被滤波的频率为中心的

主瓣。如前所述，从通带到阻带的转换是在有限的频率范围内进行的，因此必须对截止频率 ω_c 进行定义。这里，ω_c 被定义为滤波器的功率 $|W(\omega)|^2$ 与其平均通带值衰减到一半（-3dB）的频率，或者截止频率为滤波器的振幅 $W(\omega)$ 减小到通带振幅的 $1/\sqrt{2}$ 的频率。

三、着色

传递函数幅度 $|W(\omega)|$ 表现了特定滤波器在特定频带内传输或阻断功率的有效性。由于没有滤波器是完美的，即满足其传输函数在整个通带（s）中为 1 并且在阻带中为 0，所以通常需要“重新调整”（重定标）输出 $\gamma(\omega)$，使得通带频谱估计的总方差等于该频率范围的输入数据的总方差。这个过程的实现需要对滤波器、截止频率和滤波器的陡度通过过渡带重新进行着色。对于某一宽度为 $\Delta\omega$ 的通带，滤波器输出 $|\gamma(\omega)|$ 利用一个频率独立的校正因子 γ 得到 $\gamma(\Delta\omega)=\frac{\text{带宽内的输入方差}}{\text{带宽内的输出方差}}$，以达到能够适当地重新缩放输出功率的目的。

我们可以用汉宁（Hanning）和汉明（Hamming）窗来说明这个着色过程。如果 $x(t)$ 是长度为 N 的任何标量时间序列，而 $y(t)$ 是这些系列经过下列两个窗函数之一的滤波输出，那么在离散频率 $f_k=(k/T)$，$k=0$，1，…，$(N/2)$ 情况下，输出的傅里叶变换 $\gamma(f_k)$ 为

$$\gamma(f_k)=0.5X(f_k)-0.25X(f_{k-1})-0.25X(f_{k+1})\,(\text{Hanning}) \tag{1.66a}$$

$$\gamma(f_k)=0.54X(f_k)-0.23X(f_{k-1})-0.23X(f_{k+1})\,(\text{Hamming}) \tag{1.66b}$$

式中，$X(f_k)$ 是原始时间序列的傅里叶变换。式（1.66a，b）中 $|\gamma(f_k)|^2$ 对应的期望值分别为

$$E[|\gamma(f_k)|^2]=(0.5)^2+(0.25)^2+(0.25)^2=0.3750 \tag{1.66c}$$

$$E[|\gamma(f_k)|^2]=(0.54)^2+(0.23)^2+(0.23)^2=0.3974 \tag{1.66d}$$

因此，通过汉宁窗平滑处理的时间序列的每个频率分量的谱密度估计为 $S(f_k)=|\gamma(f_k)|^2$，过程中也要用到精确因子 $(0.375)^{-1}=8/3$ 来校正滤波器带来的能量损失。对于汉明窗，该因子大致为 $(0.397)^{-1}\approx 5/2$。注意，根据式（1.66a）和式（1.66b），通过对原始时间序列的三个相邻傅里叶分量振幅的平方 $|X(f)|^2$ 进行求和，可以很容易地获得每个加窗时间序列的频谱估计 $S(f_k)$。

$$S(f_k)=C_0\,|X(f_k)|^2+C_{-1}\,|X(f_{k-1})|^2+C_{+1}\,|X(f_{k+1})|^2 \tag{1.67}$$

其中，在汉宁窗中，$C_0=0.50$ 且 $C_{-1}=C_{+1}=-0.25$；在汉明窗中，$C_0=0.54$，$C_{-1}=C_{+1}=-0.23$。

第四节 海洋滤波器设计

要分离特定频带内的信号变化，需要使用具有明确频率特性的滤波器。特定应用的滤波器设计可以通过两种基本方式进行。第一种是组合简单的滤波器，如利用可变长度的滑动平均值，并从中构造具有所需特征的滤波器。在这个过程中，第二个滤波器的输入来源

于第一个滤波器的输出，第三个滤波器的输入来源于第二个滤波器的输出，以此类推，这个过程被称为级联。滤波器级联可用于设计 Godin（1972）消潮滤波器和本章第八节描述的平方 Butterworth 滤波器。第二种方法是精确地指定滤波器的期望特性，然后使用数学函数的极点和零点来设计出尽可能满足这些要求的滤波器。我们可能希望从长时间的上层海洋变化序列中消除年周期，如研究海面温度时就需要从其数据序列中消除年周期的影响，这样一来，主要的季节变化就不再淹没较弱的波动，然后直接针对处理需求和特定的感兴趣区域的数据定制滤波器属性（在这个例子中，我们也可以用最小二乘法来确定年周期，然后从原始数据中减去这个周期）。

不管采用哪种方法，滤波器的脉冲和频率响应函数（FRF）必须具有如下基本特性：①FRF 应在相邻的阻带和通带之间具有相当明显的跃迁，特别是当数据在两个频带内的主频之间没有宽的“谱隙”时。同时，过渡不应该太急剧，以免引入较大的旁瓣效应或滤波器不稳定输出。②传递函数应在通带和阻带内具有几乎恒定的振幅和零相位（均匀对称），以便对振幅和相位进行校正。如果线性相位变化是频率的函数，则需注意在处理结束时进行校正工作。③脉冲响应应具有尽可能短的跨度，以最小化丢失点的数量（否则在数据末尾补充丢失点），并减少计算量。

一、频率与时域滤波

在大多数情况下，滤波器的设计是为了在进一步分析之前能够预先设定数据的频率内容，滤波器的设计从传递函数 $W(\omega)$ 开始。一旦确定了 $W(\omega)$，就有两种方法可以继续。一种是标准的时域方法（Hamming，1977），利用逆傅里叶变换 $W(\omega)$ 以获得滤波器权重 w_k，然后用卷积方程式（1.45）来确定输出。随后对该输出进行傅里叶变换以确定$\gamma(\omega)$。另一种是频域方法（Walters and Heston，1982；Middleton，1983）利用 $\gamma(\omega)=W(\omega)X(\omega)$的事实，其中 $X(\omega)$是数据$\{x(t)\}$的傅里叶变换。在这种方法中，将数据进行傅里叶变换以获得 $X(\omega_i)$，$i=1$，2，…，$N/2$，其中 $X(\omega)$由一组离散频率上的 $N/2$ 个频率相关的振幅和相位组成$[A(\omega_i), \phi(\omega_i)]$。通过将 $X(\omega)$乘以 $W(\omega)$获得滤波的记录。时域序列$\{y_n\}$可以利用 $\gamma(\omega)$的逆傅里叶变换得到。

这两种方法各有利弊。时域方法使用实际记录的数据，滤波由简单的求和与乘积组成。此外，可以将滤波后的序列$\{y_n\}$与原始输入$\{x(t)\}$相对应，直接查看滤波器的有效性。时间序列的不连续性带来的瞬态滤波器振铃效应也可以直接处理。然而，如果最终目标是$\gamma(\omega)$及其相关频谱估计$|\gamma(\omega)|^2$的计算，则时域方法需要应用两次傅里叶变换：首先，我们使用 $W(\omega)$来定义滤波器权重$\{w_k\}$，然后将转换 $y_n \to \gamma(\omega)$而获得傅里叶分量，这会引入舍入误差和计算误差。

在频域分析中，只需要一个傅里叶变换 $x_n \to X(\omega)$。在此基础上，似乎更可取的做法是优先使用傅里叶变换方法，并且将感兴趣范围之外的所有频率分量设置为零。然后通过修正的傅里叶分量 $\gamma(\omega)=W(\omega)X(\omega)$的逆变换来找到经滤波的数据$\{y_n\}$。这个过程的一个明显困难是，傅里叶估计的离散频率可能无法正确定位相对于滤波器的所需截止频率，即截止频率可能落在两个离散傅里叶分量之间。Walters 和 Heston（1982）也指出，与此过程相关的急剧截止会导致整个数据集振铃（图 1.24）。因此，在一定频率范围内，傅里叶系数必须逐渐地减小为零。例如，Nowlin 等（1986）用梯形带通滤波器研究德雷克海峡中的惯性振荡。在这种特殊情况下，局部惯性频率的 0.03cpd 内的傅里叶系数保持不变，中心部分两侧有两个 0.06cpd 宽的锥形截面，其中系数线性地减小到零。虽然平滑的滤波器转换使滤波数据中振铃显著减少，但是肯定会让人联想到时域方法分析中所需的数据逐渐变窄。关于频域滤波更详细的讨论见本章第十节。

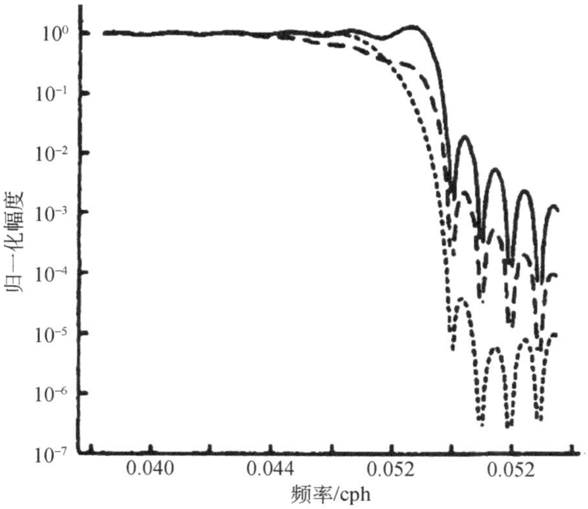

图 1.24　具有不同过渡频带的低通滤波器的频率响应函数

实线表示阶梯状过渡带；长虚线表示九点余弦渐变过渡带；短虚线表示三点最佳设计的过渡带。与每个滤波器相关的截止点导致整个数据集发生振铃（Elgar，1988）

二、滤波器的级联

在一些情况下，期望的滤波器 $W(\omega)$ 可以由基本滤波器 $W_j(\omega)$ 的串联或级联构成，使得

$$W(\omega)=W_1(\omega)\times W_2(\omega)\times\cdots\times W_q(\omega) \tag{1.68}$$

其中“×”表示从 $W_1(\omega)$ 开始的各个传递函数的连续应用。也就是说，首先用 $W_1(\omega)$ 处理数据，并且该滤波器的输出传递给 $W_2(\omega)$；然后将 $W_2(\omega)$ 的输出又传递 $W_3(\omega)$，依此类推，直到使用完最后一个滤波器 $W_q(\omega)$。$W_q(\omega)$ 的最终输出对应于 $W(\omega)$ 的输出。虽然该技术是直接的，并且有助于最小化舍入误差，但是它有一些明显的缺点，如需要进行扩展计算，以及在一个滤波器相继应用时可能会出现重复振铃。

从低通滤波器对应的 $W_L(\omega)$ 获得高通滤波器对应的 $W_H(\omega)$ 的关系是 $W_H(\omega)=1-W_L(\omega)$，理论上来说，两个滤波器的组合输出能够简单地重建原始数据，因为 $W_H(\omega)+W_L(\omega)=1$。这比较适合于 $W_L(\omega)$ 很容易导出或已经可用的情况。在时域中，通过从输入时间序列 $\{x_n\}$ 中减去低通滤波器的输出 $\{y_n\}$，获得高通滤波的记录 $\{y'_n\}$。需要注意确

保 y_n 和 x_n 的时间序列一致，以便 $y'_n = x_n - y_n$ 和 $n = M$，$M+1$，…，$N-2M$。

带通滤波器可以由合适的高通滤波器和低通滤波器构成，如图 1.17（c）所示。这里低通滤波器的截止频率成为带通滤波器的高频截止频率；类似地，高通滤波器的截止频率变为带通滤波器的低频截止频率。级联具有 $W_B(\omega) = W_L(\omega) \times W_H(\omega)$ 的形式。

因为非递归滤波器是对称的［$W(\omega)$ 是一个实数函数］，所以在输入和输出信号之间没有相位偏移。滤波器的这个特征，以及它们一般的数学简单性，促成了它们在海洋学中被广泛应用。另外，递归滤波器通常是不对称的，这引入了输入和输出变量之间的频率相关的相位偏移，并增加了这些滤波器在海洋应用中的复杂性。尽管存在这些困难，递归滤波器在数据处理中仍然是一个有用的补充工具。请注意，无论使用哪种类型的滤波器，我们都可以通过反转进程并通过滤波器将数据“向后”传递，从而消除通过“正向”应用过程引入的相移。在执行反向传递时，我们必须仔细地对正向和反向传递之间记录值的顺序进行反转。具体来说，如果递归滤波器以频率 ω（或等效地，时移 $\phi/\omega = \phi/2\pi f$）引入相移 $\phi(\omega)$，则当数据以相反的顺序通过滤波器传递时将引入补偿偏移 $-\phi(\omega)$。为了显示此过程，令 x_1，x_2，…，x_n 为原始数据序列，该系列用作具有非零相位特性的给定滤波器的输入，y_1，y_2，…，y_n 是滤波器的输出（图 1.25）。

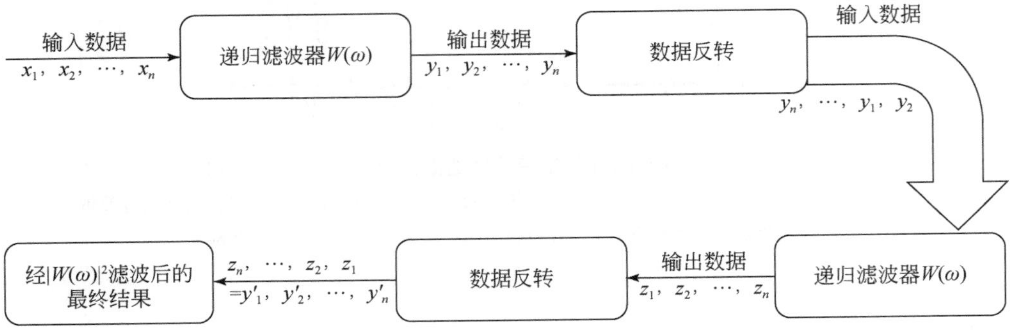

图 1.25　非对称递归滤波器 $W(\omega)$ 的处理顺序

它消除由滤波器引入数据序列 x_1，x_2，…，x_n 的相位变化 $\phi(\omega)$，这个级联产生对称平方滤波器响应 $|W(\omega)|^2$

现在反转输出的顺序，再次通过滤波器反转信号，得到一个新的输出 z_1，z_2，…，z_n。然后将 z 输出的顺序反转以形成 z_n，z_{n-1}，…，z_1，这就回到了正确的时间顺序。为了简单起见，我们可以将这个序列重写为 y'_1，y'_2，…，y'_n。第二次应用滤波器的作用是消除从第一次通过滤波器的任何相位变化。注意，这对应的是传递函数的平方，也就是递归滤波器的最终传递函数是 $|W(\omega)|^2$。关于相位相关递归滤波器的介绍以高通准差分滤波器为示例：

$$y(n\Delta t) = x(n\Delta t) - \alpha x[(n-1)\Delta t] \tag{1.69a}$$

其中，α 是 $0<\alpha\leq 1$ 范围内的参数，$\alpha = 1$ 对应的是简单差分滤波器。该滤波器的频率响应（传递函数）为

$$W(\omega) = 1 - \alpha e^{-i\omega\Delta t} \tag{1.69b}$$

相位函数为

$$\phi(\omega) = \tan^{-1}\{\alpha\sin(\omega\Delta t)/[1 - \alpha\cos(\omega\Delta t)]\} \tag{1.69c}$$

将第一次通过滤波器的数据输出顺序反转，然后再通过滤波器运行时间倒转的记录，相当于通过第二个滤波器 $W^*(\omega)$ 传递数据。这就引入了一个相变 $-\phi(\omega)$，它可以抵消从第一个滤波器（图 1.26）引起的相变 $\phi(\omega)$。从这个级联得到对称滤波器，其传递函数为

$$\begin{aligned}|W(\omega)|^2 &= W(\omega)\times W^*(\omega) = (1-\alpha e^{-i\omega\Delta t})(1-\alpha e^{i\omega\Delta t}) \\ &= 1-2\alpha\cos(\omega\Delta t)+\alpha^2\end{aligned} \tag{1.69d}$$

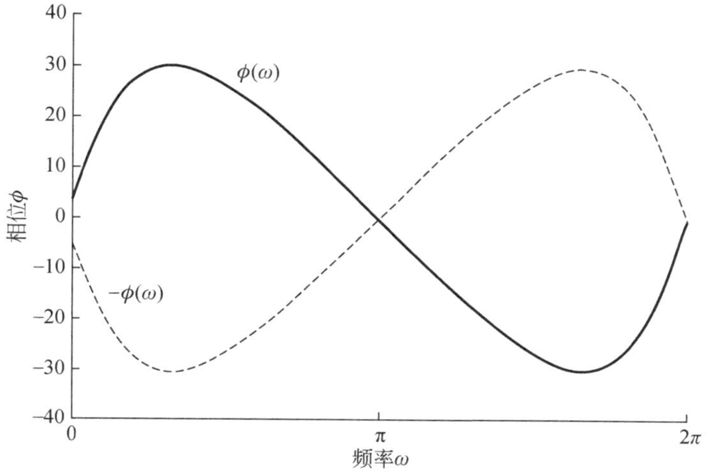

图 1.26　准差分滤波器的相变 $\phi(\omega)$ 作为频率 ω 的函数（$\alpha=0.05$）

第五节　滑动平均滤波器

滑动平均或移动平均滤波器是最简单，也是物理海洋学中最常用的低通滤波器。在典型的应用中，这个滤波器（仅仅是一个移动的矩形窗）是由奇数 $2M+1$ 个相等权重的常数值 $w_k(k=0, \pm1, \cdots, \pm M)$ 组成（其中 M 是需滑动数据个数），即

$$w_k = \frac{1}{2M+1} \tag{1.70a}$$

w_k 类似于一个均匀分布的概率密度函数，其中所有事件都具有相同的可能性。由于滑动平均滤波器关于 $k=0$ 对称而产生零相位变化，且满足归一化要求

$$\sum_{k=-M}^{M} w_k = 1 \tag{1.70b}$$

因而应用广泛。为了获得输入序列 $\{x_n\}$ 的输出序列 $\{y_m\}$，第一个 $2M+1$ 的 x_n 值（即 $x_0, x_1, \cdots, x_{2M}$）相加，然后除以 $2M+1$，得到第一个经过滤波的值为 $y_M=y(2M\Delta t/2)=y(M\Delta t)$。下一个值是“$y_{M+1}$”，它是通过一个时间步长和在数据序列 $x_1, x_2, \cdots, x_{2M+1}$ 上重复上述过程得到的，直到获得 $N-2M$ 个输出值。$\{y_M\}$ 由具有一定平滑度的“平滑”数据序列组成，且由于输入端相关信息损耗，具体取决于滤波器权量的数量。数学上，有

$$y_{M+i} = \frac{1}{2M+1}\sum_{j=0}^{2M} x_{i+j}, \quad i=0,\cdots,N-2M \tag{1.71}$$

通过从原始数据中减去输出的 $\{y_m\}$，可以生成一个滑动平均高通滤波器。高通滤波器的输出 $\{y'_m\}$ 是

$$y'_m = x_m - y_m,\ m = M,\ M+1,\ \cdots,\ N-2M \tag{1.72}$$

这里，我们减去正确同一时间的数据值。这种从低通滤波记录获得高通滤波记录的技术也将应用于其他类型的滤波器。

滑动平均滤波器的频率响应 $W(\omega)$ 由式（1.50）给出，使用式（1.70a）和 $\Delta t = \pi/\omega_N$，我们发现：

$$W(\omega) = \frac{1}{2M+1} \times \left\{ 1 + 2\frac{\sin\left[\left(\frac{\pi}{2}\right)M\left(\frac{\omega}{\omega_N}\right)\right]\cos\left[\left(\frac{\pi}{2}\right)(M+1)\left(\frac{\omega}{\omega_N}\right)\right]}{\sin\left[\left(\frac{\pi}{2}\right)\left(\frac{\omega}{\omega_N}\right)\right]} \right\} \tag{1.73}$$

$$= \frac{1}{2M+1}\frac{\sin\{[\pi/2(2M+1)](\omega/\omega_N)\}}{\sin[(\pi/2)(\omega/\omega_N)]}$$

其中，当 $\omega/\omega_N \to 0$ 时，$W(\omega) \to 1$。随着 M 增加，传递函数的中心波瓣变窄（图 1.27），并且截止频率 $[\,|W(\omega)| = e^{-1}|W(0)|\,]$ 更接近于零频率。该滤波器能逐渐分离出信号的真实平均值。然而，由于大而缓慢衰减的旁瓣，滤波器在阻带中有相当大的污染。减少这些旁瓣效应需要一个长的滤波器，这意味着在时间序列的任一端数据将会严重损失。因此，滑动平均滤波器只能用于长数据集（与滤波器的长度相比“长”）。精确的滤波需要使用更复杂的滤波器。

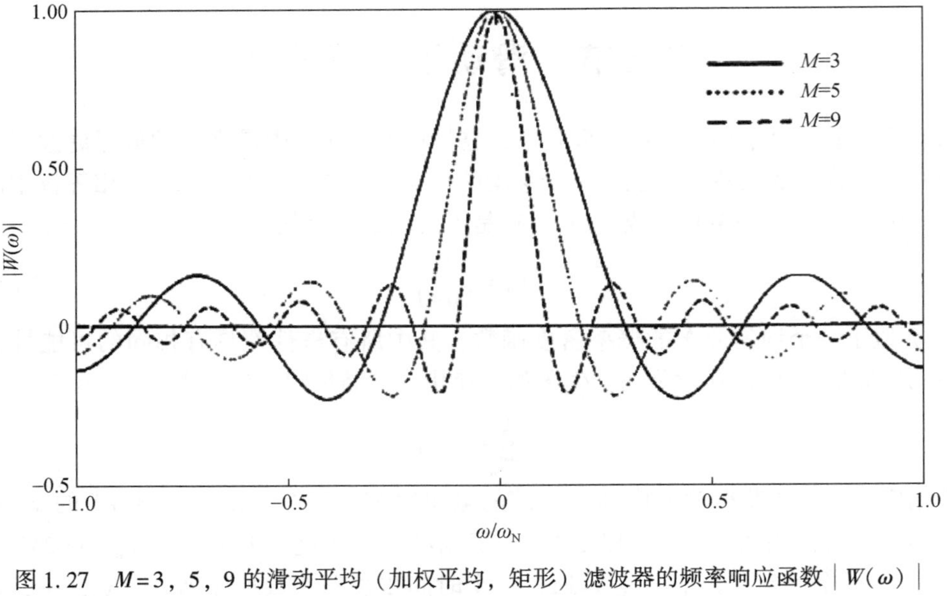

图 1.27　M=3，5，9 的滑动平均（加权平均，矩形）滤波器的频率响应函数 $|W(\omega)|$
ω_N 为奈奎斯特频率

对于三点加权平均值，$w_k = 1/3$ 和式（1.73b）为

$$W(\omega;3)=\frac{1}{3}\left[1+2\cos\left(\frac{\pi\omega}{\omega_N}\right)\right]=\frac{1}{3}\frac{\sin[(3\pi/2)(\omega/\omega_N)]}{\sin[(\pi/2)(\omega/\omega_N)]} \tag{1.74}$$

而对于五点加权平均值，$w_k=1/5$：

$$W(\omega;5)=\frac{1}{5}\frac{\sin[(5\pi/2)(\omega/\omega_N)]}{\sin[(\pi/2)(\omega/\omega_N)]} \tag{1.75}$$

图 1.27 给出了出现在海洋学文献中滑动平均滤波器的几个例子。

滑动平均值滤波器的常见用途是将时间 t 采样的数据转换为此时间增量的整数倍，以便在标准分析包中使用。以 5min、10min、15min、20min 或 30min 间隔收集的数据通常被转换为小时数据，用于潮汐调和分析，当然，这些程序中使用的最小二乘法也适用于不等间隔的时间序列数据。滑动平均值滤波器也常用于创建每周、每月或每年的时间序列。

第六节　Godin 型滤波器

在获取“标准”小时值之前，对采样的潮汐记录作低通滤波，Godin（1972）提出使用级联式滑动平均滤波器，其响应函数的形式为

$$\frac{A_n^2A_{n+1}}{n^2(n+1)},\frac{A_nA_{n+1}^2}{(n+1)^2n} \tag{1.76}$$

这里，A_n 和 A_{n+1} 分别是 n 和 $n+1$ 个连续数据点的平均值。每个滤波器平滑数据三次，在式（1.76）中，一种方式使用 $\{n\}$ 点平均值进行两次平滑，并使用 $\{n+1\}$ 点平均值进行一次平滑；另外一种方式使用 $\{n+1\}$ 点平均值平滑两次，$\{n\}$ 点平均值平滑一次。在滤波器操作之后，平滑后的数据以每 1h 的时间间隔进行子采样，且不用考虑较高频率分量的混叠。

对于式（1.76）中的第二种方式，响应函数为

$$W(\omega)=\frac{1}{n^2(n+1)}\times\left\{\frac{\sin^2\left[\left(\frac{\pi n}{2}\right)\left(\frac{\omega}{\omega_N}\right)\right]\sin\left[\left(\frac{\pi(n+1)}{2}\right)\left(\frac{\omega}{\omega_N}\right)\right]}{\sin^3\left[\left(\frac{\pi}{2}\right)\left(\frac{\omega}{\omega_N}\right)\right]}\right\} \tag{1.77}$$

Godin 滤波器$(A_{12}^2A_{14})/(12^214)$常规的应用是用于平滑在潮汐分析程序中使用之前以 5min增量的倍数采样的海洋时间序列。另外，使用滤波器$(A_2^2A_3)/(2^23)$（图 1.28）将30min的数据进行平滑，然后将其分解为小时数据。例如，将早期 Aanderaa RCM4 机械海流计收集的 30min 数据转换为小时数据就需要这种三级滑动平均滤波器。滤波器需要将海流计的瞬时方向和平均速度转换成更接近于矢量平均海流的量。

滑动低通滤波器的应用［式（1.77）］消除了高频分量，有助于避免在没有任何形式的事先平滑的情况下将原始数据简单地抽取为小时值时可能发生的混叠错误。简单地每小时选择一个值，就好像一开始就没有记录更高频率变化一样。需要注意的是，平滑处理会减小潮汐频率外的各种傅里叶分量的振幅。于是，在应用滤波器后得到的傅里叶分量的振幅必须与滤波器在特定频率下的振幅成反比并进行校正。傅里叶分量的相位不受这个对称滤波器的影响。

式（1.76）也可用于生成低通滤波器，以删除小时记录中整日、半日和短周期波动。

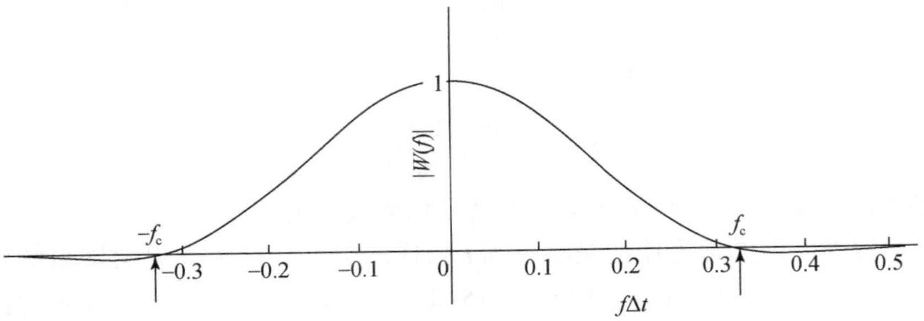

图 1.28　Godin 型滤波器$(A_2^2A_3)/(2^23)$用来平滑 30min 的数据到小时数据的频率响应函数 $|W(f)|$
横轴具有单位$f\Delta t$，其中$f_N\Delta t=0.5$；f_c为截止频率（引自 Godin，1972）

尽管近年来由于这些滤波器通过“天气带”（周期长于两天）的高频端的缓慢过渡而受到批评，但是它们使用方便，在日潮波段具有良好的响应，并且来自时间序列的末尾数据消耗相对较少。

低通 Godin 滤波器最常用的情况是$(A_{24}^2A_{25})/(24^225)$，每小时的数据使用 24 点（24h）的平均值平滑两次，一次使用 25 个点的平均值。滤波器的频率响应为

$$W(\omega)=\frac{1}{24^225}\times\left\{\frac{\sin^2\left[24\left(\frac{\pi}{2}\right)\left(\frac{\omega}{\omega_N}\right)\right]\sin\left[25\left(\frac{\pi}{2}\right)\left(\frac{\omega}{\omega_N}\right)\right]}{\sin^3\left[\left(\frac{\pi}{2}\right)\left(\frac{\omega}{\omega_N}\right)\right]}\right\} \tag{1.78}$$

$$=\frac{1}{24^225}\sin^2(24\pi f\Delta t)\frac{\sin(25\pi f\Delta t)}{\sin^3(\pi f\Delta t)}$$

而在$\omega=2\pi f$（f为每小时周期）之前，$\omega_N=\pi/\Delta t$ 和 $\Delta t=1\text{h}$。注意，来自时间序列的每个末端丢失的数据点总共 35 个（即 35h），并且滤波器具有接近 67h 的半幅度点（图 1.29）。这个对称的 71h 长度滤波器的权重是（Thomson，1983）

$$w_k=\begin{cases}\dfrac{\frac{1}{2}}{24^225}[1200-(12-k)(13-k)-(12+k)(13+k)], & 0\leqslant k\leqslant 11\\ \dfrac{\frac{1}{2}}{24^225}(36-k)(37-k), & 12\leqslant k\leqslant 35\end{cases} \tag{1.79}$$

Godin 低通滤波器［式（1.79）］有效地消除了除日频带微渗漏外的所有日分潮周期能量。更准确地说，滤波器消除了由主要的混合日分潮 K_1（其振幅下降了 3.2×10^{-3}）引起的变化，只是在去除日分潮 O_1 引起的变化方面稍微差一些。

这个滤波器比以前通常用于潮汐分析的简单的A_{24}和A_{25}滑动平均滤波器以及 Doodson 滤波器有显著的改进。Godin 滤波器的主要缺陷是它在通带和阻带之间的过渡相对缓慢，导致 2～3 天范围内的非潮汐变化衰减显著。这个滤波器的缺点启发了许多科研人员去研究更有效的技术来消除海洋信号的高频部分。Lanczos-cosine 滤波器、变换域滤波器和 Butterworth 滤波器通常优于 Godin 滤波器或早期的 Doodson 滤波器，因为它们具有从海洋信号中消除潮汐周期变化的优势。

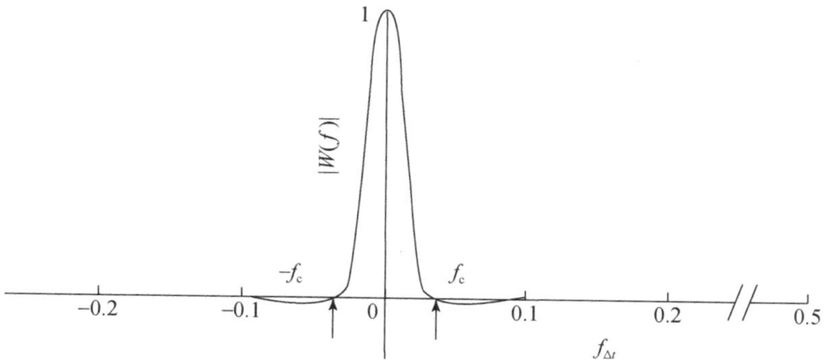

图 1.29　Godin 型低通滤波器 $(A_{25}^2 A_{24})/(25^2 24)$ 用于消除小时数据中的潮汐振荡的频率响应函数 $|W(f)|$ 横轴具有单位 $f\Delta t$，其中 $f_N \Delta t = 0.5$；f_c 为截止频率（引自 Godin，1972）

第七节　Lanczos 窗余弦滤波器

如本章第三节所述，理想（矩形）滤波器的传递函数是用截断的傅里叶级数来表示的。这导致在截止频率附近出现波纹（吉布斯现象），并且将多余的信号能量泄漏到通带中。Lanczos 窗余弦滤波器是重新组合的矩形滤波器，它在矩形滤波器中加入了乘法因子（Lanczos 窗），以确保更快速地衰减过冲波纹，但不局限于 Lanczos 窗，也可以使用各种其他窗。Lanczos 余弦滤波器是一类使用加窗来减少旁瓣波纹的滤波器。由于其简单和良好的特性，多年来这些滤波器在物理海洋学家中得到了广泛的普及（Mooers and Smith，1967；Bryden，1979）。

一、余弦滤波器

我们从一个理想的低通滤波器的传递函数开始：

$$W(\omega)=\begin{cases}1, & 0\leqslant\omega\leqslant\omega_c\\ 0, & \text{其他}\end{cases} \tag{1.80}$$

假设函数 $W(\omega)$ 是周期性的，且是奈奎斯特频域 $(-\omega_N, \omega_N)$ 的倍数。作为傅里叶级数，响应函数是

$$W(\omega)=\frac{1}{2}a_0+\sum_{k=1}^{M}[a_k\cos(\omega k\Delta t)+b_k\sin(\omega k\Delta t)] \tag{1.81}$$

我们在 $M \ll N$ 中截断了级数，和前面一样，N 是滤波器要处理的数据点的个数。为了消除频率相关的相移，我们假设 $W(\omega)=W(-\omega)$，即 $b_k=0$。产生的余弦滤波器的频率响应为

$$W(\omega)=w_0+\sum_{k=1}^{M}[w_k\cos(\omega k\Delta t)] \tag{1.82}$$

系数 $w_k=\dfrac{1}{2}a_k$ 的表达式如下：

$$w_k = \frac{1}{\omega_N}\int_0^{\omega_N} H(\omega)\cos(\pi k\omega/\omega_N)\,d\omega \tag{1.83}$$

式中，$K=0, 1, \cdots, M$。加权项 w_k 是给定 $\{x_n\}$ 的输出序列 $\{y_n\}$ 的加权项。我们假设它足够大，使得 $W(\omega)$ 在通带中接近 1，在阻带中接近 0。

对于低通余弦滤波器，$0 \leqslant |\omega| \leqslant \omega_c$ 定义了积分的边界［式（1.83）］，权重由下式给出：

$$w_k = \frac{\omega_c}{\omega_N}\frac{\sin\left(\pi k\dfrac{\omega_c}{\omega_N}\right)}{\pi k\dfrac{\omega_c}{\omega_N}},\quad k=0, \pm1, \cdots, \pm M \tag{1.84}$$

式中，$w_0=\dfrac{\omega_c}{\omega_N}$。相应的高通滤波器 $|\omega|>\omega_c$ 的相应权重如下：

$$w_0 = 1-\frac{\omega_c}{\omega_N} \tag{1.85}$$

$$w_k = -\frac{\omega_c}{\omega_N}\frac{\sin\left(\pi k\dfrac{\omega_c}{\omega_N}\right)}{\pi k\dfrac{\omega_c}{\omega_N}},\quad k=\pm1, \cdots, \pm M \tag{1.86}$$

也就是说，w_0（高通）$= 1-w_0$（低通），而当 $k\neq0$ 时，系数 w_k 变为相反的符号。式（1.84）和式（1.86）与吉布斯现象中讨论的公式相同。因此，在基于预选的阻带和通带中，想要精确地调整给定记录的频率内容，余弦滤波器是一个很差的选择。如图 1.30 就是一个例子，对于 $\omega_c=0.4\omega_N$ 和 $M=10$ 项的低通余弦滤波器的响应函数为

$$W(\omega) = 0.4 + 2\sum_{k=1}^{9}[\sin(0.4k\pi)/k\pi]\cos(\omega k) \tag{1.87}$$

下文将讨论该滤波器响应与理想的低通滤波器响应，以及使用 Lanczos 窗（利用 σ 因子）修正的余弦滤波器。

二、Lanczos 窗

Lanczos（1957）指出，在式（1.84）和式（1.86）中，$\sin(p)/p$ 形式的旁瓣振荡可以通过使用平滑函数或窗函数来更快地衰减。该窗函数由一组权值组成，这些权值在一个周期内将（恒定周期的）旁瓣起伏作连续平均，平均周期由傅里叶展开式中保留的最后一项或忽略的第一项确定［式（1.86）］。本质上，窗函数充当余弦滤波器的权重的低通滤波器。Lanczos 窗是根据所谓的 σ 因子定义的（Hamming，1977）

$$\sigma(M, k) = \frac{\sin(\pi k/M)}{\pi k/M} \tag{1.88}$$

式中，M 为不同的滤波器系数。将余弦滤波器的权重与 σ 因子相乘得到 Lanczos 窗余弦滤波器的权值。因此，通过 $\sigma(M, 0)=1$，低通 Lanczos-cosine 滤波器的权重为

$$w_0 = \frac{\omega_c}{\omega_M},\quad k=0 \tag{1.89a}$$

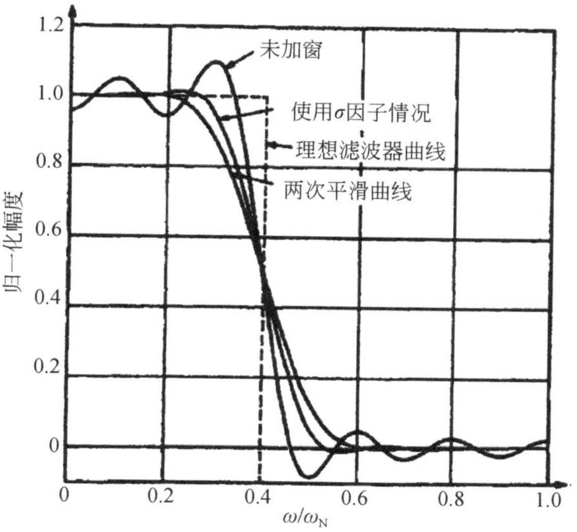

图 1.30 近似于理想低通滤波器（虚线）的频率响应

实线给出了一个未加窗的余弦滤波器的频率响应，一个使用 σ 因子的 Lanczos 滤波器，以及两次应用 Lanczos 余弦滤波器后的响应。滤波器使用 $M=10$ 项，$\omega_c=0.4\omega_N$；ω_N 为奈奎斯特频率。吉布斯效应由于 Lanczos 窗的 σ 因子而降低（引自 Hamming，1977）

$$w_k=\frac{\omega_c}{\omega_N}\frac{\sin\left(\pi k\dfrac{\omega_c}{\omega_N}\right)}{\pi k\dfrac{\omega_c}{\omega_N}}\sigma(M,\ k) \tag{1.89b}$$

式中，$w_k(k=1,\ \cdots,\ M)$ 和 $\omega_M=(M-1)/M$ 是傅里叶展开式中最后一项的频率。

对于 $k=\pm1,\ \cdots,\ \pm M$ 和 $M\ll N$（N 为输入数据序列点的个数）。高通的 Lanczos 余弦滤波器对应的权重为

$$w_0=1-\frac{\omega_c}{\omega_M},\quad k=0 \tag{1.90a}$$

$$w_k=-\frac{\omega_c}{\omega_N}\frac{\sin\left(\pi k\dfrac{\omega_c}{\omega_N}\right)}{\pi k\dfrac{\omega_c}{\omega_N}}\sigma(M,\ k) \tag{1.90b}$$

然后，低通余弦 Lanczos 滤波器的传递函数式［式（1.89b）］为

$$W_L(\omega)=\frac{\omega_c}{\omega_N}\left[1+2\sum_{k=1}^{M-1}\sigma(M,\ k)\frac{\sin\left(\pi k\dfrac{\omega_c}{\omega_N}\right)}{\pi k\dfrac{\omega_c}{\omega_N}}\cos\left(\pi k\frac{\omega}{\omega_N}\right)\right] \tag{1.91}$$

而高通的余弦 Lanczos 滤波器的传递函数则为

$$W_H(\omega)=1-W_L(\omega) \tag{1.92}$$

图 1.30 中传输函数的结果表明，Lanczos 窗的 σ 因子大大降低了副瓣的波动，但同样

会引起中心波瓣变宽，因此，虽然阻带内的频率污染小得多，但通带处的滤波器振幅过渡区比余弦滤波器的过渡区要平缓。这种平滑的效果，代表式（1.85）中的加权项 w_k 的长周期调制，其平滑的效果可以通过取记录长度 $N=25$，并且计算具有和不具有 σ 因子的滤波器响应 $W(\omega/\omega_N)$ 来进行数值说明。这种做法在其他方面有指导意义，因为它强调了计算过程中截断误差的影响，并指出了如果 ω_c/ω_N 太靠近主区间 $0\leqslant\omega/\omega_N<1$ 的末端会发生什么。

考虑 $\omega_c/\omega_N=0.022$，$N=25$ 的情况，并在第四个小数位进行滤波截断。对于没有 Lanczos 窗的高通余弦滤波器（我们想要零幅度接近零频率），我们发现 $W(0)=0.0740$，可以利用 σ 因子（Lanczos 窗）得到 $W(0)=0.4015$。由于截止频率接近于频率范围的末端，说明 σ 因子明显降低了滤波器的有用性。在相同的截止频率下将记录长度增加到 $N=50$ 可以显著改善效果；在使用 σ 因子情况下，$W(0)=0.0527$ 和 $W(1)=0.9997$。

三、实用滤波器设计

低通或高通余弦 Lanczos 滤波器的设计需要指定以下参数：①截止频率；②在阻带和通带之间实现所需衰减要求的加权项数 M。然后通过从时间序列的采样间隔 Δt 获得的奈奎斯特频率 ω_N 对截止频率进行归一化。与其他类型的滤波器一样，保持归一化截止频率远离主区间的末端是有利的：

$$0\leqslant\frac{\omega}{\omega_N}\leqslant 1 \tag{1.93}$$

然后通过式（1.89a）~式（1.90b）导出权重 w_k。使用式（1.89a）、式（1.89b）和式（1.91），并假定输入 $\{x_n\}$，$n=0, 1, \cdots, N-1$，输出具有 $M+1$ 个权重的低通余弦 Lanczos 滤波器为

$$y_n=\frac{2\omega_c}{\omega_N}\left[x_n+\sum_{k=1}^{M}F(k)(x_{n-k}+x_{n+k})\right] \tag{1.94a}$$

其中

$$F(k)=\frac{1}{2}\frac{\sin(\pi k/M)}{\pi k/M}\frac{\sin\left(\pi k\dfrac{\omega_c}{\omega_N}\right)}{\pi k\dfrac{\omega_c}{\omega_N}} \tag{1.94b}$$

输出时间序列以 $y_M=y(M\Delta t)$ 开始，y_M 与给定滤波器长度 M 的第一个可计算值相对应，并且假设输入数据从 $x_n=x_0$ 开始。即

$$y_M=\frac{2\omega_c}{\omega_N}\begin{bmatrix}x_M+\dfrac{1}{2}F(1)(x_{M-1}+x_{M+1})+\dfrac{1}{2}F(2)(x_{M-2}+x_{M+2})+\\ \cdots+\dfrac{1}{2}F(M)(x_0+x_{2M})\end{bmatrix} \tag{1.95}$$

所选滤波器系数的数量 M 始终是在截止频率处滤波器期望衰减与从记录的两端丢失的可接受数据点数目（$=2M$）之间的折中。数字 M 越大，滤波器截止越清晰，数据丢失越多。通过同一滤波器对给定记录进行重复（q 次）处理产生越来越尖锐的级联滤波器响

应$[W(\omega/\omega_q)]^q$，并且从记录的每一端相应地产生更大的数据值损失（qM）。对于高通滤波器，M 应该足够大，使得在时域中，对应的低通滤波器的 $2M$ 权重可以超过用来分离高频振荡的滤波器的“多”周期。

式（1.89a）~式（1.90b）中权重 w_k 的总和 S 给出了滤波器性能的定性测量：

$$S=\sum_{k=0}^{M}w_k \tag{1.96}$$

理想的低通滤波器（即没有截断或数值舍入效应的低通滤波器）应该给出 $S=1$，而理想的高通滤波器则是 $S=0$，接近这些值表示滤波器在数值上是可靠的。

四、汉宁窗

近几年的海洋学文献中，在 Lanczos 余弦或余弦 Lanczos 滤波器的基础上提出了各种余弦型滤波器，其中一种广泛应用的方程是 Mooers 和 Smith（1967）在俄勒冈大陆架波浪研究中提出的 5 天低通滤波器。在这项研究中，汉宁或升余弦窗定义为

$$w_k=\begin{cases}\dfrac{1}{2}\left[1+\cos\left(\dfrac{\pi k}{M}\right)\right], & |k|<M\\ 0, & |k|>M\end{cases} \tag{1.97}$$

将其取代式（1.90b）中的 σ 因子。

令 x_n（$n=1$，2，…，N）表示每小时的数值时间序列，$2M+1=120$ 是 120h（5 天）的总权数。那么滤波器的小时输出 $\{y_n\}$ 就是

$$y_n=\frac{1}{A}\left[x_n+\sum_{k=1}^{60}F(k)(x_{n-k}+x_{n+k})\right] \tag{1.98a}$$

其中

$$F(k)=\frac{1}{2}[1+\cos(\pi k/60)]\frac{\sin(p\pi k/12)}{p\pi k/12} \tag{1.98b}$$

并且，A 为归一化因子，其表达式为

$$A=1+2\sum_{k=1}^{60}F(k) \tag{1.98c}$$

是归一化因子。一旦指定了滤波器权重 k 的数量（这里，$k=60$），则传递函数 $W_L(\omega)$ 由参数 p，即滤波器的半幅度频率确定，单位为每天一个周期（cpd）。具体为

$$W_L(\omega)=\frac{1}{A}\left[1+2\sum_{k=1}^{60}F(k)\cos\left(\pi k\frac{\omega}{\omega_N}\right)\right] \tag{1.99}$$

其中 F 和 A 由式（1.98b）和式（1.98c）给出。

式（1.98b）与式（1.94b）的比较表明

$$p=12\frac{\omega_c}{\omega_N}=24f(\text{cpd}) \tag{1.100}$$

式中，$f_c=\omega_c/2\pi$ 是以每小时（cph）为单位的截止频率，对于小时采样数据使用奈奎斯特频率 $f_N=0.5$cph。因此，式（1.94b）和式（1.98b）中的角度参数是相同的，滤波器的区别在于引入了 σ 因子。$[1+\cos(\pi k/M)]$的振荡与 k 是一致的，$\sin(\pi k/M)/(\pi k/M)$随着 k

的增加而衰减，同样地，$\sin(\pi k\omega_c/\omega_N)/(\pi k\omega_c/\omega_N)$也是随着 k 的增加而衰减（图 1.30）。在这方面升余弦窗提供了比 σ 因子更严格的傅里叶级数截断的加权。

对应于 34.29h 的截止周期，$p=0.7$cpd 的值已被普遍用于低通 Lanczos 余弦滤波器的设计。虽然这可以在两天和更长时间内产生可接受的滤波器响应（其中 2 天通常是海洋"谱间隙"的中心周期），但从日频带中获得的高频能量却是不可接受的，尤其是对于来自 O_1 和 Q_1 潮汐分潮的高频能量（Walters and Heston，1982）。为了进一步减少日频带的泄漏，Mooers 和 Smith（1967）应用了一个单独的滤波器对 $p=0.7$cpd 滤波器或 Lancz7 滤波器的低通滤波数据进行了处理（Thomson，1983）（图 1.31）。Walters 和 Heston（1982）处理数据时使用了两次滤波器，以产生 10 天（Lancz7）滤波器。这不仅导致整个日波段的滤波器幅度显著提高，而且还使从时间序列末尾丢失的数据量增加了一倍。Thomson（1983）提出使用 $p=0.6$cpd（相当于 40h 截止时间）的 Lanczos 余弦滤波器（Lancz6 滤波器）。Lancz6 滤波器基本上消除了日频带的泄漏，同时将滤波记录的低通部分移动到略超过 2 天的时间。滤波器的区别是非常细微的，对于 $p=0.7$（Lancz7 滤波器）的 Lanczos 余弦滤波器，传递函数的第一个零点在频率 15.4°/h（0.0428cph）处，其超过日频带。对于 Lancz6 滤波器，第一个零点移到了 O_1 频率 13.9°/h 的附近，也就是14°/h（0.0389cph）处。

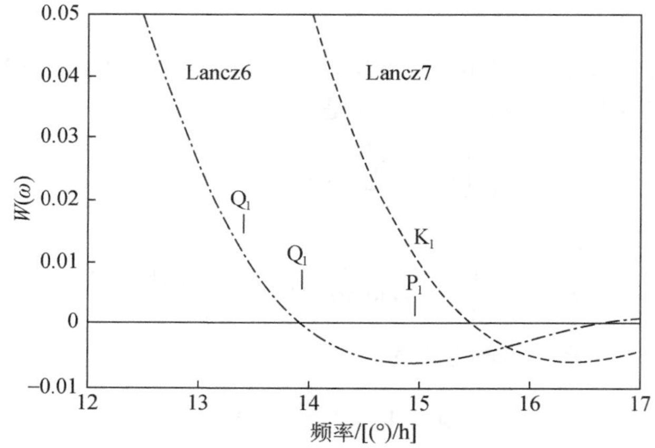

图 1.31　用于日频带的两个消潮滤波器的响应扩展视图

Lancz6 和 Lancz7 滤波器是低通 Lanczos 余弦滤波器。15.4°/h = 1.0cpd（由 Thomson，1983 修改）

第八节　巴特沃斯滤波器

上一节描述的加窗余弦滤波器试图使用截断的傅里叶级数来接近理想的矩形传递函数。对于非递归滤波器，输出的是数据的简单线性组合，窗函数的作用是抑制在时域截断过程中产生的过冲现象（吉布斯现象）。我们现在将讨论一种特殊的递归滤波器，它的传递函数是使用正弦和余弦中的有理函数创建的。因为这是一种递归滤波器，所以输出数据由输入数据和输出的过去值组成。

$\xi=\xi(\omega)$是频率为ω的正弦和余弦的单调递增有理函数。此单调递增函数生成一个特别有用的具有截止频率ω_c的理想低通递归滤波器的平方增益的近似值（图1.32）：

$$|W_L(\omega)|^2=\frac{1}{\left[1+\left(\frac{\xi}{\xi_c}\right)^{2q}\right]} \tag{1.101}$$

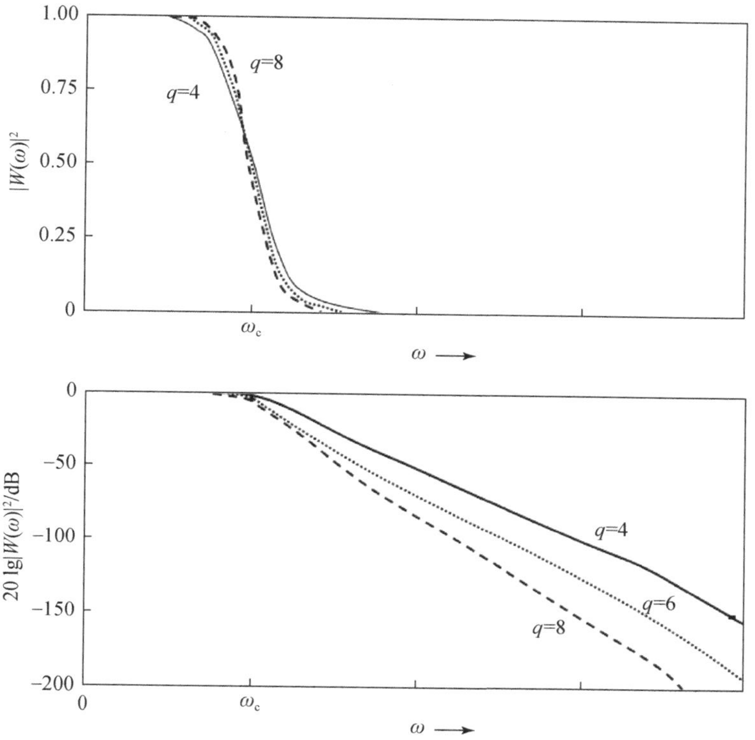

图1.32　理想平方低通巴特沃斯滤波器在阶数$q=4$，6，8时的频率响应$|W_L(\omega)|^2$在截止频率ω_c处power=0.5

这种滤波器设计最终将需要$\xi(0)=0$，使得$W_L(\omega)$逼近［式（1.101）］。这里我们使用变量$\xi(\omega)$来代替通常使用的变量符号$W(\omega)$，来避免与滤波器权重W产生混淆。

巴特沃斯滤波器的形式［式（1.101）］有许多理想特征（Roberts and Roberts，1978）。区别于截断傅里叶级数构成的线性非递归滤波器，巴特沃斯滤波器的传输函数在通带和阻带是单调平滑的，在起点（$\omega=0$）和奈奎斯特频率ω_N处则有很高的相切性。W_L（ω）的衰减频率随着滤波器阶数q的增加而增加。但是，我们再次强调，从阻带到通带变化太快会导致输出数据由于吉布斯现象而产生振铃效应。受平方响应影响，巴特沃斯滤波器产生零相移时，因为对于所有q，有$\xi/\xi_c=1$，其振幅在截止频率会衰减2倍。例如，在本章第七节提到的Lanczos窗余弦滤波器，与非递归滤波器不同的是，原始数据两端没有数据损失，有N个输入数据就能生成N个输出值。但Lanczos窗余弦滤波器也有个缺陷，就是振铃效应会使滤波输出端的数据失真。因此，像处理非递归滤波器产生的数据缺失问题一样，暂且忽略滤波后末端的输出值。事实上，与具有类似平滑性能的非递归滤波器相比，这种损失是差不多的，通常需要主观地判断滤波记录中“坏”数据的终点和“好”数据的起点。

巴特沃斯滤波法属于具有时域方程式（1.44）的物理可实现的递归滤波器。单个脉冲输入的影响能在未来任意时刻预测到，因此也可将其归类为无限脉冲响应滤波器。为了解释为什么期望 $\xi(\omega)$ 是正弦和余弦的有理函数，我们使用式（1.44），以及 $W(\omega)$ 是输出与输入之比来说明，可以得到：

$$W(\omega)=\frac{输出}{输入}=\frac{\sum_{k=0}^{M}\omega_k e^{-\mathrm{i}\omega k\Delta t}}{1-\sum_{k=1}^{L}g_k e^{-\mathrm{i}\omega k\Delta t}} \tag{1.102}$$

其中分子和分母中的 $e^{-\mathrm{i}\omega k\Delta t}$ 阶多项式可用变量 ξ 表示。用 $z=e^{-\mathrm{i}\omega k\Delta t}$ 替换得到基于 z 变换和零极点表示的滤波器响应 $W(\omega)$。

一、高通和带通滤波器

高通和带通巴特沃斯滤波器都可以用低通滤波器构建［式（1.101）］。例如，在构建一个截止频率为 ω_c 的高通滤波器时，可以使用式（1.101）的变换函数 $\xi/\xi_c\to-(\xi/\xi_c)^{-1}$。那么，这个高通滤波器的平方传递函数为

$$|W_H(\omega)|^2=\frac{\left(\frac{\xi}{\xi_c}\right)^{2q}}{\left[1+\left(\frac{\xi}{\xi_c}\right)^{2q}\right]} \tag{1.103}$$

其中

$$|W_H(\omega)|^2=1-|W_L(\omega)|^2 \tag{1.104}$$

带通巴特沃斯滤波器（和它们对应的阻带巴特沃斯滤波器）是由低通和高通滤波器组合起来构建的。例如，在式（1.101）中对带通滤波器的合理替换，使 $\left(\frac{\xi}{\xi_c}\right)=\left(\frac{\xi^*}{\xi_c}\right)-\left(\frac{\xi^*}{\xi_c}\right)^{-1}$，从而得到二次方程：

$$\left(\frac{\xi^*}{\xi_c}\right)^2-\left(\frac{\xi}{\xi_c}\right)\left(\frac{\xi^*}{\xi_c}\right)-1=0 \tag{1.105a}$$

它的根是

$$\left(\frac{\xi_{1,2}^*}{\xi_c}\right)=\left(\frac{\xi}{\xi_c}\right)/2\pm\left[\left(\frac{\xi}{\xi_c}\right)^2/4+1\right]^{1/2} \tag{1.105b}$$

将 $\xi/\xi_c=\pm1$（低通滤波器的截止点）代入式（1.105b），再根据低通滤波器的截止频率 $\pm\omega_c$，可以得到带通滤波器的归一化截止函数 $\xi_1^*/\xi_c=0.618$ 和 $\xi_2^*/\xi_c=1.618$。带通滤波器的 ξ_1^*/ξ_2^* 取决于低通滤波器的截止频率。同样也可以得到带宽 $\Delta\xi/\xi_c=-(\xi_1^*-\xi_2^*)/\xi_c=1$ 和两个根的积 $(\xi_1^*/\xi_c)(\xi_2^*/\xi_c)=1$。利用 ξ_1^* 和 ξ_2^* 的乘积可以得到低通滤波器的相关函数 ξ_c：

$$\xi_1^*\xi_2^*=\xi_c^2 \tag{1.106}$$

二、数字表达式

传递函数［式（1.101）~式（1.104）］包含连续变量ξ，这个变量由频率ω的正弦和余弦函数构成。要确定一个适用于数字信号的$\xi(\omega)$形式，我们需要找到一个包含常数$a\sim d$的有理函数表达式，使得式（1.102）中的$e^{i\omega\Delta t}$有以下形式

$$e^{i\omega\Delta t}=\frac{a\xi+b}{c\xi+d} \tag{1.107}$$

（不失一般性，在此用$+i\omega\Delta t$代替$-i\omega\Delta t$）。正如 Hamming（1977）描述的，当$\xi=0$时，$\omega=0$和$\xi\to\pm\infty$时$\omega\to\pi/\Delta t$，可以获得常数。常数b和d（其中一个是任意的）被设置为1。变换的最终“尺度”由令$\xi=1$时（$\omega/2\pi$）$\Delta t=1/4$决定。这就得到

$$e^{i\omega\Delta t}=\frac{1+i\xi}{1-i\xi} \tag{1.108}$$

或者，令等式两端的实部与虚部相等：

$$\xi=\frac{2}{\Delta t}\left[\tan\left(\frac{1}{2}\omega\Delta t\right)\right]=\frac{2}{\Delta t}\left[\tan\left(\frac{\pi\omega}{\omega_s}\right)\right],-\omega_N<\omega<\omega_N \tag{1.109}$$

其中，$\omega_s/2\pi=f_s$是采样频率（$f_s=1/\Delta t$）。我们注意到式（1.109）的导数等价于保角映射

$$\xi=i\frac{2(1-z)}{\Delta t(1+z)} \tag{1.110a}$$

其中

$$z=e^{2\pi if\Delta t} \tag{1.110b}$$

是标准z变换。

这个（离散）低通巴特沃斯滤波器的传递函数是（Rabiner and Gold，1975）

$$|W_L(\omega)|^2=\frac{1}{1+[\tan(\pi\omega/\omega_s)/\tan(\pi\omega_c/\omega_s)]^{2q}} \tag{1.111a}$$

高通巴特沃斯滤波器的传递函数是

$$|W_H(\omega)|^2=\frac{[\tan(\pi\omega/\omega_s)/\tan(\pi\omega_c/\omega_s)]^{2q}}{1+[\tan(\pi\omega/\omega_s)/\tan(\pi\omega_c/\omega_s)]^{2q}} \tag{1.111b}$$

在这些表达式中的采样频率定为$\omega_s=2\pi/\Delta t$，截止频率定为$\omega_c=2\pi/T_c$，其中$T_c=1/f_c$是循环截止频率的周期。各种截止频率和滤波器阶数q的式（1.111a）的曲线如图1.33所示。

利用标准z变换导出传递函数时会出现混叠误差，当数字间隔较大时，这种误差会变得很大。因此在式（1.110a）中使用双线性z变换$i(1-z)/(1+z)$，可以很好地解决这个问题。在数学上，双线性z变换映射到单位圆（为了稳定，$|z|<1$）内部上半个平面。关于巴特沃斯滤波器的极点和零点推导的详细讨论见 Kanasewich（1975），Rabiner 和 Gold（1975）。

利用上述关系，通过将传递函数乘以复共轭$W^*(\omega)=W(-\omega)$可以得到滤波器$W(\omega)$的平方响应。［在这种情况下，因为$i=\sqrt{-1}$，所以$W^*(\omega)$和$W(-\omega)$相等。］ω总会存在共轭$i\omega$。$W(\omega)W(-\omega)$消除了由单个滤波器引起的任何与频率相关的相移，并产生平方的

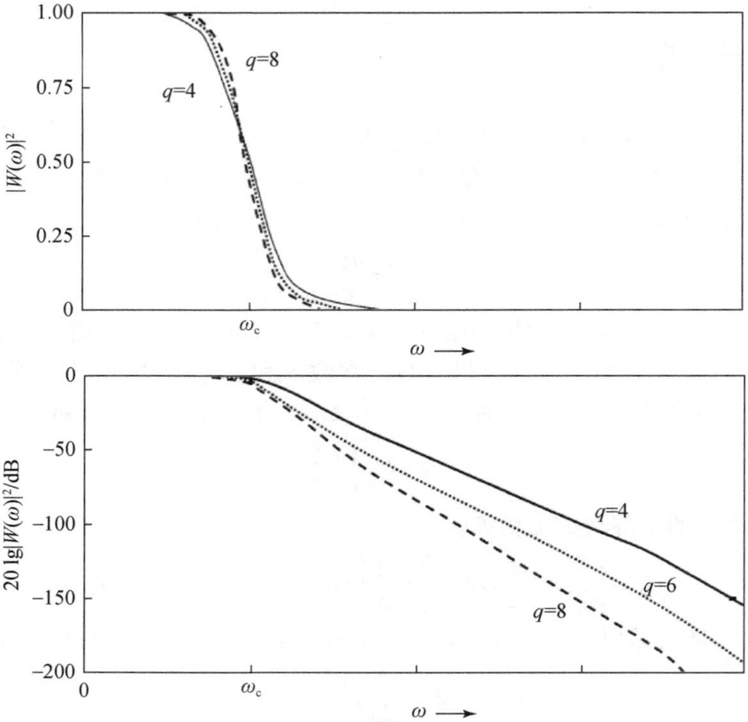

图 1.33　离散低通平方巴特沃斯滤波器在阶段 $q=4$，6，8 时的频率响应 $|W(\omega)^2|$

ω_c 为 power=0.5 的截止频率

频率响应，因此比单独由 $W(\omega)$ 产生的频率响应更尖锐。滤波器振铃和稳定问题会影响滤波器的锐度（由参数 q 决定）。当 q 变得太大时，滤波器处理数据时会表现得不连续，并且会迅速产生吉布斯现象。

式（1.111a）和式（1.111b）可用作设计频域的滤波器。在时域上，我们首先要确定低通滤波器系数 ω_k 和 g_j，然后通过处理传递函数 $W(\omega)$ 的输出来生成输出量 $|W(\omega)|^2$。为了获得高通巴特沃斯滤波器 $|W_H(\omega)|^2$ 的输出，首先要获得相对应的低通滤波器 $|W_L(\omega)|^2$ 的输出，最后用原始输入数据点对点地减去低通滤波器的输出数据。

三、正弦滤波器

式（1.111a）和式（1.111b）定义了正切巴特沃斯低通滤波器的传递函数。相应的正弦巴特沃斯低通滤波器的传递函数为

$$|W_H(\omega)|^2=\frac{2}{1+[\sin(\pi\omega/\omega_s)/\sin(\pi\omega_c/\omega_s)]^{2q}} \tag{1.112}$$

这里我们简单将式（1.111a）和式（1.111b）中的 $\tan(x)$ 代替为 $\sin(x)$。尽管这本书只涉及滤波器的正切版本，但是有的情况下正弦滤波器可能更合适（Otnes and Enochson，1972）。正切滤波器在阻带内有“优越”的衰减性，但正弦滤波器中只有递归

项，而正切滤波器既有递归也有非递归项，因此正切滤波器计算量是翻倍的。

四、滤波器设计

Hamming（1977）讨论了巴特沃斯滤波器的设计。这里，我们使用相同的基本概念。我们基于采样间隔 Δt 开始指定采样频率 $\omega_s=2\pi f_s=2\pi/\Delta t$，这里：

$$0<\omega/\omega_s<0.5 \tag{1.113}$$

式（1.113）中的上限表示归一化奈奎斯特频率 ω_N/ω_s。我们接下来指定在滤波半功率点需要的截止频率 ω_c。为了取得最佳效果，滤波器的归一化截止频率 ω_c/ω_s 应使得滤波器的过渡带与任何采样端区域［式（1.113）］没有明显的重叠。一旦确定了归一化截止频率，滤波响应的性质完全由滤波器的阶 q 决定。经验表明，参数 q 应该小于 10，最好不大于 8。尽管在整个计算中使用双精度，但舍入误差和振铃效应可能会扭曲大值 q 的滤波器响应，致使滤波器不可用。

一旦确定好截止频率，巴特沃斯滤波器有两种设计方法。第一种是指定 q，使得通带和阻带的衰减能够自动确定。第二种是利用严格单调函数，根据给定频率下所需的衰减计算 q。假设我们希望在低通滤波器的阻带有一个截止频率 $\omega_c=\omega_a$，在频率 ω_a 处有 $-D$ 分贝的衰减。利用分贝定义和式（1.101），我们发现：

$$q=0.5\frac{\lg(10^{D/10}-1)}{\lg(\xi_a/\xi_c)}\approx\frac{\dfrac{D}{20}}{\lg\left(\dfrac{\xi_a}{\xi_c}\right)},\quad D>10 \tag{1.114}$$

其中 D 是正数，用来计算以分贝为单位的滤波器振幅；ξ 由式（1.109）定义。如果参数（ω_a，D）已经被正确指定，并且 q 小于 10，那么可以选取最接近的整数作为滤波器阶数。如果不满足 q 小于 10，那么说明施加的约束条件过于严苛，需要设置新的参数。以上的过程适用于高通滤波器，截止频率在频率 ω_a/ω_c 衰减为 $-D$ 时指定 q，并将式（1.114）中的 $\lg(\xi_a/\xi_c)$ 用 $\lg(\xi_c/\xi_a)$ 替代就能完成。因为 $\lg(x)=-\lg(1/x)$，忽略 $\lg(1/x)$ 前面的负号，我们能将应用式（1.114）简化为高通滤波器。

五、滤波器系数

一旦能够确定传递响应的性质，我们就可以导出滤波器系数来应用于时域上的数据。我们假定低通滤波器传递函数 $W_L(\omega;q)$ 可以由二阶（$q=2$）巴特沃斯滤波器 $W_L(\omega;2)$ 的乘积或级联构成，或者必要时需要乘以一个一阶（$q=1$）巴特沃斯滤波器 $W_L(\omega;1)$。例如，我们假定滤波器阶数为 5，传递函数能通过级联构建为

$$W_L(\omega;5)=W_L(\omega;1)\times W_{L,1}(\omega;2)\times W_{L,2}(\omega;2) \tag{1.115}$$

在这里二阶滤波器 $W_{L,1}$ 和 $W_{L,2}$ 有不同的代数结构。使用级联技术就意味着计算机程序代码中，巴特沃斯滤波器的阶数是可变的，而无须每次计算单独的传递函数 $W_L(\omega;q)$。这消除了大量的代数计算和减少了每一阶 W_L 的“硬行计算”引起的舍入误差。

一个特定滤波器阶数 q 的二阶传递函数为

$$W_L(\omega;\ 2)=\frac{[\xi_c^2(z^2+2z+1)]}{a_k z^2-2z(\xi_c^2-1)+\{1-2\xi_c\sin[\pi(2k+1)/2q]+\xi_c^2\}} \tag{1.116a}$$

其中，ξ 和 z 分别由式（1.109）和式（1.110b）定义。

$$a_k=1-2\xi_c\sin\left[\frac{\pi(2k+1)}{2q}\right]+\xi_c^2 \tag{1.116b}$$

其中，k 是整数，范围为

$$0\leqslant k\leqslant 0.5(q-1) \tag{1.116c}$$

当 q 是奇数时，一阶滤波器 $W_L(\omega;\ 1)$ 为

$$W_L(\omega;\ 1)=\left(\frac{\xi_c}{1+\xi_c}\right)\frac{z+1}{z-\left(\dfrac{1-\xi_c}{1+\xi_c}\right)} \tag{1.117}$$

同样，假定 q 为 5。然后，传递函数 W_L 由式（1.116a）给出的前置滤波器 $W_L(\omega;\ 1)$ 和两个二阶滤波器组成，其中 k 同式（1.116c）中的 $k=0$ 和 1。注意，我们严格遵守式（1.116c）中的不等式。第一个二阶滤波器可以通过在式（1.116a）中设置 $k=0$ 得到；第二个二阶滤波器可以通过设置 $k=1$ 得到。当 $q=7$ 时，则需要 $k=2$ 的第三个二阶滤波器，并以此类推。

一阶函数［式（1.117）］有一般形式：

$$W_L(\omega)=\frac{d_0 z+d_1}{z-e_1} \tag{1.118}$$

二阶方程式（1.116a）有一般形式：

$$W_L(\omega)=\frac{c_0 z^2+c_1 z+c_2}{z^2-b_1 z-b_2} \tag{1.119}$$

其中，式（1.116a）的系数中的正弦函数项随阶数 q 而改变。式（1.118）中系数 d、e 可以通过直接与式（1.117）比较获得，同时系数 b、c 可以通过与式（1.116a）比较获得。

递归信号滤波器［式（1.44）］的时域算法分别有式（1.120）和式（1.121）两种形式：

$$y_n=d_0 x_n+d_1 x_{n-1}+e_1 y_{n-1} \tag{1.120}$$

和

$$y_n=c_0 X_n+c_1 X_{n-1}+c_2 X_{n-2}+b_1 y_{n-1}+b_2 y_{n-2} \tag{1.121}$$

直接比较式（1.118）和式（1.117）产生一阶滤波器的时域系数，比较式（1.119）和式（1.116a）产生从 $k=0$ 开始的每个 k 值的二阶滤波器的对应系数。特别地，对于一阶滤波器：

$$d_0=d_1=\frac{\xi_0}{1+\xi_c},\ e_1=\frac{1-\xi_e}{1+\xi_e} \tag{1.122}$$

对于二阶滤波器：

$$\begin{aligned}&b_1=2(\xi_c^2-1)/a_k;\ b_2=[(1+\xi_c^2)-a_k J/a_k]\\&c_0=\xi_c^2/a_k;\ c_1=2c_0;\ c_2=c_0\end{aligned} \tag{1.123}$$

其中，根据创建 q 阶滤波器所需的二阶滤波器的数量，式（1.123）中的系数随参数 k 的变化而变化。

为了应用 $q=5$ 的滤波器，我们通过一阶滤波器［式（1.120）］处理输入数据 $x_n(n=0, 1, \cdots, N)$。然后我们从一阶滤波器中提取输出数据并通过第一个 $k=0$ 的二阶滤波器［式（1.121）］处理它。所得的输出结果利用第二个 $k=0$ 的二阶滤波器处理。正如式（1.115）所示，从三个滤波器获得的序列 $y'_n(n=0, 1, \cdots, N)$ 就是五阶巴特沃斯滤波器 $W_L(\omega; 5)$ 的低通输出结果。

因为我们的最终目标是通过由式（1.115）给定的滤波器的平方响应 $|W_L|^2$ 来平滑数据去除任意滤波器引起的相移，所以任务只完成了一半。我们需要的结果是：输入信号 $\{X_n\}$ 经过滤波器 $W_L(\omega)$ 的输出为 $\{y'_n\}$，$\{y'_n\}$ 经过滤波器 $W_L(-\omega)$ 的输出为 $\{y_n\}$。为了获得滤波器的平方响应 $|W_L(\omega)|^2$ 的结果 $\{y_n\}$，我们需要利用滤波器 $W_L(-\omega)$ 处理从 $W_L(\omega)$ 获得的输出结果 $\{y'_n\}$，有三个选择：①我们可以单独设计 $W(-\omega)$，仅涉及式（1.116a）和式（1.117）的相对简单一些的符号变化。②我们可以反转计算顺序，这样就可以通过这个逆向滤波器从 $W_L(\omega)$ 得到输出 $\{y'_n\}$。也就是说，来自 $W_L(\omega)$ 的数据首先通过二阶滤波器（$q=5$，$k=1$），该滤波器的输出通过二阶滤波器（$k=0$），最终通过一阶滤波器。③我们仅仅反转数据 $\{y'_n\}$ 的时间顺序，通过原始滤波器 $W_L(\omega)$ 得到结果。因为所有的数据事先被记录，所以我们推荐选择③。需要注意是，那个最终输出数据的顺序必须颠倒重新获得数据的原来的时间顺序。在所有情况下，利用滤波器级联通过 $\{y'_n\}$ 反转版本去除与从 $\{y_n\}$ 产生 $\{y'_n\}$ 的第一次滤波有关的相移。从第一个滤波器系列 $W_1(\omega)\times W_2(\omega)\times\cdots\times W_1$ 引起的相移 $\phi(\omega)$ 由第二个滤波器系列 $W_L(-\omega)$ 的相移 $-\phi(\omega)$ 抵消。

为执行巴特沃斯滤波器的计算机程序，应该将每一个滤波器的输出结果 $\{y'_n\}$ 作为新的输入数据 $\{X_n\}$ 分配给级联中的下一个滤波器，直到实现与滤波器 $|W_L(\omega)|^2$ 对应的输出为止。最后一组输出按时间顺序倒置，并通过相同的滤波器重新运行。为确保在时间上的正确排序，在最后一组计算之后，需要反转输出序列。

为了获得高通巴特沃斯滤波器的结果，需要进一步计算。低通滤波器的最终结果 $\{y_n\}$，$n=0, 1, \cdots, N$ 从原始数据 $\{X_n\}$，$n=0, 1, \cdots, N$ 中被减去来创建高通滤波后的数据 $y_n^*=X_n-y_n$。获得低通和高通巴特沃斯滤波器的流程图如图 1.34 所示。

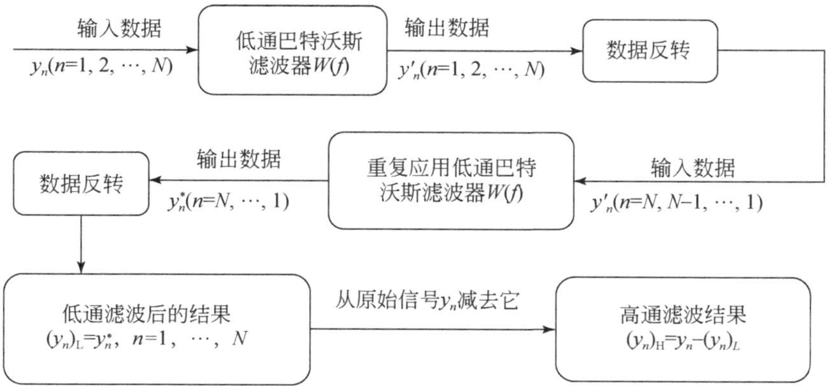

图 1.34　获得低通和高通巴特沃斯滤波器的流程图

第九节　凯泽-贝塞尔滤波器

我们考虑最优滤波器中的凯泽-贝塞尔滤波器来处理和分析海洋数字信号。凯泽-贝塞尔滤波器由贝尔实验室的詹姆斯贝塞尔设计（Kaiser，1966），它需要设定一个独立参数 α，并且容易产生具有高等效噪声带宽系数，这是一个良好数字滤波器的设计标准（注意参数 $\beta=\pi\alpha$ 有时用在定义滤波器形状 α 的位置）。在时域上，M 个滤波器权重 $w(m)$ 被定义为

$$w(m)=\begin{cases}\dfrac{I_0(\pi\alpha\Omega)}{I_0(\pi\alpha)}, & -(M-1)/2\leqslant m\leqslant(M-1)/2\\ 0, & \text{其他}\end{cases}\tag{1.124}$$

其中 I_0 是第一类的零阶改进贝塞尔函数，$\alpha>0$ 是用来决定滤波器形状的任意实数，$(M-1)\Delta t$ 是在时域上数据采样率为 Δt 的滤波器宽度，并且：

$$\Omega=\left[1-\left(\frac{2m}{M-1}\right)^2\right]^{1/2}\tag{1.125}$$

$$I_0(x)=\sum_{k=0}^{\infty}\left[\frac{(-1)^k}{\Gamma(k+1)}\frac{(x/2)^k}{k!}\right]^2\tag{1.126}$$

贝塞尔函数在原点有最大值 $I_0=1$，振荡形式与余弦函数类似，衰减速率与 $1/\sqrt{x}$ 成比例，尽管其根一般不是周期的，但对于数值变化较大的 x 来说是渐近的（这里 Γ 是伽马函数）。将式（1.125）和式（1.126）代入式（1.124），得到滤波器在 $m=0$ 处脉冲响应有峰值 $W(0)=1$，从中央峰值向两边衰减。滤波器的频率响应 $W(\omega)$ 通过式（1.124）的离散傅里叶变换获得，近似表示为

$$W(\omega)\approx\frac{(M-1)\Delta t}{I_0(\pi\alpha)}\times\frac{\sinh\{\pi[(\alpha)^2-((M-1)\omega\Delta t/2\pi)^2]^{1/2}\}}{\pi[(\alpha)^2-((M-1)\omega\Delta t/2\pi)^2]^{1/2}}\tag{1.127}$$

其中，$\omega=2\pi f$ 是角频率，滤波器长度 $(M-1)\Delta t=1/f_0$ 是滤波器基频 f_0 的倒数。因此，$(M-1)\omega\Delta t/2\pi=f/f_0$ 给出滤波器的归一化频率，$[(M-1)\Delta t]f$ 被称为“DFT 单元长度”。为了滤波器设计，将改进的贝塞尔函数 I_0 定义为基于在 $x=0$ 处的泰勒级数展开。

对于 $|x|\leqslant 3.75$：

$$\begin{aligned}I_0(x)=&\{[\{[(4.5813\times10^{-3}Z+3.60768\times10^{-2})Z+2.659732\times10^{-1}]Z\\&+1.2067492\}Z+3.0899424]Z+3.5156229\}Z+1.0\end{aligned}\tag{1.128a}$$

其中，当 x 为实数时：

$$Z=(x/3.75)^2\tag{1.128b}$$

对于 $|x|>3.75$：

$$\begin{aligned}I_0(x)=&\exp(|x|)/|x|^{1/2}\{[(\{[3.92377\times10^{-3}Z-1.647633\times10^{-2})Z\\&+2.635537\times10^{-2}]Z-2.057706\times10^{-2}\}Z+9.16281\times10^{-3}]Z\\&-1.57565\times10^{-3}\}Z+2.25319\times10^{-3})Z+1.328592\times10^{-2}]Z\\&+3.39894228\times10^{-1}\}\end{aligned}\tag{1.129a}$$

其中，

$$Z=3.75/|x|\tag{1.129b}$$

图 1.35 给出了参数 α 的两个分离值较大的滤波器权重和相应 DFT 的示例。

回想一下，滤波器设计的基本目标是尽可能地模拟理想的阶梯状滤波器，使其频率响应在整个通带中等于 1，并且在整个阻带中等于 0。理想的滤波脉冲响应可以通过理想频率响应的 DFT 推导出。因为阶梯状函数的 DFT 导致无限数量的滤波器权重，需要截断滤波器，从而在滤波器带宽和旁瓣衰减之间进行折中。如图 1.35 所示，改变参数 α 允许在滤波器响应的通带主瓣的宽度与阻带内旁瓣的振幅之间进行权衡。在时域和频域采用高斯形状滤波器，随着 α 增加，主瓣带宽增加，旁瓣振幅减少。其他滤波器（如滑动平均或者矩形滤波器）与凯泽–贝塞尔滤波器相比，具有更陡峭和狭窄的主瓣，以及弱衰减的旁瓣。由于凯泽–贝塞尔滤波器的旁瓣影响大大降低，使用具有 50% 重叠的数据段获得的谱估计保持近统计学独立性。凯泽–贝塞尔窗能通过改变变量 α（表 1.1）来接近其他的窗函数。凯泽–贝塞尔滤波器和其他滤波器权重（脉冲响应）W_m 与相对应的频率响应函数 $W(f)$ 的比较如图 1.36 所示。

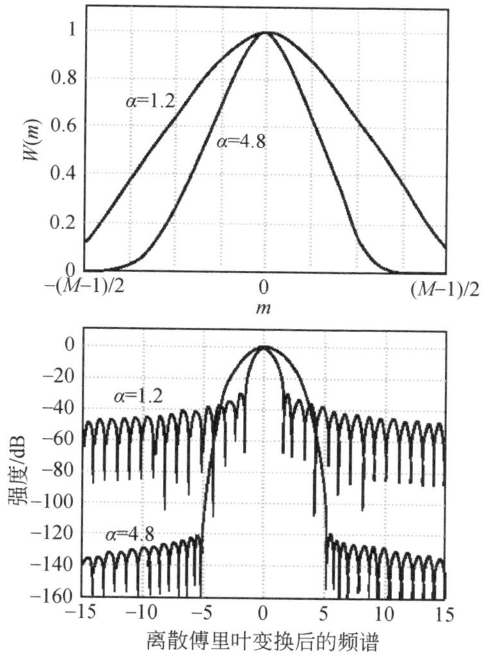

图 1.35　在两个 α 值（1.2 和 4.8）和 $M=31$ 下的凯泽–贝塞尔滤波器的频率响应函数 $W(f)$ 与相对应的滤波器权重（脉冲响应）

表 1.1　在不同的 α 参数和 $\beta=\pi\alpha$ 情况下凯泽–贝塞尔滤波器相对于其他滤波器的形状

α	β	窗形式
0	0	矩形窗
1.6	5	类似汉明窗
1.9	6	类似汉宁窗
2.7	8.6	类似布莱克曼窗

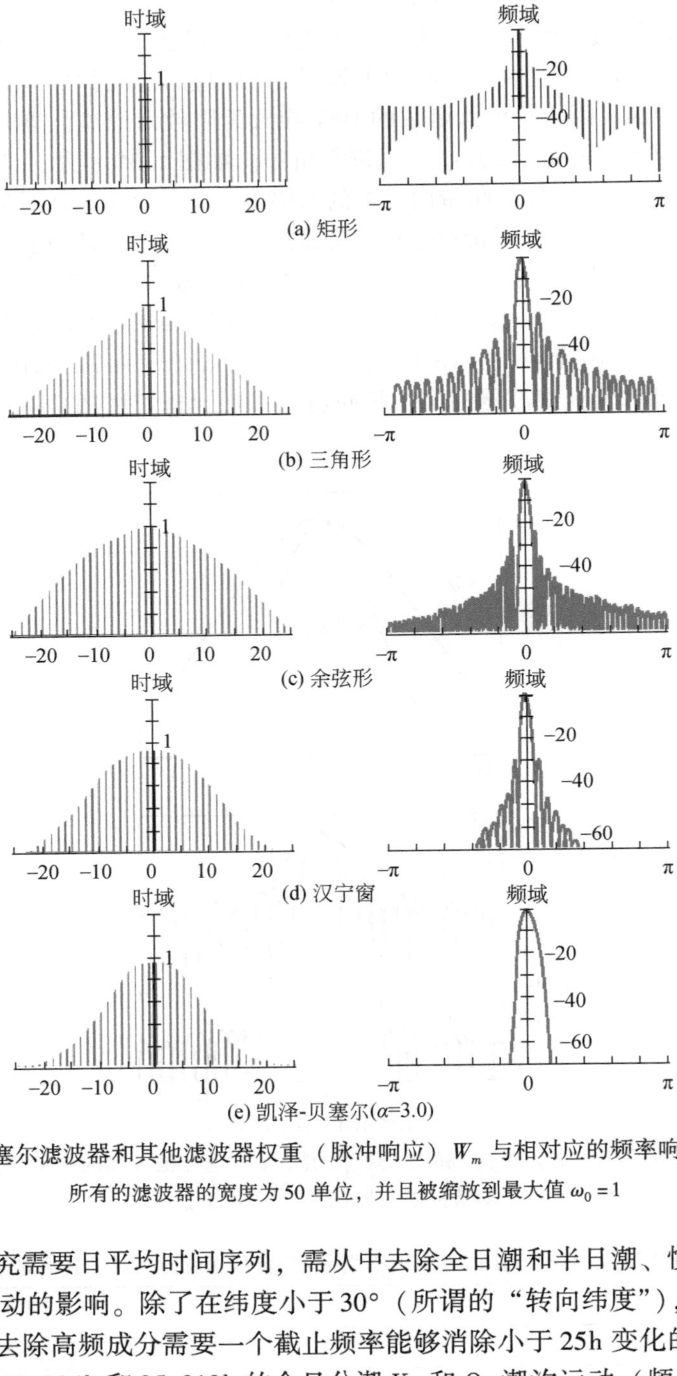

图 1.36　凯泽-贝塞尔滤波器和其他滤波器权重（脉冲响应）W_m 与相对应的频率响应函数 $W(f)$ 的比较
所有的滤波器的宽度为 50 单位，并且被缩放到最大值 $\omega_0=1$

许多海洋研究需要日平均时间序列，需从中去除全日潮和半日潮、惯性震荡、内波和其他“高频”运动的影响。除了在纬度小于 30°（所谓的“转向纬度”），惯性周期大于全日潮周期之外，去除高频成分需要一个截止频率能够消除小于 25h 变化的低通滤波器，特别是周期分别为 23. 934h 和 25. 819h 的全日分潮 K_1 和 O_1 潮汐运动（频率分别为 $f=\omega/2\pi=1.00276$cpd 和 0. 92955cpd）。对于这个例子，我们推荐使用截止周期为 25～50h 的低通凯泽-贝塞尔滤波器。这种低通滤波器能够强烈抑制旁瓣，因此较高频率运动的影响可忽略不计。我们可以通过检查凯泽-贝塞尔滤波器脉冲幅度和频率响应的特性来说明低通凯泽-贝塞尔滤波器如何很好地再现理想的低通滤波器，其阻带是为了消除每日潮汐变化，常用值 α 为2.0、2.5、3.0 和3.5，滤波器长度 M 为25h、31h、37h 和49h，数据采样的时间间隔为 $dt=1h$。凯泽-贝塞尔滤波器脉冲响应在 $-(M-1)/2\leqslant m\leqslant(M-1)/2$ 和对应频率响应 $W(f)$ 下的情况如图1.37 所示。滤波器的性质见表1.2，滤波器的权重见表1.3。对于归一化系数 γ，需将其与每个滤波器权重相乘使其加权和等于1，即：

$$\sum_{-(M-1)/2}^{(M-1)/2}\gamma W_m=1 \tag{1.130}$$

从上述结果可以看出几个一般的权衡因素：①所有的滤波器实现高旁瓣衰减，第一旁瓣以-45dB 减小（因子 $10^{-4.5}\cong 1/32.000$）；②在给定滤波器长度 M 的情况下，增加 α 能增加滤波器通带宽度（允许截止周期25h，频率 f 在0.96cpd 附近能在理想阻带中通过更多信号），同时增强旁瓣的衰减（从而大大减少位于理想阻带中的较高频率位置的泄漏）；③增加滤波器长度 M 得到滤波器截止频率（定义为1/2 振幅处或频率响应-3dB），能从理想的截止频率0.96cpd 略微转移到通带（消极影响），同时能大大衰减阻带内 K_1 和 O_1 潮汐信号的影响（积极影响）。所有滤波器都能高效地抑制周期进入阻带的半日运动。经过低通滤波后，每小时记录可以抽取到24h 样本，以获得日平均时间序列。

表1.2　低通凯泽-贝塞尔滤波器的性质

滤波器长度 M/h	α	截止时间/h	振幅衰减/dB	衰减周期/h	滚降时间/h
25	2	33.0	-46	11.0	16.5
	2.5	30.1	-57	9.1	13.1
	3	27.7	-69	7.7	10.7
	3.5	25.6	-82	6.6	9.0
31	2	41.0	-46	13.8	20.9
	2.5	37.9	-57	11.4	16.3
	3	34.1	-69	9.7	13.5
	3.5	32.0	-82	8.3	11.3
37	2	48.8	-46	16.5	25.0
	2.5	44.5	-57	13.7	19.7
	3	41.0	-69	11.5	16.0
	3.5	37.9	-82	9.9	13.5
49	2	64.0	-46	21.8	33.0
	2.5	60.2	-57	18.3	26.3
	3	53.9	-69	15.3	21.3
	3.5	51.2	-82	13.3	18.0

注：①滤波器长度 M（滤波器中使用的小时值数）；②α 是滤波器形态参数；③截止时间是在频率响应 $W(\omega)$ 被衰减到1/2 时（最大响应振幅-3dB 处）的时间；④振幅衰减是阻带第一旁瓣的振幅减小；⑤衰减周期是实现相关衰减值的周期（逆频率）；⑥滚降时间是实现“衰减”的最低频率与截止频率之间的差值。截止和滚降是以小时而不是以频率表示。

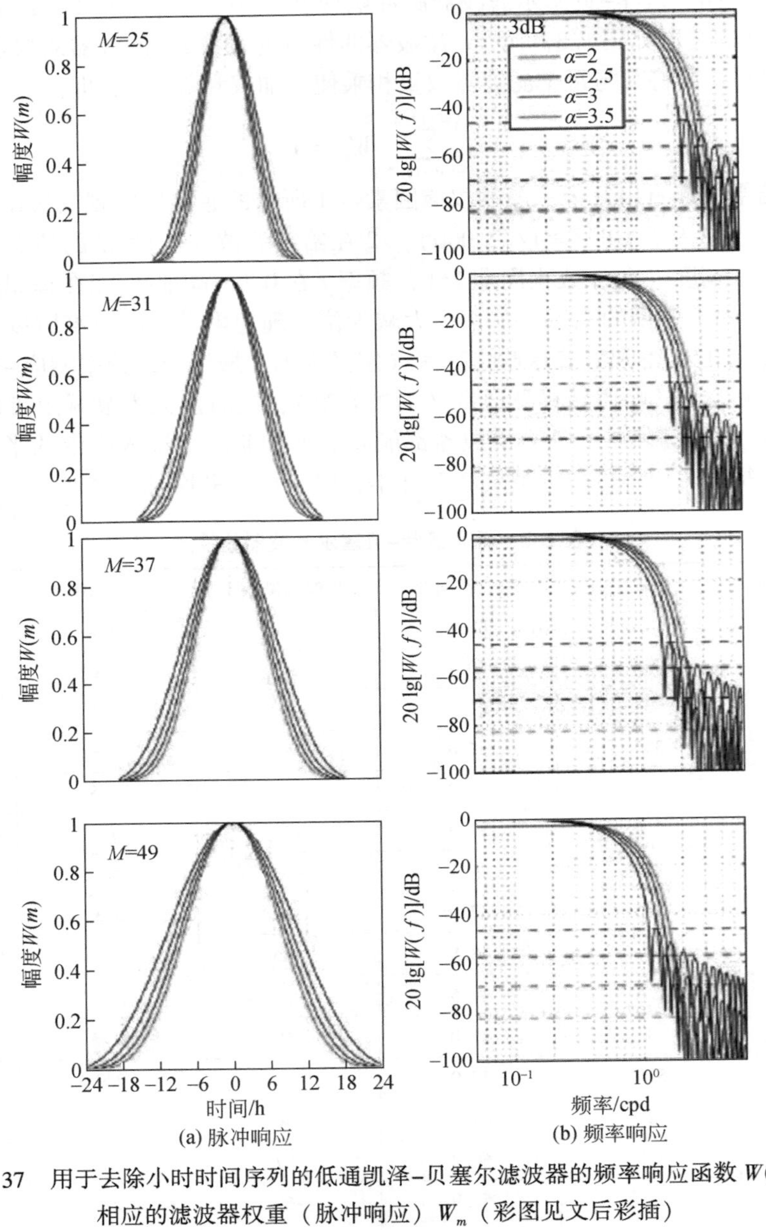

图 1.37　用于去除小时时间序列的低通凯泽-贝塞尔滤波器的频率响应函数 $W(f)$ 和相应的滤波器权重（脉冲响应）W_m（彩图见文后彩插）

图中曲线为四个 α 值（2，2.5，3，3.5）和四个滤波器长度 M（25h，31h，37h，49h）对应的响应函数曲线由于 $W(f)$ 关于 $f=0$ 对称，图中只显示了它的正频率

表 1.3　对于低通去潮凯泽–贝塞尔滤波器，不同滤波器长度 M 和 α 值下的滤波器权重 $W(\omega)$

m	M=25h				M=31h				M=37h				M=49h			
	α=2	α=2.5	α=3	α=3.5	α=2	α=2.5	α=3	α=3.5	α=2	α=2.5	α=3	α=3.5	α=2	α=2.5	α=3	α=3.5
	γ=0.085	γ=0.095	γ=0.104	γ=0.112	γ=0.068	γ=0.076	γ=0.083	γ=0.089	γ=0.057	γ=0.063	γ=0.069	γ=0.074	γ=0.043	γ=0.047	γ=0.052	γ=0.056
−24													0.011	0.003	0.001	0.000
−23													0.023	0.007	0.002	0.001
−22													0.038	0.015	0.006	0.002
−21													0.058	0.026	0.011	0.005
−20													0.083	0.041	0.020	0.010
−19													0.113	0.061	0.033	0.018
−18									0.011	0.003	0.001	0.000	0.149	0.087	0.051	0.030
−17									0.027	0.009	0.003	0.001	0.190	0.119	0.075	0.047
−16									0.051	0.021	0.009	0.004	0.236	0.158	0.106	0.071
−15					0.011	0.003	0.001	0.000	0.083	0.041	0.020	0.010	0.287	0.203	0.144	0.102
−14					0.031	0.011	0.004	0.001	0.124	0.069	0.038	0.021	0.343	0.255	0.190	0.141
−13					0.063	0.028	0.013	0.006	0.175	0.108	0.066	0.041	0.403	0.313	0.243	0.189
−12	0.011	0.003	0.001	0.000	0.106	0.057	0.030	0.016	0.236	0.158	0.106	0.071	0.465	0.376	0.305	0.247
−11	0.038	0.015	0.006	0.002	0.164	0.099	0.060	0.036	0.305	0.220	0.158	0.114	0.529	0.444	0.373	0.313
−10	0.083	0.041	0.020	0.010	0.236	0.158	0.106	0.071	0.382	0.293	0.225	0.172	0.594	0.514	0.446	0.386
−9	0.149	0.087	0.051	0.030	0.320	0.234	0.170	0.124	0.465	0.376	0.305	0.247	0.658	0.586	0.523	0.466
−8	0.236	0.158	0.106	0.071	0.415	0.325	0.255	0.200	0.551	0.467	0.396	0.336	0.720	0.658	0.601	0.550
−7	0.343	0.255	0.190	0.141	0.516	0.430	0.359	0.299	0.637	0.562	0.497	0.439	0.779	0.727	0.679	0.634
−6	0.465	0.376	0.305	0.247	0.620	0.543	0.476	0.418	0.720	0.658	0.601	0.550	0.833	0.792	0.754	0.717
−5	0.594	0.514	0.446	0.386	0.720	0.658	0.601	0.550	0.798	0.750	0.705	0.662	0.881	0.851	0.823	0.795
−4	0.720	0.658	0.601	0.550	0.812	0.767	0.724	0.684	0.866	0.833	0.800	0.770	0.923	0.903	0.883	0.864
−3	0.833	0.792	0.754	0.717	0.890	0.862	0.835	0.809	0.923	0.903	0.883	0.864	0.956	0.944	0.933	0.921
−2	0.923	0.903	0.883	0.864	0.950	0.937	0.924	0.911	0.965	0.956	0.946	0.937	0.980	0.975	0.969	0.964
−1	0.980	0.975	0.969	0.964	0.987	0.984	0.980	0.977	0.991	0.989	0.986	0.984	0.995	0.994	0.992	0.991
0	1.000	1.000	1.000	1.000	1.000	1.000	1.000	1.000	1.000	1.000	1.000	1.000	1.000	1.000	1.000	1.000

续表

m	M=25h				M=31h				M=37h				M=49h			
	α=2	α=2.5	α=3	α=3.5	α=2	α=2.5	α=3	α=3.5	α=2	α=2.5	α=3	α=3.5	α=2	α=2.5	α=3	α=3.5
	γ=0.085	γ=0.095	γ=0.104	γ=0.112	γ=0.068	γ=0.076	γ=0.083	γ=0.089	γ=0.057	γ=0.063	γ=0.069	γ=0.074	γ=0.043	γ=0.047	γ=0.052	γ=0.056
1	0.980	0.975	0.969	0.964	0.987	0.984	0.980	0.977	0.991	0.989	0.986	0.984	0.995	0.994	0.992	0.991
2	0.923	0.903	0.883	0.864	0.950	0.937	0.924	0.911	0.965	0.956	0.946	0.937	0.980	0.975	0.969	0.964
3	0.833	0.792	0.754	0.717	0.890	0.862	0.835	0.809	0.923	0.903	0.883	0.864	0.956	0.944	0.933	0.921
4	0.720	0.658	0.601	0.550	0.812	0.767	0.724	0.684	0.866	0.833	0.800	0.770	0.923	0.903	0.883	0.864
5	0.594	0.514	0.446	0.386	0.720	0.658	0.601	0.550	0.798	0.750	0.705	0.662	0.881	0.851	0.823	0.795
6	0.465	0.376	0.305	0.247	0.620	0.543	0.476	0.418	0.720	0.658	0.601	0.550	0.833	0.792	0.754	0.717
7	0.343	0.255	0.190	0.141	0.516	0.430	0.359	0.299	0.637	0.562	0.497	0.439	0.779	0.727	0.679	0.634
8	0.236	0.158	0.106	0.071	0.415	0.325	0.255	0.200	0.551	0.467	0.396	0.336	0.720	0.658	0.601	0.550
9	0.149	0.087	0.051	0.030	0.320	0.234	0.170	0.124	0.465	0.376	0.305	0.247	0.658	0.586	0.523	0.466
10	0.083	0.041	0.020	0.010	0.236	0.158	0.106	0.071	0.382	0.293	0.225	0.172	0.594	0.514	0.446	0.386
11	0.038	0.015	0.006	0.002	0.164	0.099	0.060	0.036	0.305	0.220	0.158	0.114	0.529	0.444	0.373	0.313
12	0.011	0.003	0.001	0.000	0.106	0.057	0.030	0.016	0.236	0.158	0.106	0.071	0.465	0.376	0.305	0.247
13					0.063	0.028	0.013	0.006	0.175	0.108	0.066	0.041	0.403	0.313	0.243	0.189
14					0.031	0.011	0.004	0.001	0.124	0.069	0.038	0.021	0.343	0.255	0.190	0.141
15					0.011	0.003	0.001	0.000	0.083	0.041	0.020	0.010	0.287	0.203	0.144	0.102
16									0.051	0.021	0.009	0.004	0.236	0.158	0.106	0.071
17									0.027	0.009	0.003	0.001	0.190	0.119	0.075	0.047
18									0.011	0.003	0.001	0.000	0.149	0.087	0.051	0.030
19													0.113	0.061	0.033	0.018
20													0.083	0.041	0.020	0.010
21													0.058	0.026	0.011	0.005
22													0.038	0.015	0.006	0.002
23													0.023	0.007	0.002	0.001
24													0.011	0.003	0.001	0.000

注：归一化因子是将每列滤波器权重相乘的值，以确保权重之和等于1。*M* 是以小时为单位测量的滤波器的权重数。

第十节 频域（变换）滤波

前几节讨论的数字滤波类型涉及将时间序列数据与脉冲响应函数的加权函数进行卷积，利用该加权函数从数据中消除选定的频率范围。在傅里叶变换实例中，权重是根据傅里叶变换窗（频率响应函数 FRF）定义为 $W(\omega)$，滤波包含：①对原始数据作 FFT（快速傅里叶变换）；②通过适当形式的 $W(\omega)$ 调整 FFT 输出，使得通过需要的频率，去除不需要的频率；③采用 FFT 逆变换得到在时域上的数据集。这些步骤如图 1.38 所示。例如，$W(\omega)$ 可能是个低通滤波器，设计用来去除周期 $2\pi/\omega$ 长于 40h 的频率成分，或者是用于隔离以局部科里奥利频率为中心振荡的"陷波"滤波器，或者是设计用于消除全日和半日潮汐中的能量的两级滤波器。Walters 等（1982）、Evans（1985）和 Forbes（1988）已经从海洋学角度讨论过变换方法。正如这些文章中提到的，选择 $W(\omega)$ 的恰当形式对于方法的成功很重要。频域滤波之所以有吸引力是因为它比时域卷积简单，而且在概念上更符合我们的滤波目标，即在保留感兴趣周期的同时去除数据中的特定周期。也许与预期相反，傅里叶变换与窗相乘并不总是比滤波器权重与数据的卷积更有计算效率。

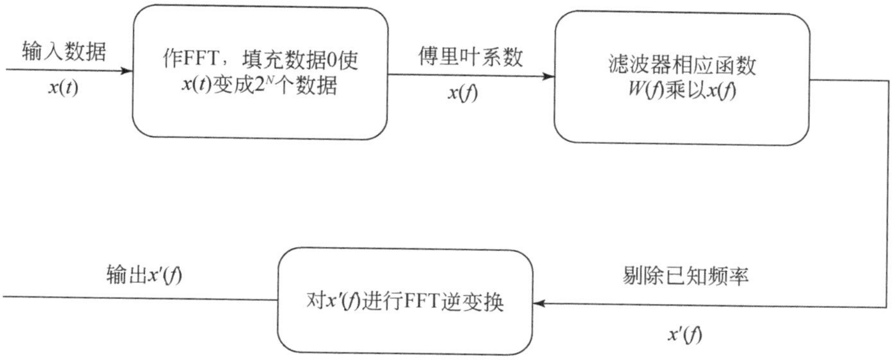

图 1.38 在频域上应用 DFT 滤波器的流程

我们可以将傅里叶变换滤波的使用总结如下。假定我们有一个时域 $X(t)$，它是不连续的值，$X(n\Delta t)=X_n$，这里的 n 是在范围 $-N<n\leq N$ 的整数值。时域的傅里叶变换是

$$X_k = \frac{1}{T}\sum_{n=-N+1}^{N} X_n \exp(-\mathrm{i}\omega_k n\Delta t) \tag{1.131}$$

其中，$T=2N\Delta t$ 是记录长度，傅里叶频率是

$$\omega_k = 2\pi f_k = \frac{2\pi k}{T},\ -N<k\leq N \tag{1.132}$$

令 $\omega(r\Delta t)=\omega_x$，$-s\leq r\leq s$ 代表一系列滤波器权重，其总和为 1 以保持序列的平均值，并且为保留数据中的相位信息，它的分布关于 $r=0$ 对称。权重数量 $S=2s+1$ 被称为滤波器的跨度。因为从输入数据序列的两端丢失 s 个点，所以滤波后输出序列 $\{y_n\}$ 比原始序列缺少 $2s$ 个值：

$$y_n = \sum_{X=-s}^{s} \omega_r X_{n-x} = \sum_{r=-s}^{s} \omega_{n-r} X_r \tag{1.133}$$

卷积的效果是根据 IRF$\omega(t)$施加的权重来改变信号 $x(t)$。FRT（频域）或者传递函数 $W(\omega)$给出了 IRF 对单位振幅和频率 $\omega=2\pi f$ 正弦变换的影响：

$$W(\omega) = \sum_{R=-S}^{S} \omega_r \exp(-\mathrm{i}\omega r \Delta t) = |W(\omega)| \exp[-\mathrm{i}\Phi(\omega)] \tag{1.134}$$

正如先前提到的，绝对值$|W(\omega)|$是系统的增益系数，相应的相位角 $\Phi(\omega)$是系统的相位因子。如果线性系统受频率为 ω 的正弦输入，并在相同频率下产生正弦输出，则$|W(\omega)|$是输出振幅与输入幅度的比值，$\Phi(\omega)$是在输出和输入之间的相移。频率响应函数可以看作是一个窗或者传递函数，允许通过某些频率并阻止其他频率。注意 W 定义在所有频率上$-\pi/\Delta t<\omega\leqslant\pi/\Delta t$，而不仅仅在傅里叶频率 ω_k 上。

傅里叶变换滤波的关键是对于一个常数线性系统来说，滤波后数据的傅里叶变换 $Y(\omega)$与输入信号的傅里叶变换 $X(\omega)$有关：

$$Y(\omega) = W(\omega) X(\omega) \tag{1.135}$$

换句话说，由式（1.133）定义的时域中的卷积转换为频域中的乘积。滤波器的优点由其 FRF（频域）和 IRF（时域）来判断。我们希望 FRF 的大小在滤波器通过的频带中接近 1，并且在阻带上接近 0，如$|W(\omega)|\approx 1$ 和 0。阻带和通带间的过渡带应该尽可能窄，因为宽的过渡带会导致滤波频率内容可能被不想要的频率污染。类似地，IRF 的跨度应该是短的，随着 γ 朝向$\pm s$ 增加，使得权重的幅度迅速衰减到零。如果使用卷积，则短滤波器在计算上更有效率，而且仅有较少的数据丢失。然而，这两个标准是相互矛盾的。通常，频域中的过渡频带越窄，IRF 在时域中的衰减速率越慢。同时，过渡带的最大斜率越陡，IRF 的侧初始旁瓣的吉布斯现象越明显。在过渡区域具有零宽度的阶梯函数型 FRF 的极限中，所得到的 IRF 非常缓慢地衰减并具有较大的旁瓣（振铃）。

在所有时域滤波（卷积）中，数据会在每一个原始数据序列末端存在缺失。例如，在非递归滤波器中，输出数据只基于输入时间序列，长度为 $T/2$ 记录的已知段从时间序列的任一端丢失［$T=(M-1)\Delta t$ 是滤波器长度］。这同样适用于递归滤波器，其中来自滤波器的当前输出基于原始数据序列以及先前的输出值。这里的困难在于，在记录的两端，卷积和突兀的数据是不连续的，会产生振铃效应，因此，我们必须从任一端丢弃的数据量就不是很明确了。传递函数通常会导致与等效的时域滤波器完全相同的数据丢失量（Walters and Heston，1982）。傅里叶变换将记录外的数据视为零，这样，端点处的振铃是由数据序列从非零到零的突变以及窗函数的 IRF 与数据的循环卷积引起的。振铃（吉布斯现象）发生在整个时间序列中，并且在恢复期望的滤波时间序列数据时，滤波的 FFT 数据被逆变换，此时，吉布斯现象更为明显，可以通过使用线性或余弦函数使频域滤波器逐渐变窄来减轻吉布斯现象的影响。

Thomson（1983）认为，相比傅里叶变换滤波，在时域中仔细构建加权函数可以更有效地去除潮汐成分。这是因为潮汐频率通常与记录长度的傅里叶频率不一致。在特定的非傅里叶频率下，IRF 权值的设计（最小平方滤波器设计）可使与某一特定范数的平方偏差最小化，从而提供对 FRF 的更多控制。另外，处于宽带信号最好使用 FRF 方法。

Evans（1985）提出卷积成本与加窗成本的比值为 $E=S/[2\log_2(N)]$，其中 S 是滤波器持续时间。如果 $E>1$，那么在频域加窗是一种更有效的方法。Forbes（1988）解决了从数据中消除潮汐信号的问题，同时保留近惯性信号，并认为只要仔细考虑滤波器带宽和滤波器两边逐渐变窄的量，傅里叶变换滤波就是有效的。注意，在尝试从数据序列中删除强潮汐信号时，有时需要先计算潮汐成分，然后从滤波前的数据中减去谐波预测的潮汐信号。然而，如果滤波器设计不合理，将非常耗时。

图 1.39（a）显示了澳大利亚 Cape Howe 附近 720m 深的 4000h 海流计记录的能量守恒谱。为了从这个记录中消除强烈的潮汐运动，Forbes 首先使用了一个无尖削的 DFT，其中在全日和半日潮频带中分别将 12 个和 17 个相邻的傅里叶系数设置为零［图 1.39（b）］。然而，傅里叶变换滤波的最大改进来自仅将三个傅里叶系数设置为零且在零系数的每一侧使用 9 个余弦渐缩的傅里叶系数使滤波器逐渐变窄［图 1.39（c）］。改进滤波器特性更好的方法就是减小时间序列，而不是通过使用更多的零频率来增强滤波器。Forbes 的工作最重要的结论是，如果傅里叶系数的个数设置为零足以覆盖不需要的频带，并且滤波器在频域

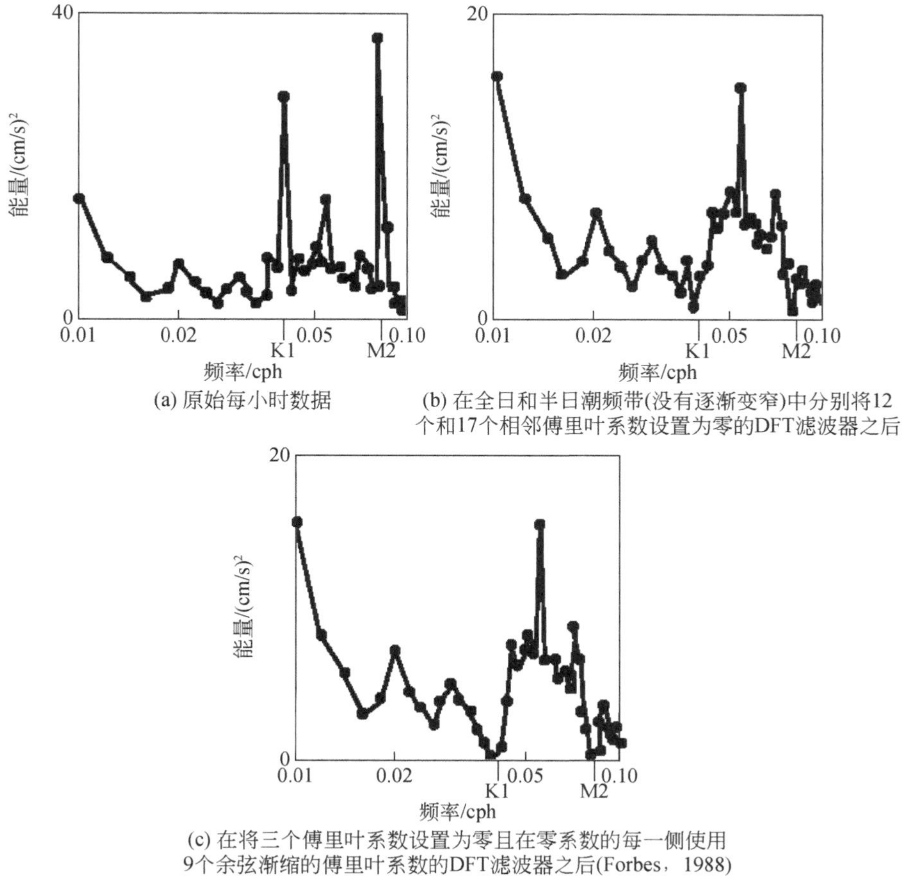

(a) 原始每小时数据

(b) 在全日和半日潮频带(没有逐渐变窄)中分别将12个和17个相邻傅里叶系数设置为零的DFT滤波器之后

(c) 在将三个傅里叶系数设置为零且在零系数的每一侧使用9个余弦渐缩的傅里叶系数的DFT滤波器之后(Forbes，1988)

图 1.39　澳大利亚 Cape Howe 附近 720m 深的 4000h 海流计记录的能量守恒谱

中是余弦渐变以确保平滑过渡到非零傅里叶系数，则 DFT 滤波器是有效的。在非积分单频情况下（Forbes 正在观察近惯性运动），这相当于具有九点余弦锥度的三点滤波器。滤波器的宽度和锥度必须通过仔细检查泄漏到相邻频率的频谱来确定，确定之后该方法就可以快速而简单地应用。

总结傅里叶变换滤波的使用：

（1）从滤波前的数据中去除任何线性趋势（或非线性趋势），但不要太过于关心余弦逐渐减小的第一个和最后 10% 的数据，然后将这些数据进行快速傅里叶变换。

（2）定义正负频率的傅里叶变换滤波器 $W(\omega)$，极值频率由 $\pm 1/2\Delta t$ 给出。

（3）如果测量数据为实数，滤波后的输出为实数，滤波器应服从 $W(-\omega)=W^*(\omega)$，其中星号表示复共轭。满足这种条件的最简单的方法是选择 $W(\omega)$ 的实数部分和对称的频率。

（4）如果 $W(\omega)$ 具有尖锐的垂直边缘，则由于滤波器的脉冲响应（短脉冲作为输入引起的响应），与这些边缘对应的频率处将具有阻尼振铃。如果发生这种情况，选择一个更平滑的 $W(\omega)$，取 $W(\omega)$ 的逆 FFT 变换来查看滤波器的脉冲响应。在平滑中使用的点越多，脉冲响应的衰减越快。

（5）将变换后的数据序列 $X(\omega)$ 乘以 $W(\omega)$，并对结果数据序列 $Y(\omega)$ 求逆，以获得时域中的滤波数据。为了消除振铃效应，从滤波时间序列的任一端丢弃 $T/2$ 个数据点，其中 T 是变换滤波器的 IRF 的跨度。

对于所有常用的数字滤波器，在进一步分析之前，必须省略来自滤波记录的端点值的百分比。输出端的信息丢失与输入端的不连续性所造成的振铃效应有关，也与记录开始之前不存在可积数据有关。在经过一定数量的滤波器积分平滑终端影响后，振铃向数据序列的内部衰减（图 1.40）。在平方巴特沃斯滤波器情况下，由于数据向前和向后通过滤波器，数据的两端会受到两次影响。其中一种解决方法是假设滤波器输出两端 10% 的输出数

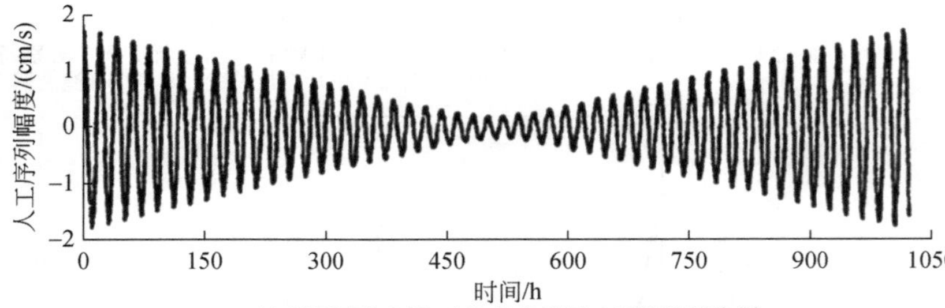

(a) 将频率为0.05cph的单点傅里叶系数设置为零

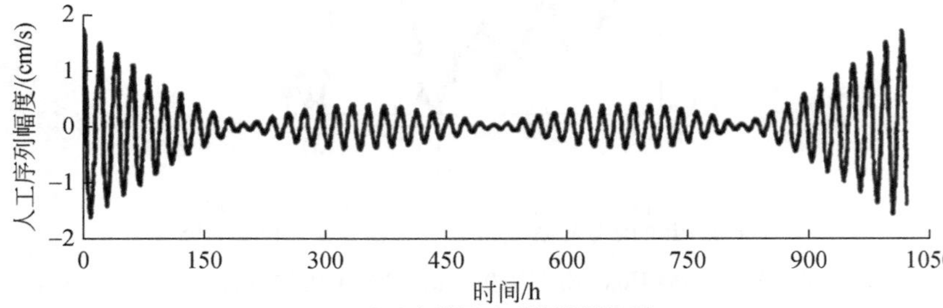

(b) 3个傅里叶系数设置为零

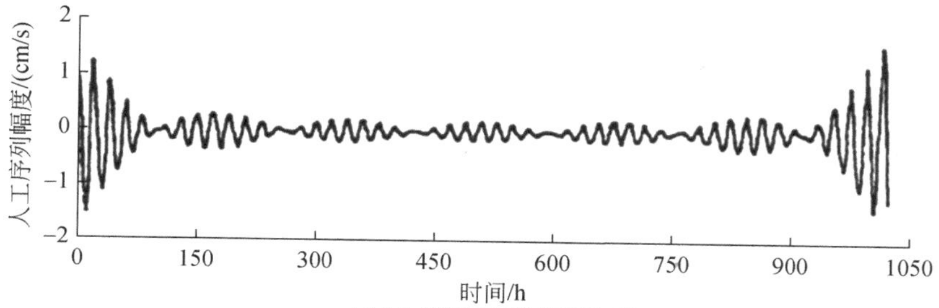

(c) 5个傅里叶系数设置为零

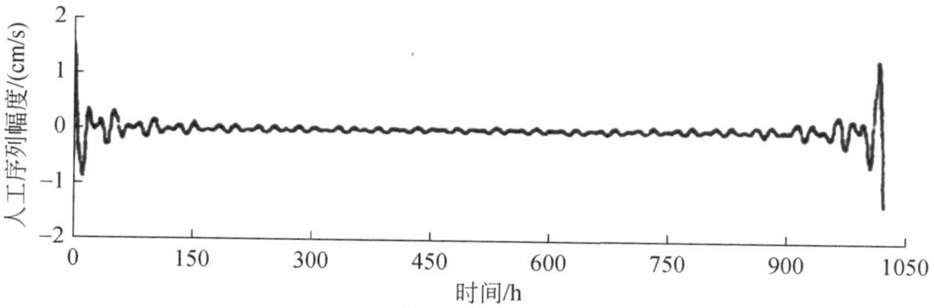

(d) 21个傅里叶系数设置为零

图 1.40　对频率为 $f=0.05$cph 的人工时间序列，应用不同的 DFT 滤波器，然后逆变换后的振铃效应

据受到污染，并从最终输出中删除这些点。然而，每种情况都是不同的，数据消除应基于使用目视检查的试错法来估计数据删除的程度，用零填充输入的末尾似乎没有用处。在某些情况下，通过使用零交叉点（以平均记录值为中心的输入）作为输入的第一个记录，可以显著降低振铃效应。

第十一节　数据的图像展示

对大部分海洋记录的数据进行分析需要直观的形象化展示。即使是在数据编辑与处理阶段也要求有图像展示，如在准确测定序列起始时刻时，或在去除数据极值与错值并进行检查的过程中。为了观察数据，我们需要特定的图像展示过程。没有一种图像展示程序适用于一切数据，因为不同的海洋数据集要求看到不同的属性。通常，发展新的绘图方法是某一研究项目的内容。例如，卫星海洋遥感的进步越来越需要交互式图像展示与数字图像分析。用于确定海洋特征位置的交互式边缘和梯度检测软件的开发仍然是卫星地球观测研究的前沿。我们从传统类型的数据与分析展示开始讨论。最早的船测包含海表温度与海底地形，这些数据最适合绘制成地图来表征它们随地理位置的变化。这些数据随后被手绘成等值线来展示变量在研究海域的分布，如图 1.41 为大西洋盐度的纬度剖面。

若测量局限在表层或海床，对于水平层面展示就不会有问题。随着海洋采样变得越发复杂，海水属性的垂直剖面展示成为可能，新的数据展示方法应运而生。最常用的是温度与盐度的垂直剖面图，如图 1.42 所示。

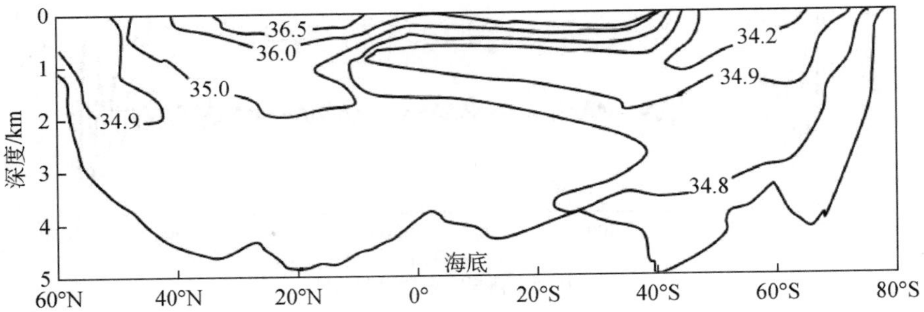

图 1.41　大西洋盐度的纬度剖面（单位:‰）

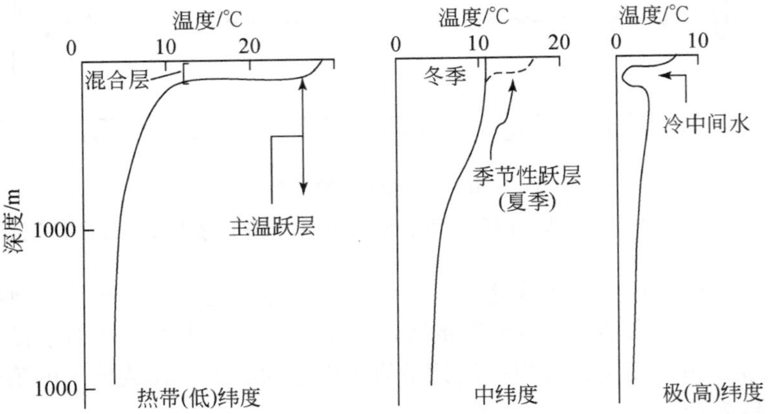

(a) 太平洋热带(低)纬度、中纬度和极(高)纬度的温度分布，
双等温层是由强烈的冬季冷却、随后的夏季暖化到较浅深度形成的

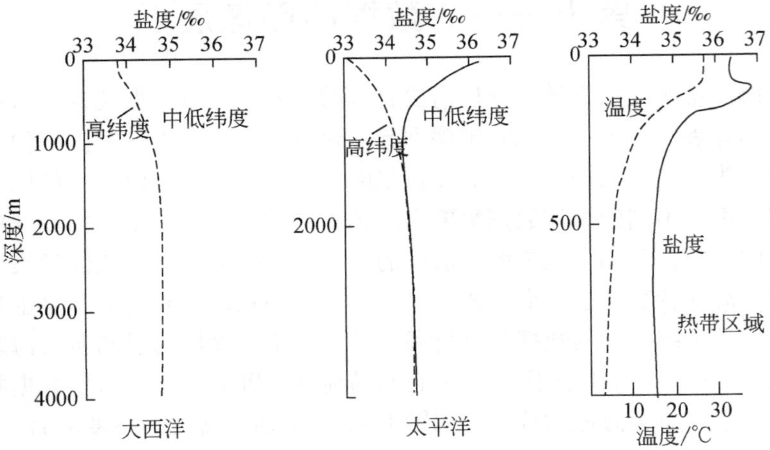

(b) 不同纬度的大西洋、太平洋和热带海洋的盐
度分布，热带区域中盐度为实线，温度为虚线

图 1.42　温度与盐度的垂直剖面图

从一系列水文站收集到的数据可以用垂直截面图像展示。离散的样本数据可被绘制为等值线，用来描述不同取样深度二维截面的垂直结构（图 1.43）。这种展示方法有两点需要注意。首先，海洋的深度相对其水平距离非常小，想要截面可读需进行垂直放大。其次，海洋层化可大致分为两层，每层性质几近均匀，两层之间密度梯度非常大（密跃层）。

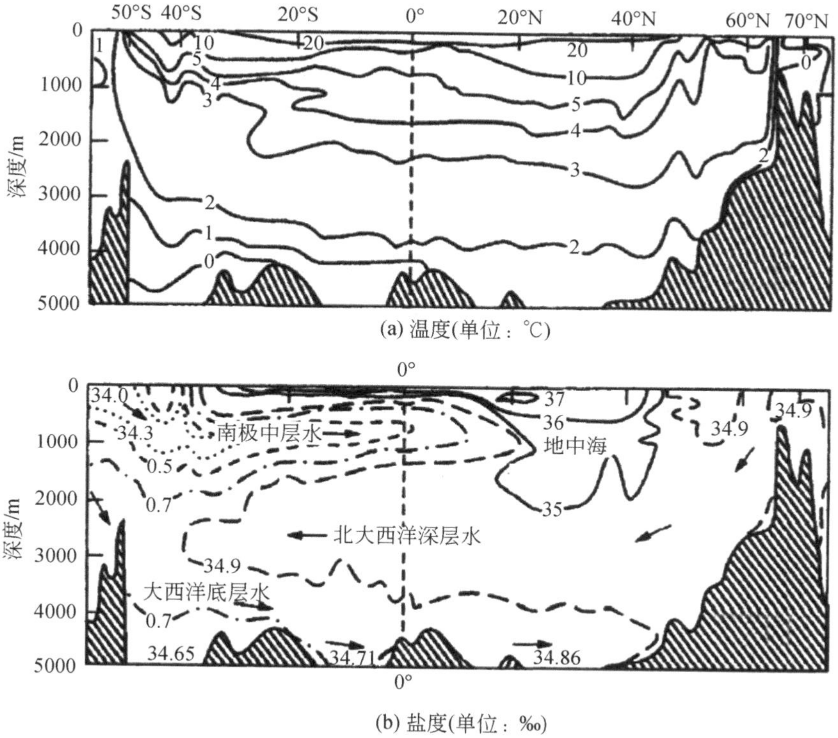

图 1.43　大西洋原位温度和盐度的纬度横截面
箭头表示基于属性分布的水团运动方向

早期德国海洋学家由这种两层系统引入了“对流层”与“平流层”的概念，他们将其描述为海洋的热层与冷层。这一命名法后来类推引入大气的垂直结构中，在海洋中不再使用。这种自然垂直层化的最佳展示是垂直截面通常分两部分，浅的上层与深的下层。上层进行尺度放大以展示上层海洋中常见的大量细节，下层由于结构变化较小可降低其垂直分辨率。

海洋学家后来意识到沿等密线与穿过等密线过程的重要性，于是有了在特定等密面上展示海水性质的方法。由于等密面通常与等深面不一致，有时也要绘制等密线的深度。

海洋上层与下层的特征要通过对等密面的选择分开展示。通常，在深度面上不明显的过程可以在选定的等密面（σ 面）上表现出来。这在某些过程中尤其重要，如追踪示踪物性质（北太平洋中层与深层的硅酸盐极大值）的侧向分布，升至对应中性浮力层的热液柱的分布等。

将一个特性同另一个特性的关系绘制在一张图上在海洋学中有重要意义，称其为特征要素图。最常见的是绘制温度（T）与盐度（S）关系，即 T-S 图。特征要素图不仅局限

于 *T-S* 图，而且不同标量（温度、盐度、溶解氧、硅酸盐、硝酸盐、酸碱性、导出的生物量）之间的组合均有应用。

本节讨论垂直剖面、垂直截面、平面图、地图投影、特征与要素图、时间序列、直方图及其他图形绘制方法，它们是物理海洋中的基本绘图技术。电子仪器的发展，包括稳定采样能力的提高、高容量卫星数据的使用等，也许会使得海洋学家展示某些数据的方式有所改变，但大量的基本绘图格式依旧是相同的。如今，计算机用来处理计算与绘图。图像格式与卫星数据一样，要求有更加精细的过程，以实现准确的地理对应。尽管如此，垂直截面与水平地图的结合仍然为研究者提供了重要的几何展示能力。

一、垂直剖面

从船只、浮标、飞机或其他平台获取的垂直剖面是展示海洋结构的简便方法，如图 1.42 所示。在选择垂直轴与水平轴的适当尺度时要多加注意，垂直轴可能需要改变尺度或用非线性变化来更好地描述上层海洋的显著变化与下层海洋的稳定性。标度必须足够准确以使得在确保深层小的垂直梯度的同时保证上层尺度变化。当考虑多个不同的垂直剖面时，可以将多个剖面绘在同一张图中，如图 1.44 与图 1.45 所示。

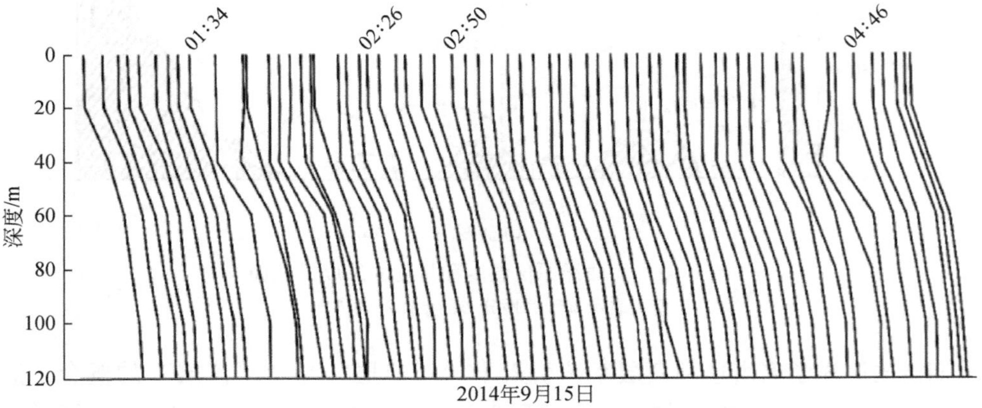

图 1.44　南海浮标观测盐度剖面的时间序列（“瀑布图”）
2014 年 9 月 15 日 1 时至 5 时左右

连续、高分辨率的电子剖面系统的发展与使用提供了过去标准水文测量仪无法展示的海洋结构信息。从标准采样瓶获取的剖面需要平滑插值，使得比垂直采样间隔小的尺度上的结构信息丢失。CTD 系统得到的剖面有极高分辨率，通常对其求平均或再次取样以减小数据量至可绘制处理的程度。例如，采样率稳定（10Hz）的 CTD 系统，得到的温度与盐度等参数数据间隔约为 0.01m，这无法用合理的尺寸绘图展示。为了绘图需要对数据求取平均值生成采样间隔为 1m 或更大的新文件。

精细尺度（厘米尺度）变化的研究需要展示完整的 CTD 分辨率，通常仅限于垂直剖面的选定部分。选取的部分要能反映研究最关心的水体部分。全分辨的 CTD 剖面可以揭示温盐的精细结构，用来研究混合过程，如双扩散交织在一起的过程。利用 CTD 数据得

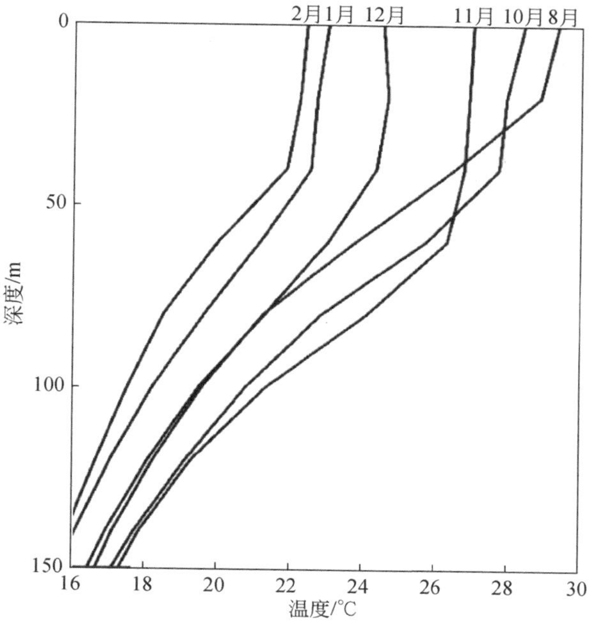

图 1.45 南海浮标观测上层海洋月平均温度廓线的时间序列

到的全分辨 *T-S* 图同样可以清晰表现这些过程。然而，值得注意的一点是，不要将仪器噪声与细尺度海洋结构混淆。当可以将噪声与波数、有限带宽混合过程分离时，要对数据进行处理。通常处理 CTD 数据的电脑程序包含一系列绘图操作，可以用来控制存储的高分辨率数据。丰富的 CTD 原始数据和变化的现场定标过程使得使用通用格式解释和分析 CTD 记录变得困难。这是收集 CTD 观测历史数据的一个基本难题。日益广泛应用的合成 CTD 与玫瑰剖面测量系统已经使得标准采样瓶的数量大大减少（玫瑰测量系统由一个系有大约 12 个采样瓶的系统组成，这些采样瓶可通过导电 CTD 支撑电缆从船上向他们发送电脉冲触发测量。CTD 通常放置在该系统前端的中心，以便传感器不接触受拖曳玫瑰测量系统干扰的水）。

二、垂直截面

垂直截面是一种显示垂直廓线数据的方法，这些数据是沿着调查船的轨迹收集的，或者是从海洋盆地的交叉观测（通常是经向或纬向）获取的。在这些截面中，有必要对垂直坐标显著放大以便能够看到海洋结构。垂直截面的一个基本假设是被绘制结构稳定在一个很长的时间尺度内，该尺度大于收集截面数据所需的时间。现场收集时间取决于待收集数据的类型、截面的长度、调查船的速度，短至几天，长至几个星期。因此，只有时间尺度大于这段时间的现象可以在截面中反映出来。认识到这一点，我们就需要在空间分辨率与完成截面的时间之间做出权衡。采样时间随着剖面数量的减少而减少，所采集的样本接近同步观测（同时采集的样本）。使用固定翼飞机和直升机投放的 XBT 等一次性探测器进行的机载测量可获得更多概要信息，但其测量类型和给定测量的深度范围有限。尽管飞机具有数小时的测量时间，与船舶近似，且其成本更低，但飞机操作通常受军队与领空的管制。近年来无人机（unmanned aerial vehicles，UAV）的快速发展使得在这一点上有了较大的改变。控制这类平台应用的规范正在改变，因此它们可以视为许多海洋应用的有用平台。这类飞机的优势在于它们可以在海洋上方低空慢行很长时间，是采集海洋表面性质时空分布的有力工具。这些飞机上大多数都是光学和红外传感器，它们主要观测海洋表面现象。被动微波传感器目前正被设计应用于无人机。此外，可以在飞机上向下投放相应的传感器用来观测海洋上部的剖面信息。目前，大部分无人机采样将用于绘制海洋的表面特征。

较少的样本剖面意味着台站之间的间距更大，较小的短期变化的分辨率降低。存在短时间尺度或空间尺度变化的准同步、低分辨率垂直剖面混叠的危险。因此，必须设计数据收集方案，以减少或消除（通过过滤）比所研究尺度短的海洋变化。随着对海洋气候研究的关注增加，并且中尺度海洋环流的重要性被意识到，研究者应该严肃考虑它们的采样程序以优化未来的数据采集。

传统采样瓶的使用旨在解决缓慢变化的稳定态环流背景场。因此，站点空间间隔往往过大而无法分辨中尺度特征。此外，采样瓶所用时间很长，导致每个站点所用的总时间很长。这些数据曾提供了有意义的海洋特征图，其特性主要与稳定的环流有关。这些原因使得采用传统采样瓶站点数据的垂直截面提供了不同水团的纬向分布，如图 1.41 所示。

中尺度海洋变化的重要性迫使许多海洋学家降低了采样空间。电子剖面测量系统，如 CTD 等，要求每个剖面的时间短于标准采样瓶，因而这些年来监测空间分辨率增加，每一截面的总共用时降低了。但是许多海洋截面远远没有达到实时同步观测的要求，这是由于船舶航速较低，对于确定时间/空间尺度特性是否能够被观测分辨仍需要进一步考量。例如，假设我们希望调查 1000km 的海洋截面，并采集 2000m 深的 20 个温度-盐度剖面。以平均 12kn 的速度航行，航行时间约为 2d。每个采样瓶需要工作 2h，CTD 需要 1h。我们的调查时间为 3 ~ 4d，这在多数海洋学家看来接近实时同步调查。在沿岸水域，自动控制的 CTD 系统可以使用气垫船、大型橡皮船或其他小船在站点间快速移动。

一次性的剖面测量系统，如 XBT，可以通过移动船舶来缩短采样时间。船舶还可以安装声学海流剖面系统，用来在船只移动时观测海洋上层几百米的海流。观测深度取决于频率，通常为 500m。为了迅速（大约 1min）采集观测船只引擎冷却系统入口处近表面温度和盐度，多数现代海洋考察船安装有 SAIL（Shipboard ASCII Interrogation Loop）系统。SAIL 数据通常在船只吃水线下几米处采集得到，在船后以锯齿状排列的海洋传感器可以提供另一套水体样本。这种方法在近表面锋、湍流微结构、热液排放等研究领域有广泛应用。这些技术的提升缩短了采样时间、增加了垂直分辨率。不过，仪器通常需要强大的技术支持，处理数据也要花费大量人力。确定数据值的位置还需要将海洋仪器与可靠的全球定位系统结合起来。

如前所述，绘制截面图时通常将垂直轴分为两部分，上半部分大大扩展以展现上层强烈变化。上部使用的较小（线间距较近）等值线间隔可能大于较深层的较弱垂直梯度所使用的等值线间隔。然而重要的是，要在每层内保持间隔相等以客观描述梯度。在梯度异常小的区域，可以增加等值线，但其线条宽度、类型需发生变化，与其余线条有所区分。所有等值线都要清晰标注，颜色通常在辨认等值线表示的梯度时非常有效。虽然通常使用红色阴影表示暖区，蓝色阴影表示冷区，但对于盐度、溶解氧或营养盐等没有特别建议。

在用采样瓶数据绘制的截面图中，各数据点通常用一点或实际数值表示。此外，站点号在剖面顶部或底部边缘标注。CTD 采集的站点通常有站点位置信息，但不再用点或采样值标注，因为分辨率较高，所以只绘制等值线。

水平轴通常表示截面长度，许多截面图都有内插的小地图表征站点位置，或者，读者也可以参考包含所有截面位置的地图。由于许多截面与纬度或经度平行，习惯上在每一截面的顶部或底部标注经纬度坐标，如图 1.43 所示。即使截面只是近似与经纬线平行，x 轴也会包含估计的经纬度信息以方便定位，数轴上还应加上站点标注。

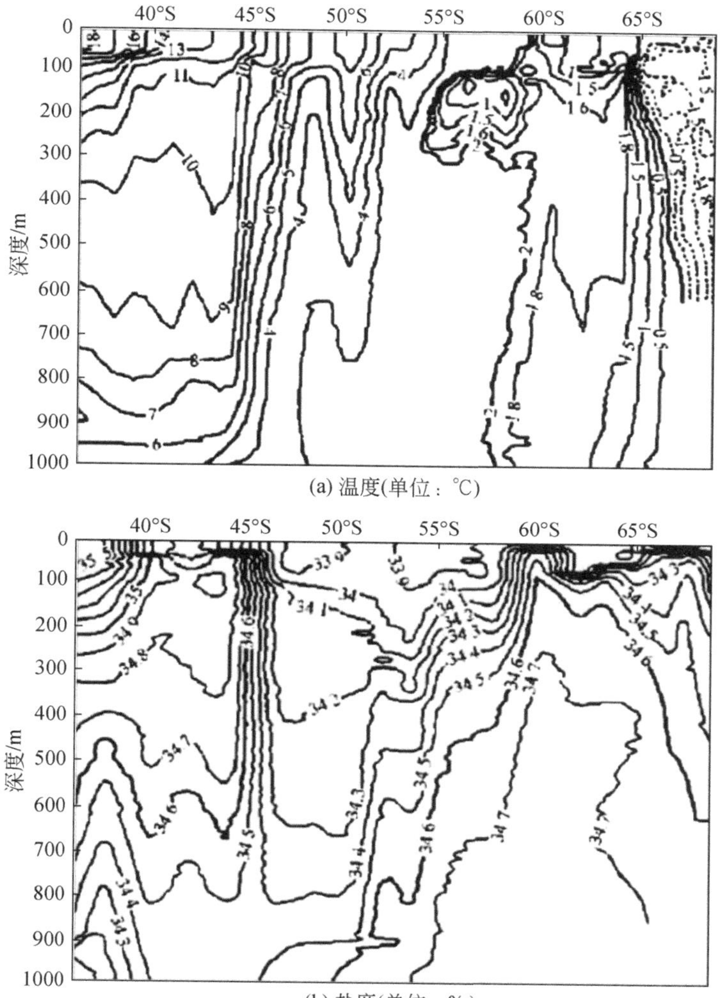

(a) 温度(单位：℃)

(b) 盐度(单位：‰)

图 1.46　南印度洋斜航断面温度、盐度经向分布（2002 年 3 月）

为了分析海洋动力结构，也常常在某一纬度，以经度为横坐标，以水深或压力为纵坐标。图中绘制不同物理量随深度和经度的等值线，这些物理量通常是海温、密度、盐度、海流等，从这些等值线图就可以了解其海洋动力特性。

近年来，中国南极科学考察队返航途中在中山站至澳大利亚的费里曼特尔港实施了多航次 XBT/XCTD 走航观测，其中 2002 年 3 月，中国第 18 次南极科学考察队完成南印度洋从南极中山站外（68°58′S，76°45′E）到澳大利亚西南端（36°18′S，110°40′E）斜航断面 42 个站位的走航 XBT/XCTD 观测，在靠近南极大陆的普里兹湾附近同期进行了 CTD 观测，从而构成南极大陆边缘至澳大利亚西南端的一条涵盖多个锋区、跨越近 33 个纬距、资料最完整、站位最密集（站间经向间隔约为 0. 7 个纬距）的水文断面。为了确保资料的可靠性，投放时通常每站设置 2 枚 XBT 或 1 枚 XBT 和 1 枚 XCTD，并进行相应比测。CTD 观测采用 MarkIIIC 型 CTD 仪进行，每航次出航前都进行标定，并在现场进行比测，从而保证了资料的质量。以 2002 年的调查资料为基础，结合其他年份的资料，分析该航线上海洋锋的位置、结构、分布特征及其年际变化。2002 年 3 月南印度洋斜航断面温度、盐度沿经向分布如图 1. 46 所示（高郭平等，2003），由此可以分析该航线上的锋面结构和特征。

三、平面图

前面提到早期海洋表面性质和水深的平面图，这些早期的平面图遵循着地图制作传统，像艺术作品一样展现海洋信息。随着遥感技术的发展，海洋表面观测数据越来越多，每天都有大量的观测数据，如海面风场、浪场、海表温度、盐度、海面高度、降水等。如图 1. 47 所示为海洋二号卫星雷达高度计获得的海面高度和扫描微波辐射计获得的全球大气水汽含量分布。

要获得所需的覆盖大部分地理区域的数据，就要花费数周、数月、数年时间，而不是像截面数据那样几天到几周的时间。这些年来，平面图上等值线的确定与建立从主观手绘转变到客观的机器绘制。手绘分析更加平滑，但不可能适当地确定应用于数据的平滑过程，因为其受控于绘制者的经验。除非所有数据等值线由同一人绘制，否则无法直接比较绘制结果。等值线的主观绘制差异对于长期过程与稳定过程影响较小，因为这些过程可以不受主观倾向影响而较好展示，但短期变化与小空间尺度变化的结果是不可比较的，不同分析者会用不同的处理方式。要注意的是，用于 6h 天气预报的天气图部分仍为手绘，因为该过程允许基于气象学累积经验的主观决定。海洋学家手绘的等值线将分析者与产生等值线的数据紧密联系在一起，这在数据量较小时较为实际，每一点可以独立考虑。但电子采样仪器采集的数据量很大，这种方式便不再使用，而是用客观分析与其他基于计算机的绘制程序来绘制平面图与等值线。由于可选的绘制方法多样，我们不可能在这里全部讨论。绘制过程中的“客观分析”或“最优插值”本质上是平滑过程，因此，输出的网格化数据已经在大于研究中感兴趣尺度的水平长度尺度上进行了平滑。我们必须决定保留感兴趣的变化的程度，并且对于不规则间隔的数据仍然有一个可限定的变换过程。

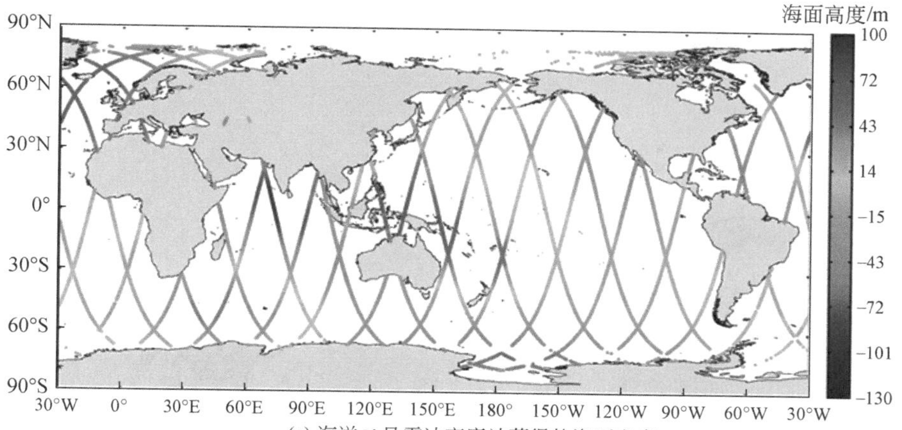

(a) 海洋二号雷达高度计获得的海面高度

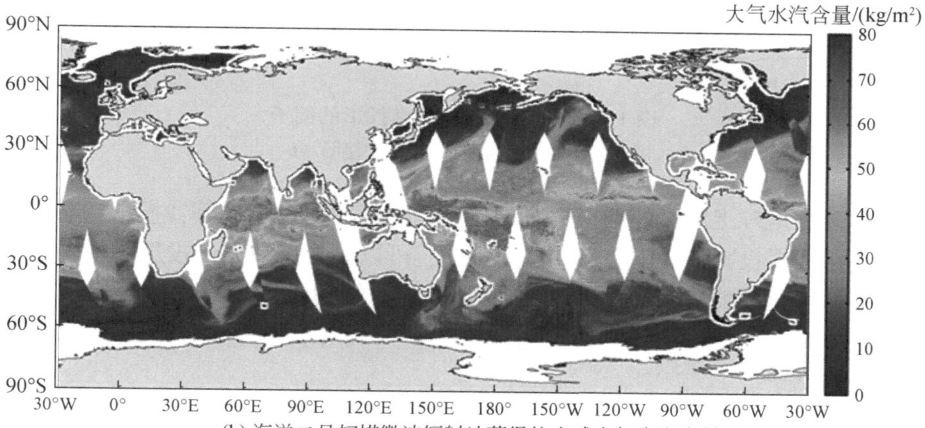

(b) 海洋二号扫描微波辐射计获得的全球大气水汽含量

图 1.47　海洋二号卫星观测数据展示（彩图见文后彩插）

四、地图投影

绘制海洋变量时容易忽略的一点是对地图投影的恰当选取。过去曾使用许多投影方式。分析的本质在于其尺度及选定的地理区域决定了要使用的地图投影类型。极地研究通常使用圆锥投影或其他极坐标投影方式以避免极点附近纬向变化的形变。一个北半球简单圆锥投影的实例如图 1.48 所示。这个例子中，圆锥与一条纬线（称标准平行线）相切，该纬度根据圆锥的角度确定［图 1.48（a）］，该投影得到的各点的经纬比不同，因此称为非正形投影［图 1.48（b）］。正形（形状与角度的关系保持不变）圆锥投影为兰伯特正形投影，其切地球于两个纬线。在这个投影中，纬线间的间距改变，因此沿经圈的形变一致。这是航海中使用最为广泛的圆锥投影，因为直线近似对应于大圆航线。该投影的一种变形为修正兰伯特正形投影。该投影选择非常接近极点的最高标准纬线，因此地图顶部闭合。这种圆锥投影在其覆盖的大部分区域上为正形。“极地球面投影”也值得一提，被气象学家青睐。大致上，这种投影的优势是可以覆盖整个半球，其在中纬度的形变较低。

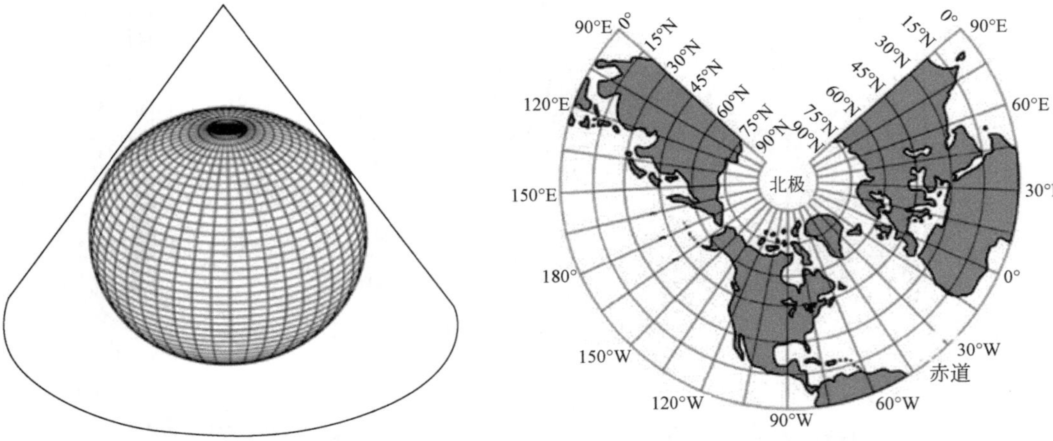

(a)　　　　(b)

图 1.48　北半球简单圆锥投影的例子

图（a）的单切线圆锥体用于创建图（b）

方位投影是将地球上的经纬网根据某种条件，如等面积、透视等，投影到与它相切或者相割的平面上。根据投影平面中心点的位置不同，可以分为正轴方位投影、横轴方位投影和斜轴方位投影。根据投影变形性质，方位投影又分为等角投影、等面积投影和等距离投影等。正轴方位投影的纬线投影到平面上为同心圆，经线则投影为同心圆的直径，图 1.49 为正轴方位投影的例子。

在中纬度，通常使用墨卡托投影，这种投影通过纬向轴长度的变化体现了地球半径随经度的变化。墨卡托投影在某种意义上来说是正形投影，因为其在纬度和经度上的形变近似。最常用的此种投影是横轴墨卡托投影或叫作柱面投影（图 1.50），如其名字中提到的，它将地球表面投影在一个与赤道正切的圆柱上（赤道圆柱）。这种投影不包括极地，它的一个变形为斜轴墨卡托投影，对应的圆柱沿一条相对赤道倾斜的直线与地球相切。与赤道圆柱不同，这种斜轴投影可以表现出极地区域，如图 1.51（a）所示。这种形式的墨卡托投影有正形性质，在经度线和纬度线上的形变相同，如图 1.51（b）所示。大家最熟悉的墨卡托地图是通用横轴墨卡托网格，这是一种军用网格，利用赤道圆柱投影。另一种流行的中纬度投影是矩形或等面积投影，也是柱面投影，经度线与纬度线之间的空间均匀。在不计较地球形变的应用中，常用这种投影。墨卡托投影有利于绘制向量，等面积投影有利于展示标量要素。对有限区域的研究可能需要特定的投影，如方位投影，在某一点投影到与地球相切的平面，也叫作心射切面投影。极地球面投影有相似的投影方式，但方位投影以地球圆心为原点，而极地球面投影以地球表面一点为原点。

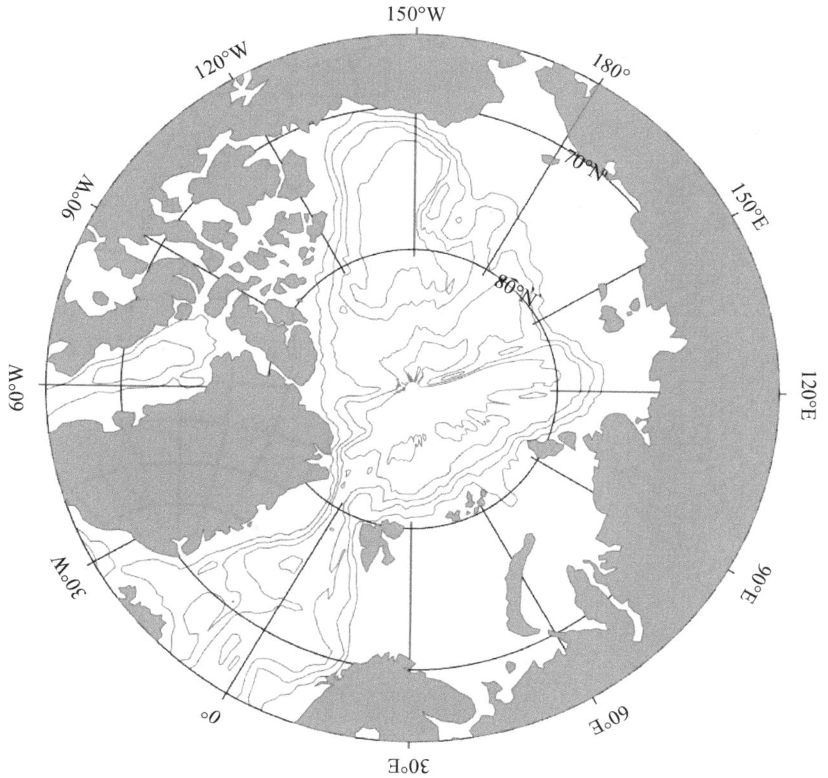

图 1.49 正轴方位投影

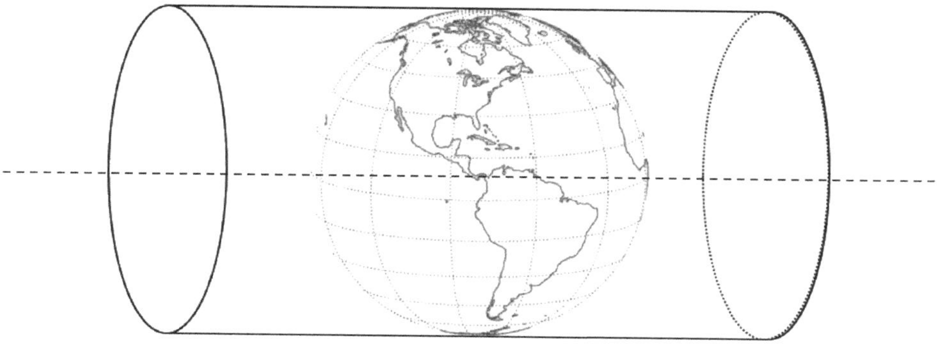

图 1.50 横轴墨卡托投影

地图投影对绘制海洋要素平面图的影响不能忽略。通常形变不重要，因为只有相对给定地理环境（陆地边界）的分布才是我们想要关注的。但其他情况下，如拉格朗日迹线图中，需要用相同的投影比较图像，从中粗略估计沿迹线的速度。地图投影的变化会在展示要素时引入我们不想得到的变化。

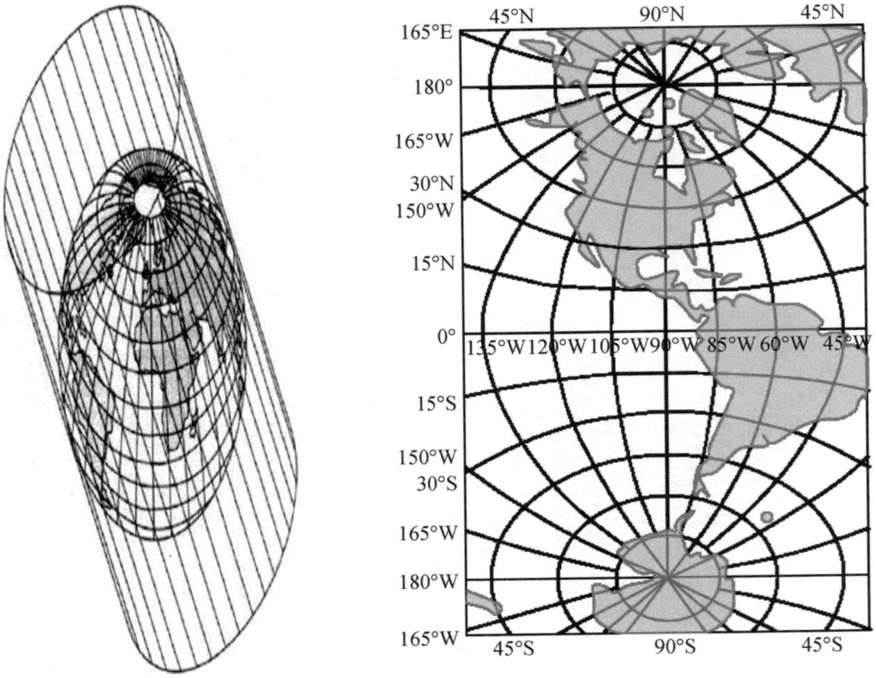

(a)　　(b)

图 1.51　包括极点的斜轴墨卡托投影或斜圆柱投影

（a）中的圆柱体用于生成（b）中西半球的横轴墨卡托图

五、特征与要素图

在海洋应用中，有必要将两个同步观测的变量联系起来。Helland-Hansen 首次提出画温度（T）–盐度（S）的图像，即 T-S 图。他发现 T-S 图在海洋的大区域内很相似且在许多地方不随时间变化。T-S 图的早期应用是测试并编辑新采集的水文采样数据。当与某区域已有的 T-S 曲线相比较时，可以在新采集数据的 T-S 图上快速找到误差样本并加以修正或消除。其他海洋观测数据也可以绘制类似的特征图，然而，其中许多并不是一成不变的，不可能期望像 T-S 关系那样恒定（我们将使用 T-S 图作为所有特征图的代表）。

正如最初设想的那样，特征图（如 T-S 图）的构建非常简单直接。来自同一采样瓶的一对要素值构成特征图上的一点。相关的点连接成该站点的 T-S 曲线，如图 1.52 所示。每一条 T-S 曲线代表一个独立的海洋测站，比较不同测站的 T-S 曲线可以得到他们之间的相似性。传统的 T-S 曲线展示了 T、S 和 Z（样本深度）之间的独特关系。保持不变的是 T-S 关系，不是与 Z 的关系。当内波、涡旋与其他不可分辨的动力特征经过这一区域时，密度结构的深度发生变化，与其对应的 T-S 值相应地沿 T-S 曲线上移或下移，以保持水团的结构。这一观点不适用于近表层，这里的海水被风混合并被大气热通量与浮力通量改变，而且也不适用于锋面区域，水团被湍流混合改变。

海洋要素的时间变化对平均 *T-S* 图的计算有重要影响，图 1.52 中的 *T-S* 数值由来自不同采样瓶或 CTD 的数据求平均得到，确定了某地某段时间的 *T-S* 关系。展现这些信息的最简单方式是散点图，如图 1.53 所示，其中圆点表示独立的 *T-S* 数值。平均 *T-S* 关系用 *T* 间隔内 *S* 的平均值表示。图 1.53 还包括了深度数值，涵盖了众多不同样本深度观测到 *T-S* 数值的可能曲线，因此，不可能确定不同剖面的一组独特的 *T*、*S*、*Z* 关系。

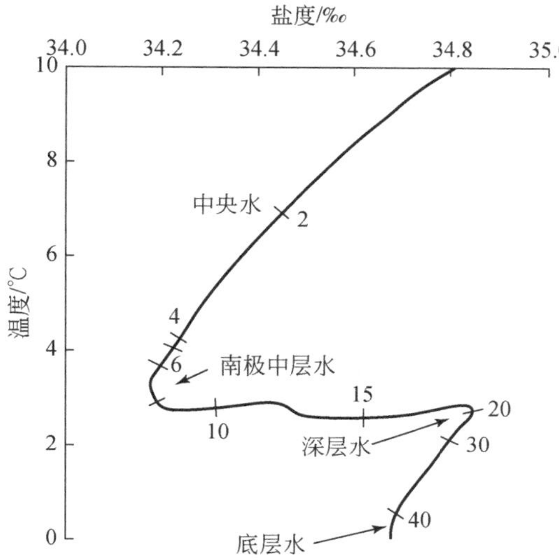

图 1.52　南大西洋西部盆地 41°S 处 *T-S* 曲线

样本深度以数百米为单位（改编自 Tchernia，1980）

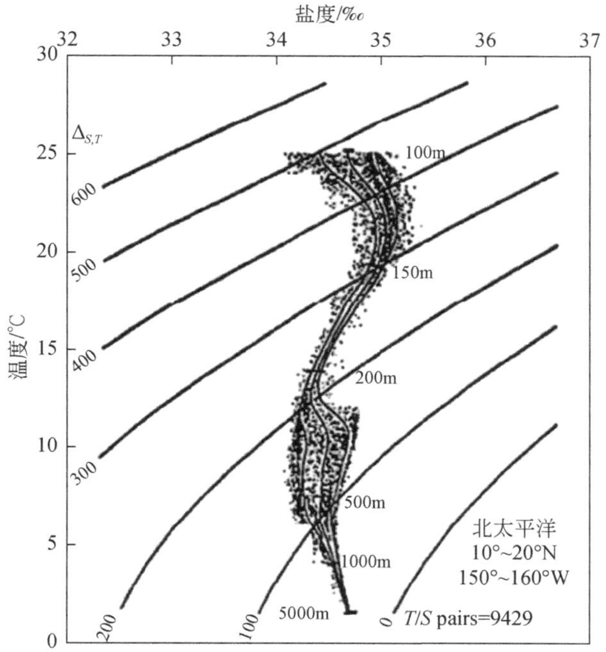

图 1.53　北太平洋（10° ~20°N；150° ~160°W）平均 *T-S* 曲线

图中还显示了密度异常 $\Delta_{S,T}$（改编自 Pickard and Emery，1992）

图 1.53 所示的传统 T-S 曲线是一系列测量变量［如温度和盐度与密度（σ-T）或热比容异常 $\Delta_{S,T}$］相关曲线的一部分，这些线弯曲的原因是海洋状态方程的非线性。传统 T-S 图中水体的稳定性可以轻易得知，除非是在不稳定区域，密度沿 T-S 曲线随深度总是增加的。此外，对 T-S 曲线的分析可以对产生这些特征图的平流和混合过程提供重要的依据。我们注意到，热比容异常 $\Delta_{S,T}$ 用于 T-S 曲线，而不是比容异常 $\delta_{S,T}$，因为 $\delta_{S,T}$ 中包含的压力项在静力计算中可以忽略不计，可以用 $\Delta_{S,T}$ 来近似，$\Delta_{S,T}$ 中没有压力项。

T-S 关系的时间变化也是有用的物理量。图 1.54 是对特征要素图的扩展，揭示了大堡礁附近一年多来地表水样的月平均 T-S 关系，主导的物理系统的季节循环表现得很清楚。

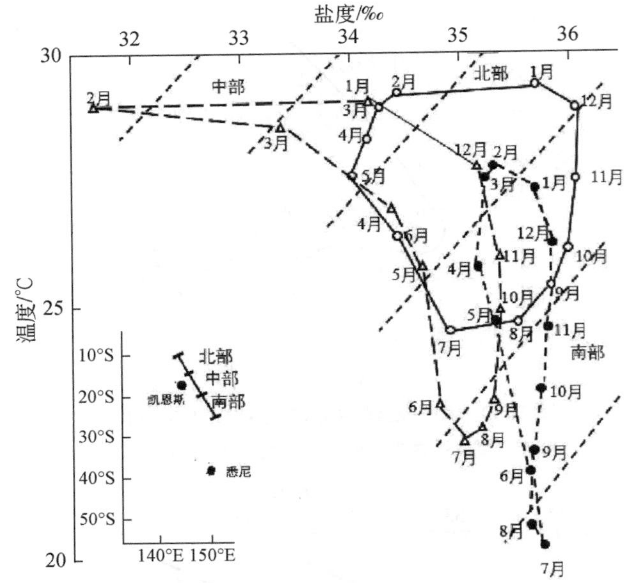

图 1.54　大堡礁附近一年多来地表水样的月平均 T-S 图（改编自 Pickard and Emery，1992）

T-S 图的另一种常用变体是体积 T-S 曲线，由 Montgomery 在 1958 年引入，展示了水团的体积与对应的 T-S 要素。分析者需要确定给定水团的水平与垂直范围，并给其一定的 T-S 特性。这样水团的体积可以计算得到，并绘入 T-S 图，如图 1.55 所示，边界值对应于 T 和 S 值的总和。Worthington（1981）利用这个程序和一个三维绘图程序，绘制了世界海洋深水区三维体积 T-S 图，如图 1.56 所示，图中明显的峰值对应通常的深水团，这种水团占太平洋的大部分。Sayles 等（1979）用这种方法对白令海水做了一个较好分析。随着计算机绘图技术的发展，这种图很容易绘制，大大地增强了展示和可视化数据的能力。

在 T-S 曲线的特定地点应用中，McDuff 等（1988）研究了不同源盐度对大洋中脊热液柱上浮造成热力异常的影响。在位温-盐度（θ-S）空间，θ-S 曲线的形状强烈地依赖于喷口源处水的盐度，并导致明显不同的热异常，该异常是高于排气点高度的函数。

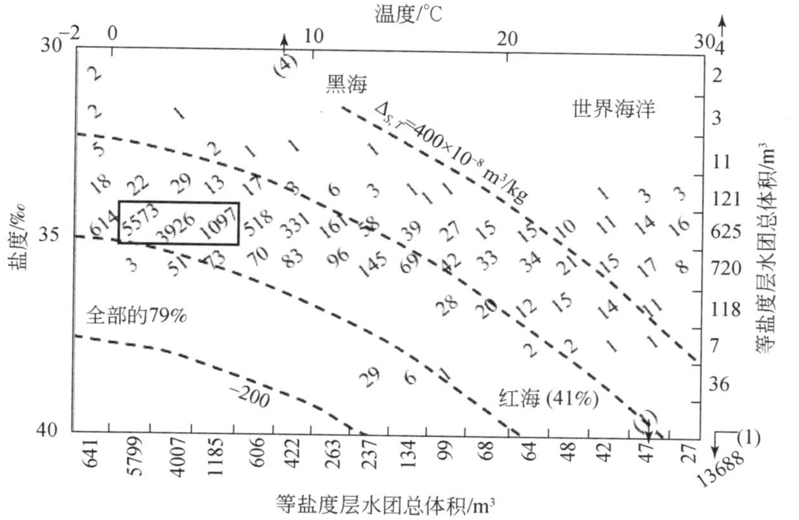

图 1.55　体积 *T-S* 曲线

该图可以计算出每段中的 *T-S* 数据（改编自 Pickard and Emery，1992）

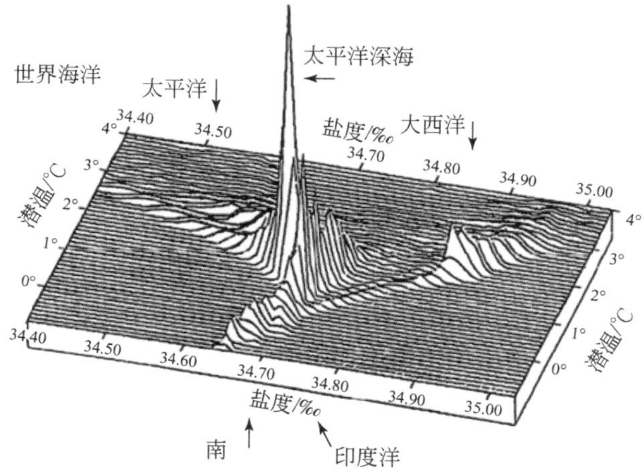

图 1.56　世界海洋深水区三维体积 *T-S* 图

这个明显的峰值对应着太平洋大部分深水团（改编自 Pickard and Emery，1992）

六、时间序列

时间序列记录的图像展示在海洋学中十分重要。最早应用于对海表面高度、海表温度和其余相关参数的岸基观测。随着船舶交通量的增加，对海上信标的需求导致了导航灯船或领航船的建立，这些船也成为海上数据收集的平台。一些物理海洋的早期研究便依靠导航灯船完成。这些船采集到的风、波浪、表面海流、海表温度的时间序列需要展示为时间的函数。随后，专用的科考船，如天气船被用作锚定平台观测流及海水要素的时间序列。

如今，许多时间序列由定点仪器采集，他们自行记录数据或通过卫星、无线电等将其传回岸上测站。海洋与气象业务需要获得实时数据，这促进了遥测方法的兴起。海底声学调制解调器系统、电缆观测站和卫星数据收集系统的开发，为海洋学数据传输到海岸站和操作命令传回海上模块开辟了新的可能性。

展示时间序列信息最简单的方法是绘制标量随时间的变化。时间尺度取决于要绘制的数据序列，短至几秒，长至几年。标量时间序列可以绘制在一个或多个竖轴上。二维向量（平面流场或表面风场）可以绘制为速度时间序列与方向时间序列，或速度的两个正交分量的时间序列。图 1.57 展示了速度分量 $\boldsymbol{u}$（x 方向）和 $\boldsymbol{v}$（y 方向）的时间序列与同步采集的水温的时间序列。注意，在海洋中通常旋转 $\boldsymbol{u}$、$\boldsymbol{v}$ 分量以便将其与研究区域的主要地理或地形方向一致，在海岸边界处尤其如此。水平正交轴可以设在向岸方向（x）与沿岸方向（y），或设在垂直等深线与沿等深线方向。在大陆架上，向架与沿架代替向岸与沿岸。流动的垂直分量（z）同样可以绘制，不过由于相比水平速度，垂直速度太弱，绘制时需要独立的垂直尺度。我们注意到海洋中流矢量指向流向的方向，而气象中风向量指向风吹来的方向。为避免混淆，海洋学家建议使用海洋学中的规定。流动速度分量的时间序列来自声学多普勒计流速剖面仪（ADCP），这些序列很引人注目，因为流速是时间和深度的函数。图 1.58 和图 1.59 分别展示了南海某观测浮标站海流日平均经向和纬向分量，该点位于海南省东南侧大陆坡外，海流流速由锚定在 500m 水深的仰视 75kHz 的 ADCP 以 4m 间隔观测，其他标量图可以附加在二维海流图的上方或下方。

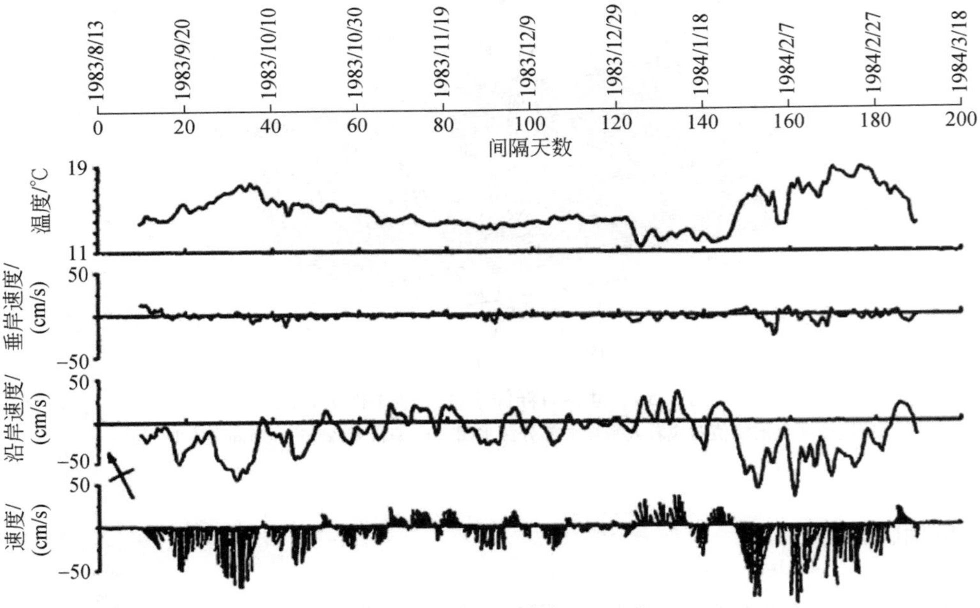

图 1.57　1983 年 8 月 13 日～1984 年 3 月 18 日，悉尼以南澳大利亚东海岸经低通滤波后的速度 $\boldsymbol{u}$（垂岸，x）和 $\boldsymbol{v}$（沿岸，y）分量的时间序列和同时采集的温度 T 值

矢量的轴从北旋转-26°，使“向上”为沿岸方向。此处的海流计的深度为 137m，总水深为 212m。时间单位为儒略历天和日历天（改编自 Freeland，1985）

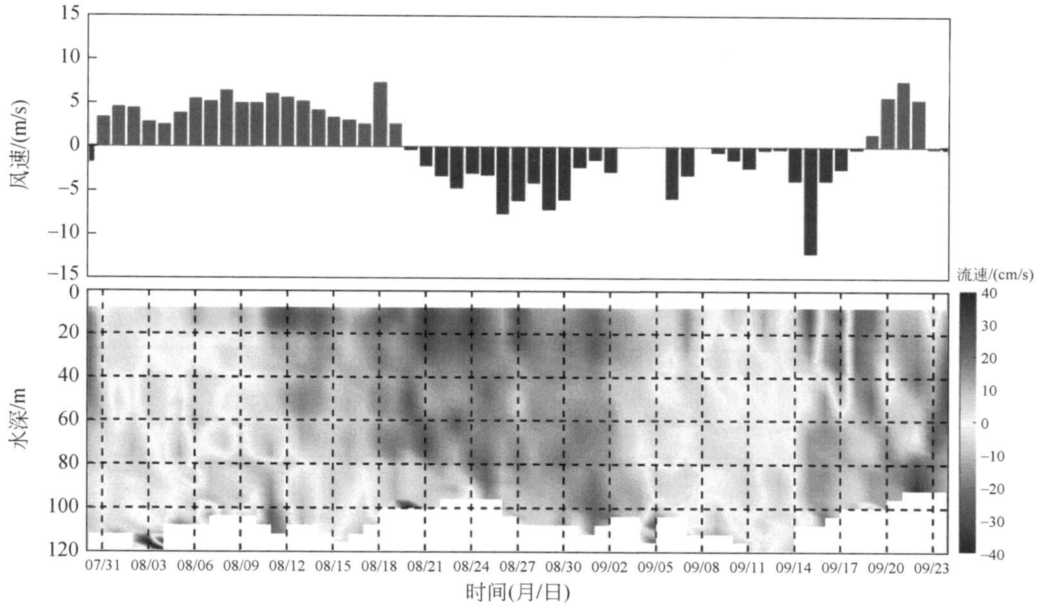

图 1.58　位于南海的风和海流经向分量的时间序列（彩图见文后彩插）

地点在南海（19.0°N，117.5°E）。风速为离海面高度 4m 处测量。通过安装在大陆斜坡 500m 水深的 75kHz ADCP 向上每隔 4m 测量一个海流

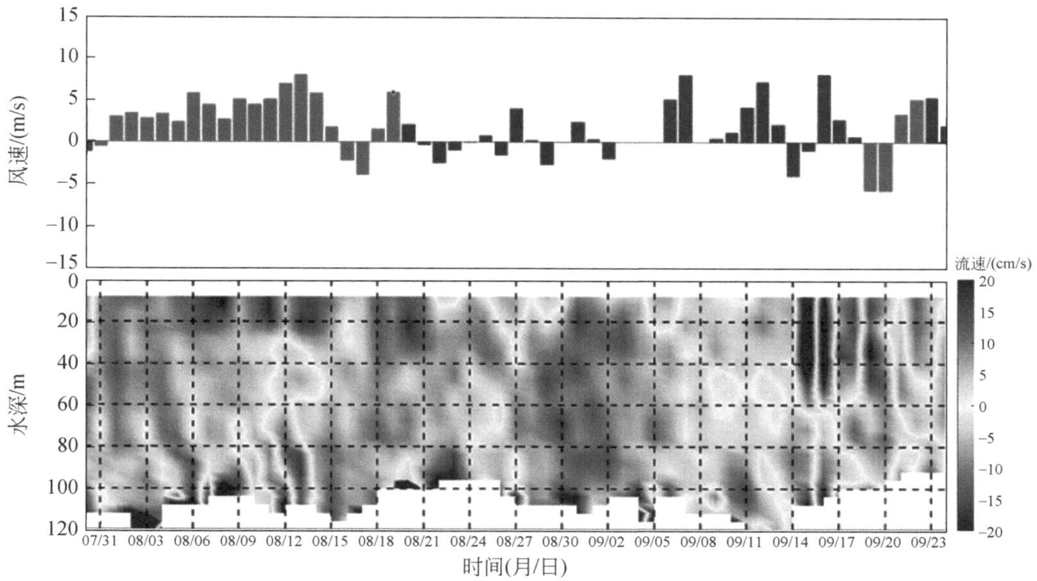

图 1.59　位于南海的风和海流纬向分量的时间序列（彩图见文后彩插）

地点在南海（19.0°N，117.5°E）。风速为离海面高度 4m 处测量。通过安装在大陆斜坡 500m 水深的 75kHz ADCP 向上每隔 4m 测量一个海流

另一种常见方法是使用箭头图（图 1.57 和图 1.60），每一个箭头对应某一时刻测得的流速大小和方向。箭头的长度与流速大小成正比，方向相对于正北，或者旋转坐标系使得坐标轴与地形边界一致（南半球的海洋学家使用正南而不是正北）。箭头图对展示流速的方向变化非常理想。潮汐和惯性流造成的旋转震荡都非常清晰地表现出来。曾一度流行的渐进矢量图（progressive vector diagram，PVD），也可以用来展示向量的时间序列（图 1.61）。这时，从相应的速度分量（u，v）沿两个正交方向计算得到时间积分位移（x，y），$(x,\ y)=(x_0,\ y_0)+\sum(u_i,\ v_i)\Delta t_i$（其中，观测时间 Δt_i，$i=1,\ 2,\ \cdots$），它给出水团从其原点（x_0，y_0）的“虚拟”顺流位移。

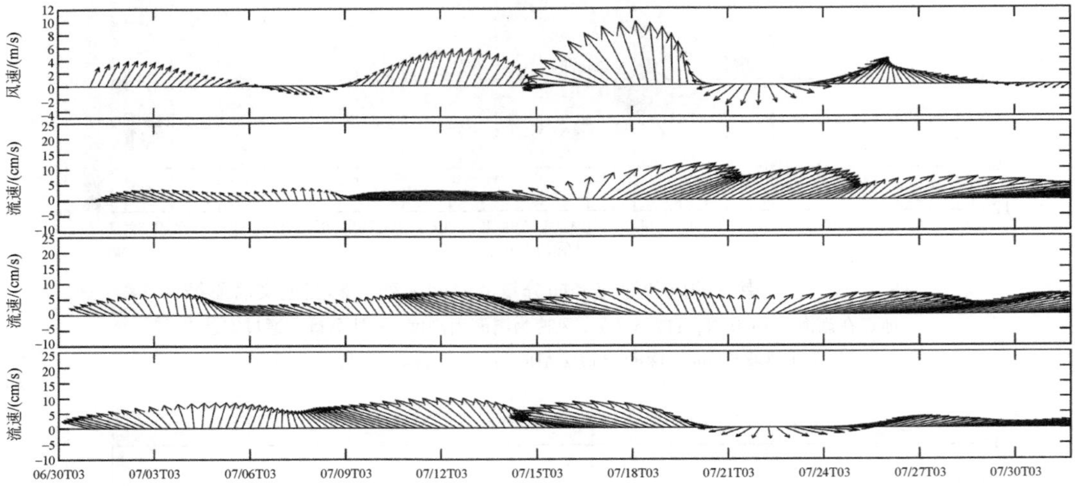

图 1.60　在中国南海（19.5°N，116.0°E）测得每 6h 平均的经过低通滤波的风速和不同深度的亚潮流矢量图

由上到下分别为：距海表 4m 的表面风场矢量图（单位：m/s），距海表以下 22m 处流场矢量图（单位：cm/s），距海表以下 54m 处流场矢量图（单位：cm/s），距海表以下 15m 处流场矢量图（单位：cm/s）。时间范围为 2014 年 06 月 30 日 3 时～2014 年 07 月 31 日 21 时

这种图通过将给定时间内流矢量头尾相接的方式得到流矢量和。虽然墨卡托投影法有明显的优点，但可以用 km 为单位的距离坐标代替地球坐标。余流或长期平均流动在 PVD 中轻易可见，旋转行为也很好地表现出来。在这类图中，惯性流和潮汐流的特征旋转运动很容易区分。缺点是图中给出了拉格朗日测量随时间的变化。在实际中，数据来自单点测量（欧拉测量），未能考虑流场中不可避免的空间不均匀性，除非水流在空间上是均匀的，否则在一个位置的测量不能告诉我们水团穿过记录位置后的下一个轨迹位置。

另一种类型的时间序列图由相同测站一系列与时间有关的垂直剖面组成［图 1.62（a）］。垂直时间序列垂直轴与垂直截面的垂直轴非常相似，其时间代替了水平距离轴。同样，沿着重复测量线的横向横断面的时间序列就像是一个水平图，但是时间代替了一个空间轴。通过在不同深度-时间或距离-时间对上的要素值绘制等值线，从而生成时间序列图，这些图形［图 1.62（b）］与垂直截面图及平面图看起来非常相似。这类图在描绘具有显著垂直结构的时间信号时非常有利，其他时间变化也可以很好表现出来。

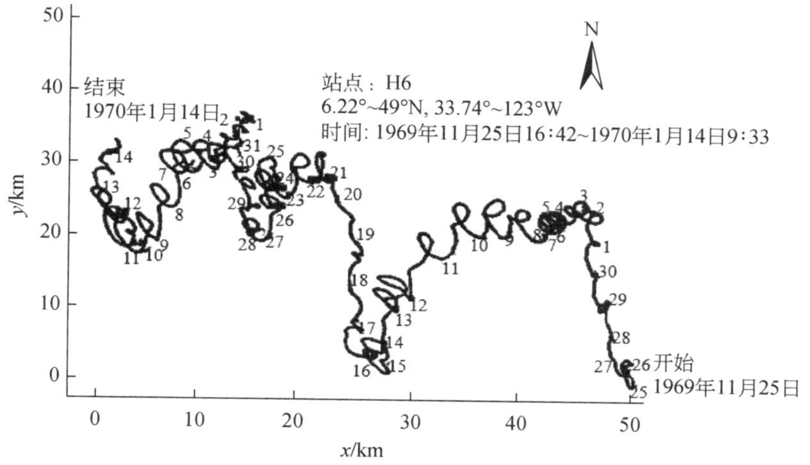

图 1.61　50d 的海流的东西和南北分量构成的渐进矢量图

在不列颠哥伦比亚省佐治亚海峡 200m 深处，每隔 10min 测量一次，如果锚系点附近的水流与导出点附近的水流相同，则标绘的位置对应于水流的水平位移（改编自 Tabata and Stickland，1972）

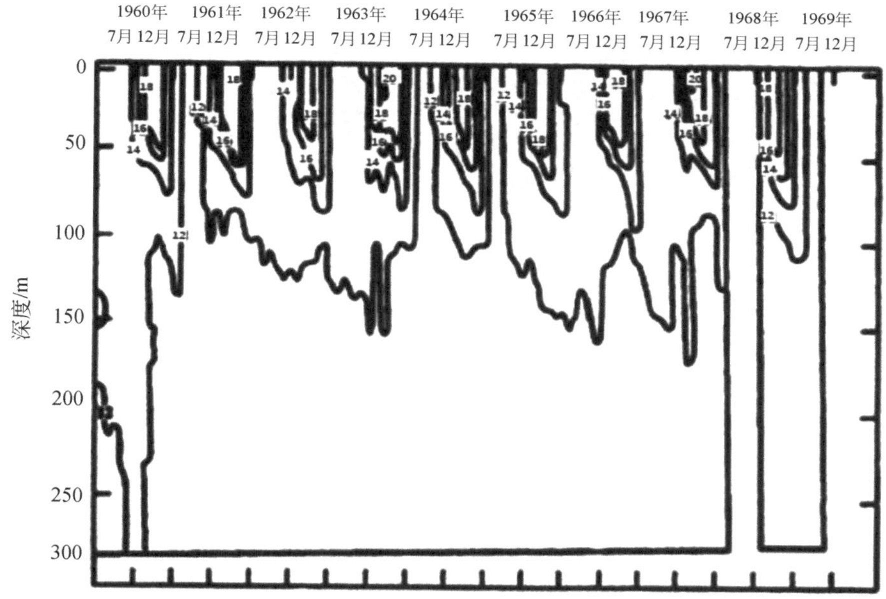

(a) 次表层等温线/°C

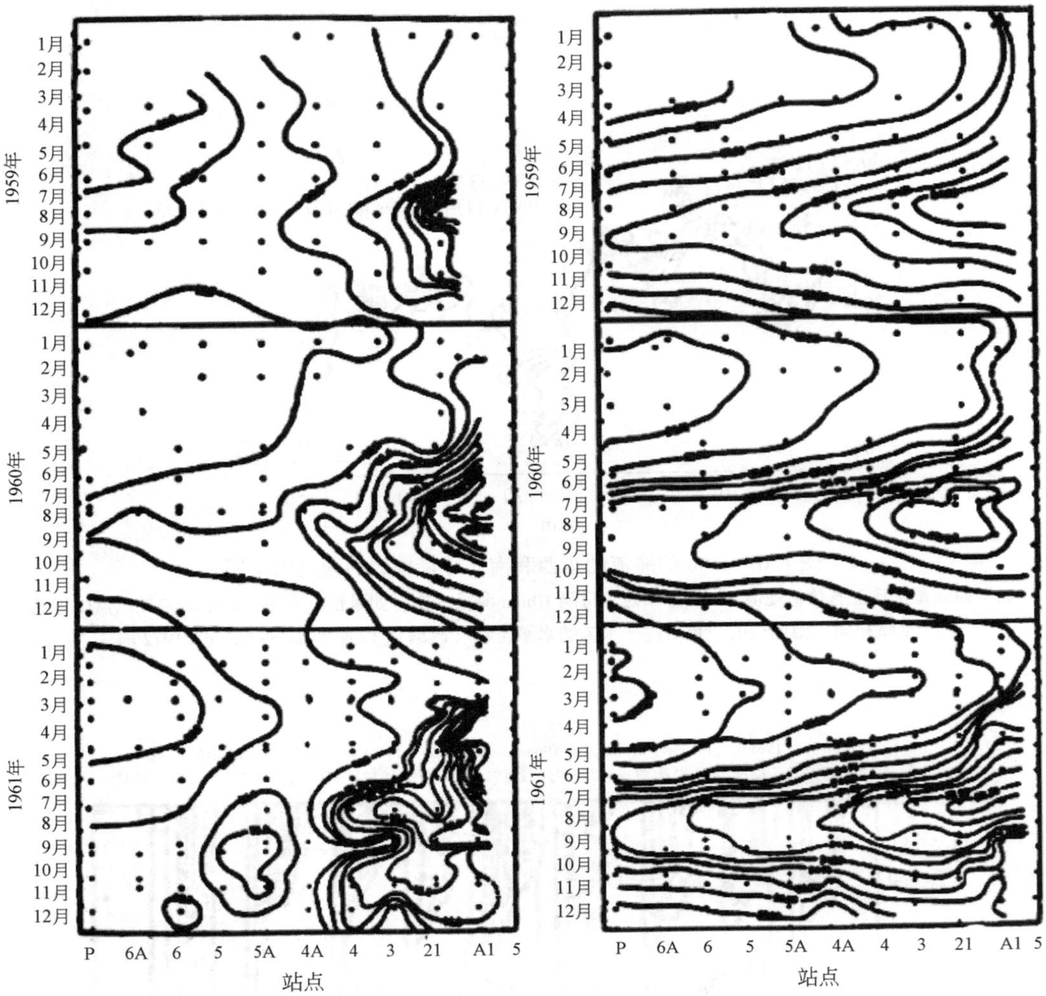

(b) P站与北美洲西海岸之间P线重复样带10m深度的盐度和密度(σ_{τ})

图 1.62　1959 年 1 月 ~1961 年 12 月期间次表层等温线以及 P 站与北美洲西海岸之间 P 线重复样带 10m 深度的盐度和密度（σ_{τ}）（改编自 Fofonoff and Tabata，1966）

七、直方图

随着海洋采样的成熟，静止海洋的概念已经让位于需要重复采样的高度可变的系统的概念，数据显示已经渐渐从纯粹的图像表现到统计表现形式转变。与抽样和概率的基本统计概念有关的是直方图或出现频率图。直方图能给出在一组样本值中某个值发生多少次的信息。正如我们在基础统计部分所讨论的那样，对于直方图的构造没有设置规则，并且对样本变量区间（称为“大小”）的选择是完全随意的。这种大小的选择将决定演示的平滑性，但是必须使用足够大的时间间隔来产生统计上有意义的频率值。

八、其他图形绘制方法

绘制海洋学数据已经从人力密集型过程转变为主要通过电脑实施的过程。计算机图形学为海洋学家提供了各种新的演示格式。例如，所有先前所讨论的数据显示格式在现在可以通过计算机系统执行。研究人员花很多时间在计算机程序的开发上，而不仅是对于数据的分析。这些步骤往往是结合起来的，如在实际情况下绘制不规则间隔的数据。在这种情况下，使用客观的插值方案，然后通过计算机完成主观输出的绘制。通常情况下，客观分析和计算机能够提供的平滑可以通过现有的软件程序来实现。有时这些程序会出现问题，如在陆地上继续画等值线和对某等值线间隔的限制问题。这两个问题都必须在计算机程序中得到解决或以某种方式改变数据以避免。例如，可以应用“马赛克”来避免跨越地表面，在绘制潮汐同潮图的过程中，就会遇到陆地边界，如果处理不当就会导致陆地存在潮汐，图 1. 63 是我国黄海、渤海、东海 M_2 分潮的同潮图。

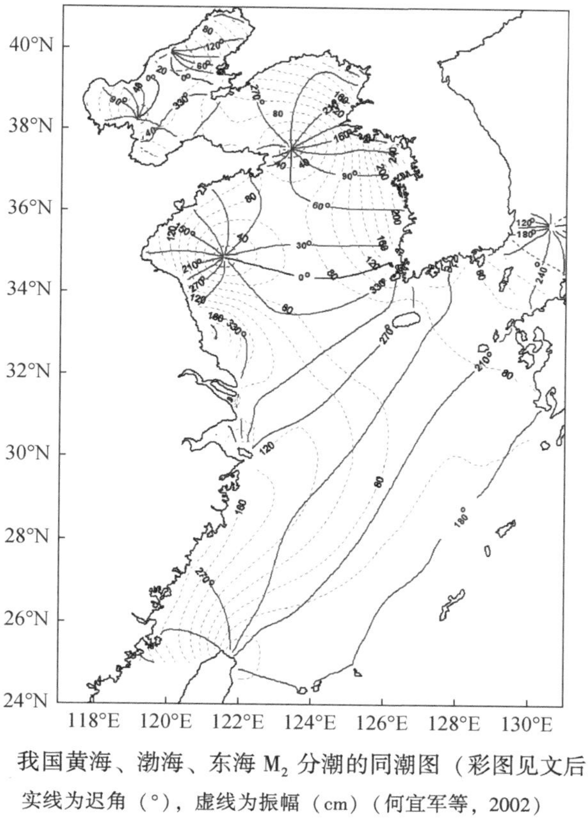

图 1. 63 我国黄海、渤海、东海 M_2 分潮的同潮图（彩图见文后彩插）

实线为迟角（°），虚线为振幅（cm）（何宜军等，2002）

（一）三维显示

计算机除了绘图之外，还可以在其他人工不可能进行的预处理方面发挥作用。三维绘图是计算机改进数据显示的典型例子之一，如图 1. 64 显示了海底地形和二维投影（等值线图）的三维图。三维图的主要优点是可以通过等值线对图进行几何解释，我们可以更清楚地看到区域特征的信号和相对幅度。除此之外，还可以从不同角度和视角呈现数据。例如，图 1. 64 中的地形可以旋转以强调海洋地形的变化。任何将一个变量作为其他两个变量的函数输出的分析都可以用三维方式显示。

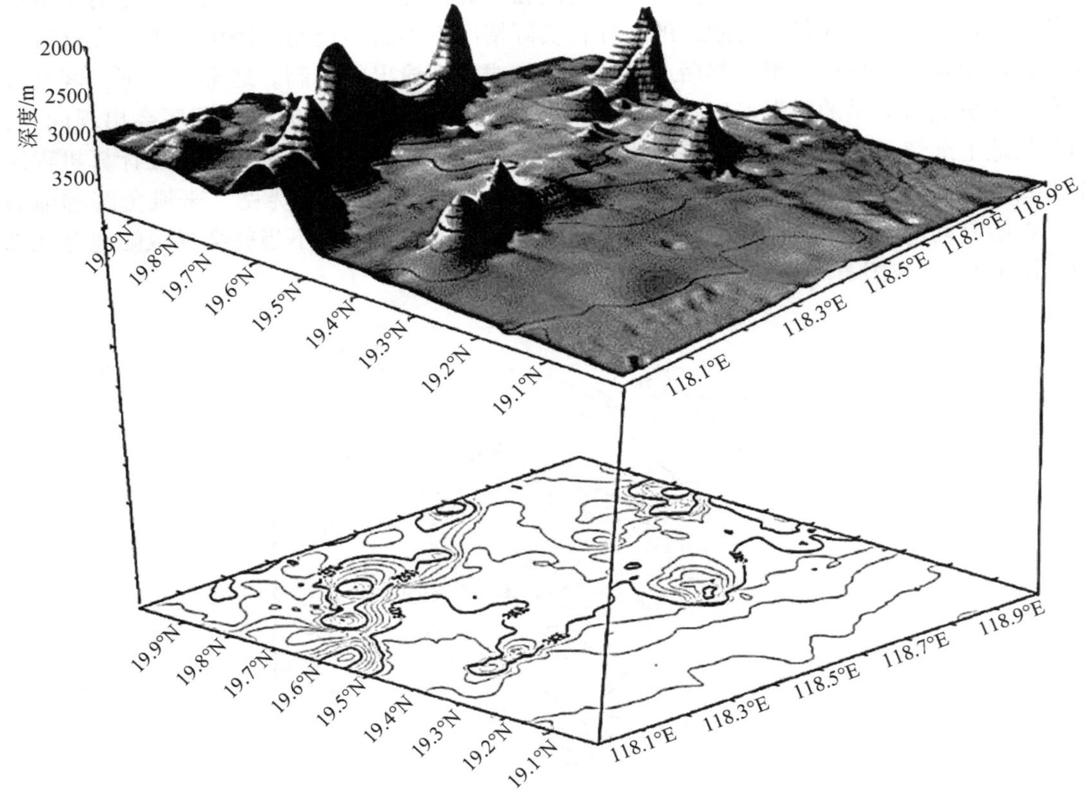

图 1. 64　南海部分水深三维图

底部的图是地形的 2D 投影

（二）Taylor 图

Taylor（2001）介绍了一种对统计关系进行概括性总结的方法，这些 Taylor 图特别适用于评估不同数值模拟相对于观测的模拟性能。这种情况下，模拟场与观测场之间的相似性由两者之间的相关系数（r）、标准偏差测量的变异程度，以及模型和观测值之间的中心均方根（RMS）差异量化。在计算高阶统计量之前要先去除其平均值，以便图表不包含任何偏差信息，只使用中心图案误差。

在图 1. 65 中给出了一个 Taylor 图的例子。根据 Taylor 图的结构原理，该图的目的是说明 3 个大气降尺度模式能够模拟海面风速的相对能力。A、B、C 代表三种降尺度方案的模拟风速，D 代表业务化风速产品，由三个统计参数（标准差、相关系数、中心均方根误差）所构成的三组曲线形成一个二维场，A～D 4 个点在该二维场中的位置如图 1.65 所示。结合图 1.65 对三个要素的解释如下：①从原点（0，0）向外辐射并终止于 x 轴和 y 轴的圆形线表示的是跨越模型模拟和观测数据的标准差范围（以 m/s 为单位），单组观测的标准差用虚线表示（以“浮标”点结束）；②从原点向外的辐射线表示模型和观测值之间的所有可能相关值的范围（0～1）；③从观测虚线与 x 轴相交处向外延伸的最后一组曲线表示风速模拟值和浮标观测值之间的中心均方根误差。对应的方位角位置分别表示模拟风速、业务化风速产品与观测风速之间的相关系数。此外，以浮标为圆点的半圆弧表示中心化的均方根误差。因此，A、B、C 和 D 与浮标越接近，表示相应的风速与观测切合程度越高，中心化均方根误差越小，两者的相关系数越高，两者的标准差越接近，那么模型显然表现得就越好。从图 1.65 中可以看出，B 方案有着较为明显的优势，降尺度的模拟效果最好。

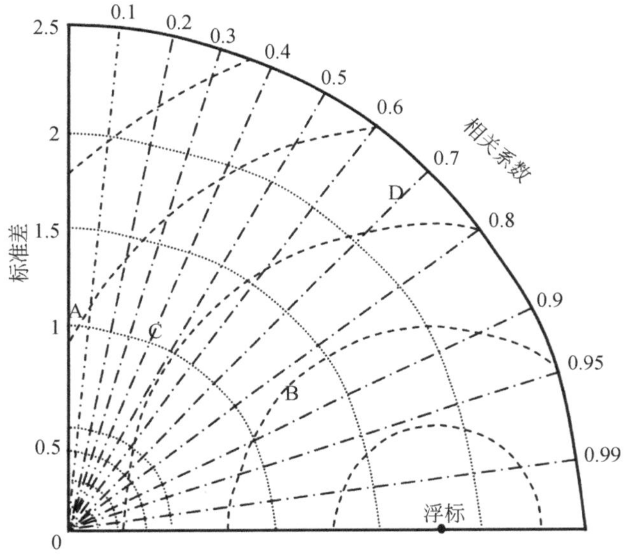

图 1.65　风速同浮标观测站点的结果比较

图中附表观测风速，A、B、C 代表三种降尺度方案的模拟风速，D 代表业务化模拟风速产品。以原点（0，0）为圆心的点线表示浮标观测值的标准差，以浮标点为圆心的 5 条虚线表示浮标观测值和模型之间的均方根误差

（三）假彩色图像

在期刊论文和在线出版物中引入色彩，代表着呈现方式的变化。正如在讨论垂直剖面时所提到的那样，色彩阴影在传统上被用来更好地表示分辨水平和垂直梯度。以前，大多数颜色演示限制在图集和报告演示，并且在期刊文章中不可用。新的印刷技术已经使得彩色印刷变得更加便宜，而且彩色显示器也得到了更加广泛的应用。在最近的研究中，彩色显示发挥重要作用的一个领域是卫星和地形图像的显示。使用假彩色使研究者能够扩大通常的灰白色图案的动态范围，从而使其更容易被人眼识别。假彩色还可用于增强某些特征，如从红外卫星图像来推断的海面温度图和锋面。可以通过使用严格定义的功能来产生

增强伪彩色图像，或者分析人员可以在交互模式下开发生成令人满意的结果。在任何卫星图像处理中，一个重要的考虑因素是将每个图像合成到一张地图上，这个地图在海洋学术语中通常称为“图像导航”。这个导航程序可以用卫星星历数据（轨道参数）来校正地球曲率和旋转。为了使地图投影更为精确，往往要求根据定时误差和航天器的姿态误差对图像进行微小调整。图像校正的另一方法是使用一系列的地面控制点（GCP）来导航图像块。GCP 通常是在卫星图像和底图中都有很突出的特征，如海湾或海角。在使用 GCP 导航时，需要假设一个圆轨道并应用平均卫星轨道参数进行初步校正。

根据加色法彩色合成原理，选择遥感影像的某三个波段，分别赋予红、绿、蓝三种颜色，就可以合成彩色影像。由于原色的选择与原来遥感波段所代表的真实颜色不同，生成的合成色不是地物的真实颜色，所以这种合成叫作假彩色合成。以陆地卫星 Landsat 的 TM 影像为例，TM 的 7 个波段中，第 2 波段是绿色波段，第 4 波段是近红外波段，当第 4、第 3、第 2 波段分别赋予红、绿、蓝色时，即绿波段赋蓝，红波段赋绿，近红外波段赋红时，这一合成被称为标准假彩色合成。图 1.66 展示了黄河三角洲地区 Landsat 的 TM 三个波段获取的假彩色影像，从图中可以看出黄河泥沙输运的历史痕迹等信息。

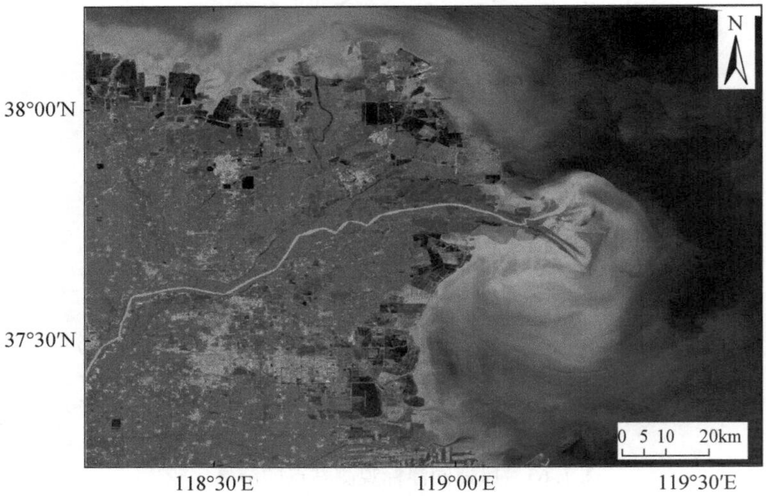

图 1.66　黄河三角洲 Landsat 的 TM 影像假彩色图像（彩图见文后彩插）

（四）动画显示

使用数字图像处理极大地提高了研究者展示数据的能力。传统的数据将不再以地图形式呈现，而是在卫星图像上显示。大多数图像系统讨厌一个或多个图形覆盖平面，因此想要显示对应的图像是可以实现的。另一种形式的表达为，部分数据是由卫星图像驱动，按地图或图像的时间序列表示。被称为“场景动画”的这种格式实现了一个可以方便记录在视频上的电影式输出，随着录像机系统的广泛使用，已经很容易实现数据的可视化。这种展示方法存在的一个问题是无法展示视频或循环胶片。这极大地限制了结果的交流，这些结果显示了空间场的时间演变，如一系列地理重合的卫星图像所显示的时间演化。利用两个或更多个附近锚定处的 ADCP 数据还可以同时生成风、海流等其他要素的三维视频（使用软件如 QuickTime 或 AVI 播放器）。

数字图像处理也改变了海洋学家进行数据显示的方式。科学家使用交互系统不仅可以改变亮度缩放（增强），还可以改变方向、尺寸（放大缩小），以及使用操纵杆、轨迹球或鼠标改变输出场景的整体位置。通过一个交互式系统，可以移动和旋转三维立体显示屏，以查看输出的各个方面。用户可以查看被明显特征所掩盖的隐藏区域。一些更强大的应用软件是由海洋地质学家和其他水文学家开发的，他们的显示软件和图形信息系统也被用于导航、海洋资源测绘和海洋研究。

海洋学家越来越多地涉足数字图像处理和伪彩色显示，数据和结果显示的种类也越来越多。由此一来，不仅会给每一个图像增加新的信息，也会使信息的呈现更加有趣和“丰富多彩”。当研究人员的研究结果能够以某种有趣的图形或图像形式显示出来时，他们也会感到很大的满足。

思考练习题

1. 利用多项式插值时，选取的多项式的阶数越高，插值的误差越小吗？为什么？

2. 对于定义在 $x\in[-5, 5]$ 的函数 $\text{sinc}(x)$，以步长 $\Delta x=0.5$ 采样后作为已知节点。

（1）分别利用拉格朗日插值、牛顿插值、分段埃尔米特插值、分段线性插值和样条插值法将已知节点插值到步长为 $\Delta x=0.2$ 的节点上，并计算插值后各节点的值与理论值的相对误差；

（2）分别利用拉格朗日插值、牛顿插值、分段埃尔米特插值、分段线性插值和样条插值法将已知节点插值到步长为 $\Delta x=0.8$ 的节点上，并计算插值后各节点的值与理论值的相对误差。

3. 什么是最邻近插值、双线性插值、双三次插值？

（1）下载一组海洋卫星观测的沿轨数据（海面高度、风速、风向、降雨率等），将其插值到分辨率为 $0.25°\times0.25°$ 的均匀网格上；

（2）下载一幅海洋卫星图像（如 SAR、MODIS、GOCI），选取中国近海的一个区域，利用不同的二维插值算法将图像增大一倍、减小一半（即网格加密、加粗一倍）。

4. 已知以 1000Hz 采样频率得到的数据 x，里面会有若干噪声，请使用贝塞尔滤波器滤掉噪声。

5. 某潮位站一月的逐时海面测量高度如表 1.4，求利用低通 Godin 消潮滤波器滤波后的数据，并用图像表示。

6. 什么是吉布斯现象，它是如何产生的？请举例说明。

7. 什么是理想滤波器？

8. 如何消除非对称递归滤波器的相位影响？

9. 什么是低通滤波器、高通滤波器和带通滤波器？它们之间的关系如何？已知低通滤波器的传递函数 $W(\omega)$，求高通滤波器的传递函数和带通滤波器的传递函数。

10. 利用第 5 题的潮汐观测数据，分别采用 5h、13h、25h 的滑动平均滤波器进行滤波，求出其滤波后的结果。

表 1.4　某潮位站一月的逐时海面测量高度

（单位：cm）

日期	时间																							
	00：00	01：00	02：00	03：00	04：00	05：00	06：00	07：00	08：00	09：00	10：00	11：00	12：00	13：00	14：00	15：00	16：00	17：00	18：00	19：00	20：00	21：00	22：00	23：00
1	127	133	154	194	223	244	254	250	225	193	142	98	91	97	110	154	200	231	251	265	261	238	189	152
2	122	114	134	161	188	210	231	240	235	216	179	138	111	101	110	136	172	210	238	257	262	255	227	186
3	153	125	112	117	141	173	203	224	240	242	233	195	160	136	128	136	158	190	215	238	262	267	246	215
4	191	149	120	99	109	123	160	194	218	242	255	248	219	190	170	161	159	180	199	227	255	263	263	255
5	235	192	153	119	91	89	100	121	156	183	210	230	229	219	187	160	136	135	140	159	187	212	226	236
6	228	210	175	137	96	65	49	60	83	128	175	208	235	235	226	199	164	143	133	142	166	199	230	253
7	263	257	234	194	140	95	68	60	77	111	164	217	257	280	289	276	234	190	164	155	167	187	223	256
8	280	293	287	258	209	151	93	66	57	85	123	179	229	285	302	297	272	247	185	157	147	153	184	227
9	261	288	295	285	252	200	132	83	62	60	85	126	166	216	259	285	268	246	198	142	110	103	113	138
10	181	201	227	236	216	183	123	60	13	7	1	26	72	137	188	220	231	219	182	123	85	60	61	90
11	139	182	218	233	235	218	179	119	59	32	26	49	94	160	220	257	284	289	267	216	154	116	111	140
12	164	216	258	283	299	299	272	219	156	106	79	86	114	158	209	258	292	310	312	270	212	162	131	127
13	147	180	228	257	274	285	279	245	190	127	90	78	83	111	168	217	252	279	295	279	240	187	139	119
14	121	152	188	220	249	265	275	260	229	177	127	97	94	108	141	188	223	258	267	270	248	202	160	130
15	119	120	138	174	210	227	239	245	227	192	146	110	100	102	120	159	191	219	234	241	230	201	167	130
16	110	94	93	105	122	140	149	155	162	155	127	92	76	69	88	110	144	174	200	214	216	204	179	145
17	112	90	83	96	115	142	173	186	196	196	184	169	157	151	154	171	192	216	243	260	269	270	258	231
18	199	168	147	134	144	154	170	190	208	218	223	219	206	185	171	165	173	181	203	220	227	226	230	216
19	198	169	140	123	115	120	130	158	181	210	238	249	247	234	216	200	185	187	194	210	219	232	247	242
20	233	214	179	152	117	96	96	102	128	151	180	205	225	217	206	187	160	131	132	130	141	164	183	196
21	198	172	147	136	109	72	52	57	70	103	144	181	213	236	245	232	203	175	161	157	167	188	215	238
22	253	259	244	215	177	138	104	95	95	120	160	207	240	270	290	290	263	217	184	166	164	184	211	235

续表

日期	时间																							
	00：00	01：00	02：00	03：00	04：00	05：00	06：00	07：00	08：00	09：00	10：00	11：00	12：00	13：00	14：00	15：00	16：00	17：00	18：00	19：00	20：00	21：00	22：00	23：00
23	255	262	263	247	209	155	107	74	63	78	114	165	210	250	272	288	272	234	188	159	144	149	173	205
24	243	272	271	255	226	197	132	91	66	61	88	134	192	236	272	293	293	263	212	163	140	139	152	186
25	231	263	279	282	270	229	170	115	78	62	75	112	161	215	256	290	303	284	241	182	134	126	157	185
26	206	246	271	280	271	249	199	134	81	55	47	68	111	176	218	250	274	273	242	190	135	100	98	107
27	137	186	230	248	246	232	209	147	90	50	42	55	93	146	204	247	273	288	275	227	165	120	104	110
28	137	176	225	260	283	285	267	225	167	111	90	90	110	153	205	250	283	307	303	274	225	160	108	101
29	127	158	204	242	268	283	283	258	211	149	107	89	96	127	172	225	251	280	288	280	238	182	134	105
30	104	131	167	207	241	265	272	269	242	201	160	127	116	125	150	189	223	247	255	256	232	195	137	93
31	68	59	72	105	144	176	209	229	219	199	169	123	95	94	117	148	193	225	245	253	247	229	194	160

11. 什么是余弦滤波器？举出 3 种及以上余弦滤波器。

12. 利用第 5 题的潮汐观测数据，采用 Lanczos 余弦低通滤波器滤除 O_1 和 Q_1 潮汐分潮的高频能量。

13. 利用第 5 题的潮汐观测数据，采用低通巴特沃斯滤波器进行潮汐滤波分析，求出低通滤波结果和高通滤波结果。

14. 什么是凯泽-贝塞尔滤波器？在不同的 α 参数和 $\beta=\pi\alpha$ 情况下，凯泽-贝塞尔滤波器相对于其他滤波器的滤波绘图形状有什么区别？

15. 利用第 5 题的潮汐观测数据，采用凯泽-贝塞尔滤波器进行潮汐滤波分析，从中去除全日潮和半日潮、惯性震荡、内波和其他“高频”运动的影响。（常用值 α 为 2.0、2.5、3.0 和 3.5，滤波器长度 M 为 25h、31h、37h 和 49h，数据采样的时间间隔为 1h）。

16. 收集某海域 ARGO 观测数据，绘制温度和盐度的垂直剖面图。

17. 收集某海域 ARGO 观测数据，绘制某一经度或纬度的温度和盐度的垂直截面图。

18. 下载卫星观测海表温度或盐度，绘制全球海洋的温度和盐度平面分布图。

19. 下载卫星散射计风场资料，在 2～3 种投影方式下绘制风场矢量图.

20. 海洋潮汐同潮图的计算机绘制，以南海 M_2 分潮为例。

21. 下载波浪浮标二维海浪谱数据，绘制三维图和等值线图。

22. 下载一幅 Landsat 卫星 TM 资料，利用其第 2、第 3、第 4 波段绘制假彩色合成图。

第二章　随机资料处理基本知识

第一节　海洋资料的统计特征

海洋是一个复杂的动力系统，为了开发和利用海洋，人们用各种手段观测海洋，获得了大量的数据资料，如海浪的波高、周期、波长、波向，海流的流速、流向，潮汐的潮位，风场的风速、风向，海水的温度、盐度、叶绿素浓度、悬浮物浓度等。近年来快速发展的海洋遥感仪器极大扩展了观测数据的空间和时间范围，这些数据为人们认识海洋、研究各种海洋现象、预报海洋灾害等提供了基础保障，但是它们包含了哪些信息、如何从中提取人们需要的信息仍然是值得研究的问题。在讨论具体的数据分析方法之前，本节先初步分析海洋数据的一些特点。

海洋数据具有随机性。首先，地球是一个旋转的球体，海水在地球表面流动，尽管其运动规律服从流体动力学理论，但是由于周围环境的影响，海洋参数的变化很难与理论完全相符合。例如，根据流体力学理论，海浪随着海面风速、风向、风区、地形和潮汐等因素的变化而变化，长涌浪、风浪、毛细波和破碎波等相互叠加，如图 2.1（a）所示。而这些因素中有很多不确定因素，如大气风场的湍流扰动、波浪破碎等，导致很难用准确的解析函数来表示海面的变化。其次，海洋数据的时间和空间尺度变化大。例如，在近岸海区，海浪、海流、潮汐和风等因素相互影响，时间尺度的变化从数秒（毛细波、重力波）至月（潮汐），甚至年（地形），空间尺度短至数厘米（毛细波），长至几十上百公里（潮汐、风区），为了充分了解这些动力过程之间的相互作用，长期、全面的观测数据必不可少，但是实际中由于各种因素的限制，不易获得充分的观测资料，而是需要从有限的数据中估算海洋参数的变化。另外，海洋观测仪器也经常受随机误差、系统的热噪声、周围环

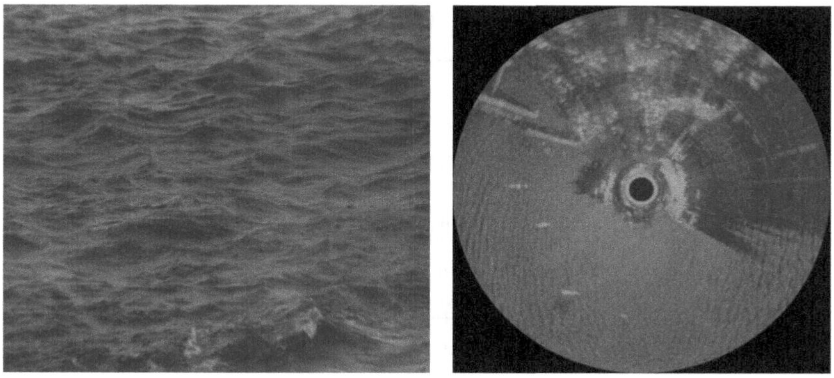

(a) 海面可见光图像　　(b) 导航X波段雷达观测的海面图像

图 2.1　中等海况时的海面可见光图像和导航 X 波段雷达观测的海面图像

境等影响，如图 2.1（b）中雷达图像的部分区域成像清晰、部分区域较为模糊。因此，受海洋参数本身的变化和观测方法的限制等因素的影响，海洋观测数据具有较大的随机性，并随着时间和空间而变化，需要利用随机过程理论来描述海洋参数或现象的性质。

在讨论随机过程的相关理论之前，我们先举例说明海面参数变化的基本特点。图 2.2 是雷达在不同时刻观测的海面回波的变化，其中纵坐标表示雷达回波强度的灰度值，图 2.2（a）是 $t=0$s 时刻的回波强度，图 2.2（b）是 $t=2$s 时刻的回波强度；为了分析海面参数的变化，这里忽略雷达噪声和雷达成像时非线性调制等因素的影响。可以看出，海面信号的变化具有以下特点。第一，不同时刻的雷达回波强度变化都具有一定的周期性，这主要是海面重力波的变化造成的，并且两个时刻雷达回波的平均值和方差较为接近，说明海面信号具有较好的平稳性；第二，对于不同时刻或者不同位置，信号的周期都较为一致（随距离的变化周期约 80m）、振幅接近（雷达回波强度约 150），即信号的变化不随时间和空间位置而变化，因而信号具有较好的各态历经性。

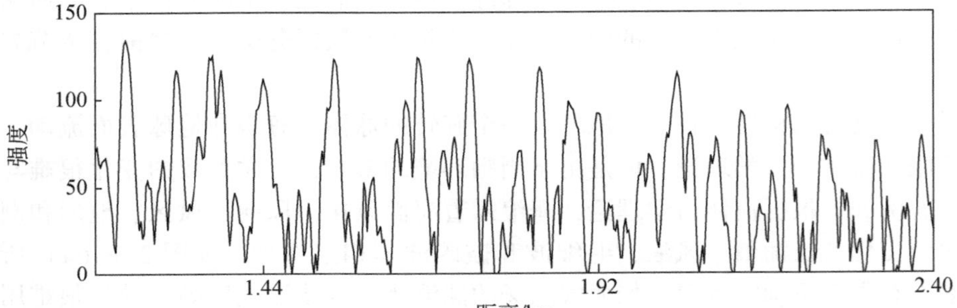

(a) t=0s时的回波强度

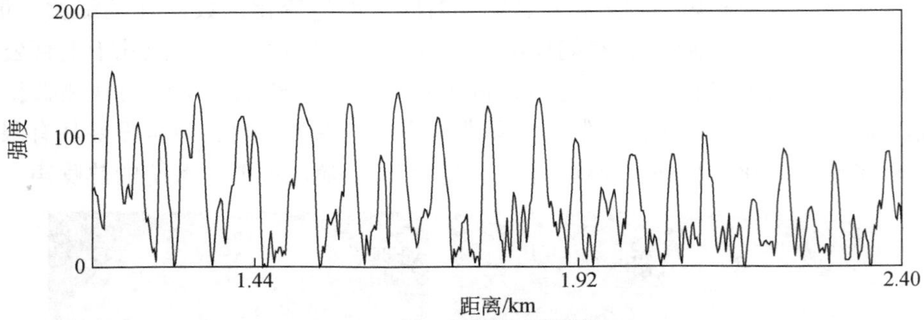

(b) t=2s时的回波强度

图 2.2　海面的雷达回波强度随距离和时间的变化

海面的平稳性和各态历经性是利用随机过程理论研究海洋参数的重要基础。当然，海洋环境的变化复杂，有些参数在特定的时间或者位置可能具有复杂的变化，但是从长期的统计意义上来说，随机过程理论是研究海洋参数变化的重要工具。另外，有些数据的变化在整体上不满足平稳性，但是在局部空间或时间尺度内满足平稳性的要求。例如，图 2.3 中的雷达回波信号随距离而不断衰减，主要是电磁波在传播路径的衰减造成的，利用统计方法可以去除此长期的衰减趋势（图 2.2），去除趋势后可以看出雷达信号在短时间尺度上具有良好的周期性，是一种局部的平稳信号。

本章将介绍随机过程的基本概念及统计特征、随机过程的微分和积分计算、随机过程的平稳性和遍历性、几种典型的随机过程和随机资料的估计方法等。

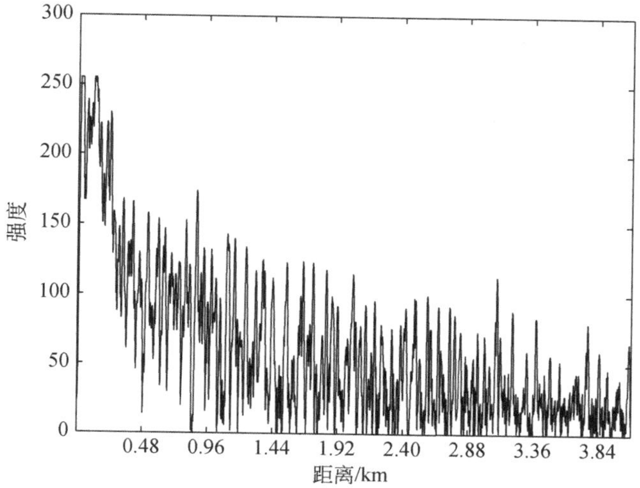

图 2.3　雷达观测的海面回波强度随距离的变化

第二节　随机过程的基本概念及统计特征

一、随机过程的基本概念

随机过程是研究随机现象演变过程的概率规律性的学科，它建立在概率论的基础之上，但是与概率论又有明显的区别。概率论主要研究一个或者有限个随机变量，即一维随机变量或者 n 维随机向量；极限定理虽然涉及可数无穷多个随机变量，但是假设它们之间是相互独立的。客观世界中的随机现象十分复杂，往往需要接连不断地观察或研究随机现象的变化过程，要用一组无穷多个按一定关系联系起来的随机变量才能描述，所以要用随机过程理论来研究。随机过程在海洋数据分析中已经得到了广泛的应用，如海浪的统计性质、海洋现象的时间和空间变化、海洋观测数据的统计误差等。本节介绍随机过程的基本概念。

定义（概率空间）：设 Ω 是样本空间，F 是 Ω 的一个事件域，$P(A)$ 是定义在 F 上的实值集函数。并且假设 $P(A)$ 满足如下条件。

（1）（非负性）对任意 $A\in F$，有

$$0\leqslant P(A)\leqslant 1$$

（2）（归一性）

$$P(\Omega)=1$$

（3）（可列可加性）若 $A_m\in F$，$m=1, 2, \cdots$，且 $A_i\cap A_j=\phi$，$i\neq j$，则

$$P\left(\sum_{m=1}^{\infty} A_m\right) = \sum_{m=1}^{\infty} P(A_m)$$

称 P 是事件域 F 上的概率。

一般称三元总体（Ω，F，P）为概率空间，其中 Ω 是样本空间，F 是事件域，P 是概率。

定义（随机变量）：设（Ω，F，P）为一个概率空间，$X(\Omega)$是定义在 Ω 上的单值实函数。如果对任意$x \in R^1$，有

$$\{\omega \in \Omega: X(\omega) \leqslant x\} \in F$$

则称 X 为(Ω, F, P)上的一个随机变量，进而称 $F(x) = P\{X \leqslant x\}$ 为随机变量 X 的分布函数。

定义（随机过程）：设给定概率空间(Ω, F, P)和参数集 $T(\subset R^1)$，若对 $\forall t \in T$，都有定义在(Ω, F, P)上的一个随机变量 $X(\omega, t)(\omega \in \Omega)$与之对应，则称依赖于参数 t 的随机变量族$\{X(\omega, t), t \in T\}$为一个随机过程，记为$\{X(\omega, t), \omega \in \Omega, t \in T\}$，简记为$\{X(t), t \in T\}$或者 $\{X_t\}$。

在实际问题中，参数 t 经常表示时间，T 称为参数空间，它是实数集的子集。$X(\omega, t)$的取值范围记为 E，称为随机过程的状态空间。当 $X(\omega, t_0) = x(\omega, t_0) \in E$ 时，称 x 为随机过程于 t_0 时刻所处的状态。当状态空间为复数域时，称$\{X(\omega, t), t \in T\}$为复值随机过程。

例题（随机海浪理论）：根据随机海浪理论，海面上一固定点的波动位移 $\eta(x, y, t)$可以表示为许多不同振幅、不同角频率、不同方向和不同随机相位的正弦波的叠加（图 2.2）。

$$\eta(x, y, t) = \sum_{i=1}^{M} \sum_{j=1}^{N} a_{ij}\cos(\omega_i t - k_i x\cos\theta_j - k_i y\sin\theta_j + \delta_{ij}) \tag{2.1}$$

式中，x 和 y 为海面上点的坐标；a_{ij}为海浪的振幅；θ_j 为海浪的方向角；ω_i 为海浪的角频率；k_i 为海浪的波数；δ_{ij}为 $0 \sim 2\pi$ 内均匀分布的随机相位。

δ_{ij}是某一概率空间(Ω, F, P)中的随机变量，在每一个固定的时刻 $t_0 \in T$，$\eta(x, y, t_0)$是一随机变量，并且按照一定的概率取某一波形。因此，$\eta(x, y, t)$是定义在概率空间(Ω, F, P)和指标集 T 上的一组随机变量，即式（2.1）表示的海面变化是一随机过程。

在随机海浪理论中，可以根据海浪的随机性质进行海面的仿真。例如，图 2.4 是根据式（2.1）仿真的有效波高为 4.6m 时的海面，明显地反映了海浪的起伏变化。可以根据仿真结果分析海浪的统计性质、研究海浪对海洋活动的影响或者研究海面与电磁波的相互作用等，所以随机海浪理论具有重要的理论和实际意义。

二、随机过程的统计特征

在概率论中，随机变量的统计特性可以由其分布函数、特征函数和数字特征等来描述。类似地，随机过程的特性可以由随机过程的有限维分布函数族、有限维特征函数族和数字特征来描述。

定义（有限维分布函数族）：设$\{X(t), t \in T\}$为一随机过程。对任意固定的 t_1，t_2，…，

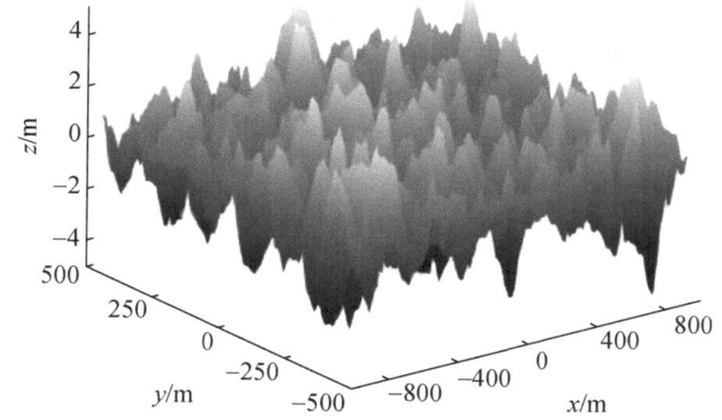

图 2.4　根据随机海浪理论仿真的有效波高为 4.6m 时海面变化

$t_n\in T$，$[X(t_1), X(t_2), \cdots, X(t_n)]$为 n 维随机向量，其 n 维联合分布函数为 $F_{t_1,t_2,\cdots,t_n}(x_1, x_2, \cdots, x_n)=P\{X(t_1)\leqslant x_1, X(t_2)\leqslant x_2, \cdots, X(t_n)\leqslant x_n\}$，$x_i\in R(i=1, 2, \cdots, n)$，定义

$$F=\{F_{t_1,t_2,\cdots,t_n}(x_1, x_2, \cdots, x_n);\ x_1, x_2, \cdots, x_n\in R;\ t_1, t_2, \cdots, t_n\in T;\ n\in N\} \tag{2.2}$$

称 F 为随机过程$\{X(t), t\in T\}$的有限维分布函数族。

定义（有限维特征函数族）：设$\{X(t), t\in T\}$为一随机过程。对任意固定的 $t_1, t_2, \cdots, t_n\in T$，$X(t_1), X(t_2), \cdots, X(t_n)$为 n 维随机向量，其 n 元特征函数为

$$\begin{aligned}\varphi_{t_1, t_2, \cdots, t_n}(u_1, u_2, \cdots, u_n) &= E[\mathrm{e}^{i[u_1X(t_1)+u_2X(t_2)+\cdots+u_nX(t_n)]}]\\ &=\int_{-\infty}^{\infty}\cdots\int_{-\infty}^{\infty}\exp[j(u_1x_1+u_2x_2+\cdots+u_nx_n)]\mathrm{d}F_{t_1, t_2, \cdots, t_n}(x_1, x_2, \cdots, x_n)\end{aligned} \tag{2.3}$$

其中，E 表示均值函数。而对任意 $t_1, t_2, \cdots, t_n\in T$，称$\{\varphi_{t_1,t_2,\cdots,t_n}(u_1, u_2, \cdots, u_n), u_1, u_2, \cdots, u_n\in R;\ t_1, t_2, \cdots, t_n\in T\}$ 为随机过程$\{X(t), t\in T\}$的 n 维特征函数族。

定义

$$\Phi=\{\varphi_{t_1,t_2,\cdots,t_n}(u_1, u_2, \cdots, u_n), u_1, u_2, \cdots, u_n\in R, t_1, t_2, \cdots, t_n\in T, n\in Z\} \tag{2.4}$$

称 Φ 为随机过程$\{X(t), t\in T\}$的有限维特征函数族。

虽然随机过程的有限维分布函数族和有限维特征函数族是对随机过程的完整描述，但是它们在实际问题中很难求得，而有些情况下只需要求出随机过程的一些特征参数。下面介绍随机过程的几种常用的特征参数，包括均值函数、方差函数、（自）相关函数、（自）协方差函数、互协方差函数、互相关函数等。

设$\{X(t), t\in T\}$为一随机过程，如果对于每个 $t\in T$，有 $E[X(t)]<\infty$，则称函数 $m_X(t)=E[X(t)]$，$t\in T$ 为随机过程的均值函数。均值函数表示随机过程$\{X(t), t\in T\}$的样本函数在时刻 t 的平均值。

如果对任意 $s, t\in T$，$[X(s), X(t)]$的协方差函数存在，则称函数

$$C_X(s, t)=\operatorname{cov}[X(s), X(t)]=E\{[X(s)-m_X(s)][X(t)-m_X(t)]\},\quad s, t\in T$$

为随机过程$\{X(t), t\in T\}$的（自）协方差函数。

当$s=t$时，称函数

$$D_X(t)=D[X(t)]=E\{[X(t)-m_X(t)]^2\}, t\in T$$

为随机过程$\{X(t), t\in T\}$的方差函数。方差函数表示随机过程$\{X(t), t\in T\}$的样本函数在时刻t相对于均值函数的偏离程度。

若对任意s，$t\in T$，$R_X(s, t)=E[X(s)X(t)]$存在，则称$R_X(s, t)$为随机过程$\{X(t), t\in T\}$的（自）相关函数。（自）协方差函数与（自）相关函数、均值函数之间有下列关系：

$$C_X(s, t)=R_X(s, t)-m_X(s)m_X(t), s, t\in T$$

（自）协方差函数和（自）相关函数表示随机变量$X(s)$和$X(t)$的线性相关关系。

设$\{X(t), t\in T_1\}$、$\{Y(t), t\in T_2\}$是两个随机过程。若对于任意$s\in T_1$，$t\in T_2$，有$E[X^2(s)]<\infty$，$E[Y^2(t)]<\infty$，则称

$$C_{XY}(s, t)=\operatorname{cov}[X(s), Y(t)]=E\{[X(s)-m_X(s)][Y(t)-m_Y(t)]\}, s\in T_1, t\in T_2$$

为随机过程$X(t)$与$Y(t)$的互协方差函数，而称

$$R_{XY}(s, t)=E[X(s)Y(t)], s\in T_1, t\in T_2$$

为随机过程$X(t)$与$Y(t)$的互相关函数。则有

$$C_{XY}(s, t)=R_{XY}(s, t)-m_X(s)m_Y(t), s\in T_1, t\in T_2$$

互协方差函数和互相关函数表示随机过程$\{X(t), t\in T_1\}$与随机过程$\{Y(t), t\in T_2\}$之间的线性相关程度。如果对于任意$s\in T_1$，$t\in T_2$，有$C_{XY}(s, t)=0$，则称随机过程$\{X(t), t\in T_1\}$与随机过程$\{Y(t), t\in T_2\}$互不相关。

例（随机正弦波）：海浪可以由一系列不同频率、不同振幅的正弦波叠加而成。设正弦随机过程为

$$X_t=A\cos(\beta t+\phi), t\geqslant 0$$

其中，β是正常数，振幅A与相位ϕ是相互独立的随机变量，且$A\sim N(0,1)$，$\phi\sim U(0, 2\pi)$。试求该随机过程的均值函数、自相关函数、协方差函数及方差函数。

解：由于振幅A与相位ϕ是相互独立的随机变量，故均值函数为

$$m_X(t)=E[X_t]=E[A\cos(\beta t+\phi)]=E[A]E[\cos(\beta t+\phi)]=0$$

自相关函数为

$$\begin{aligned} R_X(s, t) &= E[X(s)X(t)] = E[A^2\cos(\beta t+\phi)\cos(\beta s+\phi)] \\ &= E[A^2]E[\cos(\beta t+\phi)\cos(\beta s+\phi)] \\ &= \frac{1}{2\pi}\int_0^{2\pi}\cos(\beta t+\phi)\cos(\beta s+\phi)\mathrm{d}\theta \\ &= \frac{1}{2}\cos[\beta(t-s)] \end{aligned}$$

因为$m_X(t)=0$，协方差函数为$C_X(s, t)=R_X(s, t)=\frac{1}{2}\cos[\beta(t-s)]$。令$s=t$得，方差函数为$D(t)=C_X(t, t)=\frac{1}{2}$。

第三节　随机过程的微分和积分计算

定义（二阶矩过程）：设$\{X(t), t\in T\}$是一个（实或复值）随机过程，如果对于每个$t\in T$，都有$E[|X(t)|^2]<\infty$，则称$\{X(t), t\in T\}$是一个二阶矩过程。

由定义可知，二阶矩过程的均值函数$m_X(t)=E[X(t)]$总是存在的。

定义（随机过程的均方连续）：如果二阶矩过程$\{X(t), t\in T\}$在时刻$t_0\in T$满足

$$\lim_{t\to t_0}E[|X(t)-X(t_0)|^2]=0 \tag{2.5}$$

则称二阶矩过程$\{X(t), t\in T\}$在$t_0\in T$处均方连续。如果$\{X(t), t\in T\}$在T中每一点t都均方连续，则称$\{X(t), t\in T\}$在T上均方连续。

定理（均方连续准则）：二阶矩过程$\{X(t), t\in T\}$在$t_0\in T$处均方连续的充分必要条件是其自协方差函数$C_x(s, t)$在(t_0, t_0)处连续。

例如，Poisson 过程（本章第五节）的每个样本函数都是具有单位阶跃的阶梯函数。可见，均方连续的随机过程的样本函数可以都不连续。

定义（随机过程的均方导数）：设$\{X(t), t\in T\}$是二阶矩过程，如果存在随机过程设$\{Y(t), t\in T\}$，使得$\lim_{t\to t_0}E\left[\left|\dfrac{X(t_0+\Delta t)-X(t_0)}{\Delta t}-Y(t_0)\right|^2\right]=0$成立，则称二阶矩过程$\{X(t), t\in T\}$在$t_0\in T$均方可微，$Y(t_0)$为$X(t)$在$t_0$处的均方导数，记为$X'(t)$或者$\left.\dfrac{\mathrm{d}X(t)}{\mathrm{d}t}\right|_{t=t_0}$。

如果$X(t)$在T中每一点$t\in T$处都均方可微，则称$\{X(t), t\in T\}$为均方可微过程。此时，$\{X(t), t\in T\}$的均方导数$\{X'(t), t\in T\}$也是一个随机过程，并且是二阶矩过程。

二阶矩过程$\{X(t), t\in T\}$的均方导数具有如下性质。

（1）如果二阶矩过程$\{X(t), t\in T\}$是n次均方可微的，则$\{X(t), t\in T\}$的这些均方导数的均值函数存在，并且$m_{X^{(n)}}(t)=E[X^{(n)}(t)]=m_X^{(n)}(t), t\in T$，即均方求导运算与期望运算可以交换次序。

（2）均方导数在概率 1 的意义下是唯一的，即若$X'(t)=Y_1(t)$，$X'(t)=Y_2(t)$，则$Y_1(t)=Y_2(t)$。

（3）任一随机变量X（可以是常量）的均方导数为 0。

（4）$[X(t)+X]'=X'(t)$，其中X是与t无关的随机变量或常量。由此可知，如果两个随机过程的均方导数相等，则它们相差一个随机变量或常量。

（5）如果$X(t)$与$Y(t)$都均方可微，a与b为常量，则$aX(t)+bY(t)$也均方可微，并且$[aX(t)+bY(t)]'=aX'(t)+bY'(t)$。

（6）如果$X(t)$均方可微，则$X(t)$必定均方连续。

（7）如果$X(t)$均方可微，$f(t)$是普通的均方可微函数，则$f(t)X(t)$均方可微，并且$[f(t)X(t)]'=f'(t)X(t)+f(t)X'(t)$。

定义（随机过程的均方积分）：设$\{X(t), t\in T\}$是一个二阶矩过程，对每一个$u\in U$，$f(t, u)$是t在$[a, b]$上通常的可积函数。将$[a, b]$作任意分割，即$a=t_0<t_1<\cdots<t_n=b$，记$\Delta=\max\limits_{1\leqslant k\leqslant n}(t_k-t_{k-1})$，并任取$t_k^*\in(t_{k-1}, t_k]$，如果

$$\sum_{k=1}^{n} f(t_k^*, u)X(t_k^*)\Delta t_k$$

的均方极限存在，则称$f(t, u)X(t)$在$[a, b]$上均方可积，记作

$$Y(u)=\int_a^b f(t, u)X(t)\mathrm{d}t$$

可以证明，如果$X(t)$在$[a, b]$上均方连续，则$X(t)$在$[a, b]$上均方可积。

设二阶矩过程$\{X(t), t\in T\}$的自协方差函数为$C_X(s, t)$，如果二重积分$\int_a^b\int_a^b f(s, u)\overline{f(t, v)}C_X(s, t)\mathrm{d}s\mathrm{d}t<\infty$，则积分过程$Y(u)=\int_a^b f(s, u)X(t)\mathrm{d}t$的数字特征为：

(1) $m_Y(u)=\int_a^b f(t, u)m_X(t)\mathrm{d}t$；

(2) $R_Y(u, v)=\int_a^b\int_a^b f(s, u)\overline{f(t, v)}R_X(s, t)\mathrm{d}s\mathrm{d}t$；

(3) $C_Y(u, v)=\int_a^b\int_a^b f(s, u)\overline{f(t,v)}C_X(s, t)\mathrm{d}s\mathrm{d}t$；

(4) $D_Y(u)=\int_a^b\int_a^b f(s, u)\overline{f(t, u)}C_X(s, t)\mathrm{d}s\mathrm{d}t$；

均方连续与均方可积之间具有如下关系。

定理：如果随机过程$X(t)$在$[a, b]$上均方连续，则有

(1) $X(t)$在$[a, b]$上均方可积；

(2) $\left\|\int_a^b X(t)\mathrm{d}t\right\|\leqslant\int_a^b\|X(t)\|\mathrm{d}t$。

定义（随机过程的均方不定积分）：若随机过程$X(t)$在$[a, b]$上均方连续，记

$$Y(t)=\int_a^{b} X(s)\mathrm{d}s,\ a\leqslant t\leqslant b$$

则称随机过程$\{Y(t), t\in[a, b]\}$为$X(t)$在$[a, b]$上的均方不定积分。

如果随机过程$X(t)$在$[a, b]$上均方连续，则其均方不定积分$\{Y(t), t\in[a, b]\}$在$[a, b]$上均方连续，均方可导，并且

$$Y'(t)=X(t),\ t\in[a, b]$$

导数的均方不定积分可以由牛顿–莱布尼茨公式计算。设$X'(t)$在$[a, b]$上均方连续，则：

$$\int_a^t X'(s)\mathrm{d}s=X(t)-X(a),\ a\leqslant t\leqslant b$$

例1（随机谐振子）：令$X(t)$表示质量为m的质点由平衡位置出发的位移，用一条弹性系数为k的弹性线将质点与一固定点连接起来，则$X(t)$满足方程为

$$\begin{cases}\dfrac{\mathrm{d}^2X(t)}{\mathrm{d}t^2}+kX(t)=Y(t)\\ X(0)=X_0,\ X'(0)=X'_0\end{cases}$$

式中，$Y(t)$为作用于质点的外力，是一个随机过程；$X(0)$和X'_0为初始位移和初始速度，均为随机变量；k为弹性系数，也可以是随机过程。

例 2：设 $X(t)=A\cos at+B\sin at$，$t\geq 0$，a 为常数且 $a\neq 0$，A 与 B 是相互独立随机变量，均服从 $N(0,\sigma^2)$，判断 $X(t)$ 是否均方可积。

解：均值函数为

$$m_X(t)=E[A]\cos at+E[B]\sin at=0,$$

自相关函数为

$$\begin{aligned}R_X(s,t)&=E[X(s)X(t)]\\&=E[A^2\cos as\cos at+B^2\sin as\sin at]\\&=\sigma^2\cos a(t-s)\end{aligned}$$

在 $[0,+\infty)\times[0,+\infty)$ 上连续，故 $X(t)$ 在 $[0,+\infty)$ 上均方可积。

第四节　随机过程的平稳性和遍历性

平稳过程是一类重要的随机过程，用于描述系统的当前状况和过去状况都对未来有影响的随机系统，这也是实际应用中经常遇到的情况。另外，在实际中，一个随机过程一般只能获得一个样本函数在若干个时刻的观测值，从而需要利用有限的观测值估算整个随机过程的数字特征，这就要求随机过程具有各态历经性。例如，预报某海区某时刻的海浪状况，就需要知道该海区的历史波浪变化特征和当前的海况，由于观测海浪时只能获得在有限时刻的离散点上的值，从而只能获得具有平稳性和各态历经性的海浪性质。本节介绍随机过程的平稳性和各态历经性的概念和基本性质。

定义（严平稳过程）：设 $\{X(t),t\in T\}$ 是随机过程，如果对任意 $n\geq 1$，t_1，t_2，…，$t_n\in T$ 和实数 τ，当 $t_1+\tau$，$t_2+\tau$，…，$t_n+\tau\in T$ 时，随机向量 $[X(t_1),X(t_2),\cdots,X(t_n)]$ 与 $[X(t_1+\tau),X(t_2+\tau),\cdots,X(t_n+\tau)]$ 有相同的联合分布函数，即

$$F_{t_1,t_2,\cdots,t_n}(x_1,x_2,\cdots,x_n)=F_{t_1+\tau,t_1+\tau,\cdots,t_n+\tau}(x_1,x_2,\cdots,x_n)$$

则称随机过程 $\{X(t),t\in T\}$ 为严平稳过程。

根据以上定义，严平稳过程是指随机过程 $\{X(t),t\in T\}$ 的任意有限维分布函数不随时间的推移而变化的过程。对于严平稳过程所描述的物理系统，其概率特征不随时间的推移而改变，即如果严平稳过程的均值函数 $E[X(t)]$ 和方差函数 $D[X(t)]$ 存在，则它们都是与时间无关的常数；其自相关函数 $R_X(s,t)$ 和自协方差函数 $C_X(s,t)$ 均仅依赖于时间差 $(s-t)$，而与时刻 s、t 无关。

在实际问题中，由于很难确定随机过程的有限维分布函数，判断随机过程的严平稳性是比较困难的，但是有些非平稳过程在一定的时间内可以作为严平稳过程来处理；一般情况下，我们讨论的平稳过程是宽平稳过程。

定义（宽平稳过程）：设 $\{X(t),t\in T\}$ 是二阶矩过程，如果

（1）$m_X(t)=E[X(t)]=m_X$（常数），$\forall t\in T$；

（2）$R_X(s,t)=E[X(s)\overline{X(t)}]=R_X(s-t)$，$\forall s,t\in T$。

即其自相关函数仅与 $(s-t)$ 有关，而与 s、t 的取值无关，则称 $\{X(t),t\in T\}$ 为宽平稳过程，简称为平稳过程。

根据定义可知，严平稳过程和宽平稳过程既有一定的联系，又有明显的区别。严平稳

过程不一定是宽平稳过程，因为严平稳过程不一定是二阶矩过程；宽平稳过程也不一定是严平稳过程，因为宽平稳过程的有限维分布可能随时间推移而改变。下面举例说明。

（1）海浪可以视为由不同振幅、不同频率的正弦波叠加而成。设随机过程$\{\eta(t), t\in T\}$有

$$\eta(t)=\sum_{i=1}^{n}(a_i\cos\omega_i t+b_i\sin\omega_i t), t\in T$$

式中，a_i和b_i为两个均值为0、方差为σ_i^2的互不相关的实随机变量序列；ω_i为角频率。则$\eta(t)$是平稳过程。

（2）白噪声。设$\{X(n), n\in Z\}$为实数、互不相关的随机变量序列，并且$E[X(n)]=0$，$D[X(n)]=\sigma^2$，其自相关函数为

$$E[X(n)X(m)]=\begin{cases}\sigma^2, & n=m\\ 0, & n\neq m\end{cases} \tag{2.6}$$

由于它只与$n-m$有关，所以它是一个平稳时间序列。在工程实际中，该模型是一个常用的噪声模型，如雷达系统的噪声、遥感图像中的斑点噪声等。

定义（各态历经性）：设$\{X(t), t\in(-\infty, \infty)\}$是一个平稳过程：

（1）如果$\langle X(t)\rangle=m_X$以概率1成立，则称$X(t)$的均值具有各态历经性；

（2）如果对任意的τ，$\langle X(t+\tau)\overline{X(t)}\rangle=R_X$以概率1成立，则称$X(t)$的相关函数具有各态历经性；

（3）如果$X(t)$的均值和相关函数都具有各态历经性，则称$\{X(t), t\in(-\infty, \infty)\}$是各态历经过程或具有各态历经性。

在实际应用中，确定随机过程的均值函数和相关函数是十分重要的。例如，研究海浪的统计分布性质时，需要利用相关函数获得海浪的谱密度函数；研究潮汐的性质时，也需要根据潮位的功率谱确定潮汐的各个谐波分量等。但是，对于一个随机过程$\{X(t), t\in T\}$，在观测中只能获得一个样本函数$x(t)$在若干时刻的离散值，因此需要用样本函数去估计随机过程$X(t)$的均值函数和相关函数等数字特征。各态历经性是指对于一个随机过程，当观察的时间足够长时，它的每个样本函数经历了过程的各个可能的状态，或者“遍历”各个可能的状态，那么一个样本函数按时间的平均就可以近似它在固定时刻的统计平均。例如，用正弦波的叠加来表示海浪时，假设$\eta(t)=a\cos(\omega t+\varphi)$，$t\in(-\infty, \infty)$，其中，振幅$a$和角频率$\omega$是实常数，$\varphi$服从$[0, 2\pi]$上的均匀分布，则$\eta(t)$是一平稳过程，并且具有各态历经性。

对于均方连续的平稳过程，其均值和相关函数具有各态历经性的充分必要条件可以通过谱函数给出。

定理：设$\{X(t), t\in(-\infty, \infty)\}$是一个平稳过程，则有

（1）$X(t)$的均值具有各态历经性的充分必要条件是$X(t)$的谱函数$F(\omega)$在$\omega=0$处连续；

（2）$X(t)$的相关函数具有各态历经性的充分必要条件是$X(t)$的谱函数$F(\omega)$是连续函数。

推论：设$\{X(t), t\in(-\infty, \infty)\}$是均方连续的平稳过程，则$X(t)$的均值具有各态历

经性的充分必要条件是

$$\lim_{x \to \infty} \frac{1}{2T} \int_{-T}^{T} R_X(\tau)\,\mathrm{d}\tau = 0$$

实际中遇到的许多平稳过程大都能满足各态历经性条件，如波浪浮标观测海浪谱时一般选取的采样时间为十几分钟，利用该段时间海面变化的时间序列来分析该海区内波浪的统计参数；雷达观测海面时，如果观测海区内的波浪变化均匀，也可以视为满足各态历经性条件，从而可以根据波浪的空间变化分析一段时间内波浪的统计参数。

在实际应用中，观测数据包含平稳信号或者非平稳信号。简单来说，平稳信号是指分布参数或者分布律不随时间发生变化的信号，即平稳信号的统计特性不随时间变化而变化，如图 2.5 中的信号。与之相反，非平稳信号是指分布参数或者分布律随时间发生变化的信号，即非平稳随机信号的统计特征是时间的函数（随时间变化），如图 2.6 中的信号。在信号的时频分析中，我们可以简单地理解为，平稳信号的频率不随时间发生改变，而非平稳信号的频率随时间发生变化，据此可以判断信号的平稳性。

需要指出的是，这里说的信号随“时间”变化是指信号在时域的变化，并不一定是时间本身，实际观测数据也可以是随空间而变化，如雷达在某一时刻观测的均匀海区内海面的回波也可以视为平稳信号。

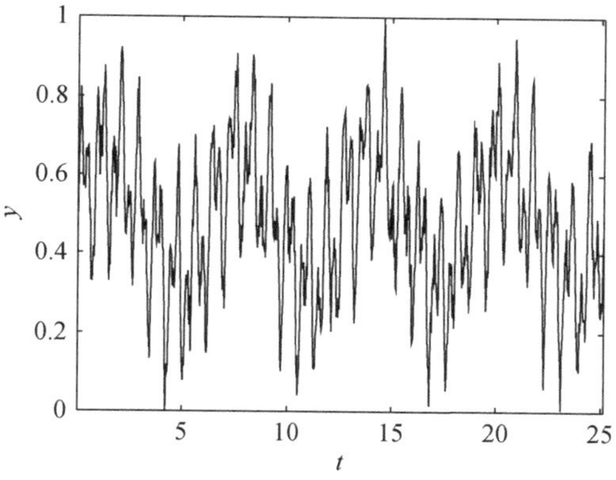

图 2.5　一个平稳过程的时间序列

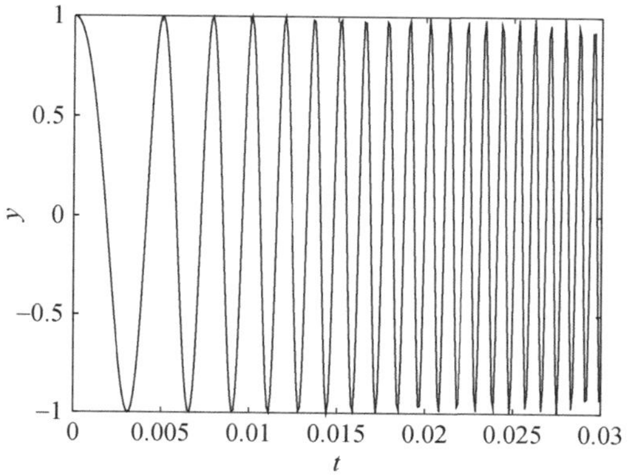

图 2.6　一个非平稳过程的时间序列

第五节　几种典型的随机过程

在研究实际问题时，人们根据随机过程的统计性质建立了不同的随机过程模型，统计性质相同的随机过程一般具有相同的变化规律。本节介绍几种常用的随机过程模型。

一、正态过程（高斯过程）

在概率论中，正态分布（高斯分布）是一类重要的分布，它广泛存在于物理领域和工程现象中，如雷达或声呐观测的海杂波信号、电子元器件的噪声、电阻热噪声等，各类测量数据受到大量独立的、均匀微小的随机因素叠加产生的误差也服从正态分布，所以正态过程可以近似地用于解决很多实际问题。另外，高斯函数的性质使得正态过程更便于数学处理。因此，正态过程（高斯过程）在随机过程理论中占有重要地位。

定义（正态过程）：设$\{X(t), t\in T\}$是一随机过程，如果对任意正整数 n 及任意的 t_1，t_2，…，$t_n\in T$，随机变量 X_{t_1}，X_{t_2}，…，X_{t_n}的联合分布函数是 n 维正态分布，即：

$$f_{t_1,t_2,\cdots,t_n}(x_1, x_2, \cdots, x_n) = \frac{1}{(2\pi)^{n/2}\det(\boldsymbol{C})^{1/2}}\exp\left\{-\frac{1}{2}(X-u)^{\mathrm{T}}\boldsymbol{C}^{-1}(X-u)\right\}$$

式中，$u=[m(t_1), m(t_2), \cdots, m(t_n)]^{\mathrm{T}}$，$m(t)=\mathrm{E}(X_t)$；$\boldsymbol{C}=(c_{ij})$为对称正定矩阵，$c_{ij}=\boldsymbol{C}(t_i, t_j)=\mathrm{cov}(X_{t_i}, X_{t_j})$，$i, j=1, 2, \cdots, n$。

则称$\{X(t), t\in T\}$为正态过程或高斯过程。

正态过程是二阶矩过程，它的 n 维分布由其二阶矩完全确定，其均值向量和协方差矩阵分别为 $u=[m(t_1), m(t_2), \cdots, m(t_n)]^{\mathrm{T}}$ 和 $\boldsymbol{C}=(c_{ij})$，其 n 维特征函数为

$$\varphi_{t_1,t_2,\cdots,t_n}(u) = \exp\left\{ju^{\mathrm{T}}u-\frac{1}{2}u^{\mathrm{T}}Cu\right\}$$

式中，$u=(u_1, u_2, \cdots, u_n)$。

例如，对于随机振幅电信号或者线性海浪模型，设随机过程$\{X(t), t\in T\}$满足 $X_t=a\cos\omega t+b\sin\omega t$，$t\in R$。其中，$\omega$ 是常数，随机变量 a 和 b 相互独立且都服从标准正态分布 $N(0, \sigma^2)$，对于任意 t_1，$t_2\in R$，$t_1\neq t_2$，$(X_{t_1}, X_{t_2})^{\mathrm{T}}$ 是相互独立随机变量的线性变换

$$\begin{pmatrix}X_{t_1}\\X_{t_2}\end{pmatrix}=\begin{pmatrix}\cos\omega t_1 & \sin\omega t_1\\ \cos\omega t_2 & \sin\omega t_2\end{pmatrix}\begin{pmatrix}a\\b\end{pmatrix}$$

则$(X_{t_1}, X_{t_2})^{\mathrm{T}}$服从二维正态分布；但是当 $n\geqslant 3$ 时，协方差矩阵的行列式为 0，不能写出$(X_{t_1}, X_{t_2}, \cdots, X_{t_n})^{\mathrm{T}}$的联合概率密度，因此，$(X_{t_1}, X_{t_2}, \cdots, X_{t_n})^{\mathrm{T}}$是一个退化正态过程。

例（随机海浪和海杂波）：

正态随机过程的例子很多，如前面提到的雷达观测的回波强度（图 2.2）和海面变化（图 2.4）等，在一定条件下都可以视为正态随机过程，下面通过比较雷达观测的海浪参数与通过随机海浪理论确定的海浪参数的分布来说明。图 2.7（a）是雷达观测的海杂波的无量纲周期分布和随机海浪理论确定的海浪的周期分布，图 2.7（b）和图 2.7（c）分别是随机海浪理论确定的无量纲波高的概率分布与雷达观测的海杂波的相对高度分布，它

们的变化基本一致；图 2.7（d）是随机海浪理论和雷达观测的波高和周期的联合分布，二者在中心（即波高和周期的概率密度值较大的位置）附近符合良好。可以看出，雷达观测的海杂波分布与随机海浪理论的理论分布具有较好的一致性，所以在雷达观测期间的海杂波变化可以视为正态随机过程。

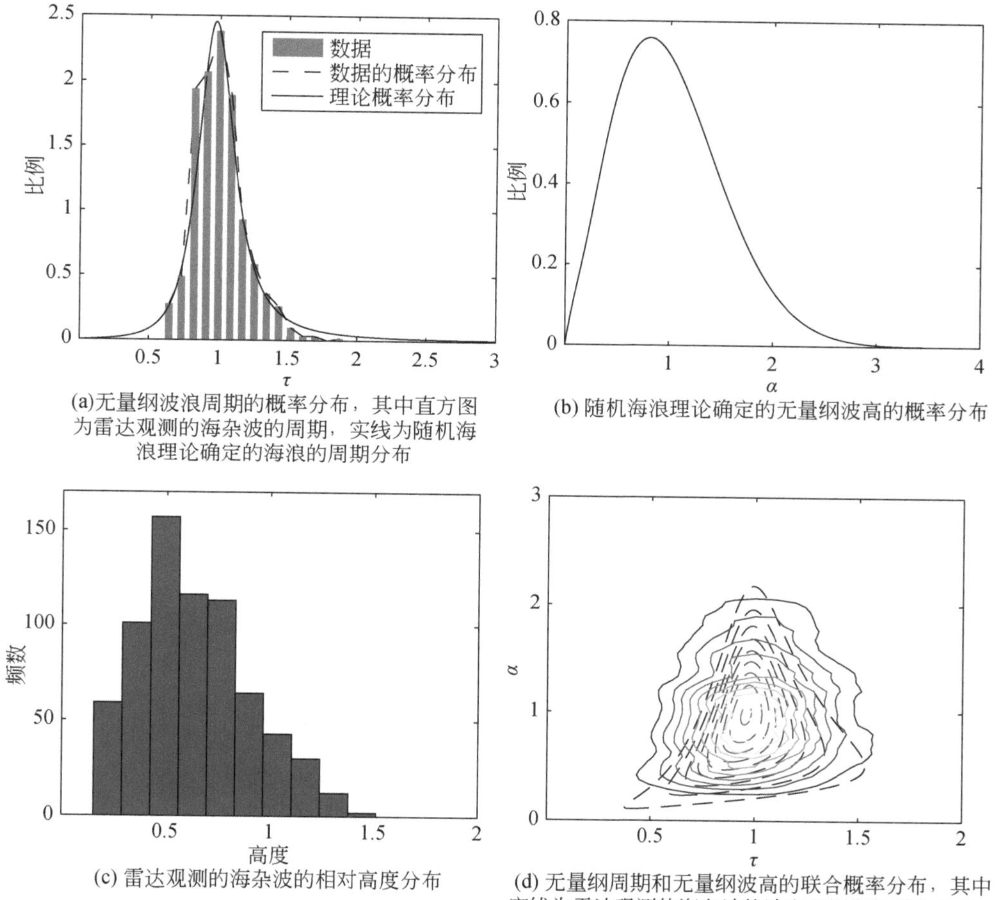

(a)无量纲波浪周期的概率分布，其中直方图为雷达观测的海杂波的周期，实线为随机海浪理论确定的海浪的周期分布

(b) 随机海浪理论确定的无量纲波高的概率分布

(c) 雷达观测的海杂波的相对高度分布

(d) 无量纲周期和无量纲波高的联合概率分布，其中实线为雷达观测的海杂波的波高和周期的联合分布，虚线为随机海浪理论确定的波高和周期的联合分布

图 2.7　随机海浪理论与雷达观测的海浪的分布

二、维纳（Wiener）过程

维纳过程是最基本、最重要的随机过程之一，许多过程可以看作是它在某种意义上的推广，已经广泛应用于物理、经济、通信、生物、管理与数理统计等领域。

维纳过程来源于对布朗运动的研究。1827 年，英国植物学家罗伯特·布朗发现悬浮在液体中的花粉微粒由于分子的碰撞而不停地做无规则的运动，但是很难用理论精确描述其运动轨迹。1918 年，美国数学家维纳利用随机过程对这一现象在理论上做出了精确的数学描述，故布朗运动又称维纳过程。

考虑花粉在一条直线上做简单对称的随机游动。设一粒花粉质点每隔 Δt 时间随机地以概率 $p=\frac{1}{2}$ 向右移动 Δx，以概率 $p=\frac{1}{2}$ 向左移动 Δx，并且每次移动相互独立，记：

$$x_i=\begin{cases}1, & \text{第 } i \text{ 次向右移动} \\ -1, & \text{第 } i \text{ 次向左移动}\end{cases} \quad i=1,\ 2,\ \cdots$$

则 t 时刻花粉质点的位置为

$$X_t=\Delta x(X_1+X_2+\cdots+X_{[t/\Delta t]})$$

其中 $[t/\Delta t]$ 为取 $t/\Delta t$ 的整数部分。由于 $E(x_i)=0$，$D(X_i)=E(X_i^2)=1$，$i=1, 2, \cdots$，故

$$E(X_t)=0,\ D(X_t)=(\Delta x)^2\left[\frac{t}{\Delta t}\right]$$

以上是单个粒子在直线上做不规则运动的近似描述。实际粒子的不规则运动是连续进行的，即 $\Delta t\to 0$，此时 $\Delta x\to 0$，一般可以满足 $\Delta x=c\sqrt{\Delta t}$（$c>0$ 为常数）。根据中心极限定理，X_t 趋近于正态分布 $N(0, c^2t)$。因为 X_t 是相互独立的随机变量之和，随机过程 $\{X_t, t>0\}$ 是平稳独立增量过程。

定义（Wiener 过程）：如果实随机过程 $\{W_t, t>0\}$ 满足

（1）是平稳独立增量过程；

（2）$P\{W(0)=0\}=1$；

（3）对任意 $s\geqslant 0$，$t\geqslant 0$，增量 $W(t)-W(s)$ 服从正态分布 $N(0,\sigma^2|t-s|)$，其中 $\sigma>0$；

则称 $\{W_t, t\geqslant 0\}$ 是参数为 σ^2 的维纳过程。特别地，当 $\sigma=1$ 时，称 $\{W_t, t\geqslant 0\}$ 是标准维纳过程。

根据定义维纳过程中的条件可知，当 $t>0$ 时，有

$$W(t)=W(t)-W(0)\sim N(0,\ \sigma^2 t),\ (\sigma>0)$$

从而，维纳过程的均值和方差函数分别为

$$E(W_t)=0,\ D(W_t)=E(W_t^2)=\sigma^2 t,\ t\geqslant 0$$

其协方差函数为

$$C(s,\ t)=\sigma^2\min(s,\ t),\ s,\ t\geqslant 0$$

维纳过程还有一些重要性质。例如，维纳过程是正态过程，是均方连续、均方不可导、均方可积的二阶矩过程，是非平稳过程等，在实际问题中有广泛的应用。

三、泊松（Poisson）过程

泊松过程是一类简单而重要的计数过程，它所描述的是考虑特定现象的发生次数随时间变化的规律。根据概率论中的稀有事件原理，实际中有许多现象可以用泊松过程数学模型来描述。

例 1：根据泊松定理，在伯努利试验中若成功的概率很小，但试验次数很多时，成功次数服从的二项分布逼近泊松分布。

例 2（通信系统中的误码计数过程）：误码率 λ 是衡量数字通信性能的一个重要指标，

设$\{N_t, t\geqslant 0\}$是时间段$[0, t)$内发生的误码次数，$\{N_t, t\geqslant 0\}$是计数过程。由于初始时刻不会出现误码，可以假定$N(0)=0$或者$P\{N(0)=0\}=1$。

在各个互不相交的时间区间$[0, t_1)$，$[t_1, t_2)$，…，$[t_{n-1}, t_n)$，$0<t_1<t_2<\cdots<t_n$内出现的误码次数应该互不影响，即$\{N_t, t\geqslant 0\}$是一个独立增量过程。在通信系统稳定运行的条件下，在相同长度区间内出现相同个数误码的概率应相同，故$\{N_t, t\geqslant 0\}$是一个平稳增量过程。

认为在时间间隔Δt内出现一个误码的可能性与区间长度成正比是合理的，即

$$P\{N(\Delta t)=1\}=\lambda\Delta t+o(\Delta t),\ \lambda>0$$

假定在足够小的时间间隔Δt内，出现两个以上误码的概率是关于时间间隔Δt的无穷小量也是合理的。

$P\{N(\Delta t)\geqslant 2\}=o(\Delta t)$，根据误码计数过程$\{N_t, t\geqslant 0\}$的特点，可以总结泊松过程的定义如下。

定义（泊松过程）：如果取非负整数的随机过程$\{N_t, t\geqslant 0\}$满足以下条件：

（1）$P\{N(0)=0\}=1$；

（2）是平稳独立增量过程；

（3）$P\{N(\Delta t)=1\}=\lambda\Delta t+o(\Delta t)$，$\lambda>0$；

（4）$P\{N(\Delta t)\geqslant 2\}=o(\Delta t)$；

称随机过程$\{N_t, t\geqslant 0\}$是参数（或强度、速率）为λ的齐次泊松过程。

定理：设$\{N_t, t\geqslant 0\}$是齐次泊松过程，则对任意的$0\leqslant s<t$，随机变量$N(t)-N(s)$服从参数为$\lambda(t-s)$的泊松分布，即

$$P\{N(t)-N(s)=k\}=\frac{[\lambda(t-s)]^k}{k!}e^{-\lambda(t-s)},\ k=0, 1, 2, \cdots$$

根据该定理，可以获得泊松过程的有限维分布函数、有限维特征函数、均值函数、方差函数、自相关函数和协方差函数等数字特征。

泊松过程在实际中应用广泛，如顾客到达的时间间隔、等待时间、机器的故障率、海面目标检测等问题。

例3：设$\{N(t), t\geqslant 0\}$是参数为λ的泊松过程，$0<s<\tau$，随机事件A在$(0, \tau]$时间段内出现了n次，试求A在$(0, s]$时间段内出现k次的概率（$0<k\leqslant n$）。

$$\begin{aligned}
P\{N(s)=k \mid N(\tau)=n\} &= \frac{P\{N(s)=k,\ N(\tau)=n\}}{P\{N(\tau)=n\}} \\
&= \frac{P\{N(s)=k,\ N(\tau)-N(s)=n-k\}}{P\{N(\tau)=n\}} \\
&= e^{-\lambda s}\frac{(\lambda s)^k}{k!}e^{-\lambda(\tau-s)}\frac{[\lambda(\tau-s)]^k}{(n-k)!}n!\ e^{-\lambda\tau}(^{\lambda}\tau)-n \\
&= \frac{n!}{k!\ (n-k)!}\left(\frac{s}{\tau}\right)^k\left(1-\frac{s}{\tau}\right)^{n-k} \\
&= C_n^k\left(\frac{s}{\tau}\right)^k\left(1-\frac{s}{\tau}\right)^{n-k},\ k=0, 1, 2, \cdots, n
\end{aligned}$$

例 4：工程中对于随机点过程，除了关注随机事件流在一段时间内出现的次数外，还需要考虑事件在某一次出现的等待时间（即达到时间）、某一事件在相邻两次出现的时间间隔等。例如，管理港口时不仅要考虑一段时间内到达港口的船只数量，还要知道船只的到达时间分布、过往船只的等待间隔等因素，以便更好地调度和管理。

下面分析泊松过程的到达时间间隔与等待时间的分布。

图 2.8 是泊松过程的一个示例，是跃度为 1 的阶梯函数，$\{w_i,(i=1,2,\cdots)\}$是所关注的随机事件 A 第 i 次出现的时刻，称$\{w_i,(i=1,2,\cdots)\}$为等待时间序列（到达时间序列）。用 T_i 表示随机事件 A 第 $i-1$ 次与第 i 次出现的时间间隔，称$\{T_i,(i=1,2,\cdots)\}$为到达时间间隔序列。则

$$w_n = \sum_{i=1}^{n} T_i$$

$$(T_i = w_i - w_{i-1},\quad w_1 < w_2 < \cdots < w_n)$$

并且有以下性质。

设$\{T_n,n\geqslant 1\}$是参数为 λ 的泊松过程$\{N(t),t\geqslant 0\}$的到达时间间隔序列，则$\{T_n,n\geqslant 1\}$相互独立并服从指数分布，且平均间隔时间为 $E[T]=\dfrac{1}{\lambda}$。

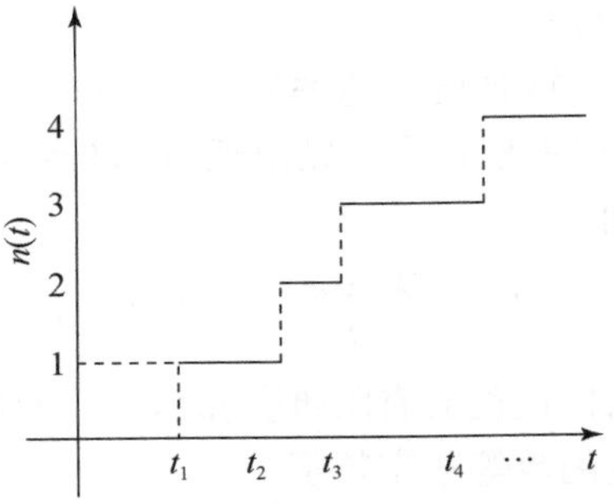

图 2.8　泊松随机过程的一个示例

四、马尔科夫（Markov）过程

在经典力学中，物体在一给定时刻 t 的轨道，可以完全由它在某时刻 $t>t_0$ 的状态确定，而不必知道它在时刻 t_0 前的状态。这一现象可从决定性理论推广到概率理论，如布朗运动中花粉的游动、流感病毒的传播等，它们都具有的特点是：已知“现在”的状态，游动或传播过程在“将来”的演变与“过去”无关，这种性质称为无后效性或马尔科夫性。具有无后效性的随机过程称为马尔科夫过程。

定义（马尔科夫过程）：给定随机过程$\{N(t),t\geqslant 0\}$，如果过程的条件分布函数存在，且对任意 n 个时刻 t_i，$i=1,2,\cdots,n$，$0<t_1<t_2<\cdots<t_n$，有

$$P\{X(t_n)\leqslant x_n \mid X(t_1)=x_1, X(t_2)=x_2, \cdots, X(t_{n-1})=x_{n-1}\} = P\{X(t_n)\leqslant x_n \mid X(t_{n-1})=x_{n-1}\} \tag{2.7}$$

则称随机过程 $\{X_t, t\in T\}$ 为马尔科夫过程，式（2.7）中的条件称为马尔科夫性或无后效性。

（1）随机过程具有无后效性，即指过程在 t_n 时刻的条件分布只取决于过程在 t_{n-1} 时刻的取值，而与 t_1，t_2，…，t_{n-2} 时刻的取值无关；

（2）马尔科夫过程 $\{X_t, t\in T\}$ 的有限维分布函数由一维分布和条件分布完全确定，所以在马尔科夫过程的研究中一维分布和条件分布尤其重要；

（3）根据马尔科夫过程的定义，可知维纳过程和泊松过程都是马尔科夫过程。

根据马尔科夫过程的参数集和状态空间是否离散或连续，可以分为离散参数马尔科夫链、连续参数马尔科夫链，离散参数马尔科夫过程、连续参数马尔科夫过程。马尔科夫过程已经广泛应用于建立实际问题的数学模型，如噪声和信号分析、通信网络的模拟和市场预测等，也被用于人工智能和人工神经网络等交叉学科中。

例（随机游走）：

一个质点在一维数轴上，其位置只能取整数值。质点的初始位置为 X_0，当质点到达点 i 后，以概率 p 向右移动，以概率（$1-p$）向左移动，则

$$\begin{cases} P(X_n=i+1 \mid X_{n-1}=i)=p \\ P(X_n=i-1 \mid X_{n-1}=i)=1-p \end{cases}$$

是一个马尔科夫过程。设 ε_i 以 p 的概率等于 1，以（$1-p$）的概率等于 0，则以上过程可以写为

$$X_n = X_0 + \sum_{i=1}^{n} \varepsilon_i$$

即对于随机游走的质点，下一刻的位置只与此时刻的位置有关，与质点从哪里来到此位置无关。马尔科夫过程的关键是，在第（$n+1$）时刻的状态只与第 n 时刻的状态有关，与第 n 时刻之前的状态无关。

第六节　随机资料的估计方法

谱密度在平稳过程的理论及应用中起着重要作用，它被广泛应用于海洋科学研究、海浪的能量分布、潮汐调和分析、遥感数据分析、雷达信号处理等领域。频域分析的重要工具是傅里叶变换，它确定了时域与频域的转换关系。平稳过程的相关函数在时域上描述了随机过程的统计特征，为了在频域上描述平稳过程的统计特征，需要研究平稳过程相关函数的谱分析。从数学角度看，谱密度是平稳过程相关函数的傅里叶变换，它的物理意义是平稳过程的功率谱密度。

一、谱密度的定义

定理（Wiener-Khinchine 定理）：设 $\{X_t, t\in T\}$ 是均方连续的平稳过程，$R_X(\tau)$ 是它的自相关函数，则有

$$R_X(\tau)=\frac{1}{2\pi}\int_{-\infty}^{\infty} e^{j\tau\omega}\mathrm{d}F_X(\omega)\,,\ \tau\in(-\infty,\infty) \tag{2.8}$$

式中，$F_X(\omega)$为非负有界、单调不减、右连续的函数，且：

$$F_X(-\infty)=0,\ F_X(\infty)=2\pi R_X(0)$$

Wiener-Khinchine 定理中的 $F_X(\omega)$称为平稳过程$\{X_t,\ t\in T\}$的谱函数，式（2.8）称为平稳过程自相关函数 $R_X(\tau)$的谱分解或谱展开式。

如果谱函数 $F_X(\omega)$可微，记

$$\frac{\mathrm{d}F_X(\omega)}{\mathrm{d}\omega}=S_X(\omega) \tag{2.9}$$

则称 $S_X(\omega)$为平稳过程$\{X(t),\ t\in T\}$的谱密度。当谱密度 $S_X(\omega)$存在时，式（2.8）可以表示为

$$R_X(\tau)=\frac{1}{2\pi}\int_{-\infty}^{\infty}\mathrm{e}^{j\tau\omega}S_X(\omega)\mathrm{d}\omega,\ \tau\in(-\infty,\infty) \tag{2.10}$$

由傅里叶变换的定义可知，式（2.10）表明平稳过程 $X(t)$的自相关函数是 $X(t)$的谱密度的傅里叶逆变换，即如果 $R_X(\tau)$绝对可积，$\int_{-\infty}^{\infty}|R_X(\tau)|\mathrm{d}\tau<\infty$，则有

$$S_X(\omega)=\int_{-\infty}^{\infty}R_X(\tau)\mathrm{e}^{-j\omega\tau}\mathrm{d}\tau$$

由此可见，（自）相关函数 $R_X(\tau)$和谱密度 $S_X(\tau)$构成一个傅里叶变换对。平稳序列也有类似的性质。

定理：如果平稳序列$\{X(n),\ n=0,\ \pm1,\ \pm2,\ \cdots\}$的自相关函数 $R_X(n)$绝对可和，即 $\sum_{n=-\infty}^{\infty}|R_X(n)|<\infty$，则 $X(n)$的谱密度 $S_X(\omega)$存在，且有

$$S_X(\omega)=\sum_{n=-\infty}^{\infty}\mathrm{e}^{-jn\omega}R_X(n),\ \omega\in[-\pi,\ \pi]$$

$$R_X(n)=\frac{1}{2\pi}\int_{-\infty}^{\infty}\mathrm{e}^{jn\omega}S_X(\omega)\mathrm{d}\omega,\ n=0,\ \pm1,\ \pm2,\ \cdots$$

例 1：设$\{X(n),\ n=0,\ \pm1,\ \pm2,\ \cdots\}$是离散白噪声，且 $E[X(n)]=0$，$D[X(n)]=\sigma^2$，求序列 X（n）的功率谱密度。

解：因相关函数为

$$R_X(m)=R[X(n)X(n+m)]=\begin{cases}\sigma^2,\ m=0\\0,\ m\neq0\end{cases}$$

故谱密度为

$$S_X(\omega)=\sum_{m=-\infty}^{+\infty}R(m)\mathrm{e}^{jm\omega}=\sigma^2,\ -\pi\leqslant\omega\leqslant\pi$$

例 2：设随机相位正弦波为 $X(t)=a\cos(\beta t+\theta)$，$t\in\boldsymbol{R}$。其中，$a$ 和 β 为常数，θ 在［0，2π］上均匀分布。求 $X(t)$的功率谱密度。

解：$X(t)$的相关函数为

$$R_X(\tau)=\frac{a^2}{2}\cos(\beta\tau)$$

则谱密度为

$$S_X(\omega)=\int_{-\infty}^{\infty}R(\tau)\mathrm{e}^{-j\omega\tau}\mathrm{d}\tau=\frac{a^2}{2}F[\cos(\beta\tau)]=\frac{a^2}{4}F[\mathrm{e}^{j\beta\tau}+\mathrm{e}^{-j\beta\tau}]$$
$$=\frac{\pi a^2}{2}[\delta(\omega-\beta)+\delta(\omega+\beta)]$$

二、谱密度的物理意义和性质

傅里叶变换要求函数 $x(t)$ 是绝对可积的，而实际信号经常不满足绝对可积的条件，但是实际信号的能量经常集中在某一范围内

$$x_T(t)=\begin{cases}x(t), & |t|\leqslant T\\ 0, & |t|>T\end{cases}$$

则 $x_T(t)$ 的傅里叶变换存在，并且满足 Parseval 等式：

$$\int_{-\infty}^{\infty}x_T^2(t)\mathrm{d}t=\frac{1}{2\pi}\int_{-\infty}^{\infty}|F_x(\omega,T)|^2\mathrm{d}\omega$$

化简上式，得

$$S_X(\omega)=\lim_{T\to\infty}\frac{1}{2T}|F_x(\omega,T)|^2=\lim_{T\to\infty}\frac{1}{2T}\left|\int_{-T}^{\mathrm{T}}x(t)\mathrm{e}^{-j\omega t}\mathrm{d}t\right|^2$$

类似地，对于平稳过程 $\{X(t),t\in T\}$，如果其自相关函数 $R_X(\tau)$ 绝对可积，则 $\{X(t),t\in T\}$ 的谱密度就是功率谱密度，即

$$S_X(\omega)=\int_{-\infty}^{\infty}R_X(\tau)\mathrm{e}^{-j\omega t}\mathrm{d}\tau=\lim_{T\to\infty}\frac{1}{2T}E[|F_x(\omega,T)|^2]$$

其中，$F_X(\omega,T)=\int_{-T}^{T}X(t)\mathrm{e}^{-j\omega t}\mathrm{d}t$，谱密度的主要性质包括

(1) 谱密度 $S_X(\omega)$ 为实值非负函数；

(2) 实平稳过程的谱密度 $S_X(\omega)$ 是偶函数；

(3) $R_X(0)=\frac{1}{2\pi}\int_{-\infty}^{\infty}S_X(\omega)\mathrm{d}\omega$，$S_X(0)=\int_{-\infty}^{\infty}R_X(\tau)\mathrm{d}\tau$；

(4) 设 $\{X(t),t\in T\}$ 和 $\{Y(t),t\in T\}$ 是两个正交的平稳过程，即 $R_{XY}(s,t)=0$，则 $\{Z(t)=X(t)+Y(t),t\in T\}$ 的谱密度为 $S_Z(\omega)=S_X(\omega)+S_Y(\omega)$，其中 $S_X(\omega)$ 和 $S_Y(\omega)$ 分别为 $X(t)$ 和 $Y(t)$ 的谱密度。

三、互谱密度及其性质

在实际问题中，我们不仅要研究单个随机过程的频域结构，还经常遇到两个平稳过程之间的相关性问题，如波浪随风场的变化、海洋与大气的相互作用、海面参数与雷达回波强度的关系等。

性质：设 $\{X(t),t\in(-\infty,\infty)\}$ 和 $\{Y(t),t\in(-\infty,\infty)\}$ 是两个平稳过程，则其和 $\{Z(t)=X(t)+Y(t),t\in(-\infty,\infty)\}$ 也是平稳过程，并且自相关函数为

$$R_Z(\tau)=R_X(\tau)+R_Y(\tau)+R_{XY}(\tau)+R_{YX}(\tau)$$

定义（互谱密度）：设 $R_{XY}(\tau)$ 是两个联合平稳过程 $\{X(t), t\in(-\infty, \infty)\}$ 和 $\{Y(t), t\in(-\infty, \infty)\}$ 的互相关函数。如果 $\int_{-\infty}^{\infty} R_{XY}(\tau)\mathrm{d}\tau<\infty$，则其逆傅里叶变换

$$S_{XY}(\omega)=\int_{-\infty}^{\infty} R_{XY}(\tau)\mathrm{e}^{-j\omega\tau}\mathrm{d}\tau$$

称为平稳过程 $\{X(t), t\in(-\infty, \infty)\}$ 和 $\{Y(t), t\in(-\infty, \infty)\}$ 的互谱密度。

互相关函数 $R_{XY}(\tau)$ 是在时域上描述平稳过程 $X(t)$ 和 $Y(t)$ 的相互关系，互谱密度 $S_{XY}(\omega)$ 则是在频域上描述它们之间的相互关系。互谱密度具有以下性质：

（1）$S_{XY}(\omega)$ 与 $S_{YX}(\omega)$ 互为共轭函数；

（2）互相关函数 $R_{XY}(\tau)$ 与互谱密度 $S_{XY}(\omega)$ 构成傅里叶变换对；

（3）$S_{XY}(\omega)=\lim\limits_{T\to\infty}\frac{1}{2T}E[F_X(\omega, T)\overline{F_Y(\omega, T)}]$，其中，$F_X(\omega, T)=\int_{-T}^{T}X(t)\mathrm{e}^{-j\omega t}\mathrm{d}t$，$F_Y(\omega, T)=\int_{-T}^{T}Y(t)\mathrm{e}^{-j\omega t}\mathrm{d}t$；

（4）如果 $\{X(t), t\in(-\infty, \infty)\}$ 和 $\{Y(t), t\in(-\infty, \infty)\}$ 为实的联合平稳过程，则 $S_{XY}(\omega)$ 的实部是关于 ω 的偶函数，$S_{XY}(\omega)$ 的虚部是关于 ω 的奇函数；

（5）互谱不等式为 $|S_{XY}(\omega)|^2\leqslant S_X(\omega)S_Y(\omega)$；

（6）设 $\{X(t), t\in(-\infty, \infty)\}$ 和 $\{Y(t), t\in(-\infty, \infty)\}$ 是两个联合平稳过程，且互相关函数绝对可积，则其和 $\{Z(t)=X(t)+Y(t), t\in(-\infty, \infty)\}$ 的谱密度为

$$S_Z(\omega)=S_X(\omega)+S_Y(\omega)+2\mathrm{Re}[S_{XY}(\omega)]$$

谱密度在数据处理分析中有重要的应用，本章的随机过程理论是谱密度分析的理论基础。在实际应用中要首先分析数据的统计特征，判断参数或现象的变化属于哪一类随机过程，然后根据其特点选择合适的分析方法，从而获得参数或现象的规律。下一章将详细介绍常用的功率谱分析方法及其应用。

思考练习题

1. 什么是随机过程的平稳性和各态历经性，它们成立的条件是什么？举例说明哪些海洋现象具有平稳性和各态历经性。

2. 什么是高斯过程、维纳过程、泊松过程、马尔科夫过程？它们有什么区别？并以常见的物理海洋现象或观测数据举例说明。

3. 设 $\{X(t)=A\cos(\omega t+\varphi), t\in\mathbf{R}\}$ 是一个随机过程，其中 A、ω 为常数，φ 在 $[0, 2\pi]$ 上服从均匀分布。证明随机过程 $\{X(t), t\in\mathbf{R}\}$ 是一个平稳过程。

4. 设 $\{X(t)=A+B\cos t, t\in\mathbf{R}\}$，其中 A 和 B 为相互独立均服从 $N(0, 1)$ 的随机变量。

（1）求其一维、二维概率密度和一维、二维特征函数；

（2）讨论 $\{X(t)=A+B\cos t, t\in\mathbf{R}\}$ 是否为正态过程。

5. 设随机变量 $\xi\sim N(0, 1)$，$\{W(t), t\geqslant 0\}$ 是参数为 σ^2 的维纳过程，ξ 与 $W(t)$ 相互独立，设 $X(t)=\xi t+W(t)$，$t\geqslant 0$。

（1）求随机过程 $\{X(t), t\geqslant 0\}$ 的均值函数 $m_X(t)$、方差函数 $D_X(t)$ 和自相关函数 $R_X(s, t)$；

（2）求其一维、二维概率密度和特征函数。

6. 如图2.9所示，R-C电路中的输入电压为$X(t)$，输出电压为$Y(t)$，试根据电路分析知识求它们满足的随机微分方程。

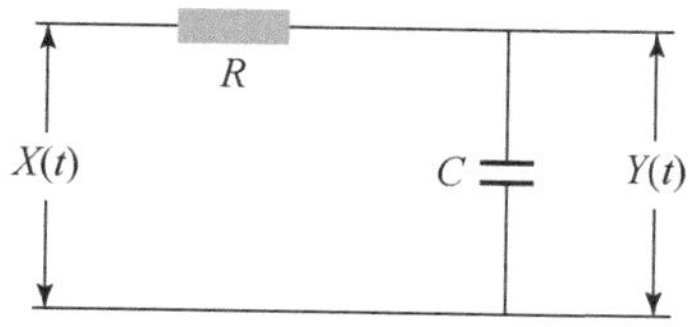

图2.9　R-C电路示意图

7. 假设在[0，t]时间内，男顾客到达某商场的人数独立地服从每分钟1人的泊松过程、女顾客到达该商场的人数独立地服从每分钟2人的泊松过程，求：

（1）[0，t) 内到达商场的总人数的分布；

（2）已知到时刻t时已有60人到达商场的条件下，其中40人是女性顾客的概率是多少？平均将有多少是女性顾客？

8. 下载雷达高度计在一年内观测的南海海区的有效波高数据，分析在不同时间段（低海况、中等海况和高海况）期间的有效波高的变化，根据随机过程的定义和性质判断它们是哪种随机过程。

9. 下载海洋水色卫星在一段时间内观测的长江口的水色数据（如叶绿素浓度、悬浮物浓度等），分析它们在不同季节的变化，判断它们是否满足随机过程的平稳性、各态历经性等，以及它们可以近似为哪种随机过程。

10. 如果$\{X(t),t\in(-\infty,\infty)\}$和$\{Y(t),t\in(-\infty,\infty)\}$为实的联合平稳过程，证明$S_{XY}(\omega)$的实部是关于$\omega$的偶函数，$S_{XY}(\omega)$的虚部是关于$\omega$的奇函数。

11. 设$\{X(t),t\in(-\infty,\infty)\}$和$\{Y(t),t\in(-\infty,\infty)\}$是两个联合平稳过程，且互相关函数绝对可积，证明$\{Z(t)=X(t)+Y(t),t\in(-\infty,\infty)\}$的谱密度为$S_Z(\omega)=S_X(\omega)+S_Y(\omega)+2\mathrm{Re}[S_{XY}(\omega)]$。

12. 设$X(t)=A\cos(\omega t)+B\sin(\omega t)$，其中$A$和$B$是相互独立的零均值高斯随机变量，方差为$\sigma^2$，$\omega$为实常数，试证明$X(t)$是正态过程，并求它的期望和自相关函数。

13. 平稳随机过程$X(t)$的自相关函数为$R_X(\tau)=10\mathrm{e}^{-10|\tau|}+25$，求$X(t)$的数学期望、均方值、方差和平均功率。

14. 随机过程$Z(t)=X(t)+Y(t)$，其中$X(t)$和$Y(t)$是相互独立的平稳过程，且均值是不为零的μ_X和μ_Y。试计算互谱密度$S_{XY}(\omega)$和$S_{XZ}(\omega)$。

15. 试证明泊松过程$X(t)$的自相关函数为

$$R_X(t_1,t_2)=\begin{cases}\lambda^2 t_1 t_2+\lambda t_2, & t_1\leqslant t_2\\ \lambda^2 t_1 t_2+\lambda t_1, & t_1>t_2\end{cases}$$

第三章　时间序列数据处理方法

第一节　随机过程的功率谱分析和估计方法

一、功率谱分析和估计方法简介

我们经常接触到的数据，如海面高度、海浪波高、流速、流向、风速、风向、叶绿素浓度，以及复杂的雷达图像等，都是时域上的信号，也称为原始信号。通常情况下，直接在原始信号中得到的信息是有限的，为了获得更多的信息，我们需要通过谱分析将原始信号转换到频域，得到信号在频域的能量分布。

功率谱是功率谱密度函数的简称，它表示了信号功率随着频率的变化情况，即信号功率在频域的分布状况。基于傅里叶变换（Fourier transform）的谱分析方法将定义在有限时间间隔内的函数表示为正弦分量的无限谐波的叠加，是研究信号的能量分布、提取信号中有用信息的重要方法。随着快速傅里叶变换算法在计算机上的实现，傅里叶变换在理论研究和工程实践中得到了广泛的应用。

傅里叶级数提出后，首先在人们观测自然界中的周期现象时得到应用。19 世纪末，Schuster 提出用傅里叶级数的幅度平方作为函数中功率的度量，并将其命名为“周期图”（Periodogram）。这是经典谱估计的最早提法，这种提法至今仍然被沿用，只不过现在是用快速傅里叶变换（FFT）来计算离散傅里叶变换（DFT），用 DFT 的幅度平方作为信号中功率的度量。周期图的缺点是不能处理周期的相位突变和周期振幅的变化；方差分析可以用统计检验找到原序列的一个隐含的显著周期，但很难用剩余序列推断第二和第三个周期。周期图、方差分析以及调和分析都是从时间域上研究时间序列中周期振荡的方法，它们将信号中的周期性视为正弦波，从而限制了其应用范围。

在傅里叶变换的基础上，人们发展了功率谱、交叉谱和以自回归模型为基础的最大熵谱。1927 年，Yule 提出用线性回归方程来模拟一个时间序列。Yule 的工作实际上成为现代谱估计中最重要的方法——参数模型法谱估计的基础。Walker 利用 Yule 的分析方法研究了衰减正弦时间序列，得出 Yule-Walker 方程，从而开拓了时间序列分析的自回归模型。

傅里叶变换的一个缺点是不能获得局部信号的频域信息，因而只能用于平稳时间序列。但是如果我们假设信号在短时间内是平稳的，在这段短时间内就可以应用傅里叶变换，从而提出了短时傅里叶变换（STFT）。短时傅里叶变换和傅里叶变换的区别在于，短时傅里叶变换中，信号被分为足够小的片段，这些片段的信号都可以看成平稳信号。利用短时傅里叶变换分析信号，相当于用一个形状、大小和放大倍数相同的“放大镜”（即傅里叶变换的基函数），在时域和频域平面上移动，观察某固定长度时间内的频率特性，从而解决变换函数的时域局域化问题；其中存在的问题是窗口的大小和形状是固定的，即窗口没有自适应性，而小波变换可以选用不同的基函数来解决这一问题。另外，近年来人们还发展了新的数据分析技术，如Hilbert-Huang变换、信息流及因果分析等，这些方法也可以与经验正交函数分解、经验模态分解等结合使用，获得数据的更多信息。

本章将介绍几种典型的功率谱分析方法，以及一些常用的数学变换和分析方法。功率谱分析的对象是一段时间或者一定范围内的观测数据，不同的分析方法适用于不同的数据。下面首先介绍时间序列分析的基本概念。

二、时间序列分析

在分析观测数据时，经常遇到各物理量随时间变化的一组数据，一般称这类数值序列为时间序列。数据的时间序列包含了系统在一段时间内的动态变化信息，如果这种变化可以用数学模型来描述，则可以用时间序列来分析系统的性质、预测系统的变化，而随机过程是时间序列分析的重要理论和工具。

时间序列分析的一些主要方法都是假定数据样本来自平稳序列（如常用的线性回归模型），这是进行分析和确立平稳时间序列线性模型的前提。检验数据的平稳性，实质上是检验原来产生数据样本的随机序列的平稳性，包括以下方面：一是其均值和方差是否为常数；二是其自协方差函数是否只与时间间隔有关，而与此间隔端点的位置无关（即平稳过程的各态历经性）。检验时间序列的平稳性的基本步骤如下：

（1）当时间序列$\{X_t, t=1, 2, \cdots\}$的长度足够大时，将样本序列等分为k个子序列。

（2）对于每个子序列，分别计算其均值、方差和自相关函数。

（3）假设已知原序列$\{X_t, t=1, 2, \cdots\}$的均值、方差和自相关函数，构造关于子序列的方差和相关函数的统计量；如果原序列的均值、方差和自相关函数未知，则利用事先的估计值代替。

（4）根据原序列平稳性的假设，当子序列的长度足够大时，各子序列的统计量与原序列不应该有显著差异。利用统计中的假设检验方法判断此性质是否成立，如果假设不成立，应否定平稳性假设；否则，接受$\{X_t, t=1, 2, \cdots\}$是平稳序列的假设。

前面已经指出，这里说的“时间序列”指信号在时域的变化，即不仅指信号随时间的变化，也可以是信号随空间的变化。例如，海洋遥感观测的数据经常是在某一时刻海面参数的空间变化。

三、现代功率谱估计方法

功率谱分析是以傅里叶变换为基础的频域分析方法，其意义为将时间序列的总能量分解到不同频率上的分量，从而获得信号的能量在频域的分布，可以用于研究信号的周期、方向分布等。本节介绍功率谱估计方法。

（一）方法介绍

傅里叶变换是时域与频域之间的变换。对于平稳信号$x(t)$，其连续傅里叶变换的表达

式为

$$X(\omega) = \mathcal{F}[x(t)] = \int_{-\infty}^{\infty} x(t)\mathrm{e}^{-\mathrm{i}\omega t}\mathrm{d}t \tag{3.1}$$

其逆变换为

$$x(t) = \mathcal{F}^{-1}[X(\omega)] = \frac{1}{2\pi}\int_{-\infty}^{\infty} X(\omega)\mathrm{e}^{\mathrm{i}\omega t}\mathrm{d}\omega \tag{3.2}$$

在信号处理时一般用其离散形式，离散傅里叶变换的表达式为

$$X(k) = \sum_{n=0}^{N-1} x_n \mathrm{e}^{-\mathrm{i}2\pi kn/N}$$

其逆变换为

$$x_n = \frac{1}{N}\sum_{n=0}^{N-1} X(n)\mathrm{e}^{\mathrm{i}2\pi kn/N}$$

根据第二章第六节谱密度的介绍，对于一个样本量为 n 的平稳时间序列 $\{x_1, x_2, \cdots, x_n\}$，可以使用两种方法进行功率谱估计：一是直接对时间序列作傅里叶变换；二是根据谱密度与自相关函数互为傅里叶变换的性质，通过自相关函数估计功率谱。这两种方法都不需要由时间序列本身提供某种参数，因而是非参数谱估计方法。

1. 利用傅里叶变换估计功率谱

利用离散傅里叶变换，将时间序列 $\{x_1, x_2, \cdots, x_n\}$ 展开成傅里叶级数：

$$x_t = a_0 + \sum_{k=1}^{\infty}[a_k\cos(\omega_k t) + b_k\sin(\omega_k t)]$$

其中，a_0、a_k 和 b_k 为傅里叶系数（$k=1, 2, \cdots, [n/2]$），其中 [ ] 表示取整数。

$$\begin{cases} a_0 = \dfrac{1}{n}\sum_{t=1}^{n} x_t \\ a_k = \dfrac{2}{n}\sum_{t=1}^{n} x_t\cos\left[\dfrac{2\pi k}{n}(t-1)\right] \quad (k=1, 2, \cdots, [n/2]) \\ b_k = \dfrac{2}{n}\sum_{t=1}^{n} x_t\sin\left[\dfrac{2\pi k}{n}(t-1)\right] \quad (k=1, 2, \cdots, [n/2]) \end{cases}$$

不同波数 k 的功率谱值为

$$\hat{s}^2(k) = \frac{1}{2}(a_k^2 + b_k^2)$$

2. 通过自相关函数估计功率谱

对时间序列 $\{x_1, x_2, \cdots, x_n\}$，最大滞后时间长度为 m 的自相关系数 $r(j)$ 为

$$r(j) = \frac{1}{n-j}\sum_{t=1}^{n-j}\left(\frac{x_t - \bar{x}}{s}\right)\left(\frac{x_{t+j} - \bar{x}}{s}\right) \quad (j=0, 1, 2, \cdots, m)$$

式中，$\bar{x}$ 和 s 分别为该时间序列的平均值和标准差。

于是得到不同波数 k 的粗谱估计值：

$$\hat{s}(k) = \frac{1}{m}\left[r(0) + 2\sum_{j=1}^{m-1} r(j)\cos\left(\frac{k\pi j}{m}\right) + r(m)\cos(k\pi)\right] \quad (k=0, 1, \cdots, m)$$

为了减小端点处谱的异常，实际中常用下列形式：

$$\begin{cases}\hat{s}(0)=\dfrac{1}{2m}[r(0)+r(m)]+\dfrac{1}{m}\sum\limits_{j=1}^{m-1}r(j)\\ \hat{s}(k)=\dfrac{1}{2m}\left[r(0)+2\sum\limits_{j=1}^{m-1}r(j)\cos\left(\dfrac{k\pi j}{m}\right)+r(m)\cos(k\pi)\right]\quad(k=1,2,\cdots,m-1)\\ \hat{s}(m)=\dfrac{1}{2m}[r(0)+(-1)^m r(m)]+\dfrac{1}{m}\sum\limits_{j=1}^{m-1}(-1)^j r(j)\end{cases}$$

以上说明：

（1）功率谱估计受到最大滞后时间长度 m 的影响。对于长度为 n 的时间序列 $\{x_1, x_2, \cdots, x_n\}$，一般选取 $m=n/3\sim n/10$ 较为合适。

（2）为了减小谱估计的误差，上述两种方法估计的功率谱需要利用窗函数做平滑处理，如 Hanning 窗函数、Hamming 窗函数等。

由于连续功率谱估计需要借助于窗函数做平滑，其统计稳定性与窗函数的选择有关，如果窗函数不合适可能会产生虚假的谱分量。另外，自相关函数与时间序列的长度有关，长度太小会导致谱的分辨率低。这些因素都会影响谱估计的误差。

在信号处理中，窗函数的形状和窗口宽度的选择是关键：①不同的窗函数具有不同的频率特性。理想的窗函数是频谱的主瓣宽度为零、高度为无限大（冲击函数）、旁瓣为零的函数。为了减小泄露，应该使窗函数频谱的主瓣窄、旁瓣低，并且跌落速度快。②选择窗口宽度时，应结合时间分辨率和频率分辨率折中考虑。窗函数的宽度较大时，可以提高谱的频率分辨率，但是会降低时间分辨率；而宽度较小时，时间分辨率提高，但是谱的频率分辨率会降低。

下面介绍几种常用的窗函数。

（1）矩形窗。矩形窗的时间函数为

$$w(t)=\begin{cases}\dfrac{1}{T}, & |t|\leqslant T\\ 0, & |t|>T\end{cases}$$

矩形窗的频谱如图 3.1 所示，其主瓣较集中，没有副旁瓣并且旁瓣比较高，所以矩形窗有时导致变换中出现高频干扰以及频谱泄露现象。

（2）汉宁（Hanning）窗。汉宁窗属于余弦窗的一种，它的时间函数为

$$w(t)=\begin{cases}\dfrac{1}{T}\left(\dfrac{1}{2}+\dfrac{1}{2}\cos\dfrac{\pi t}{T}\right), & |t|\leqslant T\\ 0, & |t|>T\end{cases}$$

汉宁窗的频谱如图 3.2 所示，可以认为它是三个矩形窗的频谱之和。与矩形窗相比，汉宁窗减小了高频干扰和频谱泄露，但是加宽了副瓣，等效于增大了带宽，导致频率分辨率降低。

（3）汉明（Hamming）窗。汉明窗的时间函数为

$$w(t)=\begin{cases}\dfrac{1}{T}\left(0.54+0.46\cos\dfrac{\pi t}{T}\right), & |t|\leqslant T\\ 0, & |t|>T\end{cases}$$

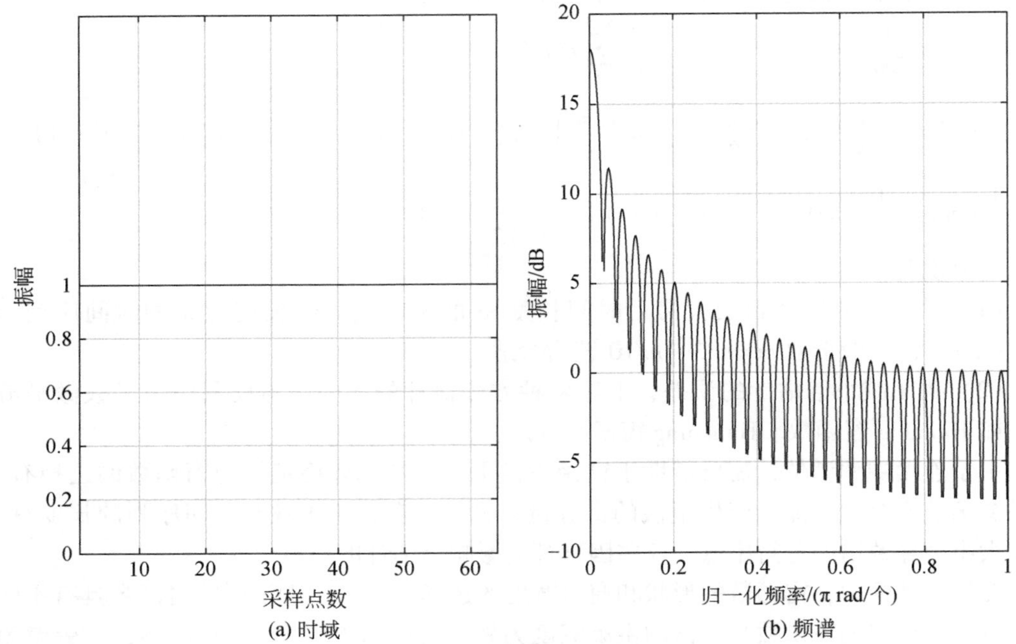

图 3.1　矩形窗的时域和频谱图

窗的宽度为 64

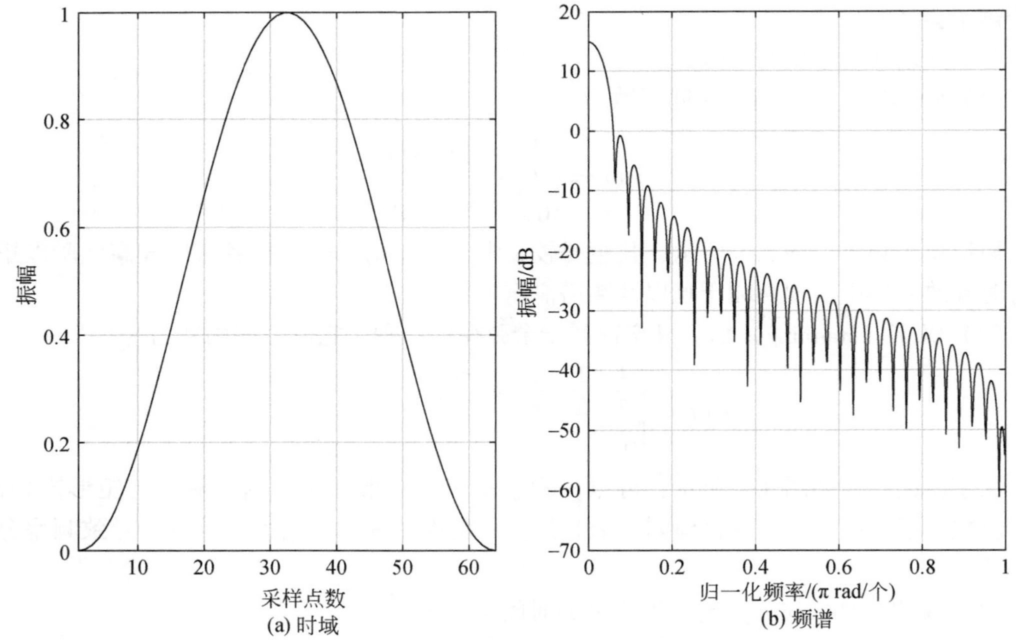

图 3.2　汉宁窗的时域和频谱图

窗的宽度为 64

汉明窗也属于余弦窗，其频谱如图 3.3 所示。与汉宁窗相比，汉明窗的加权系数使得其频谱的旁瓣更小，能更好地减少频谱泄露现象。

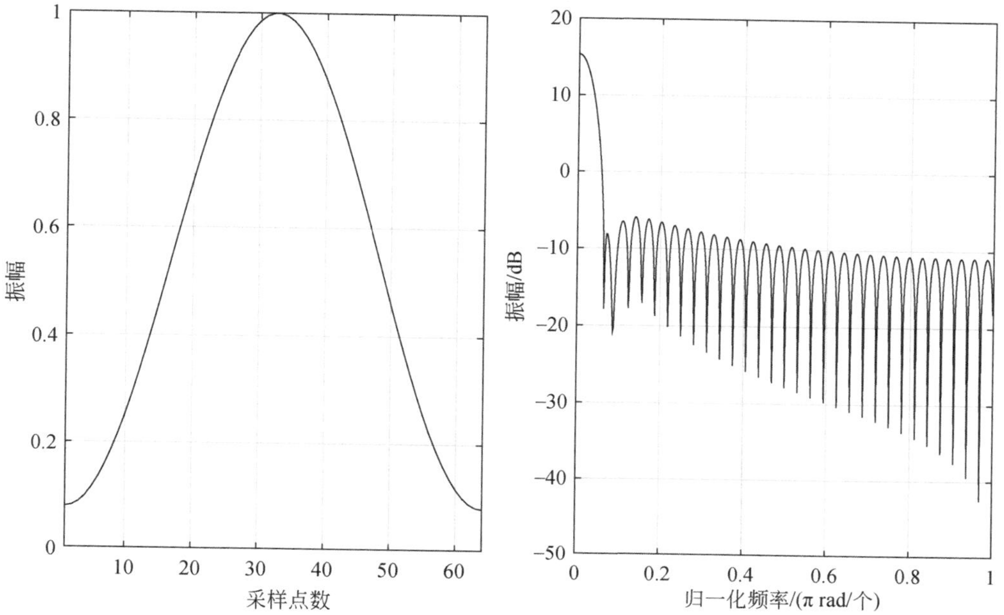

(a) 时域　(b) 频谱

图 3.3　汉明窗的时域和频谱图

窗的宽度为 64

（4）三角窗。三角窗的时间函数为

$$w(t)=\begin{cases}\dfrac{1}{T}\left(1-\dfrac{|t|}{T}\right), & |t|\leqslant T\\ 0, & |t|>T\end{cases}$$

三角窗的频谱如图 3.4 所示。与矩形窗相比，三角窗的主瓣宽度是其两倍，并且旁瓣较小，两种窗函数都没有副瓣。

（5）高斯（Gauss）窗。高斯窗是一种指数窗，它的时间函数为

$$w(t)=\begin{cases}\dfrac{1}{T}\mathrm{e}^{-at^2}, & |t|\leqslant T\\ 0, & |t|>T\end{cases}$$

式中，a 为常数。高斯窗的频谱如图 3.5 所示，其主瓣宽度较大，所以频率分辨率较低，可以用于研究一些非周期信号，如指数衰减信号等。

（二）应用举例

下面举例说明功率谱分析方法的应用。导航 X 波段雷达具有高时间和空间分辨率的优点，被广泛应用于海浪和海流的观测。图 3.6 为一组导航 X 波段雷达回波强度，为了减小距离变化对雷达成像的影响，图中的强度为雷达回波的相对强度（灰度值）；雷达回波具

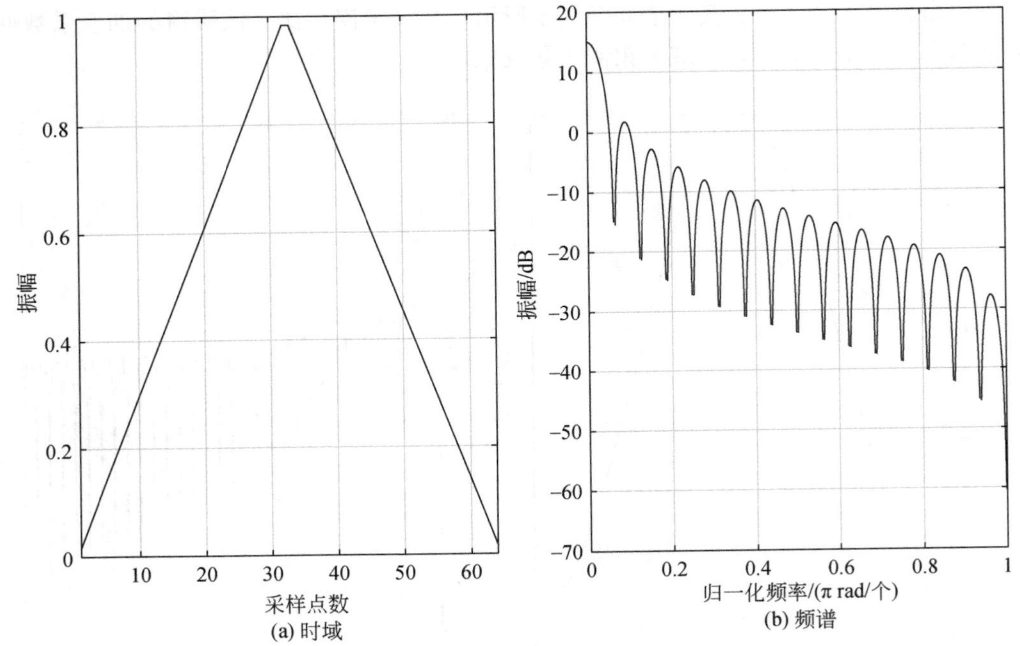

图 3.4　三角窗的时域和频谱图

窗的宽度为 64

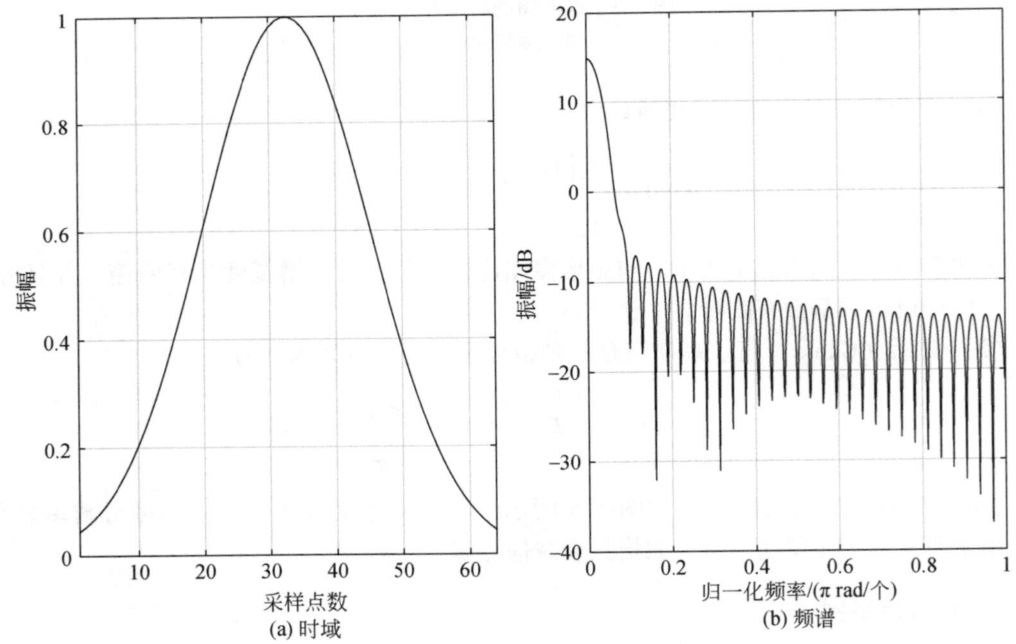

图 3.5　高斯窗的时域和频谱图

窗的宽度为 64

有明显的周期性，很好地反映了海浪的起伏变化，并且海浪在这段距离内的变化是稳定的，即该回波序列可以视为平稳随机过程。

利用功率谱分析处理图 3.6 中的雷达回波序列，图 3.7 中的实线是滤波后的功率谱，其中有明显的峰值，其对应的峰值波数为 0.015rad/m，而图 3.6 表明该区域的海浪波长为 60～80m，所以功率谱较好地获得了雷达回波序列的变化特征。另外，图 3.7 中的虚线还表明直接估算的功率谱的起伏变化较大，如峰值附近有几个极小值和极大值，可能会导致峰值的估算不准确；这一问题可以通过对功率谱作滤波来解决。例如，图 3.7 中的实线是利用滑动平均对功率谱平滑后的结果，平滑后的功率谱光滑，其中的峰值更加明显。

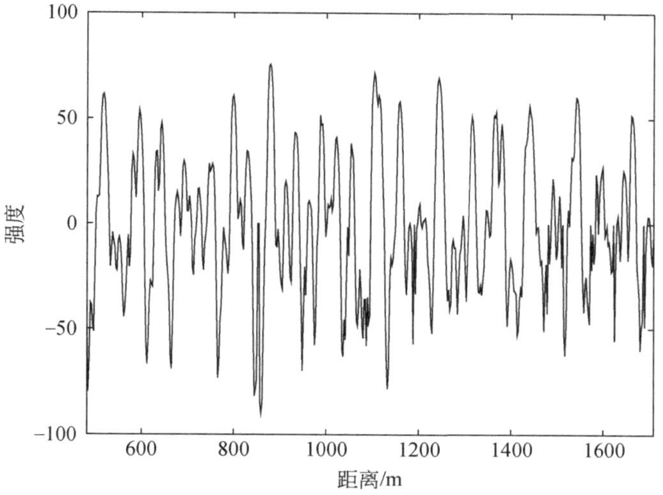

图 3.6　导航 X 波段雷达回波变化

横坐标为海面距雷达的距离，纵坐标为雷达回波的相对强度（灰度值）

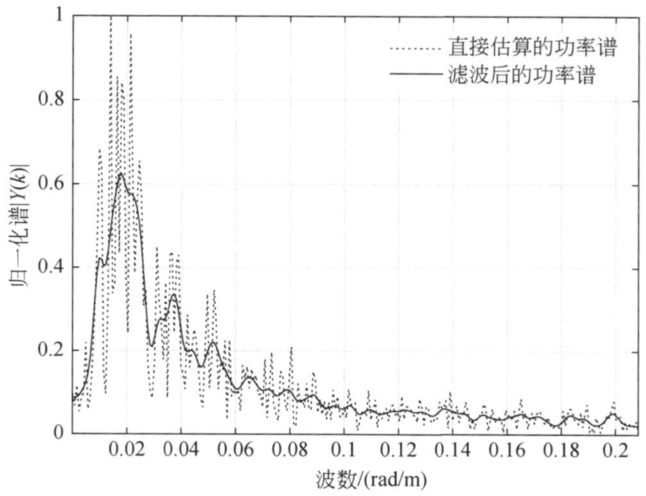

图 3.7　利用功率谱分析估算的雷达回波功率谱

第二节　最大熵谱估计

基于信息论中熵的概念，Burg 于 1967 年提出了最大熵谱估计方法，它利用时间序列的自回归模型估计参数，是一种参数谱估计。最大熵谱估计的基本思想是，在外推已知时间序列的自相关函数时，使相应的外推时间序列具有最大的信息熵，因而所得信息最多。最大熵谱估计具有分辨率高、适用于短时间序列等优点，有效克服了传统的连续谱估计的缺点。

一、方法介绍

假设研究的事件有 n 个相互独立的结果，它们的概率分别为 $p_i(i=1, 2, \cdots, n)$，并且满足

$$\sum_{i=1}^{n} p_i = 1$$

在统计学中，用熵来度量随机事件的不确定性的程度：

$$H = -\sum_{i=1}^{n} p_i \lg p_i \tag{3.3}$$

对均值为 0、方差为 σ^2 的正态分布随机变量 x，有

$$f(x) = \frac{1}{\sqrt{2\pi\sigma}} e^{-\frac{x^2}{2\sigma^2}} \tag{3.4}$$

则

$$H = \ln[\sigma\sqrt{2\pi e}] \tag{3.5}$$

式（3.5）表明熵越大，对应的方差 σ^2 越大。由信息论可知，随机事件以等概率可能性出现时，所包含的信息量具有最大的不确定性，即熵值达到极大。所以根据方差与功率谱的关系，可得

$$H = \int_{-\infty}^{\infty} \ln s(\omega) d\omega \tag{3.6}$$

功率谱与自相关函数之间的关系如下：

$$r(j) = \int_{-\infty}^{\infty} s(\omega) e^{i\omega j} d\omega \tag{3.7}$$

式（3.7）表明，自相关函数 $r(j)$ 与谱密度 $s(\omega)$ 按傅里叶变换一一对应。对于有限的样本序列，只有有限个估计值 $\hat{r}(j)$ 来代替 $r(j)$。利用 Lagrange 乘子法可以证明，当谱估计满足式（3.7），并且熵谱为最大时，谱密度为

$$s_H(\omega) = \frac{\sigma_{k_0}^2}{\left|1 - \sum_{k=1}^{k_0} a_k^{(k_0)} e^{-i\omega k}\right|^2} \tag{3.8}$$

式中，k_0 为自回归的阶数；$a_k^{(k_0)}$ 为自回归系数；$\sigma_{k_0}^2$ 为预报误差方差估计。根据式（3.8），最大熵谱估计实质上是自回归模型的谱。

Burg 算法首先建立适当阶数的自回归模型，然后利用式（3.8）计算最大熵谱。在建立自回归模型时，要根据一定的准则截取阶数 k_0，并递归求出各阶自回归系数。

自回归模型的建立方法和参数估计将在第三章第九节介绍。变量 x 的自回归模型为

$$x_t=a_1x_{t-1}+a_2x_{t-2}+\cdots+a_kx_{t-k}+\varepsilon_t$$

式中，a_1，…，a_k 为自回归系数；ε_t 为白噪声。根据 Yule-Walker 方程可估计出该自回归模型的方差 σ_k^2 和自相关函数 $\hat{r}(j)$。

已知 $a_{kj}(j=1, 2, \cdots, k)$，由归纳法可以得到求 $a_{k+1,\ k+1}$ 的递推公式如下：

$$\begin{cases} r(k+1)=\sum_{j=1}^{k}a_{kj}r(k+1-j)+a_{k+1,\ k+1}\sigma_k^2 \\ \sigma_{k+1}^2=(1-\sigma_{k+1,\ k+1}^2)\sigma_k^2 \\ a_{k+1,\ j}=a_{kj}-a_{k+1,\ k+1}a_{k,\ k+1-j} \\ a_{k+1,\ k+1}=\dfrac{2\sum\limits_{t=k+2}^{n}\left(x_t-\sum\limits_{j=1}^{k}a_{kj}x_{t-j}\right)\left(x_{t-k-1}-\sum\limits_{j=1}^{k}a_{kj}x_{t-k-1+j}\right)}{\sum\limits_{t=k+2}^{n}\left[\left(x_t-\sum\limits_{j=1}^{k}a_{kj}x_{t-j}\right)^2+\left(x_t-\sum\limits_{j=1}^{k}a_{kj}x_{t-j}\right)^2\right]} \end{cases}$$

确定自回归模型的阶数 k_0 可以采用第三章第九节中的模型识别方法，也可以采用以下几种准则。

（1）最终预测误差准则（FPE）。如果用随机过程的一组采样的自回归模型来估计另一组采样，则会有预测均方误差，该误差在某一个 k 值时最小。当过程的均值为 0 时，k 阶自回归模型的 FPE 定义为

$$\mathrm{FPE}(k)=\frac{n+k}{n-k}\sigma_k^2 \quad (k=1, 2, \cdots, n-1)$$

由于 σ_k^2 随 k 的增大而减小，$(n+k)/(n-k)$ 随 k 的增大而增大，所以 $\mathrm{FPE}(k)$ 在某个 k 值时达到最小值。根据最终预报误差准则，这个 k 值就定义为自回归模型的最佳阶数。

（2）信息论准则（AIC）。AIC 准则是根据极大似然原理估计参数的方法改进提出的：$\mathrm{AIC}(k)=\ln\sigma_k^2+\dfrac{2k}{n}$。可以看出，AIC 准则是通过预测均方误差与模型阶数的权衡来确定模型的，以最小化 AIC 值为准则确定自回归模型的阶数。从数学上可以证明，在一定条件下 FPE 与 AIC 准则是等价的。

（3）自回归传输函数准则（CAT）。CAT 的定义为

$$\mathrm{CAT}(k)=\frac{1}{n}\sum_{j=1}^{k}\frac{n-j}{n\sigma_k^2}-\frac{n-k}{n\sigma_k^2}$$

它表示当自回归模型与估计自回归模型二者均方误差之差的估计值为最小时，自回归模型的阶数就是最佳阶数。

二、应用举例

下面举例说明最大熵谱估计的应用。以图 3.6 中的雷达回波数据为例，利用不同阶数的最大熵谱估计方法估算雷达回波功率谱，如图 3.8 所示。对于图 3.6 中的数据，利用 5 阶自回归模型和 7 阶自回归模型估算的谱较为接近，二者的峰值波数约为 0.02rad/m，略小于图 3.6 中显示的海浪波长（60 ~ 80m）；利用 3 阶自回归模型估算的功率谱的峰值波数较小，波形也与一般海浪功率谱的形状不符，这说明利用最大熵谱估计方法时要合理选取自回归模型的阶数。另外，图 3.8 还表明，自回归模型的阶数越大，谱的宽度越窄，越有利于峰值的估计。

比较图 3.7 和图 3.8 可知，图 3.7 中峰值附近的谱能量范围为 0.005 ~ 0.04rad/m，而图 3.8 中峰值附近的谱能量集中在 0.01 ~ 0.025rad/m 的范围内，即利用傅里叶变换估计的功率谱的宽度明显大于最大熵谱的宽度。为了更准确地说明这个问题，我们选用雷达和浮标同步观测的波浪数据。图 3.9 中的实线是浮标功率谱，虚线是最大熵谱功率谱，可以发现尽管两种功率谱的峰值位置相同，最大熵功率谱估计的功率谱宽度远小于实际海浪功率谱的宽度，并且最大熵功率谱更加光滑。因此，利用适当阶数的最大熵估计可以准确获取功率谱的峰值，但是最大熵功率谱的宽度偏小、形状较光滑，在实际中应该根据功率谱分析的目的来选择估计方法。

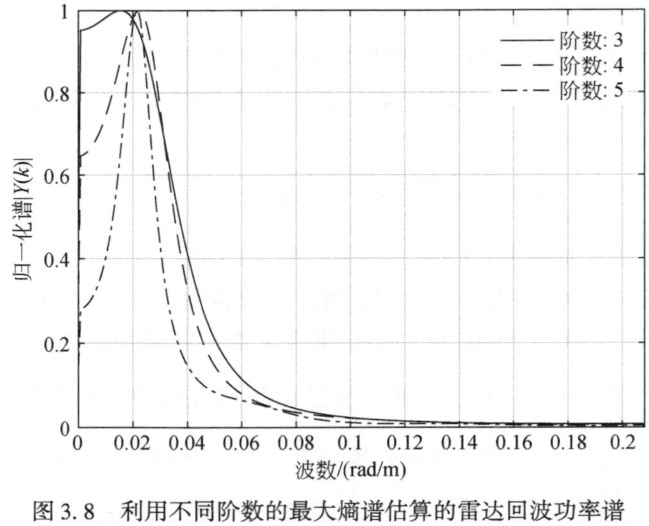

图 3.8　利用不同阶数的最大熵谱估计算的雷达回波功率谱

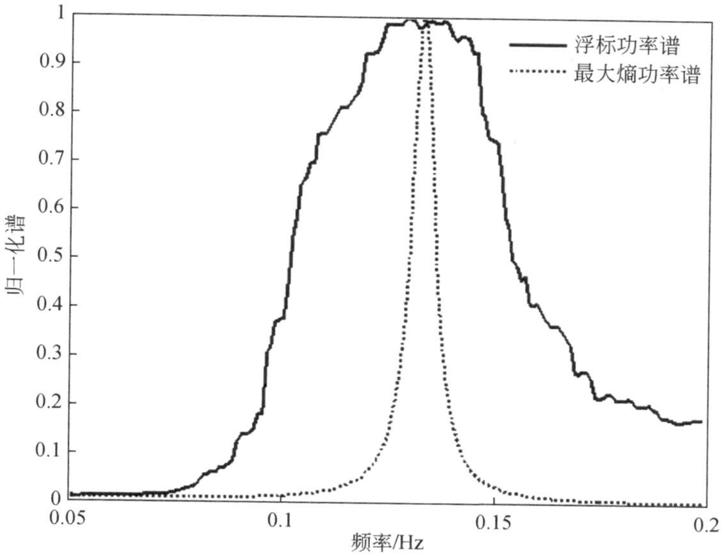

图 3.9　归一化的浮标功率谱与雷达回波的最大熵功率谱的比较

第三节　交叉谱估计

第二章第六节给出了两个联合平稳过程的互谱的概念及其基本性质。基于这些理论，本节介绍时间序列的交叉谱估计。

一、方法介绍

设$\{X(t),\ t\in(-\infty,\infty)\}$和$\{Y(t),\ t\in(-\infty,\infty)\}$是两个平稳随机过程，$\{x_t,\ t=0,1,\cdots,n\}$和$\{y_t,\ t=0,1,\cdots,n\}$是其中的两个样本序列，它们的互相关函数为

$$\begin{aligned} r_{12}(j) &= \int_{-\infty}^{\infty} x(t)y(t)\mathrm{d}t = \frac{1}{2\pi}\int_{-\infty}^{\infty} g(\omega)f^*(\omega)\mathrm{e}^{\mathrm{i}\omega j}\mathrm{d}\omega \\ &= \frac{1}{2\pi}\int_{-\infty}^{\infty} s_{12}(\omega)\mathrm{e}^{\mathrm{i}\omega j}\mathrm{d}\omega \quad (j=0,1,2,\cdots,m) \end{aligned} \tag{3.9}$$

式中，$f(\omega)$和$g(\omega)$分别为$x(t)$和$y(t)$的自相关谱；*为复数的共轭；m为最大滞后时间长度；$s_{12}(\omega)$为$x(t)$和$y(t)$的交叉谱，可以由下式给出：

$$s_{12}(\omega) = g(\omega)f^*(\omega) = \int_{-\infty}^{\infty} r_{12}(j)\mathrm{e}^{-\mathrm{i}0\omega j}\mathrm{d}j \tag{3.10}$$

交叉谱是复数谱，可以表示为

$$s_{12}(\omega) = P_{12}(\omega) - \mathrm{i}Q_{12}(\omega) \tag{3.11}$$

式中，实部谱$P_{12}(\omega)$为协谱，虚部谱$Q_{12}(\omega)$为正交谱，即：

$$
\begin{cases}
P_{12}(\omega) = \int_{-\infty}^{\infty} r_{12}(j)\cos(\omega j)\,\mathrm{d}j \\
Q_{12}(\omega) = \int_{-\infty}^{\infty} r_{12}(j)\sin(\omega j)\,\mathrm{d}j
\end{cases}
\tag{3.12}
$$

根据第二章第六节可得互相关函数的性质：

$$
\begin{cases}
r_{12}(-j) = r_{21}(j) \\
r_{12}(j) = r_{21}(-j)
\end{cases}
\tag{3.13}
$$

则协谱和正交谱可以化简为

$$
\begin{cases}
P_{12}(\omega) = \int_{0}^{\infty} [r_{12}(j) + r_{21}(j)]\cos(\omega j)\,\mathrm{d}j \\
Q_{12}(\omega) = \int_{0}^{\infty} [r_{12}(j) - r_{21}(j)]\sin(\omega j)\,\mathrm{d}j
\end{cases}
\tag{3.14}
$$

根据式（3.14）可知，协谱表示两个时间序列在某一频率 ω 上同相位的相关程度，正交谱的含义是某一频率上两序列相位差为90°时的交叉相关关系。

根据协谱和正交谱可以得到两个序列的振幅谱、相位谱和凝聚谱。

（1）振幅谱：

$$
C_{12}(\omega) = \sqrt{P_{12}^2(\omega) + Q_{12}^2(\omega)}
\tag{3.15}
$$

振幅谱反映的是两个序列分解出的某一频率振动的能量关系。

（2）相位谱：

$$
\Theta(\omega) = \arctan\left[\frac{Q_{12}(\omega)}{P_{12}(\omega)}\right]
\tag{3.16}
$$

相位谱反映两序列各个频率波动的相位差关系，其取值范围是 $\left[-\frac{\pi}{2}, \frac{\pi}{2}\right]$。

（3）凝聚谱：

$$
R_{12}^2(\omega) = \frac{P_{12}^2(\omega) + Q_{12}^2(\omega)}{P_{11}(\omega)P_{22}(\omega)}
\tag{3.17}
$$

式中，$P_{11}(\omega)$ 和 $P_{22}(\omega)$ 分别为序列 $x(t)$ 和 $y(t)$ 的自相关谱，即单个序列的功率谱。凝聚谱 $R_{12}^2(\omega)$ 代表两序列各个频率之间的相关程度，其值在任何频率下都在 0 ~ 1 之间变化。

与功率谱估计相同，交叉谱也有两种计算方法。一是直接利用傅里叶变换，即分别对两个时间序列 $\{x_t, t=0, 1, \cdots, n\}$ 和 $\{y_t, t=0, 1, \cdots, n\}$ 做傅里叶变换，然后根据式（3.10）求出交叉谱，再根据式（3.11）和式（3.15）~式（3.17）得到振幅谱、相位谱和凝聚谱。二是间接利用互相关函数估计交叉谱，具体如下。

首先，计算互相关函数：

$$\begin{cases} r_{12}(j) = \dfrac{1}{n-j}\sum_{i=1}^{n-j}\left(\dfrac{x - \bar{x}}{s_1}\right)\left(\dfrac{y_{i+j} - \bar{y}}{s_2}\right) \\ r_{21}(j) = \dfrac{1}{n-j}\sum_{i=1}^{n-j}\left(\dfrac{x_{i+j} - \bar{x}}{s_1}\right)\left(\dfrac{y_i - \bar{y}}{s_2}\right) \end{cases} \tag{3.18}$$

式中，$\bar{x}$ 和 $\bar{y}$ 分别为 $\{x_t, t=0, 1, \cdots, n\}$ 和 $\{y_t, t=0, 1, \cdots, n\}$ 的平均值；s_1 和 s_2 分别为它们的标准差。将式（3.18）代入式（3.14），得

$$\begin{cases} P_{12}(k) = \dfrac{1}{m}\left\{r_{12}(0) + \sum_{j=1}^{m-1}[r_{12}(j) + r_{21}(j)]\cos\left(\dfrac{k\pi}{m}j\right) + r_{12}(m)\cos(k\pi)\right\} \\ Q_{12}(k) = \dfrac{1}{m}\sum_{j=1}^{m-1}[r_{12}(j) - r_{21}(j)]\sin\left(\dfrac{k\pi}{m}j\right) \end{cases} \tag{3.19}$$

然后，利用窗函数对协谱 $P_{12}(k)$ 和正交谱 $Q_{12}(k)$ 做平滑；再代入式（3.15）~式（3.17），可得两个序列的振幅谱、相位谱和凝聚谱。

二、应用举例

利用交叉谱分析数据的一般步骤是：首先根据凝聚谱分析两序列在某一频率上相关的程度，如果某一频率上所对应的凝聚值通过显著性检验，则证明两序列在这一频率上存在密切的相关关系；然后，依据该频率对应的相位谱来分析两个序列在这一频率上存在的落后时间尺度的相关关系。下面以雷达观测的海面图像为例来说明。

导航 X 波段雷达以高时间和空间分辨率对海面成像，一幅雷达观测的海面图像如图 2.1（b）所示。选取连续观测的两幅雷达图像，其时间间隔为 2.5s、空间分辨率为 3.75m，对它们作交叉谱分析，然后计算其凝聚谱和相位谱，如图 3.10 和图 3.11 所示。

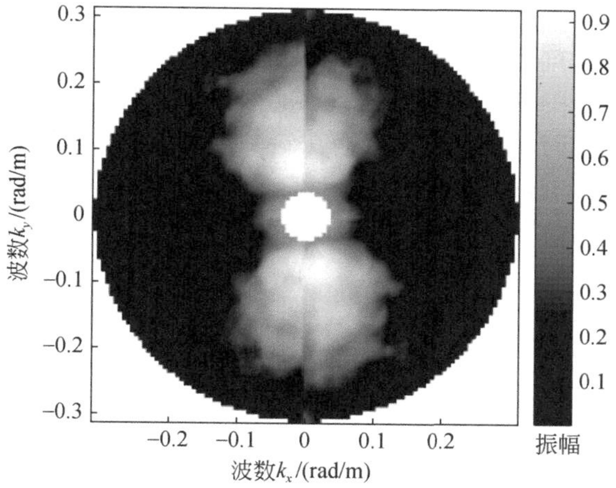

图 3.10　相邻两幅导航 X 波段雷达图像的交叉谱的凝聚谱

根据图 3.10 可知，凝聚谱的峰值附近的凝聚值达到 0.7 ~ 0.92，这说明相邻的两幅海面雷达图像之间存在很好的相关性；凝聚谱的峰值位置为 $k_x = -0.006\text{rad/m}$ 和 $k_y =$

0.086rad/m，由此可以得到观测海区的主波波长为 73.1m、主波波向为 94.1°，与波浪浮标的实测值相符合。根据图 3.11，峰值处的相位的值为 2.29rad，所以两幅图像观测的海浪的相位差为 131.2°，这表明利用雷达图像的交叉谱可以有效获取观测海区的海浪波长和波向信息。

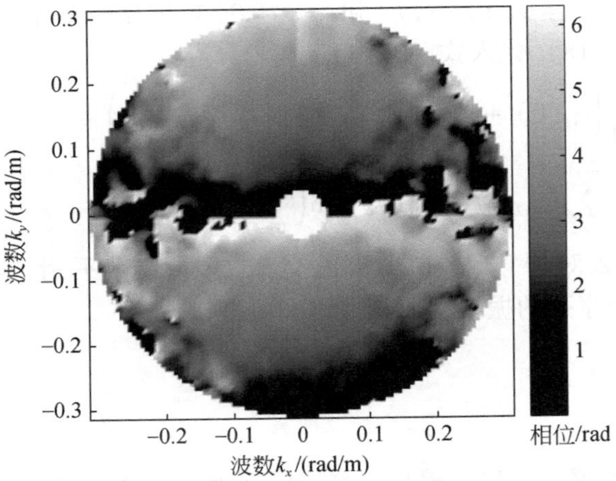

图 3.11　相邻两幅导航 X 波段雷达图像的交叉谱的相位谱

第四节　短时傅里叶变换

傅里叶变换和逆傅里叶变换存在很好的对称性，并且它们容易用快速傅里叶变换算法实现，这使得它们在信号处理中得到了广泛的应用。但是，傅里叶变换不适合分析非平稳信号，根据式（3.1）可以看出，它的积分范围是（−∞，∞），是一种全局变换，无论信号在什么时刻发生了改变都会全局性地影响积分结果，同样的道理也适用于离散傅里叶变换。因此，傅里叶变换缺少局部特征信息，不能揭示信号的频域信息随时间的变化，即不能同时获得信号的频域和时域信息。为了解决这一问题，Gabor 于 1946 年提出了短时傅里叶变换（short time fourier transform，STFT），它具有概念明确、分析方便的优点。

一、方法介绍

短时傅里叶变换的基本思想是利用一个随时间滑动的分析窗对非平稳信号进行加窗截断处理，将非平稳信号分解成一系列近似平稳的短时信号，再利用傅里叶变换理论分析各短时平稳信号的频谱。

1）连续 STFT

设 $f(t)$ 是一个非平稳信号，$w(t)$ 为窗函数，则 $f(t)$ 的短时傅里叶变换定义为

$$\mathrm{STFT}(\omega,\ \tau)=\int_{-\infty}^{\infty}[f(t)w^*(t-\tau)]\mathrm{e}^{-j\omega t}\mathrm{d}t \tag{3.20}$$

对信号 $f(t)$ 做短时傅里叶变换的步骤如下（图 3.12）。

步骤1：将窗函数 $w(t)$ 从零时刻平移到时刻 τ 处，得到 $w(t-\tau)$；

步骤2：利用平移后的分析窗 $w(t-\tau)$ 对原始信号做加窗截断处理，得到短时信号 $f_i(t)=f(t)w(t-\tau)$；

步骤3：对短时信号 $f_i(\tau)$ 做傅里叶变换得到傅里叶频谱。

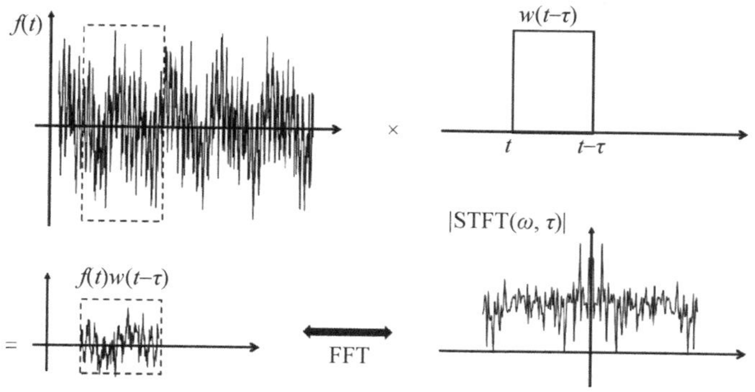

图 3.12　短时傅里叶变换的原理示意图

设分析窗的持续时间是 Δt，则加窗截断处理相当于取 $\left[\tau-\frac{\Delta t}{2},\ \tau+\frac{\Delta t}{2}\right]$ 时间范围内的原非平稳信号 $f(t)$ 的成分。如果希望得到较高的时间分辨率，则必须选择较短的分析窗，但是这样会降低频率分辨率，即短时傅里叶变换不可能在频域和时域同时达到高分辨率，所以要根据实际情况在这两者之间做出折中。

2）连续 STFT 的重构

对连续信号 $f(t)$ 进行傅里叶变换，如果窗函数满足重构的条件，则将信号连续傅里叶变换的结果 $\mathrm{STFT}(\omega,\tau)$ 进行加窗处理，并计算其傅里叶逆变换：

$$y(t)=\frac{1}{2}\int_{-\infty}^{\infty}\int_{-\infty}^{\infty}[\mathrm{STFT}(\omega,\tau)v(t-\tau)\mathrm{d}\tau]\mathrm{e}^{j\omega t}\mathrm{d}\omega \tag{3.21}$$

将 STFT 式（3.20）代入式（3.21），得

$$y(t)=f(t)\int_{-\infty}^{\infty}w^{*}(t)v(t)\mathrm{d}t \tag{3.22}$$

由于 $\mathrm{STFT}(\omega,\tau)$ 中包含了大量的冗余信息，为了完全重构出信号，STFT 应满足重构条件

$$\int_{-\infty}^{\infty}w^{*}(t)v(t)\mathrm{d}t=1 \tag{3.23}$$

此条件较为宽松。窗函数 $v(t)$ 称为综合窗。一般情况下，综合窗的可选择范围很大，如 $v(t)=\delta(t)$ 或者 $v(t)=1$，当 $v(t)=w(t)$ 时，完全重构条件变为

$$\int_{-\infty}^{\infty}|w(t)|^{2}\mathrm{d}t=1 \tag{3.24}$$

由于 STFT 变换实际是对加窗后的短时信号进行傅里叶变换，大部分傅里叶变换的性质均适用于短时傅里叶变换，如线性、时移性和频移性等。

3）离散短时傅里叶变换

离散短时傅里叶变换与离散傅里叶变换的分析方法相同，为了实现信号频谱分析的数

值计算，需要对短时傅里叶变换式在频域进行抽样，即：

$$S(\omega,\ n)=\sum_{k=-\infty}^{\infty}f(k)w(n-k)\mathrm{e}^{-j\omega k} \tag{3.25}$$

式中，$w(n)$为窗函数。对频率做离散化处理，得

$$S(m,\ n)=\sum_{k=0}^{N-1}f(k)w(n-k)\mathrm{e}^{-j\frac{2\pi 2km}{N}}\quad(m=0,\ 1,\ \cdots,\ N-1) \tag{3.26}$$

将式（3.25）改写为

$$S(\omega,\ n)=\sum_{k=-\infty}^{\infty}f(n-k)w(k)\mathrm{e}^{-j\omega(n-k)}$$

则有

$$S(\omega,\ n)=\mathrm{e}^{-j\omega n}[x(n)\cdot w(n)\mathrm{e}^{j\omega n}]$$

因此，短时傅里叶变换可以理解为分析滤波器经过 $\mathrm{e}^{j\omega_0 n}$调制后，对原始信号滤波，将滤波之后的结果再经过 $\mathrm{e}^{-j\omega_0 n}$调制。

对离散时间序列$\{f(n),\ n\in Z\}$进行短时傅里叶变换的步骤如下。

步骤 1：选取窗函数$\{w(m),\ m=-M,\ \cdots,\ M\}$，将其从 $m=0$ 平移到 $m=n(n\in Z)$处，得到 $w(m-n)$；

步骤 2：利用平移后的窗函数对原时间序列进行加窗截断处理，得到短时间序列 $x_n(m)=x(n)w(m-n)$；

步骤 3：对短时间序列 $x_n(m)$做离散傅里叶变换，计算傅里叶谱。

应用短时离散傅里叶变换分析信号时，需要注意：第一，提高短时间序列的抽样长度，可以提高每个时刻短时间序列的频域分辨率，但是这样会降低时间分辨率；第二，减小窗函数的滑动因子，便于增大信号的时域分辨率。

二、应用举例

为了便于比较本章的不同谱分析方法，仍然以图 3.6 中的雷达回波数据为例，对其作短时傅里叶变换。

图 3.13 是利用 Hanning 窗做短时傅里叶变换得到的时域–频域谱，其中 Hanning 窗的窗口宽度为 32，为了提高分辨率，相邻区域的重叠长度为 16。可以看出，对于不同的距离，谱的峰值波数在 0.01 ~ 0.04rad/m 之间；其中，谱的最大值在 0.88km 附近，与图 3.6 中该位置波浪的变化一致，对应的最大波数约为 0.013rad/m，与图 3.6 中的海浪波长符合较好。

图 3.14 是利用 Hanning 窗做短时傅里叶变换得到的时域–频域谱，其中 Hanning 窗的窗口宽度为 128，为了提高分辨率，相邻区域的重叠长度为 80。对于不同的距离，谱的峰值波数在 0.01 ~ 0.025rad/m 之间，其中最大值在 0.88km 和 1.48km 附近，对应的峰值波数都是 0.0125rad/m，也与海浪的实际波长相符合。

由图 3.13 和图 3.14 可以看出，对于同一种窗函数，窗口的宽度越大时，谱的频域分辨率越高（纵坐标），而时域分辨率越低（横坐标），即不能同时兼顾频域和时域的分辨

率。对于其他窗函数也可以得到相同的结论，在实际应用中要根据分析问题的需要选择合适的窗函数和窗口宽度。

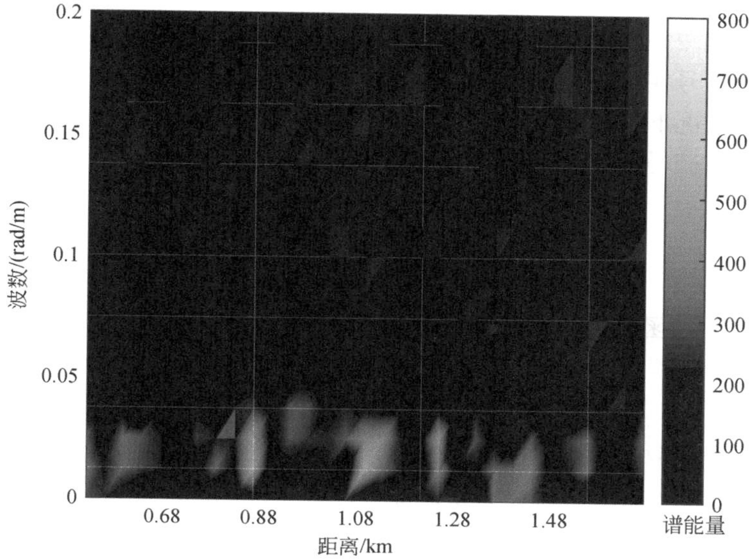

图 3. 13　利用 Hanning 窗对雷达回波数据作短时傅里叶变换的谱（窗口宽度为 32，相邻区域的重叠长度为 16）

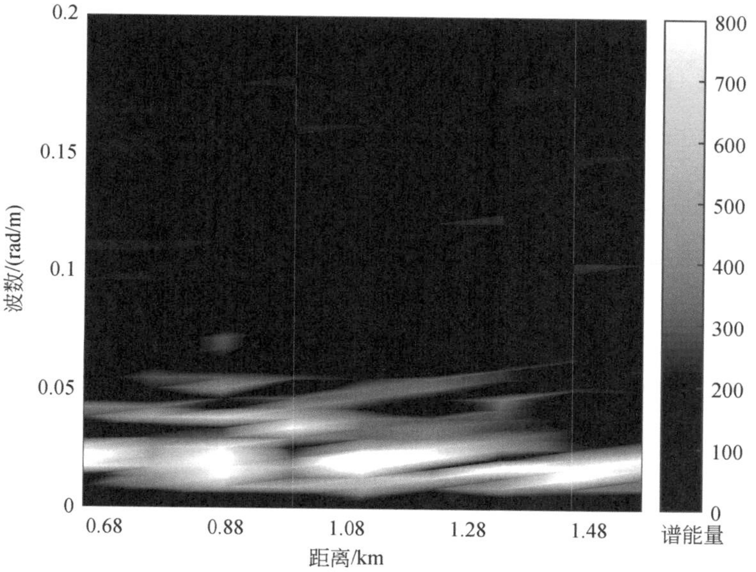

图 3. 14　利用 Hanning 窗对雷达回波数据作短时傅里叶变换的谱（窗口宽度为 128，相邻区域的重叠长度为 80）

第五节　小 波 变 换

傅里叶变换能较好地描述信号的频率特性，但是利用傅里叶变换研究信号的频域特性时，只能获得该信号在时域中的全部信息，不能获得信号在时频上的任何局部信息。在实际应用中，很多情况下需要局部范围内信号的特性，这是利用傅里叶变换无法获取的，而小波变换可以有效获得信号的时域和频域信息。

一、方法介绍

定义（基本小波函数）：设 $\psi(x)\in L^2(R)\cap L^1(R)$，且满足条件

$$C_\psi=\int_{-\infty}^{\infty}\frac{|\hat{\psi}(\omega)|^2}{|\omega|}\mathrm{d}\omega<+\infty \tag{3.27}$$

则称 $\psi(x)$ 为一个基本小波函数（简称小波），条件式（3.27）称为容许性条件。

由小波定义的容许性条件可知，必有 $\hat{\psi}(0)=0$，即 $\int_{-\infty}^{\infty}\psi(x)\mathrm{d}x=0$，从而小波函数至少具有一阶消失矩。下面介绍几种常用的小波函数。

1）Morlet 小波

时域形式：

$$\psi(x)=\mathrm{e}^{-\frac{x^2}{2}}\mathrm{e}^{\mathrm{i}\omega_0 x},\ \omega_0\geqslant 5$$

频域形式：

$$\hat{\psi}(\omega)=\sqrt{2\pi}\,\mathrm{e}^{-\frac{(\omega-\omega_0)^2}{2}}$$

Morlet 小波是一种复数小波，其时域和频域都具有很好的局部性，常用于复数信号的分解及时频分析中。但是 $\hat{\psi}(0)\neq 0$，即 Morlet 小波不满足容许性条件；当 $\omega_0\geqslant 5$ 时，$\hat{\psi}(0)\approx 0$，即近似满足容许性条件。

图 3.15 给出了 $\omega_0=5$ 时 Morlet 小波函数的实部。

2）Marr 小波

时域形式：

$$\psi(x)=-\frac{\mathrm{d}^2}{\mathrm{d}x^2}(\mathrm{e}^{-\frac{x^2}{2}})=(1-x^2)\mathrm{e}^{-\frac{x^2}{2}}$$

频域形式：

$$\hat{\psi}(\omega)=\sqrt{2\pi}\,\omega^2\mathrm{e}^{-\frac{\omega^2}{2}}$$

Marr 小波也称为墨西哥草帽小波，因为其函数的图像与墨西哥草帽相似（图 3.16）。Marr 小波是高斯函数的二阶导数，当 $\omega=0$ 时，$\hat{\psi}(\omega)$ 有二阶零点，在时域和频域有很好的局部性。

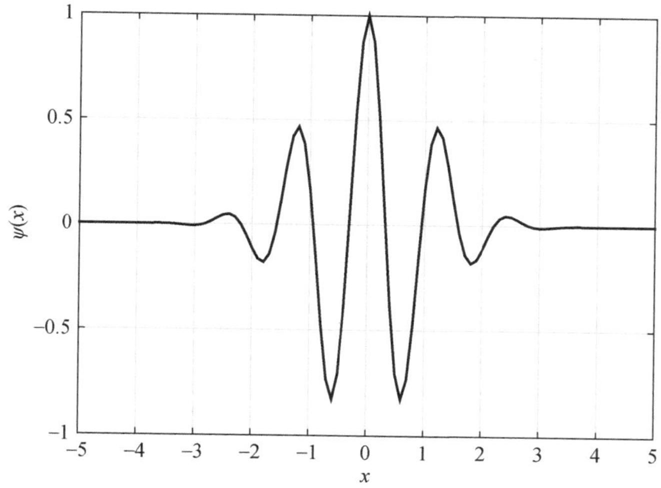

图 3.15　Morlet 小波函数的实部（$\omega_0=5$）

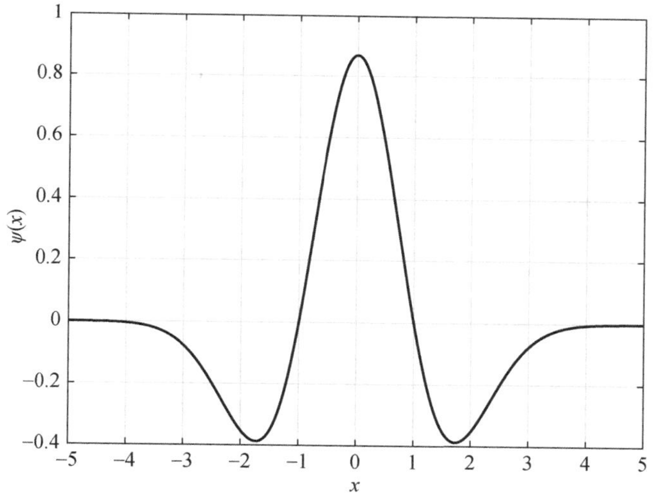

图 3.16　Marr 小波函数

3）DOG（difference of Gauss）小波

时域形式：

$$\psi(x)=e^{-\frac{x^2}{2}}-\frac{1}{2}e^{-\frac{x^2}{8}}$$

频域形式：

$$\hat{\psi}(\omega)=\sqrt{2\pi}\left(e^{-\frac{\omega^2}{2}}-e^{-2\omega^2}\right)$$

DOG 小波是两个尺度差一倍的高斯函数之差。在 $\omega=0$ 时，$\hat{\psi}(\omega)$有二阶零点，在时域和频域有很好的局部性。DOG 小波函数如图 3.17 所示。

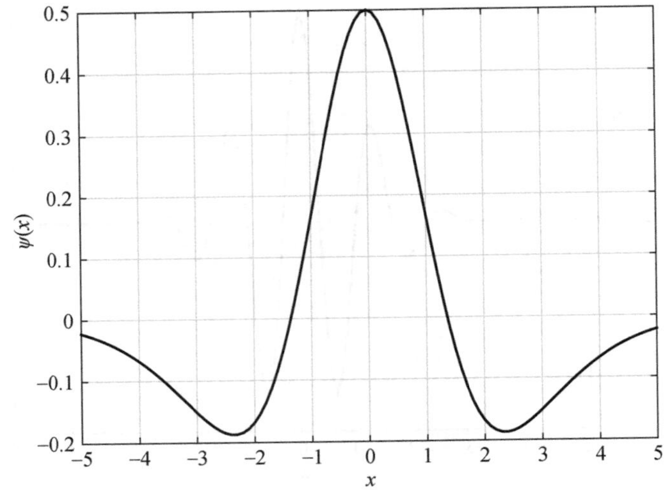

图 3.17　DOG 小波函数

将基本小波函数 $\psi(x)$ 的伸缩和平移记为

$$\psi_{ab}(x)=|a|^{-\frac{1}{2}}\psi\left(\frac{x-b}{a}\right),\ a,\ b\in R,\ a\neq 0 \tag{3.28}$$

式中，a 为基函数的尺度，反映了基本小波函数的伸缩情况；b 为基函数沿 x 轴的平移位置。

定义（连续小波变换）：对于任意函数 $f(x)\in L^2(R)$，其连续小波变换定义为

$$(W_\psi f)(a,\ b)=\langle f,\ \psi_{ab}\rangle=|a|^{-\frac{1}{2}}\int_{-\infty}^{\infty}f(x)\,\overline{\psi\left(\frac{x-b}{a}\right)}\,\mathrm{d}x \tag{3.29}$$

对连续小波变换定义的说明：

（1）连续小波变换是指 a 和 b 的取值是连续变化的；

（2）连续小波变换实际上是一种积分变换，所以也称为积分小波变换；

（3）定义中引入 $|a|^{-\frac{1}{2}}$ 的原因是标准化，使得对于任意 a 和 b，有 $\|\psi_{ab}\|_2=\|\psi\|_2$ 成立，如果假设 $\|\psi\|_2=1$，则 $|(W_\psi f)(a,\ b)|\leqslant\|f\|_2$。

下面讨论由 $f(x)$ 的连续小波变换来重构 $f(x)$。

定理：设 ψ 为一个基本小波，对于任意 $f,\ g\in L^2(R)$，有

$$\int_{-\infty}^{\infty}\int_{-\infty}^{\infty}\frac{1}{a^2}\left[(W_\psi f)(a,\ b)\,\overline{(W_\psi g)(a,\ b)}\right]\mathrm{d}a\mathrm{d}b=C_\psi\langle f,\ g\rangle \tag{3.30}$$

并且，对于任意 $f\in L^2(R)$ 的连续点 $x\in R$，有

$$f(x)=\frac{1}{C_\psi}\int_{-\infty}^{\infty}\int_{-\infty}^{\infty}\frac{1}{a^2}\left[(W_\psi f)(a,\ b)\right]\psi_{ab}(x)\,\mathrm{d}a\mathrm{d}b \tag{3.31}$$

事实上，式（3.30）与傅里叶变换中的 Parseval 恒等式相对应，表示信号的能量守恒关系；而式（3.31）与逆傅里叶变换相对应，表示如何从小波变换中得到原始信号。

在信号处理中，一般只考虑正频率（即 $a>0$）。此时，容许性条件要加上进一步的限

制，即：

$$\int_0^{\infty} \frac{|\hat{\psi}(\omega)|^2}{|\omega|} d\omega = \int_0^{\infty} \frac{|\hat{\psi}(-\omega)|^2}{|\omega|} d\omega = \frac{1}{2} C_{\psi} < +\infty \tag{3.32}$$

当只考虑正频率时，逆小波变换定理变为：设 ψ 为一个满足式（3.32）的基本小波函数，对于任意 f，$g \in L^2(R)$，有

$$\int_0^{\infty} \left[\int_{-\infty}^{\infty} (W_{\psi}f)(a,b) \overline{(W_{\psi}g)(a,b)} db \right] \frac{da}{a^2} = \frac{1}{2} C_{\psi} \langle f, g \rangle \tag{3.33}$$

并且，对于任意 $f \in L^2(R)$ 的连续点 $x \in R$，有

$$f(x) = \frac{2}{C_{\psi}} \int_0^{\infty} \left[\int_{-\infty}^{\infty} (W_{\psi}f)(a,b) \psi_{ab}(x) db \right] \frac{da}{a^2} \tag{3.34}$$

对一个信号，利用不同的小波函数做小波变换，可以得到不同的小波谱，它们可以反映信号的不同特征。在实际应用中，要根据信号的变化规律和分析的目的合理选择具体的小波函数。

二、应用举例

对信号做小波分析时，首先应该根据信号的特征选取合适的小波函数；然后，确定要划分的尺度，尺度越大，频率分辨率越高，但是计算时间也越长；再对数据做小波变换，结合小波谱的振幅和相位分析信号的时域及频域信息。

仍然以图 3.6 中海面的雷达回波数据为例，对其做连续小波变换。选取高斯小波为小波函数，尺度取为 1 ~ 16，小波谱的振幅和相位如图 3.18 和图 3.19 所示。由图 3.18 可知，小波谱的能量最大值出现在距离为 880m 附近，与图 3.6 中波浪的变化一致；对于不同距离，谱的峰值对应的尺度为 8 ~ 15，而根据图 3.19 可以看出，尺度为 8 ~ 15 的信号的相位变化与雷达回波的相位较接近。因此，从小波谱中也可以有效提取雷达回波中的海浪信息。

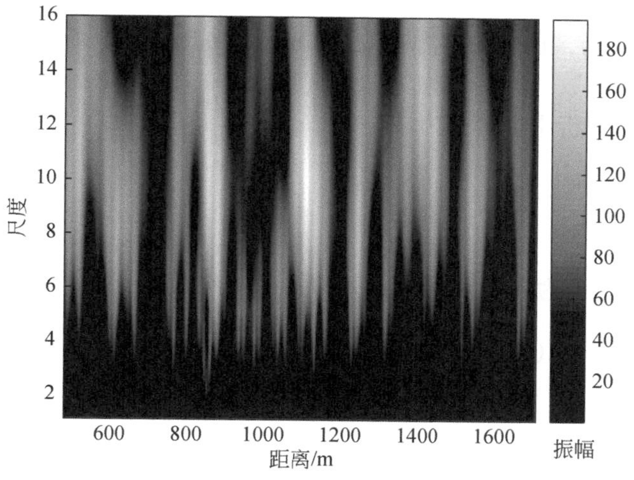

图 3.18　雷达回波数据的连续小波谱的振幅

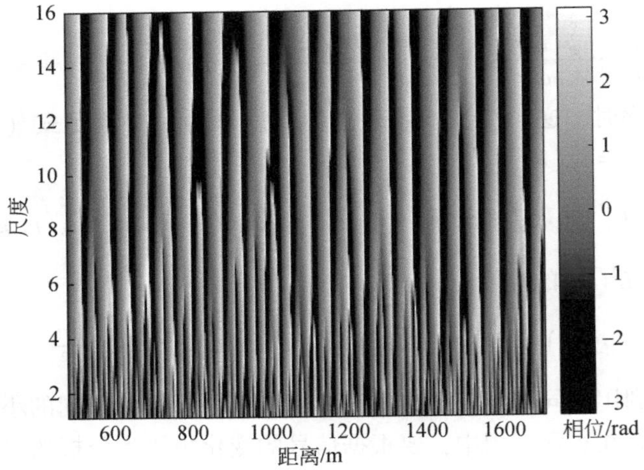

图 3. 19　雷达回波数据的连续小波谱的相位

比较图 3. 13、图 3. 14 与图 3. 18，可以看出与短时傅里叶变换相比，小波分析具有更高的时间（横坐标）和频率（纵坐标）分辨率，能够精确地显示出信号能量在时域和频域发生改变的位置，这对于提取信号的信息是非常有利的。但是，与傅里叶变换和短时傅里叶变换相比，小波函数不能获得定量的频率变化，而是与所选择的尺度大小有关。

第六节　调和分析方法

很多物理现象都是周期性的，如波动（海浪、声波、电磁波）、潮汐、交流电和机器的振动等。尽管难以得到这些现象的精确数学表达式，一般可以根据周期性将它们表示成一系列正弦函数项和余弦函数项之和，这种和即傅里叶级数，确定傅里叶级数的系数的过程就称为调和分析（harmonic analysis）。对于周期函数 $f(x)$ 的傅里叶级数，其中有一项的周期与 $f(x)$ 的周期相同，这一项称为基波（fundamental）；其他项的周期小于基波的周期，并且是基波的周期的因数，这些项称为谐波（harmonics）。这些术语来自傅里叶级数最早的应用之一——用于分析小提琴的声波。

一、方法介绍

如果函数 $f(x)$ 以 $2L$ 为周期，则 $f(x)$ 可以展开为级数：

$$f(x) = a_0 + \sum_{k=1}^{\infty}\left(a_k\cos\frac{k\pi x}{L} + b_k\sin\frac{k\pi x}{L}\right) \tag{3.35}$$

其中，系数为

$$\begin{cases} a_0 = \dfrac{1}{2L}\displaystyle\int_{-L}^{L} f(x)\,\mathrm{d}x \\ a_k = \dfrac{1}{L}\displaystyle\int_{-L}^{L} f(x)\cos\dfrac{k\pi x}{L}\mathrm{d}x \quad (k=1,2,\cdots) \\ b_k = \dfrac{1}{L}\displaystyle\int_{-L}^{L} f(x)\sin\dfrac{k\pi x}{L}\mathrm{d}x \quad (k=1,2,\cdots) \end{cases} \tag{3.36}$$

式（3.35）称为周期函数$f(x)$的傅里叶级数展开式，其中的展开系数［式（3.36）］称为傅里叶系数。

对于一般的非周期函数，可以推广傅里叶级数得到傅里叶积分定理。

定理（傅里叶积分）：如果函数$f(x)$在区间（$-\infty$，∞）上满足以下条件：

（1）$f(x)$在任一有限区间上满足 Dirichlet 条件；

（2）$f(x)$在（$-\infty$，∞）上绝对可积，即$\int_{-\infty}^{\infty}|f(x)|\mathrm{d}x$收敛。

则$f(x)$可以表示成傅里叶积分，即：

$$f(x) = \int_0^{\infty} A(\omega)\cos(\omega x)\mathrm{d}\omega + \int_0^{\infty} B(\omega)\sin(\omega x)\mathrm{d}\omega \tag{3.37}$$

其中，

$$\begin{cases} A(\omega) = \dfrac{1}{\pi}\displaystyle\int_{-\infty}^{\infty} f(x)\cos(\omega x)\mathrm{d}x \\ B(\omega) = \dfrac{1}{\pi}\displaystyle\int_{-\infty}^{\infty} f(x)\sin(\omega x)\mathrm{d}x \end{cases} \tag{3.38}$$

式（3.37）称为非周期函数$f(x)$的傅里叶积分表达式，式（3.38）称为$f(x)$的傅里叶变换式。

在海洋科学研究中，调和分析被广泛应用于分析潮汐和潮流数据，如从验潮站观测的潮位或者卫星高度计观测的海面高度中提取潮汐的调和常数。下面对潮汐的调和分析方法作简单介绍。

由于潮汐是周期性变化的，可以利用傅里叶级数将观测的潮位或者海面高度$h(t)$表示为

$$h(t) = S_0 + \sum_{m=1}^{M} H_m f_m \cos(\sigma_m t + u_m - \theta_m) \tag{3.39}$$

其中

$$\theta_m = g_m - v_{0m} \tag{3.40}$$

式中，H_m和g_m为分潮调和常数，下标m为分潮的序号；v_{0m}为零时格林尼治天文相角；σ_m为分潮角频率；S_0为多年平均海平面；f_m为交点因子；u_m为交点订正角。

式（3.39）可以表示为

$$h(t) = S_0 + \sum_{m=1}^{M} x_m f_m \cos(\sigma_m t + u_m) + \sum_{m=1}^{M} y_m f_m \sin(\sigma_m t + u_m) \tag{3.41}$$

其中

$$x_m = H_m\cos\theta_m,\ y_m = H_m\sin\theta_m \tag{3.42}$$

对于由N个数据组成的时间序列，由式（3.40）构成一个包含N个方程、$2M$个未知

数的方程组。一般 $N \gg M$，所以可以用最小二乘法求解该方程组，解出每个分潮的 x_m 和 y_m，再根据式（3.40）和式（3.42）确定调和常数 H_m 和 g_m。

在用最小二乘法确定调和常数时，精确给定天文相角是非常重要的。天文相角由下式给出：

$$\begin{cases} \tau = 15°t - s + h' \\ s = 277.02° + 129.3848°(Y-1900) + 13.1764°\left(n+i+\dfrac{t}{24}\right) \\ h' = 280.19° - 0.2387°(Y-1900) + 0.9857°\left(n+i+\dfrac{t}{24}\right) \\ p = 334.39° + 40.6625°(Y-1900) + 0.1114°\left(n+i+\dfrac{t}{24}\right) \\ N' = 100.84° + 19.3282°(Y-1900) + 0.053°\left(n+i+\dfrac{t}{24}\right) \\ p' = 281.22° + 0.0172°(Y-1900) + 0.00005°\left(n+i+\dfrac{t}{24}\right) \end{cases} \tag{3.43}$$

式中，i 为从 1900 年起的闰年数；Y 为零时的年份；n 为从当年 1 月 1 日零时算起的日期数；t 为零时所在日的小时数。

根据式（3.43）确定的常数，可以确定天文相角为

$$v = \mu_1\tau + \mu_2 s + \mu_3 h' + \mu_4 p + \mu_5 N' + \mu_6 p' + \mu_0 \frac{\pi}{2}$$

式中，$\mu_0 \sim \mu_6$ 是各分潮的杜德森（Doodson）数。

二、应用举例

1）利用雷达高度计测量的海面高度做潮汐调和分析

卫星雷达高度计可以获取全球的海面高度，自二十世纪九十年代以来，已经获得了长期的海面高度数据。由于卫星观测的范围大，高度计的观测可以有效弥补验潮站数据稀疏的不足。利用调和分析方法，根据海面高度可以获得潮汐的调和常数。例如，利用 10 年的 TOPEX/POSEIDON 卫星高度计海面高度数据可以估计近海的浅水分潮，图 3.20 是渤海和黄海 MS4 分潮的调和常数，与附近验潮站的观测较为一致（何宜军等，2002）。

2）利用导航 X 波段雷达观测的海面波高做潮汐调和分析

在近岸海区，海底地形复杂，海面风场、潮汐和潮流等因素都影响海浪的波高变化。导航 X 波段雷达具有较高的时间分辨率（约几分钟），并且可以进行长期连续观测，获取长时间序列的海浪波高，所以有可能从波高的变化中提取潮汐的调和常数信息。图 3.21（a）是导航 X 波段雷达在东海观测的一段时间的有效波高变化，可以看出它具有明显的周期性。为了提取时间序列的周期，利用本章第一节的功率谱分析方法对图 3.21（a）中的数据做傅里叶谱分析，结果如图 3.21（b）。可以看出谱中主要有两个峰值频率：0.007h^{-1} 和 0.083h^{-1}（对应的周期约为 144h 和 12h）。其中，144h 的周期性主要受当地海面风场的影响（通过与气象站观测的风速作比较证明），而 12h 的周期性主要受半日潮的影响；另外，

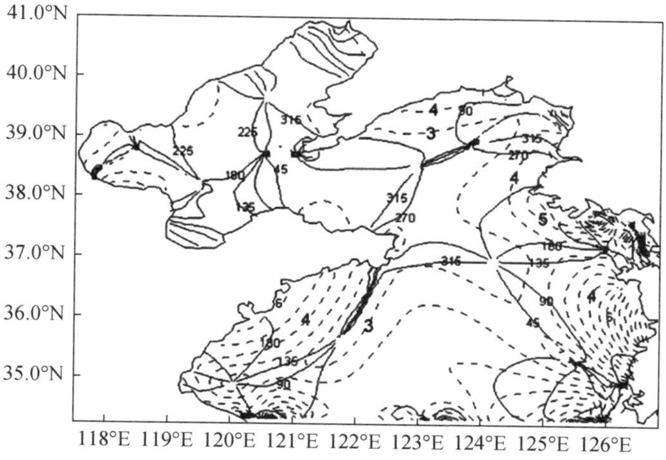

图 3.20　利用卫星高度计数据计算的渤海和黄海 MS4 分潮的调和常数

虚线是振幅（cm）、实线是迟角（°）

根据图中的虚线也可以看出在 K_1 和 M_4 分潮的频率附近谱值较大。

利用调和分析方法处理导航 X 波段雷达观测的海浪波高变化的时间序列，利用导航 X 波段潮汐的主要分量的调和常数，如图 3.22 所示。可以看出，利用导航 X 波段雷达观测的波高提取的调和常数估算的潮位变化［图 3.22（b）］与潮汐数值模型预报的观测海区的潮位变化［图 3.22（a）］较为一致。

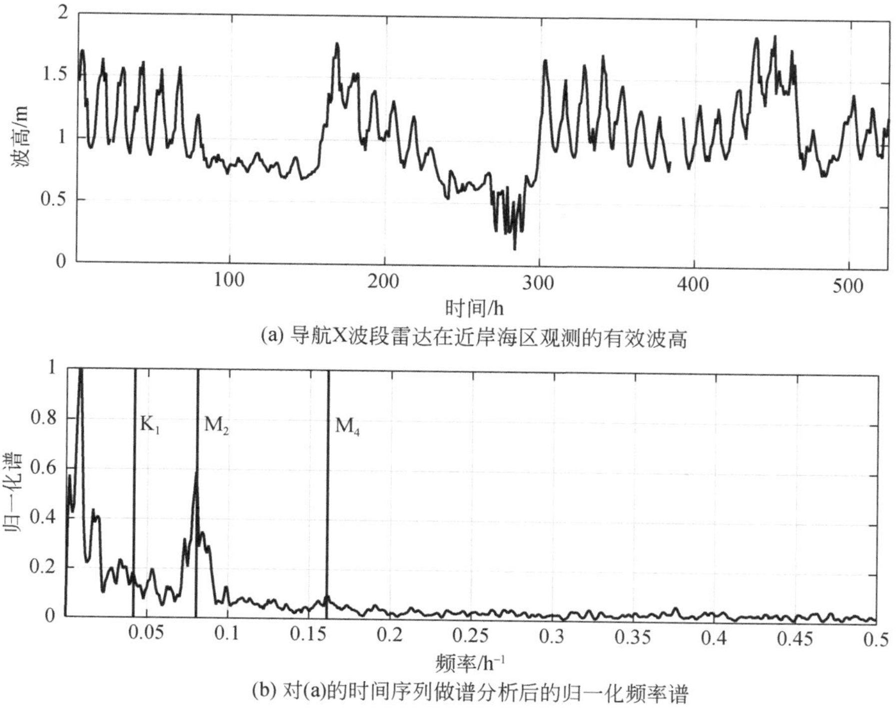

图 3.21　导航 X 波段雷达在近岸海区观测的有效波高及对其时间序列做谱分析后的归一化频率谱

竖线标出了 K1、M2 和 M4 分潮的频率

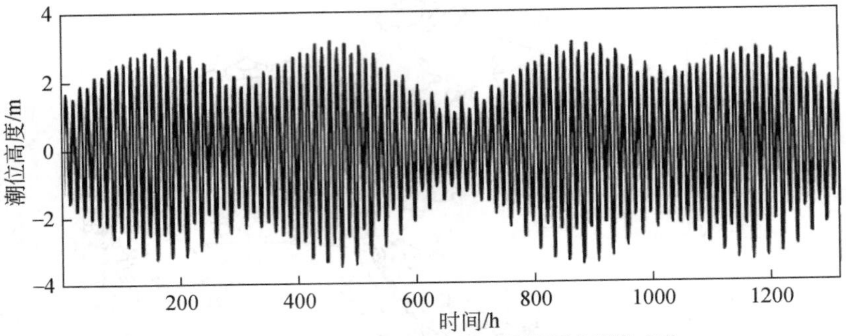

(a) 潮汐数值模型预报的观测海区的潮位变化

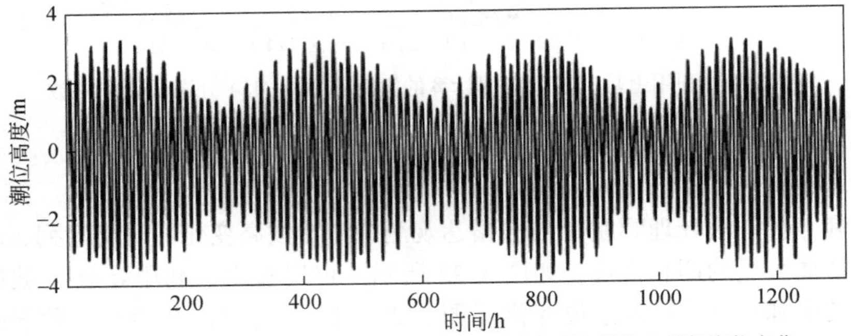

(b) 利用导航X波段雷达观测的波高提取的调和常数估算的潮位变化

图 3.22　潮汐数值模型预报的观测海区的潮位变化及利用导航 X 波段雷达观测的波高提取的调和常数估算的潮位变化

第七节　希尔伯特变换

希尔伯特（Hilbert）变换是信号处理领域中的重要变换之一，是构造解析信号的重要方法。与傅里叶变换相比，Hilbert 变换不仅能获得信号的谱随频率的变化，而且能看出频率谱随时间的变化情况，即能同时获得信号的时域和频域信息。

一、方法介绍

定义（Hilbert 变换）：信号 $g(t)$ 的希尔伯特（Hilbert）变换为

$$\mathcal{H}[g(t)] = g(t) * \frac{1}{\pi t} = \frac{1}{\pi}\int_{-\infty}^{\infty} \frac{g(\tau)}{t-\tau}\mathrm{d}\tau = \frac{1}{\pi}\int_{-\infty}^{\infty} \frac{g(t-\tau)}{\tau}\mathrm{d}\tau \tag{3.44}$$

根据定义可知，信号 $g(t)$ 的希尔伯特变换是 $g(t)$ 与信号 $1/\pi t$ 的卷积，即冲激响应为 $1/\pi t$ 的线性时不变滤波器（称为 Hilbert 变换器）对 $g(t)$ 的响应。Hilbert 变换 $\mathcal{H}[g(t)]$ 通常表示为 $\hat{g}(t)$ 或者 $[g(t)]^{\wedge}$。

式（3.44）表明 Hilbert 变换的定义存在问题，即：被积函数存在一个奇异点（$t=\tau$ 或 $\tau=0$），而积分区间是无穷大。事实上，当式（3.44）的 Cauchy 主值积分存在时，

Hilbert 变换被定义为式（3.44）的 Cauchy 主值积分。对于式（3.44）中的第一个积分，Cauchy 主值积分定义为

$$\mathcal{H}[g(t)]=\frac{1}{\pi}\lim_{\epsilon\to 0}\left(\int_{t-1/\epsilon}^{t-\epsilon}\frac{g(\tau)}{t-\tau}\mathrm{d}\tau+\int_{t+\epsilon}^{t+1/\epsilon}\frac{g(\tau)}{t-\tau}\mathrm{d}\tau\right) \tag{3.45}$$

可以看出，通过考虑一个排除奇异点的对称的有限区间，可以获得 Cauchy 主值积分。在下面的讨论中，类似于式（3.44）的积分均指其 Cauchy 主值积分，只要其 Cauchy 主值积分存在。

1. Hilbert 变换的基本性质

根据 Hilbert 变换的定义可以得到它的一些性质。显然，时域信号 $g(t)$ 的 Hilbert 变换是一个时域信号 $\hat{g}(t)$。如果 $g(t)$ 是实值信号，则 $\hat{g}(t)$ 也是实值信号。

（1）线性性质。Hilbert 变换是线性变换，设 a_1 和 a_2 是任意（复数）标量，$g_1(t)$ 和 $g_2(t)$ 是两个信号，则：

$$[a_1g_1(t)+a_2g_2(t)]^{\wedge}=a_1\hat{g}_1(t)+a_2\hat{g}_2(t) \tag{3.46}$$

根据式（3.46）可知，Hilbert 变换是一个线性系统的输出。

（2）常数信号的 Hilbert 变换。对于任意常数 c，常数信号 $g(t)=c$ 的 Hilbert 变换是

$$\hat{g}(t)=\hat{c}=0$$

再根据线性性质可得

$$\mathcal{H}[g(t)+c]=\hat{g}(t)+\hat{c}=\hat{g}(t)$$

因此，与理想的微分器类似，Hilbert 变换“损失”了直流偏移量。

（3）时移和时间扩展性质。假设 $g(t)$ 的 Hilbert 变换是 $\hat{g}(t)$，则 $g(t-t_0)$ 的 Hilbert 变换是 $\hat{g}(t-t_0)$，并且 $g(at)$ 的 Hilbert 变换为 $\mathrm{sgn}(a)\hat{g}(at)\,(a\neq 0)$，其中，

$$\mathrm{sgn}(x)=\begin{cases}1, & x>0\\ 0, & x=0\\ -1, & x<0\end{cases}$$

（4）卷积。Hilbert 变换关于卷积有良好的性质，即 $[g_1(t)*g_2(t)]^{\wedge}=\hat{g}_1(t)*g_2(t)=g_1(t)\hat{g}_2(t)$，这一关系可以利用卷积的组合和交换性质来证明：

$$[g_1(t)*g_2(t)]*\frac{1}{\pi t}=\left[g_1(t)*\frac{1}{\pi t}\right]*g_2(t)=g_1(t)*\left[g_2(t)*\frac{1}{\pi t}\right]$$

（5）时间导数。一个信号的导数的 Hilbert 变换是其 Hilbert 变换的导数，即：

$$\mathcal{H}\left[\frac{\mathrm{d}}{\mathrm{d}t}g(t)\right]=\frac{\mathrm{d}}{\mathrm{d}t}\mathcal{H}[g(t)]$$

证明：

根据 Leibniz 积分法则

$$\frac{\mathrm{d}}{\mathrm{d}c}\int_{a(c)}^{b(c)}f(x,c)\mathrm{d}x=\int_{a(c)}^{b(c)}\frac{\partial}{\partial c}f(x,c)\mathrm{d}x+f(b,c)\frac{\mathrm{d}}{\mathrm{d}c}b(c)-f(a,c)\frac{\mathrm{d}}{\mathrm{d}c}a(c)$$

特别地，如果 a 和 b 与 c 无关，则

$$\frac{\mathrm{d}}{\mathrm{d}c}\int_a^b f(x,\ c)\,\mathrm{d}x = \int_a^b \frac{\partial}{\partial c}f(x,\ c)\,\mathrm{d}x$$

所以

$$\frac{\mathrm{d}}{\mathrm{d}t}\mathcal{H}[g(t)] = \frac{1}{\pi}\frac{\mathrm{d}}{\mathrm{d}t}\int_{-\infty}^{\infty}\frac{g(t-\tau)}{\tau}\mathrm{d}\tau = \frac{1}{\pi}\frac{\mathrm{d}}{\mathrm{d}t}\int_{-\infty}^{\infty}\frac{g'(t-\tau)}{\tau}\mathrm{d}\tau = \mathcal{H}[g'(t)]$$

其中

$$g'(t)=\frac{\mathrm{d}}{\mathrm{d}t}g(t)$$

2. Hilbert 变换与傅里叶变换的关系

（1）信号 $1/\pi t$ 的傅里叶变换为 $-j\mathrm{sgn}(f)$，如果 $g(t)$ 的傅里叶变换为 $G(f)$，则根据傅里叶变换的卷积性质，$\hat{g}(t)$ 的傅里叶变换为

$$\hat{G}(f) = -j\mathrm{sgn}(f)G(f)$$

因此，Hilbert 变换在频域比在时域更容易理解：Hilbert 变换不改变 $G(f)$ 的振幅，只改变相位。正频率的傅里叶变换值被乘以 $-j$（相当于相位变化 $-\pi/2$），而负频率的傅里叶变换值被乘以 j（相当于相位变化 $\pi/2$）。

（2）能量谱密度。假设 $g(t)$ 是一个能量信号，由于 $|\hat{G}(f)| = |G(f)|$，$\hat{G}(f)$ 和 $G(f)$ 的谱密度相同。因此，如果 $G(f)$ 的频带限制为 BHz，则 $\hat{G}(f)$ 的频带宽度也是 BHz；还可以看出，$\hat{g}(t)$ 的能量与 $g(t)$ 相同。

（3）对称性质。如果 $g(t)$ 是实值，那么 $G(f)$ 是 Hermite 对称的，即 $G(-f)=G^*(f)$，则有

$$\hat{G}(-f) = -j\mathrm{sgn}(-f)G(-f) = [-j\mathrm{sgn}(f)G(f)]^* = \hat{G}(f)^*$$

所以 $\hat{G}(f)$ 也是 Hermite 对称的。

（4）正交性。如果 $g(t)$ 是实值能量信号，则 $g(t)$ 与 $\hat{g}(t)$ 正交。

证明：

$$\langle g(t),\ \hat{g}(t)\rangle = \int_{-\infty}^{\infty} g(t)\hat{g}^*(t)\,\mathrm{d}t = \int_{-\infty}^{\infty} G(f)\hat{G}^*(f)\,\mathrm{d}f = \int_{-\infty}^{\infty} G(f)[-j\mathrm{sgn}(f)G(f)]^*\,\mathrm{d}f$$

$$= \int_{-\infty}^{\infty} j\,|G(f)|^2\mathrm{sgn}(f)\,\mathrm{d}f = 0$$

其中用到以下性质，由于 $|G(f)|^2$ 是关于 f 的偶函数，$|G(f)|^2\mathrm{sgn}(f)$ 是关于 f 的奇函数，所以上面的积分值为 0。

（5）低通高通乘积。设信号 $g(t)$ 和 $h(t)$ 的傅里叶变换满足以下条件：当 $|f|\geqslant W$ 时，$G(f)=0$；当 $|f|<W$ 时，$H(f)=0\ (W>0)$，则

$$\mathcal{H}[g(t)h(t)] = g(t)\hat{h}(t)$$

即当计算一个低通信号与一个高通信号之积的 Hilbert 变换时，只需要对高通信号做变换。

一种重要的特殊情况是正交幅度调制。假设 $m_{\mathrm{I}}(t)$ 和 $m_{\mathrm{Q}}(t)$ 的带宽都限制为 WHz，则如果 $f_c>W$，有

$$\mathcal{H}[m_I(t)\cos(2\pi f_c t)+m_Q(t)\sin(2\pi f_c t)]=m_I(t)\sin(2\pi f_c t)-m_Q(t)\cos(2\pi f_c t)$$

（6）振幅调制信号。一般的振幅调制信号的 Hilbert 变换为

$$\mathcal{H}[g(t)\cos(2\pi f_c t+\theta)]=\left[g(t)*\frac{\cos(2\pi f_c t)}{\pi t}\right]\cos(2\pi f_c t+\theta)+\left[g(t)*\frac{\sin(2\pi f_c t)}{\pi t}\right]\sin(2\pi f_c t+\theta)$$

（7）逆 Hilbert 变换。根据前面的讨论可知：

$$[\hat{G}(f)]^{\wedge}=[-j\text{sgn}(f)]^2G(f)=-\text{sgn}^2(f)G(f)$$

除了在 $f=0$ 点，$\text{sgn}^2(f)=1$。因此，除非 $G(f)$ 在 $f=0$ 处有某种奇异点（如 δ 函数），我们可得到

$$\mathcal{H}[\mathcal{H}[g(t)]]=-g(t)$$

在 $f=0$ 的 δ 函数相当于一个非零的直流偏移量，其 Hilbert 变换值为 0。

因此，假设 $g(t)$ 的平均值为 0，我们可以从 $\hat{g}(t)$ 恢复信号 $g(t)$：逆 Hilbert 变换是对信号的 Hilbert 变换再次做 Hilbert 变换，并取其负值，即：

$$g(t)=-\mathcal{H}[\hat{g}(t)]=-\hat{g}(t)*\frac{1}{\pi t}$$

一般地，对于常数 c，有

$$g(t)=-\mathcal{H}[\hat{g}(t)]=-\hat{g}(t)*\frac{1}{\pi t}+c$$

零均值信号 $g(t)$ 和 $\hat{g}(t)$ 一般称为 Hilbert 变换对。对于每个 Hilbert 变换对，$\hat{g}(t)$ 和 $g(t)$ 构成一个对偶对，表 3.1 列出了常用的几种 Hilbert 变换对。

表 3.1　常用的几种 Hilbert 变换对

$g(t)$	$\hat{g}(t)$
$a_1g_1(t)+a_2g_2(t)$，a_1，$a_2\in C$	$a_1\hat{g}_1(t)+a_2\hat{g}_2(t)$
$h(t-t_0)$	$\hat{h}(t-t_0)$
$h(at)$，$a\neq 0$	$\text{sgn}(a)\hat{h}(at)$
$\frac{\mathrm{d}}{\mathrm{d}t}h(t)$	$\frac{\mathrm{d}}{\mathrm{d}t}\hat{h}(t)$
$\delta(t)$	$\frac{1}{\pi t}$
e^{jt}	$-je^{jt}$
e^{-jt}	je^{-jt}
$\cos(t)$	$\sin(t)$
$\text{rect}(t)$	$\frac{1}{\pi}\ln\left\|\frac{2t+1}{2t-1}\right\|$

续表

$g(t)$	$\hat{g}(t)$
$\operatorname{sinc}(t)$	$\frac{\pi t}{2}\operatorname{sinc}^2\left(\frac{t}{2}\right)=\sin\left(\frac{\pi t}{2}\right)\operatorname{sinc}\left(\frac{t}{2}\right)$
$\frac{1}{1+t^2}$	$\frac{t}{1+t^2}$

3. Hilbert 变换的振幅和相位

如果信号 $g(t)$ 为窄谱信号（即能量集中在狭窄的频带内），可以定义信号的振幅（包络）函数 $a(t)$ 和相位函数 $\varphi(t)$ 为

$$a(t)=\sqrt{g^2(t)+\hat{g}^2(t)}$$

和

$$\varphi(t)=\arctan\left[\frac{\hat{g}(t)}{g(t)}\right]$$

根据相位可以计算信号 $g(t)$ 的瞬时频率：

$$\omega(t)=\frac{\mathrm{d}\varphi(t)}{\mathrm{d}t}\approx\frac{\varphi(t+\Delta t)-\varphi(t)}{\Delta t}$$

因此，信号的局部振幅 $a(t)$ 和频率 $\omega(t)$ 都是时刻 t 的函数，这样就构成一个二维函数 $a(\omega,t)$，此函数称为信号的 Hilbert 谱。需要指出的是，由于瞬时频率的定义目前仍存在争议，根据不同的定义方式，Hilbert 谱不是唯一的。

二、应用举例

在海洋数据处理中，Hilbert 变换可以用于提取海浪的参数，例如在研究波群时根据记录的海面高度的时间序列提取波浪的包络线，进一步通过谱分析得到波群的参数，下面以导航 X 波段雷达观测的海面回波数据为例来说明。

图 3.23 中的虚线是雷达回波的归一化灰度值随距离的变化，可以看出海浪的周期变化明显，并且具有波群的特征（如距离 0.3～1km、1～1.6km、1.8～2.5km 处的海面变化）。对雷达回波序列做 Hilbert 变换，利用变换值的振幅获得信号的包络线，如图 3.23 中的实线所示，可以看出上、下两条包络线完全覆盖了原始信号，并且包络中可以明显地看出几个波群的分布。

然后，对 Hilbert 变换的振幅值做功率谱分析，得到雷达回波信号的功率谱如图 3.24 所示（为了减小噪声的影响，图中对谱做了相邻三点滑动平均）。与图 3.7 中的功率谱相似，Hilbert 变换的振幅的功率谱也反映了海浪的空间变化，谱中有两个峰值，即峰值波数 $k=0.00156\mathrm{m}^{-1}$ 和 $k=0.0115\mathrm{m}^{-1}$，其中第一个峰值对应的波长为 640m，与图 3.23 中波群的长度基本一致，所以该峰值表示波群的变化；第二个峰值对应的波长为 87.3m，是海面的重力波造成的，也与图 3.23 中海浪的变化一致。因此，利用 Hilbert 变换可以有效提取海浪和波群的信息。

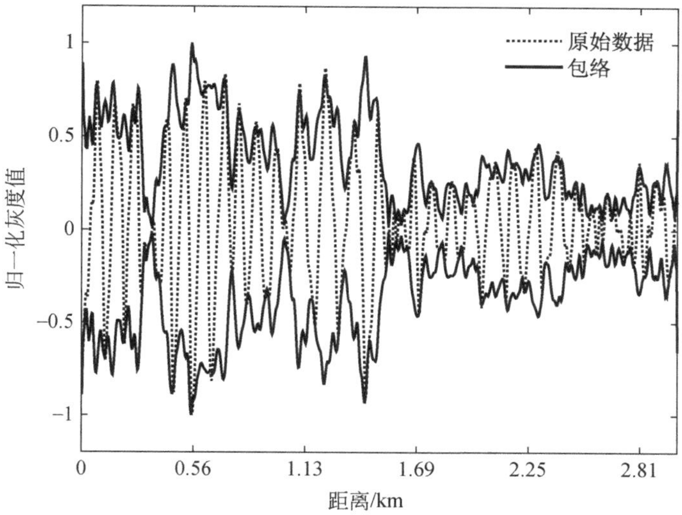

图 3.23　雷达回波信号（虚线）及利用 Hilbert 变换提取的包络线（实线）

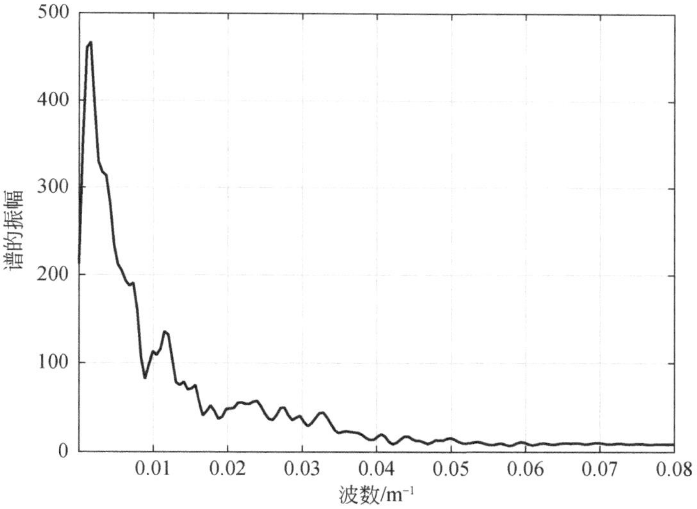

图 3.24　利用 Hilbert 变换的振幅估算的雷达回波功率谱

第八节　经验模态分解

经验模态分解（empirical mode decomposition，EMD）是由 Norden E. Huang（黄锷）教授提出的一种非平稳信号的分析方法，在此基础上建立的 Hilbert-Huang 变换在海洋科学和工程领域得到了广泛的应用。

在经验模态分解提出之前，Hilbert 变换就已经应用于信号处理领域，它在处理单分量信号或窄带信号时定义的瞬时频率具有明确的物理意义，并且能识别信号的能量在时域和频域的变化。但是，Hilbert 变换对一般的非平稳信号不适用，而这是实际问题中经常遇到的情况。为了解决这一问题，Huang 提出了 EMD 算法，将非平稳信号转化为平稳信号，从而可以利用 Hilbert 变换作分析。Hilbert-Huang 变换的基本步骤是：首先利用经验模态分解将信号分解为不同的固有模态函数（intrinsic mode function，IMF）；然后对每个 IMF 做 Hilbert 变换，得到每个 IMF 的 Hilbert 谱；再由所有 IMF 的谱得到总的 Hilbert 谱，从而获得原始信号的能量在时域和频域的变化。由于 Hilbert 变换已经在本章第七节做了详细介绍，本节仅介绍经验模态分解方法。

一、方法介绍

经验模态分解的基本思想是认为任何信号都是由一些相互不同的、简单的固有模态函数构成，每个固有模态函数分量可以是线性的或者非线性的，但是需要满足以下两个条件：

（1）极值（包括极大值和极小值）的个数和跨零点（包括上跨零点和下跨零点）的个数相等或者仅相差 1；

（2）对于任意时刻，信号的上下包络线的平均值为 0。

经过一系列筛选步骤，将信号分解为符合以上两个条件的固有模态函数，这样就将非平稳信号分解为若干单一模态信号，从而可以利用 Hilbert 变换获得信号的瞬时频率和 Hilbert 谱。

设 $g(t)$ 是一观测信号，经验模态分解的具体步骤如下。

步骤 1：找出原始信号 $g(t)$ 所有的极大值点和极小值点。

步骤 2：用三次样条函数连接所有的极大值点，形成信号的上包络线 $e_u(t)$；同样用三次样条函数连接所有极小值点，形成信号的下包络线 $e_b(t)$。

步骤 3：计算上、下包络线的平均值 $m(t)=[e_u(t)+e_b(t)]/2$。

步骤 4：将原始信号减去平均包络信号，得到一个新的序列 $h(t)=g(t)-m(t)$。

步骤 5：检验 $h(t)$ 是否符合 IMF 的两个条件，如果不符合条件，对 $h(t)$ 重复步骤 1～步骤 4；如果符合条件，将其作为一个 IMF 模态，并转至步骤 6。

步骤 6：将原始信号减去刚分解的 IMF 模态，得到一个新的序列 $r(t)=g(t)-h(t)$，判断该序列是否单调变化，如果是单调，则信号的分解结束；如果不是单调变化，将新序列 $r(t)$ 作为原始信号，重复步骤 1～步骤 6。如此重复，直至最后一个序列 $r(t)$ 不能被分解。

步骤 7：原始信号被分解为这些 IMF 模态和一个均值或趋势的和，即

$$g(t)=\sum_{i=1}^{n} h_i(t)+r(t) \tag{3.47}$$

式中，n 为信号被分解的模态的个数；$h_i(t)$ 为第 i 个 IMF 模态；$r(t)$ 为残余分量。

根据以上步骤，信号的经验模态分解的流程图如图 3.25 所示。

在应用以上方法对信号做经验模态分解时，还有一些需要注意的问题，主要包括筛选过程结束的判别标准、IMF 分量的完备性与正交性、利用样条函数插值时端点的发散等。

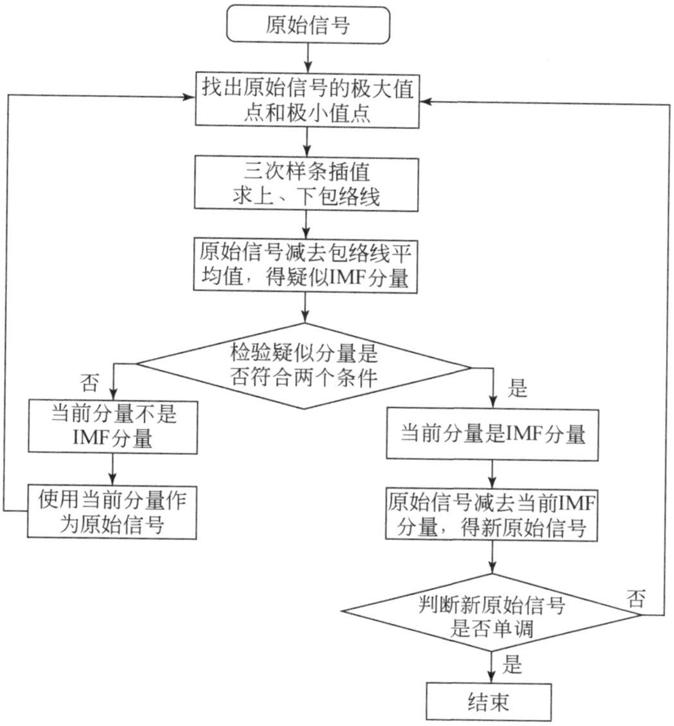

图 3.25 信号的经验模态分解的流程图

（1）筛选过程结束的判别标准。

Huang 等（1998）最初考虑到要使 $h(t)$ 足够接近 IMF 的要求，并且要控制筛选的次数使得分解的 IMF 分量保留原始信号中的幅值调制信息，所以给出了基于标准偏差的筛选标准：

$$SD = \sum_{t=0}^{T}\left[\frac{|h_{i-1}(t) - h_i(t)|^2}{|h_{i-1}(t)|^2}\right] \tag{3.48}$$

式中，$h_i(t)$ 为第 i 次筛选后的序列。通常当 SD 的取值在 0.2 ~ 0.3 时，筛选过程结束。

式（3.48）的判别标准非常严格，在实际应用中不易控制，因此 Norden E. Huang 又给出了较为宽松的判别标准：经过筛选得到的波形中极值点的数目与跨零点的数目至多相差 1 的次数在 3 ~ 5 次。

（2）IMF 分量的完备性与正交性。

对于完备性来说，式（3.47）中所有 IMF 分量与残余分量 $r(t)$ 所合成的信号与原始信号的误差很小；对于 IMF 分量之间的正交性，并没有得到理论上的证明，而且由于 EMD 方法的近似性，泄漏（leakage）问题是难以避免的，但是泄漏概率应该是非常小的。

（3）利用样条函数插值时端点的发散。

在构造信号的包络时，使用三次样条函数，但是三次样条函数在数据序列的两端会发散，并且发散的结果会随着筛选过程的不断进行逐渐污染整个序列，从而使所得结果严重失真。对于较长的时间序列来说，可以根据极值点的情况不断抛弃两端的数据来保证所得包络的失真最小；对于短时间序列，这种操作不可行。

二、应用举例

为了说明经验模态分解的作用，选取图 3.6 中的雷达回波数据，对其做经验模态分解，如图 3.26 所示。对该组雷达回波数据，共得到 10 个 IMF，图中只显示了其中的一部分。可以看出，第 1 固有模态函数（IMF 1）主要是原始信号中的高频分量，其振幅主要在−20～20 之间，波长在几米至十几米；第 2 固有模态函数（IMF 2）的振幅和波长增大；第 3 固有模态函数（IMF 3）的波长继续增大，曲线变得较为平滑；第 5 固有模态函数（IMF 5）的波长更大，但是振幅减小，并且两端的振幅较大、中间的振幅较小，这可能是使用三次样条函数插值时在两端发生发散造成的；第 7 固有模态函数（IMF 7）及之后的固有模态函数基本不包含雷达回波的信息；余量（residual）的振幅为−5～5，远小于雷达回波的振幅，这说明经验模态分解的结果是合理的。进一步，可以结合 Hilbert 变换获得各个固有模态函数的谱分布，从而获得信号的频域信息。

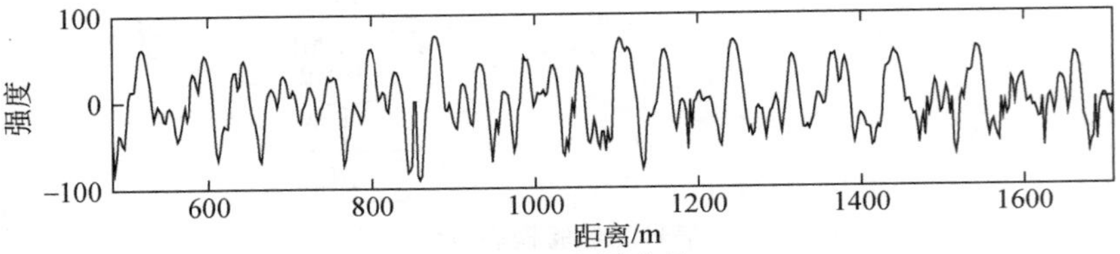

(a) 原始信号

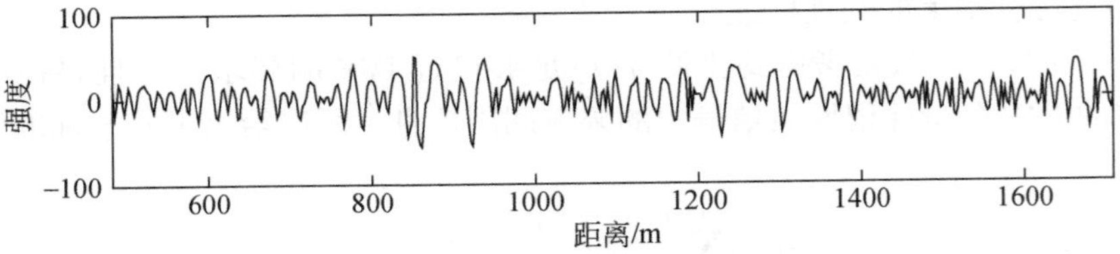

(b) 第1固有模态函数

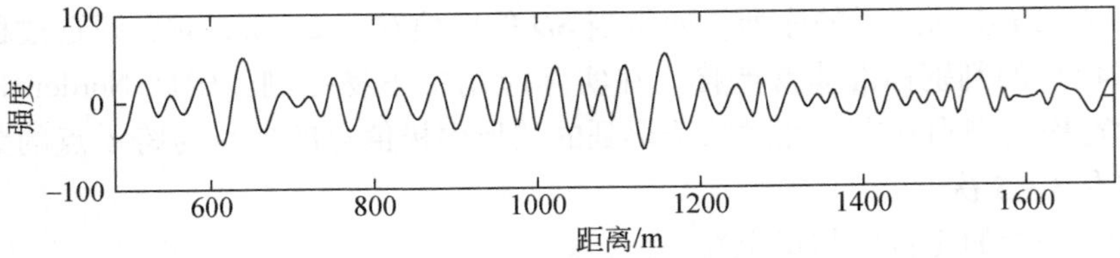

(c) 第2固有模态函数

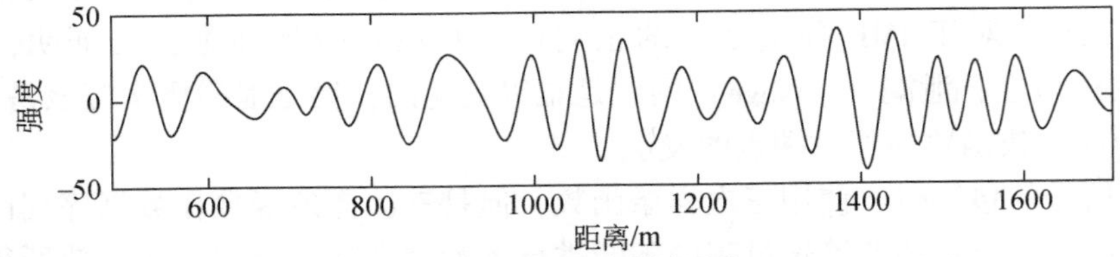

(d) 第3固有模态函数

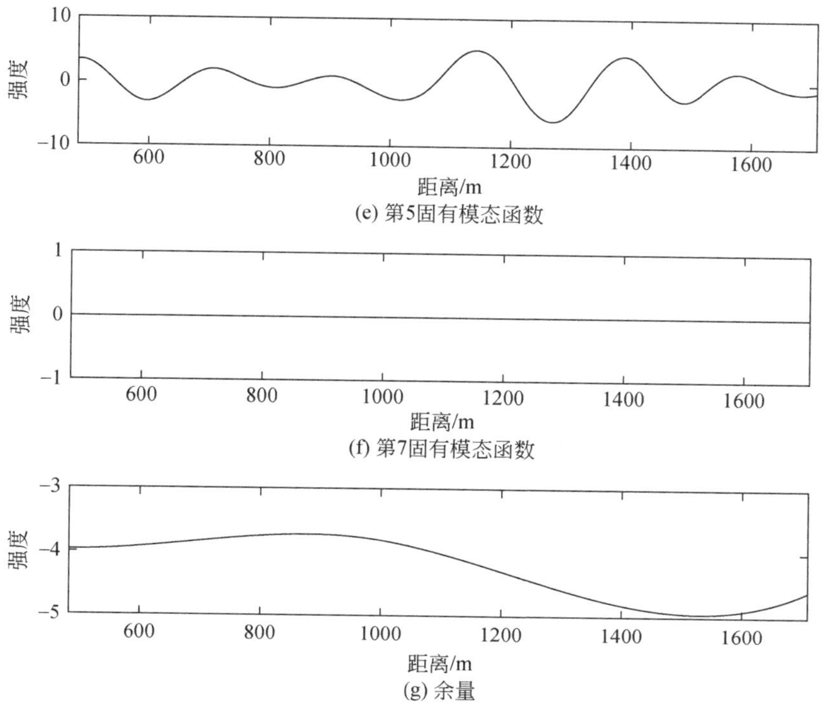

图 3.26　利用经验模态分解处理雷达回波得到的不同 IMF 及余量

共得到 10 个 IMF，为了清晰，图中只显示了部分 IMF

第九节　回归分析方法

一、自回归滑动平均过程

1. 原理介绍

自回归滑动平均（autoregression moving average，ARMA）过程是以常系数线性差分方程定义的一类重要的平稳时间序列，在自然科学、工程技术和经济管理等领域应用广泛。

定义［ARMA(p, q)过程］：设$\{X_t, t \in Z\}$是零均值平稳序列，满足差分方程

$$X_t - \varphi_1 X_{t-1} - \cdots - \varphi_p X_{t-p} = Z_t + \theta_1 Z_{t-1} + \cdots + \theta_q Z_{t-q} \tag{3.49}$$

其中，$\{Z_t, t \in Z\}$是均值为0、两两互不相关、方差为σ^2的白噪声随机变量序列，$\varphi_p \neq 0$，$\theta_q \neq 0$，自回归多项式

$$\varphi(z) = 1 - \varphi_1 z - \cdots - \varphi_p z^p \tag{3.50}$$

与滑动平均多项式

$$\theta(z) = 1 + \theta_1 z + \cdots + \theta_q z^q \tag{3.51}$$

无公共因子，则称$\{X_t, t = 0, \pm 1, \pm 2, \cdots\}$为 ARMA$(p, q)$过程，$p$ 为自回归阶数，φ_1，

φ_2，…，φ_p 为自回归系数，q 为滑动平均阶数，θ_1，θ_2，…，θ_q 为滑动平均系数。

式（3.49）可以简记为

$$\varphi(B)X_t=\theta(B)Z_t \quad (t=0,\ \pm1,\ \pm2,\ \cdots) \tag{3.52}$$

其中，B 是延迟算子

$$B^jX_t=X_{t-j} \quad (t=0,\ \pm1,\ \pm2,\ \cdots) \tag{3.53}$$

定义［MA(q)过程］：如果 $\varphi(z)\equiv1$，则有 $X_t=\theta(B)Z_t$，称随机过程$\{X_t,\ t=0,\ \pm1,\ \pm2,\ \cdots\}$为 q 阶滑动平均过程，记为 MA(q)。

定义［AR(p)过程］：如果 $\theta(z)\equiv1$，则有 $\varphi(B)X_t=Z_t$，称随机过程$\{X_t,\ t=0,\ \pm1,\ \pm2,\ \cdots\}$为 p 阶自回归过程，记为 AR(p)。

时间序列分析的一个主要目的是利用由数据建立的模型预测该序列的发展变化，模型拟合是建立时间序列模型的常用方法。ARMA（p，q）模型拟合一般分为如下几个步骤。

步骤1：模型的初步识别。根据平稳时间序列的一个样本函数计算其自相关函数和偏自相关函数，根据序列的二阶统计性质初步识别模型的类型和阶数；

步骤2：根据时间序列样本和初步确定的模型，估计模型参数；

步骤3：模型拟合优度检验。利用统计学方法检验前两步建立的模型与时间序列的偏差，改进模型。

2. 模型识别

如果$\{X_1,\ X_2,\ \cdots,\ X_n\}$是平稳时间序列$\{X_t,\ t=0,\ \pm1,\ \pm2,\ \cdots\}$的一个样本函数，则样本自协方差函数为

$$\tilde{\gamma}(k)=\frac{1}{n}\sum_{j=1}^{n-k}X_jX_{j+k} \tag{3.54}$$

样本自相关函数为

$$\tilde{\rho}(k)=\frac{\tilde{\gamma}(k)}{\tilde{\gamma}(0)} \tag{3.55}$$

式中，$\tilde{\gamma}(k)$和$\tilde{\rho}(k)$分别为平稳时间序列$\{X_t,\ t=0,\ \pm1,\ \pm2,\ \cdots\}$的自协方差函数和自相关函数的估计量。

然后，根据样本自相关函数的估计量，计算样本偏自相关函数的估计量；再结合MA(q)模型和AR(p)模型的二阶统计性质确定选择哪种模型来拟合该时间序列。

3. 模型参数估计

设$\{X_1,\ X_2,\ \cdots,\ X_n\}$是平稳时间序列$\{X_t,\ t=0,\ \pm1,\ \pm2,\ \cdots\}$的观测值，确定用下面的ARMA$(p,q)$模型来拟合：

$$X_t-\varphi_1X_{t-1}-\cdots-\varphi_pX_{t-p}=Z_t+\theta_1Z_{t-1}+\cdots+\theta_qZ_{t-q} \tag{3.56}$$

以此求自回归系数向量 $\varphi=(\varphi_1,\ \cdots,\ \varphi_p)^{\mathrm{T}}$，滑动平均系数向量 $\theta=(\theta_1,\ \cdots,\ \theta_q)^{\mathrm{T}}$ 和白噪声方差 σ^2 的估计 $\tilde{\varphi}$、$\tilde{\theta}$、σ^2。

根据所拟合的模型不同，常用的参数估计方法有 Yule-Walker 估计、Levinson-Durbin 估计和最小二乘法等。下面以 AR(p)模型参数的 Yule-Walker 估计来说明。

设$\{X_1,\ X_2,\ \cdots,\ X_n\}$是平稳时间序列$\{X_t,\ t=0,\ \pm1,\ \pm2,\ \cdots\}$的观测值，要使用以下的

AR(p)模型拟合：

$$X_t-\varphi_1X_{t-1}-\cdots-\varphi_pX_{t-p}=Z_t \tag{3.57}$$

式中，$Z_t\sim WN(0,\sigma^2)$。求自回归系数向量 $\varphi=(\varphi_1,\cdots,\varphi_p)^{\mathrm{T}}$ 和白噪声方差 σ^2 的估计 $\tilde{\varphi}$ 和 σ^2。

式（3.57）两边乘以 $X_{t-j}(j=0,1,\cdots,p)$，并取平均值，得 Yule-Walker 方程：

$$\begin{cases}\Gamma_p\varphi_p=\gamma_p\\ \sigma^2=\gamma(0)-\varphi^{\mathrm{T}}\gamma_p\end{cases} \tag{3.58}$$

式中，$\Gamma_p=[\gamma(i-j)]_{i,j=1}^{p}$；$\gamma_p=[\gamma(1),\gamma(2),\cdots,\gamma(p)]^{\mathrm{T}}$，可以由样本自协方差函数 $\hat{\gamma}(j)$，($j=0,1,\cdots,p$)估计得到。

当 $\hat{\gamma}(0)>0$ 时，求解以上方程组可得待估计的参数为

$$\begin{cases}\hat{\varphi}=\hat{\Gamma}_p^{-1}\hat{\rho}_p\\ \hat{\sigma}^2=\hat{\gamma}(0)[1-\hat{\rho}_p^{\mathrm{T}}\hat{\Gamma}_p^{-1}\hat{\rho}_p]\end{cases} \tag{3.59}$$

式中，$\hat{\rho}_p=[\hat{\rho}(1),\cdots,\hat{\rho}(p)]^{\mathrm{T}}=\dfrac{\hat{\gamma}_p}{\hat{\gamma}(0)}$。

4. 模型拟合优度检验

根据前两步可以确定时间序列的模型并估计出模型的参数。在将其用于预报之前，还应该检验拟合模型的精度，即模型拟合优度检验。

设所拟合的模型为 ARMA(p,q)模型，残差量可由下面的方法递归获得：

$$Z_t=X_t-\tilde{\varphi}_1X_{t-1}-\cdots-\tilde{\varphi}_pX_{t-p}-\tilde{\theta}_qZ_{t-q}\quad(t=1,2,\cdots,n) \tag{3.60}$$

其中，当 $t\leqslant0$ 时，$X_t=0$，$Z_t=0$；从而可以得到 $\{Z_t\}$ 的一个样本序列：Z_1，Z_2，…，Z_n。

如果前两步拟合的模型和估计的参数合适，$\{Z_t\}$ 应该是一个白噪声序列，这可以通过计算残差量的样本自相关函数和样本偏相关函数，然后利用统计检验方法来判断。如果 $\{Z_t\}$ 明显不是一个白噪声序列，则说明所选取的 ARMA 模型不适合时间序列$\{X_t,t=0,\pm1,\pm2,\cdots\}$，应该选用更复杂的模型来拟合。

二、常用的回归分析方法

在处理海洋数据时，经常要考虑多个变量间的关系，多元回归分析可以获得不同参数之间的函数关系。下面介绍几种常用的多元回归分析方法，包括最小二乘法、主成分回归法、特征根回归法和岭回归法等线性回归方法，以及利用神经网络做非线性回归的方法。

1. 最小二乘法

最小二乘法是一种经典的线性回归方法。设因变量 x 与自变量 t_1，t_2，…，t_m 之间有线性关系，建立自变量 x 的 m 元线性回归模型：

$$x=\beta_0+\beta_1t+\cdots+\beta_mt_m+\varepsilon \tag{3.61}$$

式中，β_0，β_1，…，β_m 为回归系数；ε 为服从正态分布 $N(0, \sigma^2)$ 的随机误差。

在实际问题中，对变量 x 和 t 做 n 次观测，得观测数据 x_i，t_{1i}，t_{2i}，…，t_{mi}($i=1, 2, \cdots, n$)，则：

$$x_i=\beta_0+\beta_1 t_i+\cdots+\beta_m t_{mi}+\varepsilon_i \quad (i=1, 2, \cdots, m) \tag{3.62}$$

式中，ε_i 为第 i 次观测的误差。

将式（3.62）写成矩阵形式：

$$\boldsymbol{X}=\boldsymbol{T\beta}+\boldsymbol{\varepsilon} \tag{3.63}$$

式中，$\boldsymbol{X}=(x_1, x_2, \cdots, x_n)'$和 $\boldsymbol{T}=(t_1, t_2, \cdots, t_n)'$为观测数据矩阵；$\boldsymbol{\beta}=(\beta_0, \beta_1, \cdots, \beta_m)'$为回归系数矩阵；$\boldsymbol{\varepsilon}=(\varepsilon_1, \varepsilon_2, \cdots, \varepsilon_n)'$为残差矩阵。

观测数据与估计值之间的距离可以表示为

$$Q(\boldsymbol{\beta})=\|\boldsymbol{X}-\boldsymbol{T\beta}\|^2=(\boldsymbol{X}-\boldsymbol{T\beta})'(\boldsymbol{X}-\boldsymbol{T\beta}) \tag{3.64}$$

为了估计模型的回归参数，可以建立以最小化距离函数 $Q(\boldsymbol{\beta})$ 为目标的优化模型。因此，由

$$\frac{\partial}{\partial\boldsymbol{\beta}}Q(\boldsymbol{\beta})=0$$

得

$$\hat{\boldsymbol{\beta}}=(\boldsymbol{T}'\boldsymbol{T})^{-1}\boldsymbol{T}'\boldsymbol{X} \tag{3.65}$$

因此可以得到回归系数 β_0，β_1，…，β_m 的估计值 $\hat{\beta}_0$，$\hat{\beta}_1$，…，$\hat{\beta}_m$，从而得到 x_i 对 t_{1i}，t_{2i}，…，t_{mi}($i=1, 2, \cdots, n$)的线性回归方程，即：

$$\hat{x}_i=\hat{\beta}_0+\hat{\beta}_1 t_i+\cdots+\hat{\beta}_m t_{mi}+e_i \quad (i=1, 2, \cdots, m)$$

式中，$\hat{x}_i$ 为 x_i 的估计；e_i 为误差估计（残差）。

根据以上分析，利用最小二乘法建立回归方程的基本方法是：首先，由观测值确定回归系数 β_0，β_1，…，β_m 的估计值 $\hat{\beta}_0$，$\hat{\beta}_1$，…，$\hat{\beta}_m$；然后，对回归结果进行统计检验。

2. 主成分回归法

在统计学中，主成分回归（principle component regression，PCR）是以主成分为自变量进行的回归分析，是分析多元共线性问题的一种方法。其基本思想是首先用主成分分析法（见第四章第二、第三节）将原来众多的具有一定相关性的变量组合成一组新的相互独立的变量，即用主成分分析法消除回归模型中的多重共线性，然后将主成分作为自变量进行回归分析，再根据得分系数矩阵将原变量代回得到新的模型。主成分回归方法的优点是可以克服病态矩阵对最小二乘回归法的影响，但其缺点是用主成分得到的回归关系相对用原自变量建立的回归关系来说不容易解释。

根据前面建立的多元线性回归模型的矩阵形式［式（3.63）］为

$$\boldsymbol{X}=\boldsymbol{T\beta}+\boldsymbol{\varepsilon}$$

式中，$\boldsymbol{X}$ 和 $\boldsymbol{T}$ 为观测数据矩阵；$\boldsymbol{\beta}$ 为回归系数矩阵；$\boldsymbol{\varepsilon}$ 为残差矩阵。

类似于经验正交函数分解方法（第四章第三节），从观测数据矩阵 $\boldsymbol{T}$ 中提取自变量的样本主成分矩阵，设矩阵 $\boldsymbol{T}'\boldsymbol{T}$ 的 m 个特征根为 $\lambda_1 \geqslant \lambda_2 \geqslant \cdots \geqslant \lambda_m > 0$，相应的特征向量矩阵为正交矩阵 $\boldsymbol{V}$，主成分矩阵为 $\boldsymbol{U}$，则观测数据矩阵 $\boldsymbol{X}$ 可以表示为

$$\boldsymbol{X} = \boldsymbol{U}\boldsymbol{V}' \tag{3.66}$$

将式（3.66）代入原回归模型，得

$$\boldsymbol{X} = \boldsymbol{U}\boldsymbol{V}'\boldsymbol{\beta} + \boldsymbol{\varepsilon} \tag{3.67}$$

选取前 p 个主成分用于回归分析，将前 p 个主成分和特征向量矩阵分别记为 $\boldsymbol{U}_1$ 和 $\boldsymbol{V}_1$，可以建立主成分回归模型为

$$\boldsymbol{X} = \boldsymbol{U}_1\boldsymbol{V}_1'\boldsymbol{\beta} + \boldsymbol{\varepsilon} \tag{3.68}$$

求解可得回归模型的参数估计为

$$\hat{\beta}_c = \boldsymbol{V}_1 (\boldsymbol{U}_1'\boldsymbol{U}_1)^{-1}\boldsymbol{U}_1'\boldsymbol{X} \tag{3.69}$$

确定模型参数 $\hat{\beta}_c$ 后就可以得到原变量的主成分回归方程。

根据以上分析，主成分回归法的基本步骤如下。

步骤 1：对原自变量进行标准化处理，得到数据矩阵；

步骤 2：对数据矩阵做主成分分析或经验正交函数分解，提取方差较大的主成分；

步骤 3：对方差较大的主成分构成的数据做回归分析，估计模型参数。

3. 特征根回归法

当自变量之间存在线性关系时，最小二乘法回归得出的预测结果不可靠，特征根回归（characteristic root regression，CRR）是 J. T. Webster 等于 1974 年提出的另一种改进最小二乘估计的线性有偏估计方法。主成分回归法从原自变量的样本数据中提取主成分，其中没考虑自变量与因变量的关系；类似地，特征根回归法也是从原有数据中提取相互正交的主成分，但同时加入了因变量的影响，这样既消除了自变量之间的相关性，又考虑了自变量与因变量之间的相关关系。

建立特征根回归方程的步骤如下。

步骤 1：对观测的因变量 x 与自变量 t_1，t_2，…，t_m 的数据作标准化处理，将处理后的自变量和因变量构成数据矩阵 $\boldsymbol{T}$；

步骤 2：计算协方差矩阵 $\boldsymbol{T}'\boldsymbol{T}$ 的特征向量 $v_i(i=0, 1, 2, \cdots, m)$ 和特征值 $\lambda_i(i=0, 1, 2, \cdots, m)$；

步骤 3：去掉接近于 0 的特征值和特征向量，可以根据 $\lambda_i \leqslant 0.5$ 和 $|v_i| < 0.1$ 的标准选取阈值；

步骤 4：根据式（3.70）计算回归系数的估计值。

$$\hat{\beta}_c = -S_{XX}\sum_{i=p}^{m} v_{ij}w_i \tag{3.70}$$

其中

$$S_{XX} = \sum_{i=1}^{n}\left(x_i - \frac{1}{n}\sum_{j=1}^{n}x_j\right)^2$$

$$w_i = \frac{v_{0i}}{\lambda_i \sum_{j=p}^{m} (v_{0j}^2/\lambda_j)}$$

$$(i = p, p+1, \cdots, m)$$

步骤5：根据估计的特征根回归模型系数$\hat{\beta}_c$建立回归方程。

4. 岭回归法

岭回归法（ridge regression 或 Tikhonov regularization）是一种专用于共线性数据分析的有偏估计回归方法，实质上是一种改良的最小二乘法。通过放弃最小二乘法的无偏性，以损失部分信息、降低精度为代价获得回归系数更符合实际、更可靠的回归方法，对病态数据的拟合要强于最小二乘法，所以岭回归是在对不适定问题（ill-posed problem）做回归分析时经常使用的一种正则化方法。

有些矩阵中，某个元素的很小变动会引起最后结果的误差很大，这种矩阵称为“病态矩阵”，有些时候不正确的计算方法也会使一个正常的矩阵在运算中表现出病态。对于高斯消去法来说，如果主元（即对角线上的元素）上的元素很小，在计算时就会表现出病态的特征。

根据前面的分析，最小二乘法回归估计的回归系数为［式（3.65）］

$$\hat{\boldsymbol{\beta}} = (\boldsymbol{T}'\boldsymbol{T})^{-1}\boldsymbol{T}'\boldsymbol{X}$$

对于多元线性回归模型中的回归系数的岭估计为

$$\hat{\boldsymbol{\beta}}(k) = (\boldsymbol{T}'\boldsymbol{T}+k\boldsymbol{I})^{-1}\boldsymbol{T}'\boldsymbol{X} \tag{3.71}$$

式中，k为任意的正常数；$\boldsymbol{I}$为单位矩阵。由于数据矩阵$\boldsymbol{T}$经过标准化处理，$\boldsymbol{T}'\boldsymbol{T}$是相关矩阵。根据式（3.65）和式（3.71）可知，岭估计是在相关矩阵的对角线上加了一个正常数k，称为岭参数。

根据矩阵理论可知，如果矩阵$\boldsymbol{T}'\boldsymbol{T}$的$m$个特征根为$\lambda_1 \geqslant \lambda_2 \geqslant \cdots \geqslant \lambda_m > 0$，则矩阵$(\boldsymbol{T}'\boldsymbol{T}+k\boldsymbol{I})$的$m$个特征根为$\lambda_1+k \geqslant \lambda_2+k \geqslant \cdots \geqslant \lambda_m+k > k$，从而加入岭参数$k$后相关矩阵的特征值增大。所以岭回归可以减小相关矩阵的病态性，得到更为准确的回归模型参数的估计值。

根据岭回归的系数估计方程［式（3.71）］可知，随着岭参数k的增大，$\hat{\beta}(k)$中各元素的绝对值$\hat{\beta}(k)_i (i=1, 2, \cdots, m)$不断减小，它们相对于正确值$\hat{\beta}_i$的误差也越来越大；当$k \to \infty$时，$\hat{\beta}(k) \to 0$。$\hat{\beta}(k)$随$k$的变化轨迹称为岭迹，在实际问题中，可以选择不同的岭参数k，作出岭迹图。岭参数的选取有一定的任意性，可以根据以下原则选取合理的岭参数：①回归系数的岭估计基本稳定；②改变最小二乘法估计回归系数符号的不合理现象；③回归系数不出现不合理的绝对值；④残差平方和的增加不大。

岭回归是对最小二乘回归的一种补充，它损失了无偏性，来换取高的数值稳定性，从而得到较高的计算精度。通常岭回归方程的R平方值会稍低于普通回归分析，但回归系数的显著性往往明显高于普通回归分析方法，在存在共线性问题和病态数据偏多的研究中有较大的实用价值。

5. 神经网络做非线性回归

前面介绍的几种回归方法主要用于一元或多元线性回归，在实际问题中还经常遇到自变量与因变量之间是非线性关系的情况，这时需要建立非线性回归模型并估算模型的系数。神经网络是一种常用的非线性回归模型系数估计方法，其优点是不需要已知自变量与因变量之间具体的函数关系，适用范围广泛。这里介绍利用误差反向传播神经网络估计非线性回归模型的方法。

误差反向传播神经网络简称为 BP（back propagation）网络，一般包括输入层、隐含层和输出层等多层结构，每一层都由若干个神经元组成，如图 3.27 所示。BP 网络按有监督学习方式进行训练，当将一对训练样本提供给网络后，经隐含层向输出层传播，在输出层的各神经元输出对应于输入模式的网络响应；网络以输出误差的最小化为目标函数，从输出层经各隐含层，最后回到输入层逐层修正各连接权重。由于这种修正过程是从输出层到输入层逐层进行的，所以称它为“误差反向传播算法”，随着训练的不断进行，网络对输入模式响应的正确率也不断提高，直到达到要求的训练误差或者迭代次数为止。

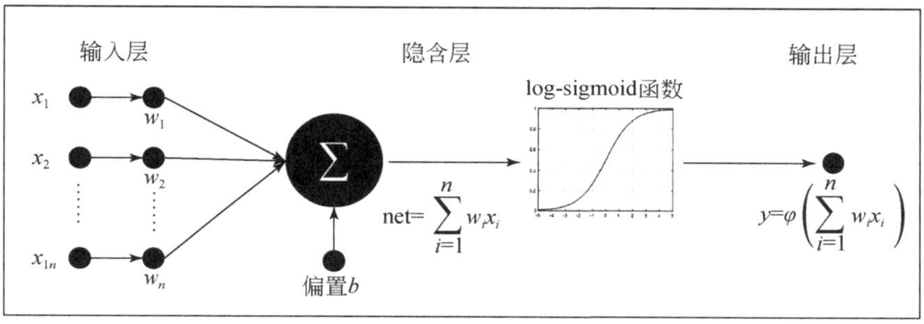

图 3.27　BP 网络的一般结构示意图

BP 网络各层的基本功能如下。

（1）输入层：输入观测数据。输入层可以接收多个输入变量的多组观测值，每个输入变量上有一个权值，由选取的加权函数决定。在非线性回归模型的参数估计中，输入数据是因变量 x 与自变量 t_1，t_2，…，t_m 的观测数据。

（2）隐含层：隐藏神经元接受来自输入层的输入，并向输出层提供输出。隐含层是向各层输入概率分配权重的位置。

（3）输出层：输出神经元代表回归模型的可预测属性值。

此外，数据在神经网络的各层之间通过激活函数进行传递。激活函数（activation function）是在人工神经网络的神经元上运行的函数，负责将神经元的输入映射到输出端，常用的激活函数有 sigmoid 函数和 tanh 函数等。

利用神经网络进行非线性回归模型的参数估计的基本步骤如下。

步骤 1：网络初始化。设置神经网络的层数、神经元数量、模型的计算精度、最大学习次数、各神经元的权重函数、激活函数等。

步骤 2：将训练样本（自变量和因变量的观测数据）通过神经网络进行前向传播计算。

步骤3：计算输出误差，通常用均方差。网络误差通过随机梯度下降法来最小化，通过反向传播来不断调整网络的权值和阈值，使网络的误差平方和最小。

步骤4：判断网络误差是否满足要求，当误差达到预设精度或学习次数大于所设定的最大次数时，结束算法；否则，进行下一轮学习。

三、应用举例

在研究微波遥感观测海面的成像原理时，需要获得雷达信号随距离和方位角的变化规律，但是由于海面的成像机制复杂，不易获得它们之间的理论关系，通过分析观测数据获得经验的变化关系，可以为模型的建立提供基础。以下两个例子分别用线性和非线性回归模型研究雷达的后向散射强度随径向距离和方位角的变化。

例1：雷达图像的强度与径向距离、方位角的线性回归模型。

为了研究导航X波段雷达图像序列的信噪比随径向距离和方位角的变化，选取一个雷达图像序列为例。首先将雷达图像划分为不同距离、不同方向的子区域，然后通过三维傅里叶变换反演各个子区域的信噪比（反映雷达后向散射强度变化的参数），分别得到不同位置的信噪比随径向距离和方位角的变化，如图3.28和图3.29中的点所示。为了获得雷达图像的信噪比随距离和方位角的变化关系，利用回归分析方法建立模型。

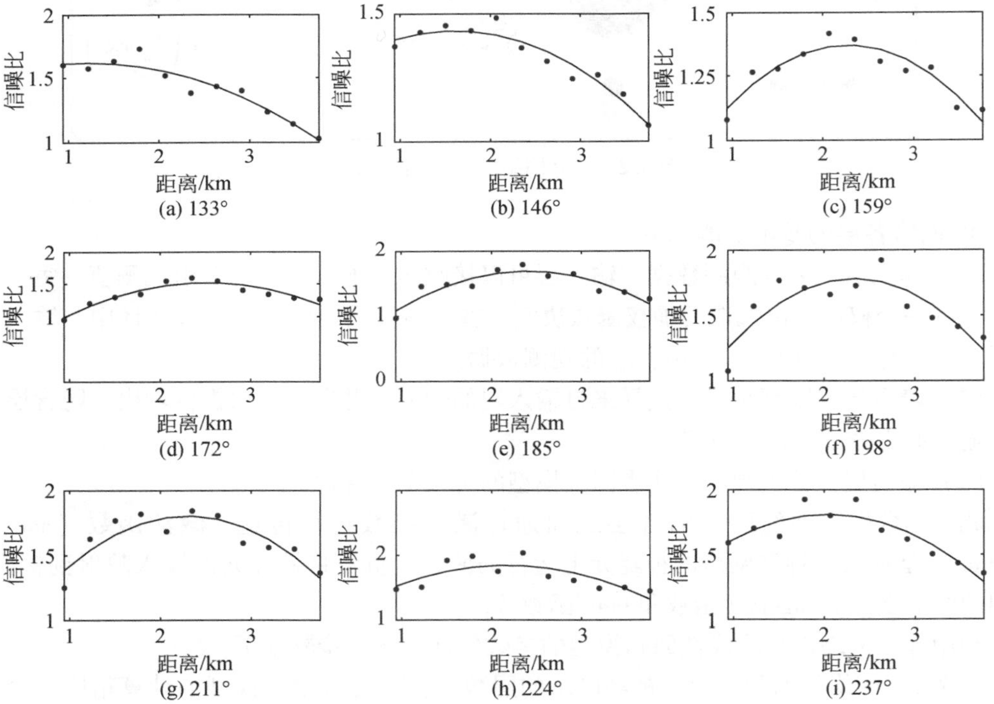

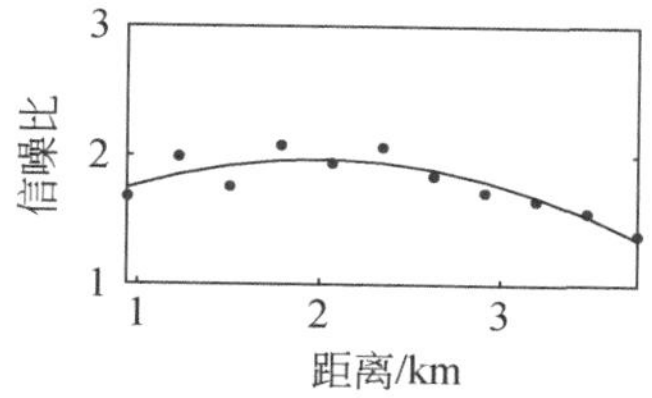

(j) 250°

图 3. 28 不同方位角的信噪比随径向距离的变化

图中点为利用导航 X 波段雷达图像序列反演的信噪比，实线是利用二阶自回归模型拟合的曲线

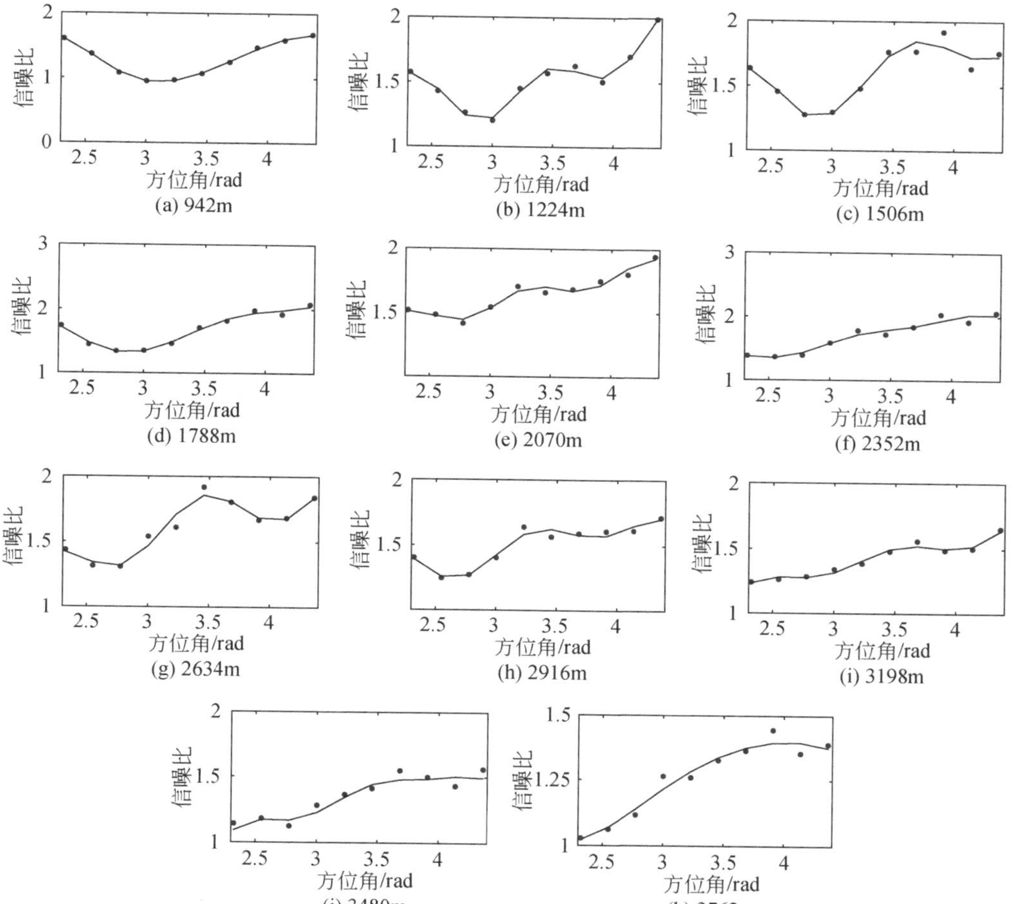

图 3. 29 不同径向距离的信噪比随方位角的变化

图中点为利用导航 X 波段雷达图像序列反演的信噪比，实线是所选取的正弦函数模型

图 3. 28 是不同方位角的信噪比随径向距离的变化。对于每个特定的方位角，信噪比首先随距离的增大而增加，然后随距离的增大而减小。信噪比随径向距离的变化可以用一

个二阶自回归模型来表示（图 3.28 中的实线），即对于固定的方位角 θ_0，信噪比随径向距离的变化为

$$f(r,\ \theta_0)=p_1(\theta_0)r^2+p_2(\theta_0)r+p_3(\theta_0) \tag{3.72}$$

式中，$p_1(\theta_0)$、$p_2(\theta_0)$和 $p_3(\theta_0)$为待定系数，它们对于固定的方位角 θ_0 来说是常数。统计学中用 R^2 值表示曲线的拟合效果（其值越接近于 1 表示拟合的效果越好，越接近于 0 表示拟合的效果越差），可以看到，除了图 3.28（f）～(h) 外，拟合的 R^2 值都大于 0.8，这说明用二阶自回归模型表示信噪比随径向距离的变化是合理的。

图 3.29 是不同径向距离的信噪比随方位角的变化。对于不同的径向距离，信噪比随方位角的变化具有一定的周期性，但是又不是简单的正弦函数或者余弦函数［图 3.29 (b)、(e)、(f)］，所以考虑用多个正弦函数之和来表示信噪比随方位角的变化，即对于某一径向距离 r_0，信噪比随方位角的变化关系为

$$g(r_0,\ \theta) = \sum_{i=1}^{3} a_i(r_0)\sin[b_i(r_0)\theta + c_i(r_0)] \tag{3.73}$$

式中，$a_i(r_0)$、$b_i(r_0)$和 $c_i(r_0)$ $(i=1,\ 2,\ 3)$为三个待定系数，它们只与特定的径向距离 r_0 有关。图 3.29 中的实线是用三个正弦函数之和拟合信噪比与方位角的关系的曲线，可以看出拟合效果较好，各组数据对应的 R^2 值都大于 0.9，其中有些高达 0.99。因此，所选取的信噪比与方位角之间的模型是合理的。

例 2：雷达图像的强度与径向距离和方位角的非线性回归模型。

例 1 中对雷达图像的强度（信噪比）随径向距离和方位角的变化分别建立了两个回归模型，而实际中雷达图像的强度随径向距离和方位角是同时变化的，所以需要建立图像强度随径向距离和方位角变化的模型。由于图像强度随距离和方位角变化的具体关系不清楚，故选用神经网络方法来建立它们之间的非线性回归模型。

首先，建立 BP 网络。BP 网络的结构如图 3.30 所示，它包括一个输入层（径向距离和方位角）、一个隐含层（10 个神经元）和一个输出层（灰度值）。然后，选取 70% 的数据训练模型，并利用 15% 的数据验证模型；模型训练完成后，再用剩余 15% 的数据测试模型，测试的结果如图 3.31，模型输出结果与数据的相关系数为 0.3～0.4，说明模型中各个变量之间的非线性较强。

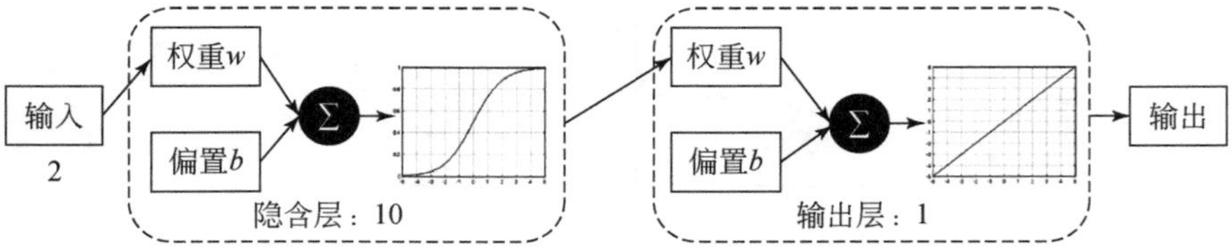

图 3.30　BP 网络的结构

为了进一步分析利用神经网络建立的非线性回归模型的性能，图 3.32 中的虚线给出了利用模型预报的雷达图像的灰度值随方位角的变化，图中的实线是雷达图像的平均灰度值随方位角的变化，二者的变化趋势基本一致，如回归模型较好地反映了雷达图像的灰度值在 90°、200°和 320°附近的极小值和极大值；图 3.33 中的虚线给出了利用模型预报的雷达

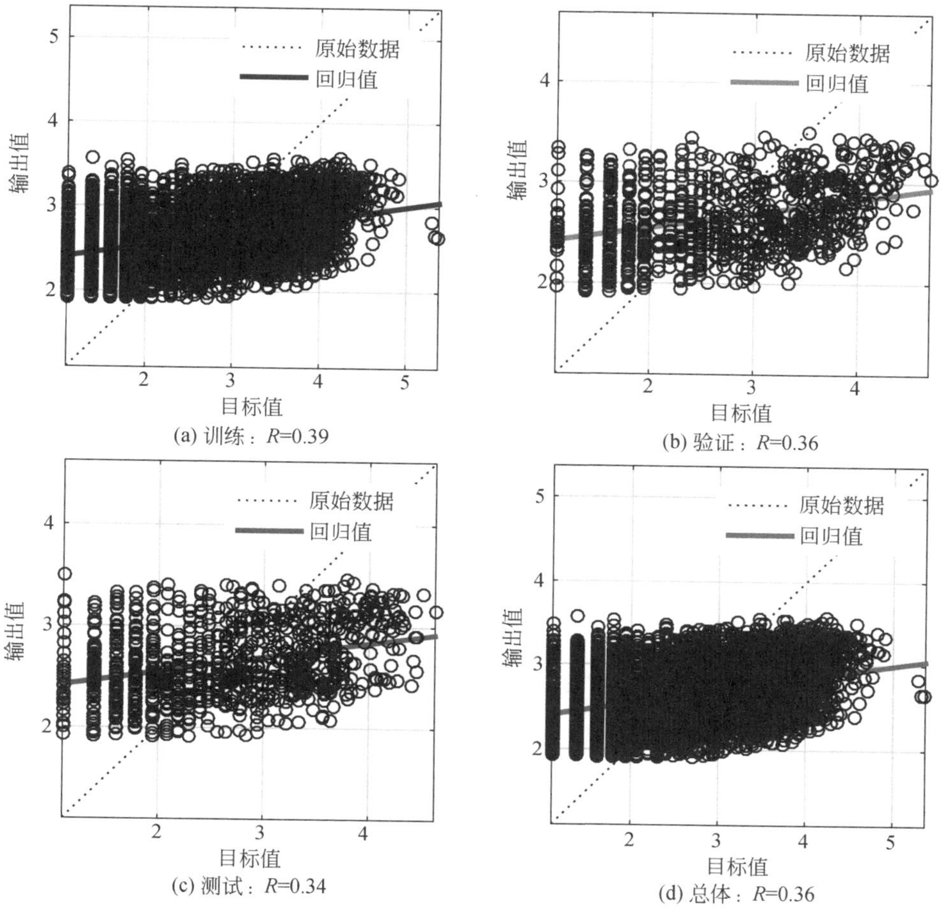

图 3.31　利用神经网络估计非线性回归模型的结果（彩图见文后彩插）

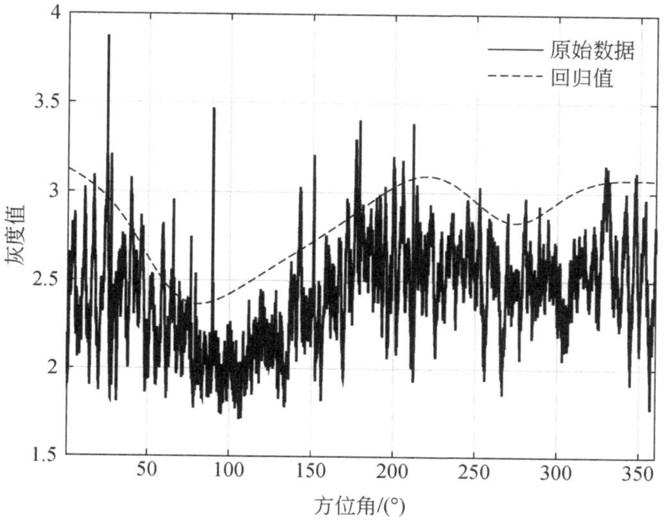

图 3.32　雷达图像的灰度值随方位角的变化

图像灰度值随径向距离的变化，图中的实线是雷达图像的平均灰度值随径向距离的变化，二者符合性良好。这说明利用神经网络建立的雷达图像强度随距离和方位角变化的回归模型是合理的。

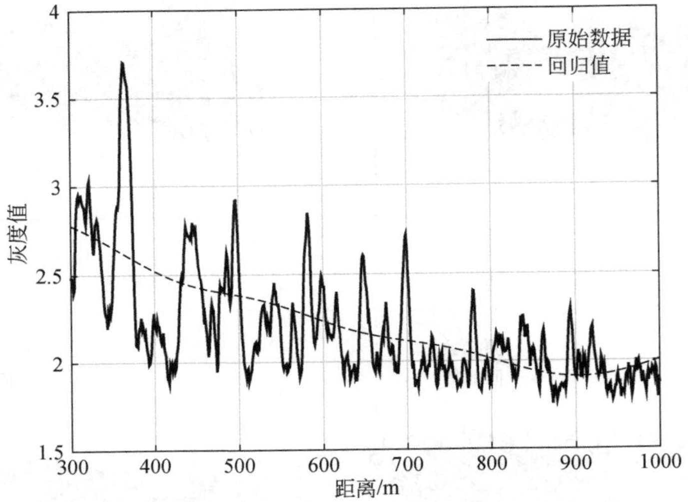

图 3.33　雷达图像的灰度值随径向距离的变化

第十节　信息流与因果分析方法

因果分析是科学研究的核心问题，也是重要的哲学问题（如 Dempster，1990）。在时间序列分析中，我们广泛地用相关及其衍生出来的各种分析方法处理数据，其最终的目的还是为了要推断事件间的因果。那么，给定两条序列，我们能否有办法就此判定谁是因、谁是果？或者互为因果？或者没有因果关系？无疑这个问题有着巨大的理论与实际意义，包括诺贝尔奖获得者 Clive Granger 等在内对此已经努力了快半个世纪。然而它又是一个非常难的问题，在时下热门的大数据科学中，它被列为“最大的挑战之一”（O’Neil and Schutt，2013）。梁湘三（Liang，2014，2016，2018）发现过去常被处理成假设检验问题的因果分析，如 Granger（1969），实际上是一个物理问题：因果性与信息流等价，而后者是一个真实的物理概念，可以严格地从第一性原理导出，并且最终得到的公式在形式上相当简单（Liang，2014）。利用该公式，许多用传统的、半经验性的方法（如 Granger 因果检验以及传递熵分析）难以解决的问题变得相当简单，它定量地给出了因果性与相关性的关系，结束了哲学上自从 Berkeley（1734）以来就相关与因果的关系的长期争论，并成功地被应用到神经科学、金融、人工智能、气候学等不同学科的各个领域之中。

本节对此理论做一简单梳理，为完备起见，放入了一些随机动力系统的背景材料，对于只作应用的读者来说，这些都可以直接跳过，只看式（3.77）以及本节的三、四部分的验证及应用举例即可。限于篇幅，本节所涉及都只限于二维系统，多维的情况可参考 Liang（2016，2018）。

一、理论简介

因果分析中有一个“零因果准则”，即如果事件 X_1 的演变不依赖于事件 X_2，则 X_2 到 X_1 的因果性为零（即 X_2 不是 X_1 的因）。在本节中，这里的事件用时间序列表征。这也是因果分析中最重要的一个定量化的观察事实。Smirnov（2013）对传统的经验、半经验的 Granger 因果检验与传递熵分析做了系统性的研究，发现它们在大多数情况下都无法验证该准则，可能得到虚假的因果关系。

过去三十多年来，人们逐渐认识到因果性与信息流等价：前者是后者的核心，后者是前者的度量。由于信息流是一个真实的物理概念（而不是统计概念），梁湘三在他的一系列研究中认为它应该建立在严格物理学基础之上，从第一性原理（first principles）出发予以推导，而不是作为一个经验性的公理出现（Liang，2008，2014，2016，2018）。在这种理念驱使下，Liang（2008）研究了如下动力系统：

$$\frac{\mathrm{d}X_1}{\mathrm{d}t}=F_1(X_1,\ X_2,\ t)+b_{11}\dot{W}_1+b_{12}\dot{W}_2 \tag{3.74}$$

$$\frac{\mathrm{d}X_2}{\mathrm{d}t}=F_2(X_1,\ X_2,\ t)+b_{21}\dot{W}_1+b_{22}\dot{W}_2 \tag{3.75}$$

式中，$\dot{W}_1$ 和 $\dot{W}_2$ 为白噪声；F_1 和 F_2 为（X_1，X_2）与时间的可导函数，并得到了一些重要结论。我们以定理形式做一简单介绍。

定理 1（Liang，2008）

给定动力系统式（3.74）和式（3.75），令 $T_{2\to1}$为从 X_2 到 X_1 的信息流，则

$$T_{2\to1}=-E\left[\frac{1}{\rho_1}\frac{\partial(F_1\rho_1)}{\partial x_1}\right]+\frac{1}{2}E\left[\frac{1}{\rho_1}\frac{\partial^2(b_{11}^2+b_{12}^2)\rho_1}{\partial x_1{}^2}\right] \tag{3.76}$$

式中，E 为数学期望；$\rho_1=\rho_1(x_1)$为 X_1 的边际概率密度；$T_{2\to1}$的单位为 nats/单位时间。

定理 2　零因果准则（Liang，2008）

在式（3.74）和式（3.75）中，如果 F_1、b_{11}、b_{12}不随 X_2 的变化而变化，那么 $T_{2\to1}=0$，也就是说，X_2 不是 X_1 的因。

注意，这就是零因果准则。传统的因果分析都试图在应用中验证这个准则，而在信息流的框架下，这个准则作为一条被证明的定理出现。

以上都是针对给定的动力系统而言，如果给定是两条时间序列，那么其中的信息流可以由最大似然估计得到。

定理 3（Liang，2014）

给定两条平稳的、具有等间距的时间序列 X_1、X_2，对于一个线性模型，由 X_2 到 X_1 信息流的最大似然估计为

$$T_{2\to1}=\frac{c_{11}c_{12}c_{2,\ d1}-c_{12}^2c_{1,\ d1}}{c_{11}^2c_{22}-c_{11}c_{12}^2} \tag{3.77}$$

式中，$C=(C_{ij})$为 X_1 和 X_2 之间的样本协方差矩阵；$C_{i,\ dj}$为 X_i 和由 X_j 利用欧拉前差导出的序列之间的样本协方差，差分格式为

$$\dot{X}_{j,n}=(X_{j,n+k}-X_{j,n})/(k\Delta t)$$

这里 Δt 是时间间距，$k\geqslant 1$，是某个整数，一般取 1，但对于某些由确定性混沌系统造就的序列来说，可能需要取 2，详见 Liang（2014）的讨论。所得信息流的单位为 nats/单位时间，故而 Δt 的取值大小对计算结果无实质性的影响，只影响单位。

注意，在式（3.77）中，T 只是最大似然估计值，严格来说应该换一个符号（如 $\hat{T}$）表示。由于我们不会用到式（3.76），没有必要再启用新的符号，也就是说，式（3.77）将被作为 X_2 到 X_1 的因果关系的定量度量：如果 $|T_{2\to 1}|>0$，则 X_2 是 X_1 的因；如果 $T_{2\to 1}=0$，则 X_2 不是 X_1 的因。当然对于具体的问题，总存在误差。什么叫零值？为此我们必须要做统计检验，查看 $T_{2\to 1}$是否在给定的置信水平上显著地异于零，若是，则存在因果；反之则因果性不显著（可能因果性不存在，或者样本太小，从现有数据中看不出来）。

考虑到自从 Berkeley（1710）以来就一直存在关于相关和因果的争论，我们将式（3.77）换用相关系数的形式来表示，得

$$T_{2\to 1}=\frac{r}{1-r^2}(r'_{2,d1}-rr'_{1,d1}) \tag{3.78}$$

式中，$r=c_{12}/\sqrt{c_{11}c_{22}}$是 X_1 与 X_2 的线性相关系数，$r'_{i,dj}=c_{i,dj}/\sqrt{c_{ii}c_{jj}}$。根据式（3.78），如果 $r=0$，那么 $T_{2\to 1}=0$；但如果 $T_{2\to 1}=0$，r 并不一定等于 0，也就是说：有因果必有相关，但有相关并不一定有因果。

式（3.78）用一个简单明了的数学公式为 1710 年以来学界的争论画上了一个句号。

二、显著性检验

本节简述如何检验 $T_{2\to 1}$，对 $T_{1\to 2}$的检验完全类似。式（3.77）的推导过程中用到了一个线性模型：

$$\frac{\mathrm{d}X_1}{\mathrm{d}t}=f_1+a_{11}X_1+a_{12}X_2+b_1\dot{W}_1$$

式中，f_1，b_1，a_{11}，a_{12}为待估计的四个参数。它们的最大似然估计为

$$\hat{a}_{11}=\frac{C_{22}C_{1,d1}-C_{12}C_{2,d1}}{\det\boldsymbol{C}}$$

$$\hat{a}_{12}=\frac{-C_{12}C_{1,d1}+C_{11}C_{2,d1}}{\det\boldsymbol{C}}$$

$$\hat{f}_1=\overline{\dot{X}_1}-\sum_{k=1}^{2}\hat{a}_{1k}\overline{X}_k$$

$$\hat{b}_1=\sqrt{\frac{\Delta t\sum_{n=1}^{N}R_{1,n}^2}{N}}$$

式中，$\boldsymbol{C}=\begin{bmatrix}C_{11} & C_{12}\\ C_{12} & C_{22}\end{bmatrix}$为序列 X_1，X_2 的样本协方差矩阵；$\det\boldsymbol{C}$ 为 $\boldsymbol{C}$ 的行列式；$C_{k,di}$为 X_k

与一条导出序列 $\dot{X}_i$ 之间的协方差；$\overline{X}_k$ 为序列 X_k 的算术平均值；$\overline{\dot{X}_1}$ 为序列 $\dot{X}_1$ 的算术平均值；$R_{1,n}=\dot{X}_{1,n}-\left(\hat{f}_1+\sum_{i=1}^{2}\hat{a}_{1i}X_{i,n}\right)$；$N$ 为总时间步数。根据中心极限定理，$\hat{a}_{12}$ 近似服从一个正态分布。这个正态分布的方差 $\hat{\sigma}^2_{a_{12}}$ 与如下矩阵（Fisher 信息矩阵 I 乘上 N）有关：

$$NI=\begin{bmatrix} N\dfrac{\Delta t}{b_1^2} & \dfrac{2\Delta t}{b_1^3}\sum_{n=1}^{N}\boldsymbol{R}_{1,n} & \dfrac{\Delta t}{b_1^2}\sum_{n=1}^{N}\boldsymbol{X}_{1,n} & \dfrac{\Delta t}{b_1^2}\sum_{n=1}^{N}\boldsymbol{X}_{2,n} \\ \dfrac{2\Delta t}{b_1^3}\sum_{n=1}^{N}\boldsymbol{R}_{1,n} & \dfrac{3\Delta t}{b_1^4}\sum_{n=1}^{N}\boldsymbol{R}^2_{1,n}-\dfrac{N}{b_1^2} & \dfrac{2\Delta t}{b_1^3}\sum_{n=1}^{N}\boldsymbol{R}_{1,n}\boldsymbol{X}_{1,n} & \dfrac{2\Delta t}{b_1^3}\sum_{n=1}^{N}\boldsymbol{R}_{1,n}\boldsymbol{X}_{2,n} \\ \dfrac{\Delta t}{b_1^2}\sum_{n=1}^{N}\boldsymbol{X}_{1,n} & \dfrac{2\Delta t}{b_1^3}\sum_{n=1}^{N}\boldsymbol{R}_{1,n}\boldsymbol{X}_{1,n} & \dfrac{\Delta t}{b_1^2}\sum_{n=1}^{N}\boldsymbol{X}^2_{1,n} & \dfrac{\Delta t}{b_1^2}\sum_{n=1}^{N}\boldsymbol{X}_{2,n}\boldsymbol{X}_{1,n} \\ \dfrac{\Delta t}{b_1^2}\sum_{n=1}^{N}\boldsymbol{X}_{2,n} & \dfrac{2\Delta t}{b_1^3}\sum_{n=1}^{N}\boldsymbol{R}_{1,n}\boldsymbol{X}_{2,n} & \dfrac{\Delta t}{b_1^2}\sum_{n=1}^{N}\boldsymbol{X}_{2,n}\boldsymbol{X}_{1,n} & \dfrac{\Delta t}{b_1^2}\sum_{n=1}^{N}\boldsymbol{X}^2_{2,n} \end{bmatrix}$$

此矩阵中 a_{1j}，f_1，b_1 用其估计值 $\hat{a}_{1j}$，$\hat{f}_1$，$\hat{b}_1$ 代替。具体的推导见参考文献（Liang，2008）。

对所得的矩阵（NI）求逆，则所得逆矩阵的第四个对角分量 $(NI)^{-1}_{44}$ 即方差 $\hat{\sigma}^2_{a_{12}}$ 的估计值，由于在线性假设下，$T_{2\to1}=a_{12}\,\sigma_{12}/\sigma_1^2$（Liang，2014），$T_{2\to1}$ 的方差近似为 $(C_{12}/C_{11})^2\,\hat{\sigma}^2_{a_{12}}$。

给定置信水平 α，查标准正态分布表得置信区间系数 z_α（如 $\alpha=90\%$ 时，$z_\alpha=1.65$；$\alpha=95\%$ 时，$z_\alpha=1.96$；$\alpha=99\%$ 时，$z_\alpha=2.56$），$T_{2\to1}$ 的标准差为 $z_\alpha\sqrt{(C_{12}/C_{11})^2\,\hat{\sigma}^2_{a_{12}}}$，所以 X_2 至 X_1 的信息流/真实因果性的置信区间为

$$\left[T_{2\to1}-z_\alpha\sqrt{\left(\frac{C_{12}}{C_{11}}\right)^2\hat{\sigma}^2_{a_{12}}},\ T_{2\to1}+z_\alpha\sqrt{\left(\frac{C_{12}}{C_{11}}\right)^2\hat{\sigma}^2_{a_{12}}}\right]$$

当该置信区间不包括零在内时，则 X_2 是 X_1 的因；反之则因果性不显著。对于任意序列 X_1 至 X_2 的因果关系的显著性检验，只需把两者的位置颠倒，重复以上方法即可。

三、验证

现构造两条序列 X 与 Y 来验证式（3.77）：

$$X(n)=0.2X(n-1)+aY(n-1)+e_1(n) \tag{3.79}$$

$$Y(n)=bX(n-1)+0.8Y(n-1)+e_2(n) \tag{3.80}$$

其中误差 $e_1\sim N(0,1)$、$e_2\sim N(0,1)$ 为两个相互独立的正态过程，这种自回归序列通常用来测试一个因果分析工具是否有效。很显然，Y 对 X 的因果性是通过系数 a 来控制的，而参数 b 则控制 X 对 Y 的因果性的大小。对于不同的 a 与 b，以 $x=0.1$，$y=0.5$ 初始化系统，生成两个长度为 50000 的序列，然后利用式（3.77）计算出因果关系，结果如表 3.2 所示。

表 3.2　由式（3.79）和式（3.80）生成的序列信息流的绝对值与其对应置信水平为 90%的置信区间

情形	a	b	$T_{y\to x}$/(nat/时间步)	$T_{x\to y}$/(nat/时间步)
Ⅰ	0.9	0	4993±34	34±42
Ⅱ	0	0	0.29±0.34	0.16±0.21
Ⅲ	0.01	0.01	2.0±1.1	8.7±6.8

注：表中信息流与置信区间值乘了系数 10000。

图 3.34 给出了情形Ⅰ中的两组序列，很显然，X 与 Y 高度相关，经计算，相关系数达到 0.69，但是传统的相关分析并不能告知是谁驱动了谁，或是互为因果。在这里，$a=0.9$，$b=0$，所以是 Y 驱动了 X，而 X 则不是 Y 的因，很自然地，$T_{x\to y}$ 应为 0。这里的计算结果非常准确，$T_{x\to y}$ 在 90% 的置信水平上等于 $(34\pm42)\times10^{-4}$ nat/时间步（其中 nat 是“信息”的标准单位，the natural unit of information，简称 nat），也就是说在 90% 置信水平上这可以认为与 0 没有区别，或者说在统计上不显著；相反，$|T_{y\to x}|$ 的值则接近 5000×10^{-4}。所以这两个序列是单向的因果关系，是 Y 驱动了 X。从这个例子可以看出因果分析相较于传统的相关分析有着巨大的优势。

当 $a=b=0$ 时，X 与 Y 完全独立，根据定理 2，它们之间两个方向上应该都没有因果关系。我们的计算结果分别为：$(0.29\pm0.34)\times10^{-4}$、$(0.16\pm0.21)\times10^{-4}$，在 90% 的置信水平上确实都不显著。

为了验证式（3.77）的正确性与有效性，我们还考虑了一个试金石般的极端情形：在非常弱耦合的情况下，$a=b=0.01$。这种二阶小的耦合一般都忽略不计，尽管理论上它们确实让 X 与 Y 构成一种因果关系，在计算过程中往往比计算误差还小，但非常令人鼓舞的是，用式（3.77）算出的结果告诉我们两者之间无论在哪个方向上的因果关系都显著地异于零 [$(2.0\pm1.1))\times10^{-4}$，$(8.7\pm6.8)\times10^{-4}$]。

更多关于式（3.77）的验证参见 Liang（2014）的原文，其中有一个高度非线性的混沌系统的例子，用传统的 Granger 检验以及传递熵分析都得到荒诞的结果，但式（3.77）却能轻而易举地给出正确的答案。由此可见 Liang（2014）得出的式（3.77）的强大之处。

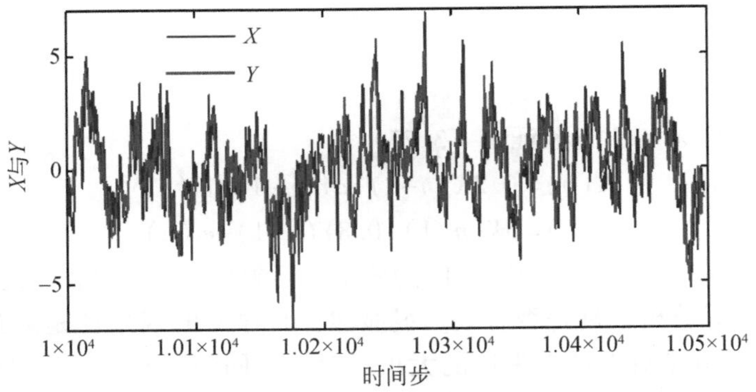

图 3.34　情形Ⅰ的两条序列 X 和 Y（彩图见文后彩插）

四、应用举例

式（3.77）已经在许多传统因果分析方法解决不了的问题中得到验证，并成功地被用到不同学科的各个领域中，其中一个应用是 Stips 等（2016）对二氧化碳排放和全球气候变暖问题的关系所做的研究，尽管当时的工作还不够深入，但得到了不少重要的新发现，并引起了相当的反响。这个应用的做法其实非常简单，现有一条表征全球二氧化碳浓度的时间序列，同时全球表面气温（海表与陆地表面）的网格化遥感数据都有完整的时间序列，那么根据式（3.77），地球表面每一点都可以得到两个值，一个是 $T_{\mathrm{MTA}\to\mathrm{CO_2}}$，即表面温度至二氧化碳的信息流，另一个是 $T_{\mathrm{CO_2}\to\mathrm{MTA}}$，即二氧化碳至表面温度的信息流。由于每一点都有值，那么 $T_{\mathrm{MTA}\to\mathrm{CO_2}}$ 与 $T_{\mathrm{CO_2}\to\mathrm{MTA}}$ 都有着全球分布（图 3.35）。据计算，20 世纪以来，前者不显著或者几乎为零，后者是显著的，所以表现为有二氧化碳至全球增温的单向因果关系，也就是说，过去一个世纪中二氧化碳的排放确实导致了全球增温。前人用传统的 Granger 因果检验也做过相关研究，得到的关系尽管也是一边独大，但两边皆有，不如 Stips 等所得到的结果清晰（几乎完全单向）。此外，式（3.77）定量地给出了因果性，文章因而得到这种单向因果关系在全球的空间分布，由图 3.35 可见，这种因果性不是均匀分布的：①人类活动产生的温室气体排放主要发生在北半球，但它们却主要导致了南半球，尤其是印度洋的增暖；②这种因果关系在干旱地区有更强的体现。这些结果后来一一得到了证实。Stips 等（2016）一文中更重要的发现是：如果在古气候尺度上（一千年或更长）来考虑问题，则上述因果关系完全颠倒了过来，也就是说，是全球气候变暖导致了二氧化碳浓度升高，而不是相反！尽管这个结果与大众常识相左，但却与最近南极洲的冰芯采样数据相吻合。

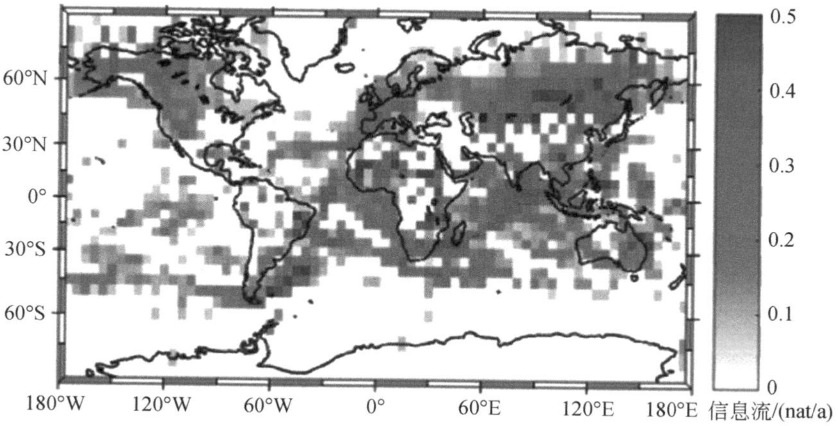

图 3.35　二氧化碳至表面气温和表面温度至二氧化碳的信息流

来源：Stips 等（2016）

其他方面的例子包括金融、神经科学、人工智能、地球科学等学科中的应用。例如，我们从 Yahoo 上下载了国际商业机器公司与美国通用电气公司的两条股票价格时间序列，取一定的时间窗口（如两年长度）做期间的因果分析，然后一步步把窗口滑动，再做因果分析，这样就得到一个随时间变化的信息流/因果性。基于此我们发现 20 世纪 70 年代有一段时间里由国际商业机器公司至美国通用电气公司有一个很强的、近乎单向的因果关系，由此发掘了一个尘封了几十年的关于“七个侏儒”与一个“巨人”争夺巨型机市场的故事（Liang，2015）。这样的例子不一而足，这里不再赘述。

思考练习题

1. 什么是时间序列分析？什么是功率谱分析？时间序列的功率谱分析有什么意义？

2. 常用的功率谱分析方法有哪些？各自有什么特点或适用范围？

3. 傅里叶变换、短时傅里叶变换和小波变换有哪些区别和联系？

4. 以 1000Hz 的采样频率对以下信号持续采样 1s，利用傅里叶变换对采样数据做功率谱分析，找出信号的峰值频率及其功率谱密度。

$$y=2\sin(200\pi t)-0.5\sin(300\pi t)+\sin(600\pi t)$$

5. 对于第 4 题中采样得到的信号，利用最大熵谱估计对采样数据做功率谱分析，找出信号的峰值频率及其功率谱密度，并与傅里叶变换谱作比较。

6. 对于第 4 题中采样得到的信号，利用短时傅里叶变换对采样数据做功率谱分析，找出信号的峰值频率及其功率谱密度，并与傅里叶变换谱和最大熵谱作比较。

7. 对于第 4 题中采样得到的信号，利用小波变换对采样数据做功率谱分析（选用不同小波函数），找出信号的峰值频率及其功率谱密度，并与傅里叶变换谱、最大熵谱和短时傅里叶变换谱作比较。

8. 对于第 4 题中采样得到的信号，利用经验模态分解分析采样数据，找出信号的峰值频率及其功率谱密度，并与傅里叶变换谱、最大熵谱、短时傅里叶变换谱和小波谱的结果作比较。

9. 以 1000Hz 的采样频率对以下信号持续采样 1s，对 y_1 和 y_2 做交叉谱分析，求出振幅谱、相位谱和凝聚谱，并根据交叉谱分析两个信号之间的关系。

$$y_1=2\sin(200\pi t)+0.1\sin(400\pi t)$$

$$y_2=3\cos(200\pi t)-0.4\sin(400\pi t+\pi/3)$$

10. 下载海洋卫星在一段时间内观测的某一海区的数据（如海面高度、风速、风向、降雨率、叶绿素浓度、悬浮物浓度等），利用四种谱分析方法求出该参数的功率谱，并分析该参数的变化特征。

11. 下载一幅海洋卫星图像（如 SAR 观测的海浪、MODIS 观测的叶绿素浓度等），选取中国近海的一个区域，对其做二维功率谱分析，并根据功率谱分析参数的空间变化特征。

12. 什么是自回归模型？常用的回归分析方法有哪些？各自有什么优点和缺点？

13. 已知波浪浮标在一段时间内测量的海面位移见表 3.3，数据的采样频率为 2Hz。

（1）画出数据点图，求出数据的均值、方差；

（2）找出数据的变化趋势并剔除；

(3) 对剔除变化趋势后的数据用最小二乘拟合作线性函数拟合，求出模型的参数并检验。

表 3.3　第 13 题波浪浮标测量的数据点

时间点	位移/m	时间点	位移/m	时间点	位移/m	时间点	位移/m
1	0.94	17	-0.23	33	0	49	0.23
2	1.02	18	-0.39	34	0.23	50	0.23
3	0.94	19	-0.39	35	0.16	51	0.23
4	1.02	20	-0.63	36	-0.08	52	0.47
5	0.86	21	-0.78	37	-0.16	53	0.31
6	0.7	22	-0.39	38	-0.08	54	-0.08
7	0.47	23	-0.23	39	0	55	-0.23
8	0.47	24	-0.31	40	0.16	56	-0.08
9	0.31	25	-0.23	41	0.31	57	0.23
10	0.16	26	0.08	42	0.47	58	0.23
11	0.08	27	0.23	43	0.31	59	0.08
12	0	28	0.08	44	0.16	60	0
13	0.08	29	-0.39	45	0	61	-0.08
14	0.08	30	-0.78	46	0.08	62	-0.23
15	0	31	-0.94	47	0.08	63	-0.08
16	-0.08	32	-0.47	48	0.16	64	0.08

14. 对于第 13 题中的浮标测量数据，计算样本的自相关函数，并做功率谱分析，找出该时间序列的峰值频率。

15. 对于第 13 题中的浮标测量数据，试用 AR (2) 模型

$$Y_t=\varphi_1 Y_{t-1}+\varphi_2 Y_{t-2}+Z_t,$$

拟合，其中 $\{Z_t\}$ 服从高斯白噪声分布，$\{Z_t\}\sim WN(0,\sigma^2)$。试利用最小二乘法估计模型参数 φ_1、φ_2 和 σ^2。

16. 对于第 13 题中的浮标测量数据，试用主成分回归法估计 AR (2) 和 AR (3) 模型的参数和方差。

17. 对于第 13 题中的浮标测量数据，试用特征根回归法估计 AR (2) 和 AR (3) 模型的参数和方差。

18. 对于第 13 题中的浮标测量数据，试用岭回归法估计 AR (2) 和 AR (3) 模型的参数和方差。

19. 对于第 13 题中的浮标测量数据，选取合适的非线性模型，利用神经网络回归方法估计模型的参数和误差。

20. 已知 ARMA (2, 1) 过程

$$X_t-0.1X_{t-1}-0.12X_{t-2}=Z_t-0.7Z_{t-1}$$

以及观测值 X_1，X_2，…，X_{10}，如表 3.4 所示，其中 $\{Z_t\}$ 服从高斯白噪声分布，即 $\{Z_t\} \sim WN(0, \sigma^2)$。试根据模型预报 X_{11}，X_{12} 和 X_{13}，并给出相应的预报均方误差。

表 3.4　观测值

t	X_t	t	X_t
0.00	0.08	3.35	2.06
0.42	1.22	3.77	1.98
0.84	1.61	4.19	2.01
1.26	2.05	4.61	1.92
1.68	2.13	5.03	1.62
2.09	2.08	5.45	1.59
2.51	2.28	5.86	1.45
2.93	1.99	6.28	1.38

21. 对于实际离散信号，计算其短时傅里叶变换和反变换的步骤是什么？

22. 求余弦信号以下面的正态分布为窗的短时傅里叶变换：

$$x(t)=\cos(\omega_0 t),\ w(t-\tau)=\mathrm{e}^{-\alpha(t-\tau)^2/2},\ \alpha>0$$

23. 以 Morlet 小波为母函数对信号 $x(t)$ 作小波变换：

$$x(t)=\mathrm{e}^{j\omega_0 t}$$

第四章　空间数据的处理方法

物理海洋（海流、温度和盐度等）、生物和化学要素（叶绿素、营养盐、有机颗粒物、溶解气体等）的空间分布蕴含着丰富的海洋学信息，需要借助空间的数据分析方法来揭示和探索其变化的特征和内在规律。当前，随着计算机技术的发展，数据的存储和计算能力有了空前的提高，对海洋观测资料的分析方式也发生了较大的变化。在空间资料的分析处理方面，相比借助于科学家双手以及经验绘制等值线图的情况，计算机出现之后，海洋要素场的等值线图主要通过根据特定算法编制的程序来完成。而且，借助计算机还可以高效地进行空间资料的插值工作，因此，对于观测资料缺乏的广阔海洋，这项工作的意义重大。

第一节　客观分析

海洋和大气科学研究中，对资料的客观分析是必不可少的。这是由于现场观测的资料往往难以连续覆盖特别大的范围，且这些资料中含有噪声以及各类误差，在将其作为数值预报初始场和进行绘图时，需要采用一些方法插补缺少的资料以及滤掉噪声部分（张芩和马继瑞，1995）。一般来说，客观分析是一种估计过程，这个过程可以用数学方法具体描述。物理海洋学中最为广泛使用的客观分析方法是最小二乘最优插值，或者称为Gauss-Markov平滑，它本质上是线性估计（平滑）技术的应用。由于它通常用于将空间非均匀数据映射到一组规则间隔的网格上，Gauss-Markov平滑也称为Gauss-Markov映射。该技术的基础是Gauss-Markov定理。Gauss-Markov定理是由Gandin（1965）首次引入的，用于提供一个系统制作气象参数网格图的方法，该方法要使目标资料场（规则格点）与原始实测资料场（不规则分布）保持线性关系且达到最小的均方差。所谓客观分析方法就是根据Gauss-Markov定理生成海洋和大气要素格点分布的过程（Mcintosh，1990），或者可以理解为重新构造要素的空间分布场，最优地表示瞬间状态，并给出规则网格点上的海洋要素值（黄嘉佑和李庆祥，2015）。

客观分析方法可以帮助我们获得一个比较理想的数值模拟所需的初始分布场，也可以为进行动力学分析提供准确的客观分析场，或者为绘制较为真实的环境要素等值线分布图提供支持。

客观分析方法多种多样，但是不论采用何种方法所得到的分析场在分布趋势上应该是一致的。这是因为海洋环境是客观存在的。本节详细介绍最优插值（optimal interpolation）和克里金（Kriging）插值这两种较为常用的客观分析方法。

一、最优插值

（一）基本原理

最优插值法是重要的客观分析方法之一，在物理海洋学研究以及资料同化中都有应用。在该方法中，格点上的客观分析值（即最优估计值）是由该格点的初始场估计值（又称初估值、预备场或背景值）加上订正值（修订值）而求得的，是一种线性插值法，其订正值是由周围各观测站的观测值与初估值的偏差加权求得，其权重系数（即最优插值系数）应该使得格点分析值的误差达到最小（杨晓霞等，1991）。假如不考虑时间的变化，那在某一时刻某一点的分析值可以表示为

$$D_k^{\mathrm{a}} = D_k^{\mathrm{G}} + \sum_{q=1}^{m} \sum_{i=1}^{n_q} P_{iq}(D_{iq}^{\mathrm{o}} - D_{iq}^{\mathrm{G}}) \tag{4.1}$$

式中，D_k^{a} 为某一格点 k 的分析值；D_k^{G} 为格点 k 的初始场估计值；P_{iq} 为第 i 个观测站第 q 个要素的插值系数，也即在求取观测值与初始场估计值差的加权和时的权重系数；D_{iq}^{o} 为第 i 个测站上第 q 个要素的观测值；D_{iq}^{G} 为第 i 个测站上第 q 个要素的初始场估计值；m 为参加分析的要素数目；n_q 为第 q 个要素所用的测站数目。通常，选择格点周围一定半径距离内的观测站来计算加权平均，如图 4.1 所示。

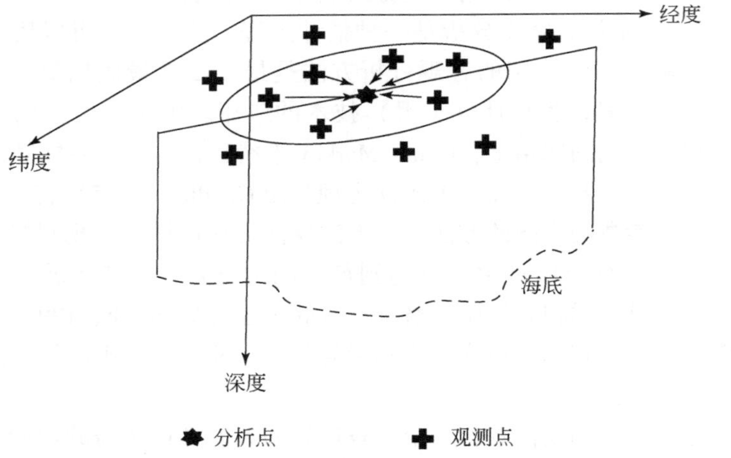

图 4.1　观测站的选择（陈佳琪等，2012）

由式（4.1）可见，求取格点的分析值，即确定最优权重的过程。求取权重系数的方法是基于最小二乘法，也就是求取满足分析点真值和分析值的均方误差最小化条件下的权重值。

假设 d_i^{o} 是观测点 i 上的观测值，它与该点的真值 d_i 的差表示为 e_i^{o}，e_i^{o} 表示仪器观测误差以及小尺度扰动，也就是

$$d_i^{\mathrm{o}} = d_i + e_i^{\mathrm{o}} \tag{4.2}$$

设 d_k^g 为格点 k 上的初估值（即预备场，也可以是数值模式预报场），它与真值 d_k 的差可以表示为 e_k^g，如果预备场是由预报值提供，则 e_k^g 表示预报误差。也就是

$$d_k^g = d_k + e_k^g \tag{4.3}$$

如果将格点上的初估值或预报值插值到观测点 i 上，则有

$$d_i^g = d_i + e_i^g \tag{4.4}$$

式中，d_i^g 为观测点 i 上的初估值；e_i^g 是观测点上初估值和真值的差。

假设格点 k 上的分析值 d_k^a 可以表示为

$$d_k^a = d_k + e_k^a \tag{4.5}$$

式中，e_k^a 表示格点上的分析误差。

根据式（4.1），由于格点的分析值是由格点的初估值加上订正值而得到，所以有

$$d_k^a = d_k^g + \sum_{i=1}^{n} p_i (d_i^o - d_i^g) \tag{4.6}$$

式中，p_i 为待确定的权重因子；n 为特定半径内的观测点数目。将观测点上的观测值与初估值的差表示为

$$d_i' = d_i^o - d_i^g \tag{4.7}$$

根据式（4.2）~式（4.5），可将式（4.6）和式（4.7）改写为

$$e_k^a = e_k^g + \sum_{i=1}^{n} p_i d_i' \tag{4.8}$$

$$d_i' = e_i^o - e_i^g \tag{4.9}$$

式（4.8）表明，如果选择使得格点上的均方分析误差 $\langle (e_k^a)^2 \rangle$ 最小的权重 p_i（其中，$\langle\ \rangle$ 符号表示平均），就可以得到统计意义上最优的分析场。根据式（4.8）和式（4.9），格点上的均方分析误差可以表示为

$$\begin{aligned}\langle (e_k^a)^2 \rangle = \langle (e_k^g)^2 \rangle + 2\sum_{i=1}^{n} p_i \langle e_k^g (e_i^o - e_i^g) \rangle \\ + \sum_{i=1}^{n}\sum_{j=1}^{n} p_i p_j \langle (e_i^o - e_i^g)(e_j^o - e_j^g) \rangle\end{aligned} \tag{4.10a}$$

因为初估值与观测值是相互独立的，两者的协方差为零，则式（4.10a）变为

$$\begin{aligned}\langle (e_k^a)^2 \rangle = \langle (e_k^g)^2 \rangle - 2\sum_{i=1}^{n} p_i \langle e_k^g e_i^g \rangle \\ + \sum_{i=1}^{n}\sum_{j=1}^{n} p_i p_j (\langle e_i^g e_j^g \rangle + \langle e_i^o e_j^o \rangle)\end{aligned} \tag{4.10b}$$

令

$$\langle (e_k^a)^2 \rangle = Er$$

$$\langle e_i^g e_j^g \rangle = m_{ij}$$

$$\langle e_i^o e_j^o \rangle = \delta_{ij} \varepsilon_i^2$$

式中，m_{ij} 为初估值之间的相关关系；ε_i^2 为观测点上的观测误差的方差；δ_{ij} 为 Kronecker 符号，表示如果 $i \neq j$，则 $\delta_{ij}=0$；如果 $i=j$，则 $\delta_{ij}=1$。这里假定不同测站的观测误差相互独立。

当 $i=j$ 时，式（4.10b）可以改写为

$$Er = m_{kk} - 2\sum_{i=1}^{n} p_i m_{ki} + \sum_{i=1}^{n}\sum_{j=1}^{n} p_i p_j m_{ij} + \sum_{i=1}^{n} p_i^2 \varepsilon_i^2 \tag{4.11}$$

用 m_{kk} 除式（4.11）各项，化成无量纲形式为

$$Er' = 1 - 2\sum_{i=1}^{n} p_i \alpha_{ki} + \sum_{i=1}^{n}\sum_{j=1}^{n} p_i p_j \alpha_{ij} + \sum_{i=1}^{n} p_i^2 \beta_i \tag{4.12}$$

式中，Er' 为分析值的相对均方误差；$\beta_i = \varepsilon_i^2/m_{kk}$ 为第 i 个观测点观测值的相对均方误差；α_{ki} 和 α_{ij} 分别为格点与观测点，观测点与观测点之间的归一化相关系数。这时，Er' 取极小值，即计算 Er' 对所有权重 p_i 的一阶偏导数，并令其等于零，也就是

$$\frac{\partial Er'}{\partial p_i}=0 \quad (i=1, 2, \cdots, n) \tag{4.13}$$

因此，可以得到一组确定最优权重的线性方程组：

$$\sum_{j=1}^{n} p_j \alpha_{ij} + p_i \beta_i = \alpha_{ki} \quad (i = 1, 2, \cdots, n) \tag{4.14}$$

在式（4.14）两边同乘以 p_i 之后，可得

$$\sum_{i=1}^{n}\sum_{j=1}^{n} p_i p_j \alpha_{ij} + \sum_{i=1}^{n} p_i^2 \beta_i = \sum_{i=1}^{n} p_i \alpha_{ki} \tag{4.15}$$

将式（4.15）代入式（4.12），可得

$$Er' = 1 - \sum_{i=1}^{n} p_i \alpha_{ki} \tag{4.16}$$

式（4.14）和式（4.16）表明最优权重或分析误差依赖于初估值之间的相关性、观测点上的观测误差以及 n 的大小，而 n 是由格点相对于观测点的位置决定的。当根据海洋要素的统计结构和观测系统误差确定出 α_{ij}、α_{ki} 和 β_i，就可由线性方程组式（4.14）求解出权重 p_i，再根据式（4.6）求解出格点的分析值。

有研究指出，相对分析误差 Er' 随观测点数目 n 的增加而减少，但是当 n 大于 6 之后，Er' 减少的速率就变得很慢，所以对于一个格点进行插值，设置的半径包含 6 个左右观测站点就够了。

（二）应用实例

在实际应用最优插值获得海洋要素分析场的时候，往往面对的是数量众多的格点，需要借助矩阵运算并依托计算机进行数值计算求解。下面以海表面温度（SST）的资料同化为例进行说明（朱江等，1995）。

假设 SST 的真实值场为 $\boldsymbol{T}_n$，这里下标 n 表示 SST 在 $t=t_n$ 时的值，也就是某一时刻的场。$\boldsymbol{T}_n^{\mathrm{f}}$ 和 $\boldsymbol{T}_n^{\mathrm{a}}$ 分别是预报场（初始估计场）和分析场。现有观测 $\boldsymbol{T}_n^{0}$，则最优插值的分析场，也就是最优插值之后将要获得的规则格点 SST 场，参考式（4.6），可用矩阵运算形式表达为下面的形式：

$$\boldsymbol{T}_n^{\mathrm{a}} = \boldsymbol{T}_n^{\mathrm{f}} + \boldsymbol{P}_n(\boldsymbol{T}_n^{0} - H_n \boldsymbol{T}_n^{\mathrm{f}}) \tag{4.17}$$

式中，H_n 为把格点预报值（初估值）插值到观测站位上的线性插值算子，这里为一个 $I \times J$ 矩阵，I 为观测个数，J 为格点个数；$\boldsymbol{P}_n$ 为使分析误差最小（统计意义上）的权重矩阵。

$$\boldsymbol{P}_n=\boldsymbol{G}_n^{\mathrm{f}}H_n^{\mathrm{T}}\left(H_n\boldsymbol{G}_n^{\mathrm{f}}H_n^{\mathrm{T}}+\boldsymbol{R}\right)^{-1} \tag{4.18}$$

式中，上标 T 为矩阵的转置；$\boldsymbol{G}_n^{\mathrm{f}}$ 为预报（背景）误差协方差矩阵；$\boldsymbol{R}$ 为观测误差协方差矩阵（在最优插值中，通常设为对角阵）。分析误差协方差矩阵可以表示为

$$\boldsymbol{G}_n^{\mathrm{a}}=(I-\boldsymbol{P}_nH^n)\boldsymbol{G}_n^{\mathrm{f}} \tag{4.19}$$

由式（4.18）可知，要实现最优插值法，必须估计出预报误差协方差矩阵$\boldsymbol{G}_n^{\mathrm{f}}$ 和观测误差协方差矩阵 $\boldsymbol{R}$。如果传感器精度较高，可认为观测误差近似为零，也就是将观测值看作真实值，这时观测场的误差协方差矩阵 $\boldsymbol{R}$ 为零矩阵。

在确定预报误差协方差时，通常的一个假设为 $\boldsymbol{G}_n^{\mathrm{f}}$ 是定常的，即不随时间变化；另一个假设为预报误差的水平相关性满足某一随水平距离增加相关性呈指数递减的规律，本实例采用了这两个假设。记定常的预报误差为 $\boldsymbol{G}^{\mathrm{f}}$，有

$$\boldsymbol{G}^{\mathrm{f}}=(\boldsymbol{D}^{\mathrm{f}})^{\frac{1}{2}}\boldsymbol{C}\,(\boldsymbol{D}^{\mathrm{f}})^{\frac{1}{2}} \tag{4.20}$$

式中，$\boldsymbol{C}$ 为预报误差水平相关矩阵；$\boldsymbol{D}^{\mathrm{f}}$ 为预报误差方差组成的对角线矩阵。

水平相关矩阵有两个方案可以选择，分别记为 $\boldsymbol{C}$ 和 $\boldsymbol{C}_1$，元素记为 $\boldsymbol{C}(r)$ 和 $\boldsymbol{C}_1(r)$，r 为两个预报格点的距离，取下面的形式：

$$\boldsymbol{C}(r)=\left(1-\frac{r^2}{a^2}\right)\exp\left(-\frac{r^2}{a^2}\right) \tag{4.21}$$

$$\boldsymbol{C}_1(r)=\exp\left(-\frac{r^2}{a^2}\right) \tag{4.22}$$

式中，a 为相关半径。

下面需要确定 $\boldsymbol{D}^{\mathrm{f}}$，即预报误差方差。假定它具有各向同性，由于在预报区域的某些海域没有观测，很难确定预报误差，而只能用有观测的海域的预报误差来推断无观测海域的预报误差。最直接的办法是用有观测的海域观测与模式的后报相比较求出方差，然后做空间平均。由于我们并不知道真实的海洋状态，只能近似地求出预报方差。其具体方法是用观测与后报值相比较，同时考虑观测误差，从而可以确定预报标准差的上、下界，然后根据上、下界取其平均值作为预报标准差。预报误差标准差的下界取观测误差的标准差，预报误差标准的上界由一系列的后报试验确定。

关于具体的算法，由于式（4.18）中的逆矩阵可能会是病态的，一般避免采用求逆矩阵的算法，而直接用最优化算法（如共轭梯度法）求目标函数的极小值。事实上，如果适当地定义变分方法的权重，统计插值的方法和变分方法可以看成是等价的。但是最优化算法依然会出现失败的情况。在这里可通过求解下面的约束最优化问题来解决问题（P）：

$$\min\ \|\boldsymbol{X}\|_2$$
$$\text{s. t.}\ \ \boldsymbol{AX}=\boldsymbol{b}$$

式中，$\boldsymbol{AX}=\boldsymbol{b}$ 对应式（4.18）。

采用 Householder 变换算法可使上述约束最优化问题在任何情况下都有唯一解。这点可以简单地解释如下：当 $\boldsymbol{A}$ 可逆时，显然有唯一解 $\boldsymbol{X}=\boldsymbol{A}^{-1}\boldsymbol{b}$，这时解为 $\boldsymbol{R}^n$ 中的一个点。当 $\boldsymbol{A}$ 不可逆时，$\boldsymbol{AX}=\boldsymbol{b}$ 的解可以表示为 $\boldsymbol{X}_0+\boldsymbol{E}_m$，其中，$X_0$ 为某一特解，$\boldsymbol{E}_m$ 为 $\boldsymbol{R}^n$ 中的 m 维（$m<n$）线性子空间。因此我们可找出唯一一个与 $\boldsymbol{X}_0+\boldsymbol{E}_m$ 相切的 $\boldsymbol{R}^n$ 中的球（单位在原点），而切点则是问题（P）的解。采用这个算法的合理性在于，当 $\boldsymbol{AX}=\boldsymbol{b}$ 有不唯一的解

时，我们取 L_2（范数最小的一个），因而我们得到的分析值是对预报值修订较小的一个，这样可避免利用共轭梯度法求出的解（许多中的一个）对预报值修正过大。在一系列的数值试验中，这个算法十分可靠。

对 1991 年 8 月 19 日 14:00 的 SST 船舶报资料进行客观分析。这时，08:00 和 20:00 的资料也被一起加入，资料的分布及 SST 值见图 4. 2。采用 24h 预报场作为背景而不是采用 6h 预报场作为背景场，主要是为了增加背景场与观测的差别，以便更容易看出同化后的分析场与背景场的区别，预报场见图 4. 3。对上述资料采用了最优插值方案并与逐步订正法方案进行了比较，分析结果分别见图 4. 4 和图 4. 5。

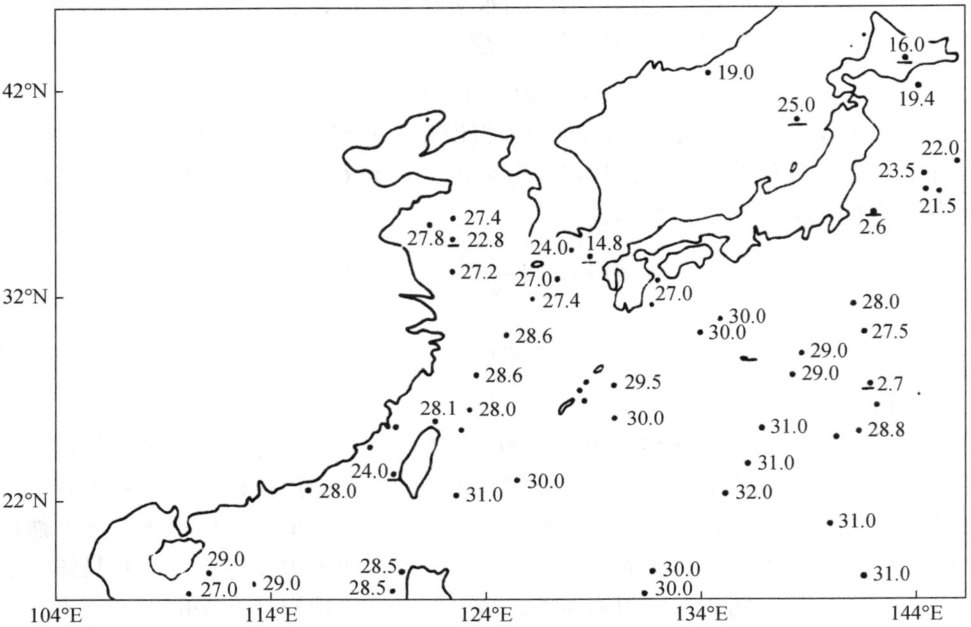

图 4. 2　1991 年 8 月 19 日 08:00、14:00、22:00 SST 船舶报分布图（单位：℃）
点下划横线的资料为被质量控制删除的资料

比较最优插值与逐步订正法两种方案的分析结果，如果以与观测吻合的角度来衡量，则逐步订正法要好于最优插值。在图 4. 2 中可看出，右下部海域有许多 30℃、31℃，甚至 32℃的观测，而在背景场同一海域的温度为 28 ~ 29℃，逐步订正法的分析结果将背景场订正到 30 ~ 31℃，最优插值将背景场订正到 29 ~ 30℃。从分析场的光滑性来看，最优插值优于逐步订正法。逐步订正法的分析场（图 4. 5）显得杂乱无章、支离破碎，在许多海域造成较大的温度梯度（大多出现在相邻资料的中间位置），如在图 4. 5 上部出现的两个热点区明显是两组孤立的资料造成的。尽管资料本身问题不大，然而这样的分析场很可能会对模式积分的稳定性带来不利的影响。最优插值的分析场（图 4. 4）的合理性还表现在其更清楚地反映了主要流系的分布，如黑潮（暖）、黄海暖流、朝鲜西岸的沿岸流（冷）以及日本海西部冷水舌及其东侧的锋区。

尽管最优插值法方案与观测的吻合性较逐步订正法差，但是随着同化时间的延续，分

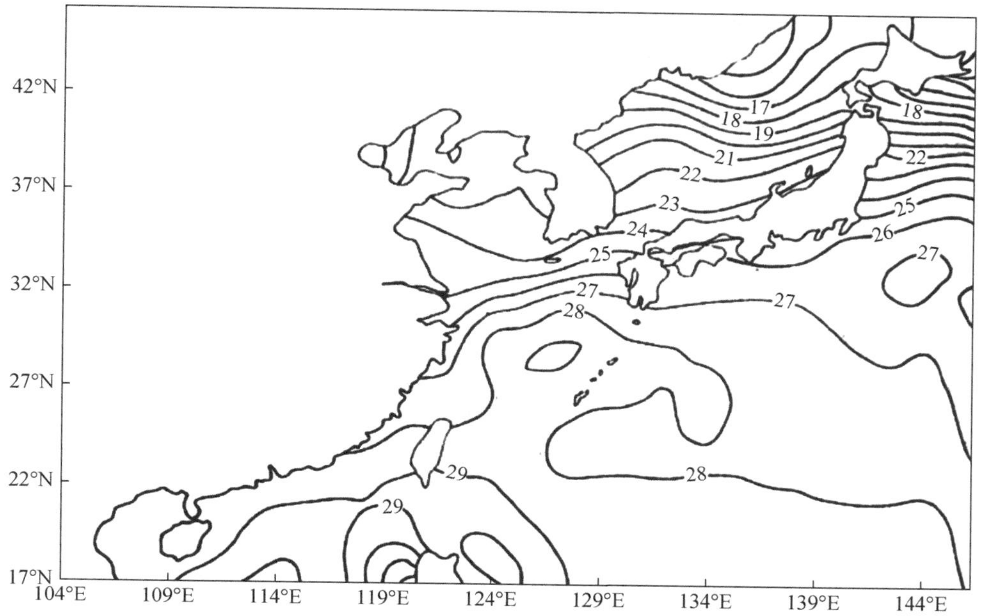

图 4.3　截至 1991 年 8 月 19 日 14：00SST 的 24h 预报场（作为分析的背景场，单位：℃）

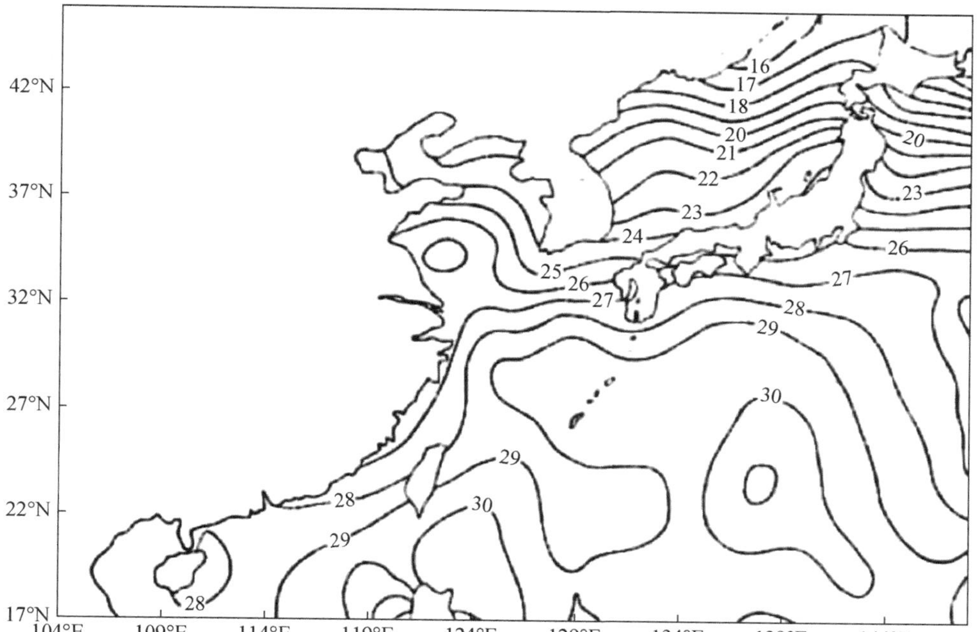

图 4.4　最优插值的分析场（单位：℃）

析场将会越来越靠近观测，因此在连续运行一段时间的资料同化后，最优插值法的这个缺点可能将会被弥补。综合上面的分析，最优插值法客观分析较逐步订正法（至少在有些方

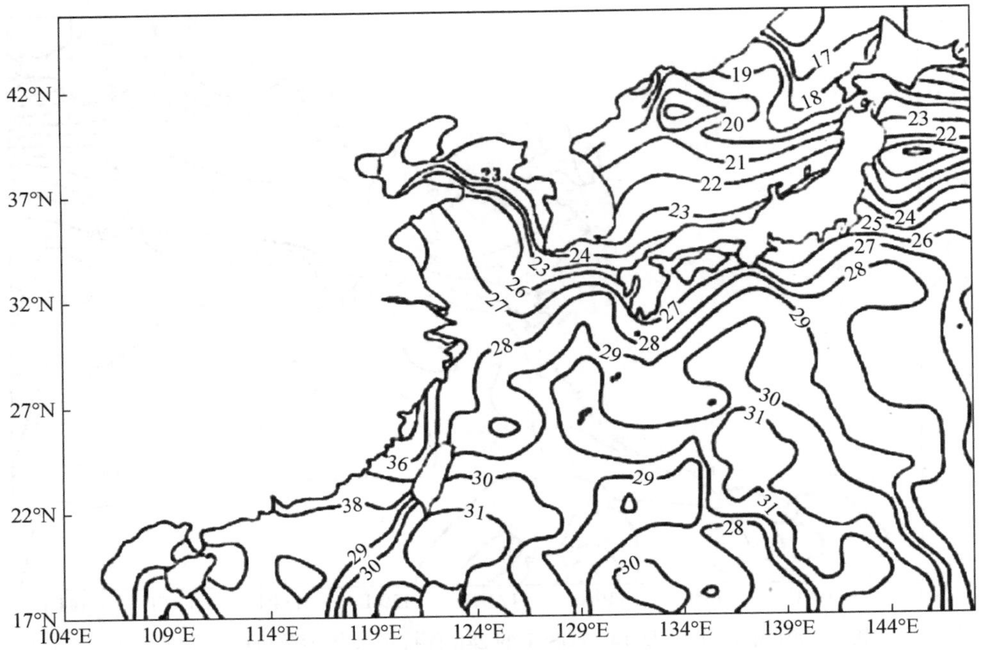

图 4.5　逐步订正法方案的分析场（单位：℃）

面）显得更加优越。

下面我们再举一个实例。该实例是李建通与张培昌 1996 年在《台湾海峡》上发表的“最优插值法用于天气雷达测定区域降水量”一文提到的。

图 4.6 是 1993 年 6 月 2 日 02:00，湖南气象台 713 雷达以 0.5°的仰角作 PPI 扫描取得的一次回波在分析区域内的分布情况（网格距为 5km×5km）。对分析区内地面雨量站网实测资料用一般客观分析方法求得各网格点上的雨强为

$$\boldsymbol{I}(i,\ j) = \left(\sum_{k=1}^{N} I_k W_k\right) / \sum_{k=1}^{N} W_k \tag{4.23}$$

式中，$k=1,\ 2,\ \cdots,\ N$，N 为以格点（$i,\ j$）为中心的某个扫描半径 R_n 内的雨量计个数，R_n 为保证 N 等于某一规定常数时的最小半径；W_k 为权重系数，可由下式确定：

$$W_k = \exp(-r_k^2/4K) \tag{4.24}$$

式中，r_k 为在 R_n 以内第 k 个雨量计站与网格点（$i,\ j$）之间的距离；K 为滤波系数，可以通过响应函数求得，这里取 $K=0.6$。

由于分析区内雨量站不多，故由式（4.24）所得的地面雨强分布图 4.7 与图 4.6 相差很大，一些等雨量线密集分布在有降水的雨量站附近，在有降水回波而无雨量站处则不能被真实反映出来。

采用雷达雨量计站的变分校准法是一种较为理想的方法。雨强的变分方程为

$$\delta F = \sum_i \sum_j [2a_g(\boldsymbol{I}_a - \boldsymbol{I}_g) + 2a_r(\boldsymbol{I}_a - \boldsymbol{I}_r) - 2\beta(\nabla_x^2 \boldsymbol{I}_a + \nabla_y^2 \boldsymbol{I}_a)]\delta \boldsymbol{I}_a = 0 \tag{4.25}$$

式中，$I_a(i,\ j)$为待求的分析场；a_g，a_r 分别为雨量计和雷达的观测权重系数，取 $a_g=200$，

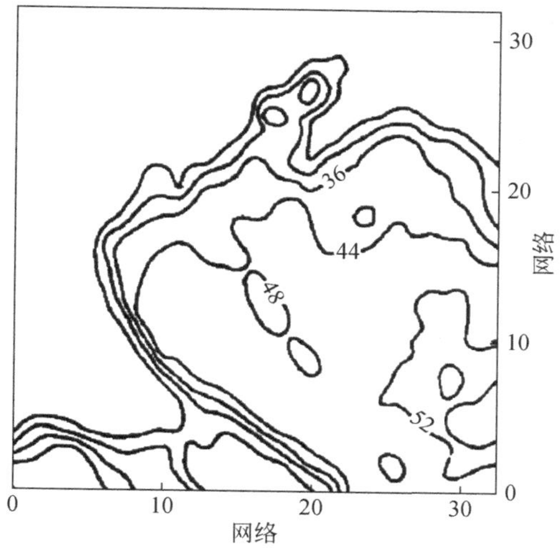

图 4.6　雷达回波初始场（等值线数值为雨量，单位：mm）

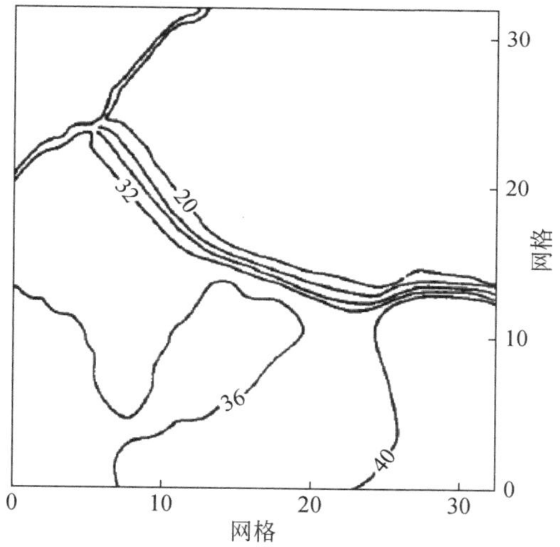

图 4.7　用地面雨量站网作客观分析所得的初始场（等值线数值为雨量，单位：mm）

$a_r=800$；β 为光滑权重系数，$\dfrac{1}{\beta}=0.01$；F 为泛函。与式（4.25）对应的欧拉方程为

$$\nabla^2\boldsymbol{I}_a-\frac{1}{\beta}(a_g+a_r)\boldsymbol{I}_a=\frac{1}{\beta}(a_g\boldsymbol{I}_g+a_r\boldsymbol{I}_r) \tag{4.26}$$

使用分析区内雷达和雨量计的实测资料求解出式（4.26）中分析场 $\boldsymbol{I}_a(i,j)$，如图4.8所示，图中等值线形状与雷达回波初始场形状图 4.6 基本相似，但降水强度的值得到了校准。变分校准法存在着权重系数选择、边值处理以及迭代运算收敛性等问题，使用时较麻烦。选用最优插值法对上述相同的实测资料做实验，即以雷达回波的降水场作初始场，地面雨量计值作为观测值，结果如图 4.9 所示。图 4.9 中等值线形状及数值与图 4.8 基本相近，这表明使用最优插值法确定区域降水分布是一种既简单又可靠的方法。

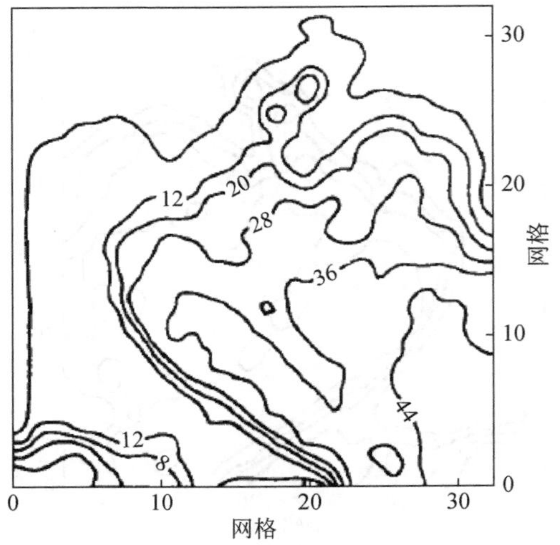

图 4.8　变分后的分析场（等值线数值为雨量，单位：mm）

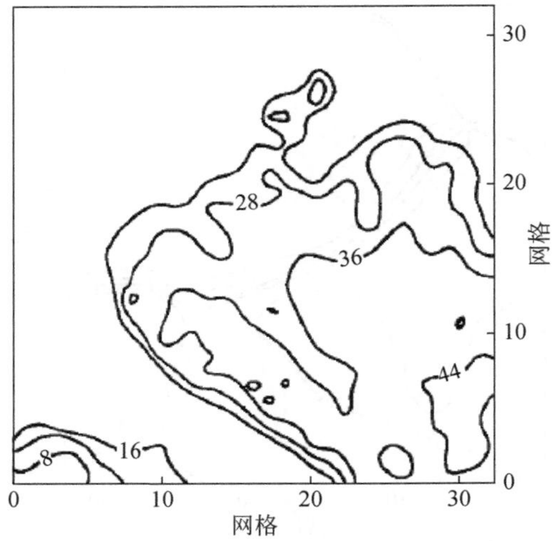

图 4.9　最优插值法订正后的分析场（等值线数值为雨量，单位：mm）

二、克里金插值

克里金插值法本质上也是一种最优插值，也基于线性最小二乘估计算法。该方法最早是由南非金矿工程师克里金于 20 世纪 50 年代提出来的，依据不同的条件又分为普通克里金法、简单克里金法、泛克里金法、协同克里金法等，所有的克里金估计法都是以基本线性回归估计为基础演变而来。下面分别以普通克里金法和简单克里金法为例介绍，这两种方法是其他所有克里金法的基础。

（一）普通克里金法

设有某一研究区域 A，该区域上所要研究的某要素为 $Z(x)$，$\{Z(x)\in A\}$，x 表示空间位置（坐标），$Z(x)$在采样点 x_i 处的观测值为 $Z(x_i)(i=1, 2, \cdots, n)$，$n$ 为采样点个数。则根据克里金插值原理，未采样点 x_0 处的真值 $Z(x_0)$的估计值是 n 个已知采样点属性值的加权和，即：

$$Z^*(x_0)=\sum_{i=1}^{n}\lambda_i Z(x_i) \tag{4.27}$$

式中，$Z^*(x_0)$为未采样点处的估计值；$Z(x_i)$为采样点处观测值；λ_i 为待求系数。所以求取未采样点处估计值，关键是利用无偏条件下使估计方差达到最小的原理来确定 λ_i。

所谓无偏性是指未采样点的估计值与实际真值之间的误差的数学期望为 0，即：

$$E[Z^*(x_0)-Z(x_0)]=0 \quad 或 \quad E[Z^*(x_0)]=E[Z(x_0)] \tag{4.28}$$

假设某一要素 $Z(x)$在整个研究区域内满足二阶平稳假设，也就是：①$Z(x)$的数学期望存在且等于常数，$E[Z(x)]=m$（满足在搜寻邻域内为常数即可，不同邻域可以有差别）；②$Z(x)$的协方差 $\mathrm{cov}(x_i, x_j)$存在且只与两点之间的相对位置有关。

根据式（4.27）、无偏性条件和二阶平稳假设，有如下关系存在：

$$E[Z^*(x_0)-Z(x_0)]=E\left[\sum_{i=1}^{n}\lambda_i Z(x_i)-Z(x_0)\right]=\left(\sum_{i=1}^{n}\lambda_i\right)m-m=0 \tag{4.29}$$

因此，可以得到：

$$\sum_{i=1}^{n}\lambda_i=1$$

此外，未采样点的估计方差是

$$\sigma^2=E(\{[Z^*(x_0)-Z(x_0)]-E[Z^*(x_0)-Z(x_0)]\}^2) \tag{4.30}$$

由于 $E[Z^*(x_0)-Z(x_0)]=0$，所以得到：

$$\sigma^2=E\{[Z^*(x_0)-Z(x_0)]^2\} \tag{4.31}$$

为了使得 σ^2 达到最小，应用拉格朗日求取极值的方法，即对式（4.32）中的 λ_i 求偏导数，并令其等于0。其中，μ 为拉格朗日乘子。

$$E\{[Z^*(x_0)-Z(x_0)]^2\}-2\mu\left(\sum_{i=1}^{n}\lambda_i-1\right) \tag{4.32}$$

进一步推导可得 $n+1$ 阶的线性方程组，称为克里金方程组，也就是求权重系数 $\lambda_i(i=1, 2, \cdots, n)$的方程组：

$$\begin{cases}\sum_{i=1}^{n}\lambda_i \mathrm{cov}(x_i, x_j)-\mu=\mathrm{cov}(x_0, x_i) \\ \sum_{i=1}^{n}\lambda_i=1\end{cases} \quad (i=1, 2, \cdots, n) \tag{4.33}$$

式中，$\mathrm{cov}(x_i, x_j)$为空间点 i 和 j 之间的协方差；$\mathrm{cov}(x_0, x_i)$为未采样点与空间 i 点间的协方差。求出权重系数 λ_i 之后，就可以求出未采样点 x_0 处的估计值 $Z(x_0)$。

当不满足二阶平稳假设，但是满足本征假设时，即满足：① $E[Z(x_i)-Z(x_j)]=0$；②增量的方差存在且平稳，$\mathrm{var}[Z(x_i)-Z(x_j)]=E[Z(x_i)-Z(x_j)]^2$。上述求权重系数 λ_i 的克里金方程组中协方差 $\mathrm{cov}(x_i, x_j)$ 可用变异函数 $\gamma(x_i, x_j)$（或称变程方差函数）表示，形式为

$$\begin{cases} \sum_{i=1}^{n} \lambda_i \gamma(x_i, x_j) - \mu = \gamma(x_0, x_i) \\ \sum_{i=1}^{n} \lambda_i = 1 \end{cases} \quad (i = 1, 2, \cdots, n) \tag{4.34}$$

由克里金插值所得到的方差为

$$\sigma^2 = \mathrm{var}[Z^*(x_0) - Z(x_0)] = \mathrm{cov}(x_0, x_0) - \sum_{i=1}^{n} \lambda_i \mathrm{cov}(x_0, x_i) + \mu \tag{4.35}$$

或者用变异函数表示为

$$\sigma^2 = \sum_{i=1}^{n} \lambda_i \gamma(x_0, x_i) - \gamma(x_0, x_0) + \mu \tag{4.36}$$

普通克里金要求随机函数二阶平稳或符合本征假设，包括一阶平稳及协方差（变差函数）平稳。如果知道观测数据在空间上具有明显的趋势性，就不能采用普通克里金的办法进行估计。在这种情况下，可采用泛克里金技术进行估计，因为在泛克里金估计中考虑了漂移的存在。

（二）简单克里金法

所谓简单克里金，可以理解为克里金复杂形式的简化。

对于某随机海洋要素变量 $Z(x)$，在未采样点的估计值用复杂形式克里金可以表示为

$$Z^*(x_0) - m(x_0) = \sum_{i=1}^{n} \lambda_i [Z(x_i) - m(x_i)] \tag{4.37}$$

式中，$Z^*(x_0)$ 为未采样点处的估计值；$Z(x_i)$ 为采样点 i 处的观测值；$m(x_0)$ 为未采样点处的数学期望；$m(x_i)$ 为采样点处的数学期望；λ_i 为权重系数。式（4.37）说明，复杂克里金估计中，估计的对象是待估计值和其数学期望的差值 $Z^*(x_0)-m(x)$，而且不同采样点处的数学期望有差别，因此是不平稳的，需要预先求取不同的 $m(x_i)$，使得计算复杂化。

在上述协方差或变异函数不平稳的情况下，克里金方程组表达为

$$\sum_{i=1}^{n} \lambda_i \mathrm{cov}(x_i, x_j) = \mathrm{cov}(x_0, x_j) \quad (j = 1, \cdots, n) \tag{4.38}$$

为了简化，基于二阶平稳假设，任意点处的数学期望为一个常数，即 $E[Z(x)]=m$。则式（4.37）中，$m(x_0)$ 和 $m(x_i)$ 均为常数 m，可得简单克里金的估值方程为

$$Z_{SK}^*(x_0) = \sum_{i=1}^{n} \lambda_i Z(x_i) + m\left(1 - \sum_{i=1}^{n} \lambda_i\right) \tag{4.39}$$

基于二阶平稳假设，两点间协方差与位置无关，而只与两点间距离有关，这时简单克里金方程组为

$$\sum_{i=1}^{n} \lambda_i \mathrm{cov}(x_i - x_j) = \mathrm{cov}(x_0 - x_j) \quad (j = 1, \cdots, n) \tag{4.40}$$

注意，相对于式（4.38）的变化，协方差函数中的“,”换成了“-”用来代表距离。

在应用简单克里金时，由于要求满足二阶平稳条件，所以比较适用于空间变异相对较小的海洋要素的估计，不能用于具有趋势的情况；此外，随机函数的均值已知，且为常数。另外，需要注意，简单克里金中的权重系数为观测值与其数学期望之差对未采样点估计值的贡献，其权系数之和不一定等于1；在计算协方差或变异函数时，采用的是实际观测值与其数学期望的差值。

（三）克里金插值法中的变异函数

变异函数是克里金插值法插值的基础。插值中需要首先确定所研究变量的变异函数。变异函数能够定量化地描述要素空间分布场的相关结构，以及空间距离大小所反映出的相关关系的大小。变异函数定义为

$$\gamma(x_i, x_j) = \frac{1}{2}\mathrm{var}[Z(x_i) - Z(x_j)] \tag{4.41}$$

式（4.41）中，var 表示求取方差。空间变量的空间变异性指的是变量在空间中随着位置的不同而变化的性质。变异函数可以通过自身的结构和参数的变化来反映空间变异性。对空间变异性进行结构分析的过程就是确定变异函数的过程。

当满足本征假设时，$E[Z(x_i) - Z(x_j)] = 0$，所以变异函数还可以写为

$$\gamma(x_i, x_j) = \gamma(x_i - x_j) = \frac{1}{2}E[Z(x_i) - Z(x_j)]^2$$

式中，$x_i - x_j$ 为两点间的距离。

如果 x_i 和 x_j 之间的距离足够近，那么这两个点之间的函数值也就比较接近，当然 $Z(x_i) - Z(x_j)$ 就是比较小的值。反之，随着距离增大，$Z(x_i) - Z(x_j)$ 也会变大，如图 4.10 所示。

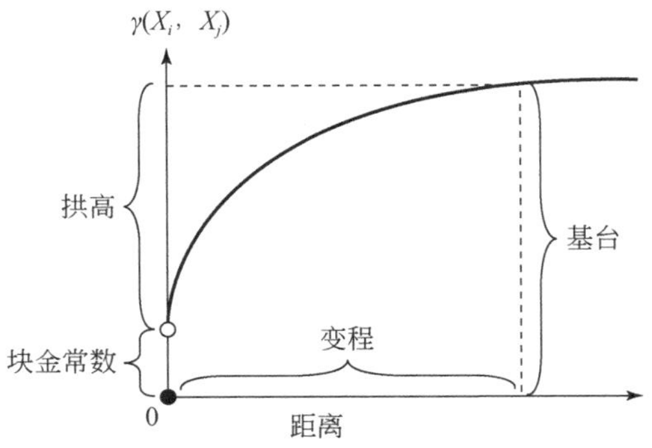

图 4.10　变异函数（变异函数随着距离的增加而增大）

块金常数（C_0）反映了所谓的块金效应（变异函数在原点处的间断性）的影响，它可以分为测量误差和微小尺度变化的影响，当然，这两者可能为零。变程（a）反映了从空间相关状态向不存在相关状态转变的分界线。此外，还有拱高（C）和基台[$C(0)$]两个模型参数。

变异函数和协方差函数存在如下关系

$$\gamma(x_i, x_j) = C(0) - \mathrm{cov}(x_i, x_j) \tag{4.42}$$

所以用变异函数或者协方差函数来进行插值都是可以的。

变异函数理论模型可以分为有基台值和无基台值两类。有基台值模型可包括球状模型、指数模型和高斯模型等。如果用 h 表示距离，则常用的球状模型公式为（靳国栋等，2003）

$$\gamma(h) = \begin{cases} 0, & h=0 \\ C_0 + C\left(\dfrac{3h}{2a} - \dfrac{h^3}{2a^3}\right), & h \in (0, a] \\ C_0 + C, & h > a \end{cases} \tag{4.43}$$

变异函数作为定量描述空间变异性的一种统计学工具，通过其自身的结构及其各项参数，从不同角度反映了空间变异性结构。利用变异函数可以对空间变量的连续性、相关性、变量的影响范围、尺度效应、原点处的间断性、各向异性等要素进行描述（王家华等，1999）。

（四）应用实例

假设已有一些沉积物的孔隙度观测值，利用克里金插值在未有观测值的位点获得孔隙度的值。可以通过四步来获得结果，首先是数据准备，其次是结构分析获得变异函数的关键参数，再次就是求解权重系数，最后获得估计值（吴胜和，2010）。

第一步，准备观测数据，如图 4.11 所示。其中，s_0 为待插值估计的点，其余 4 个为取样点，孔隙度值依次为 20%、18%、15%、19%。

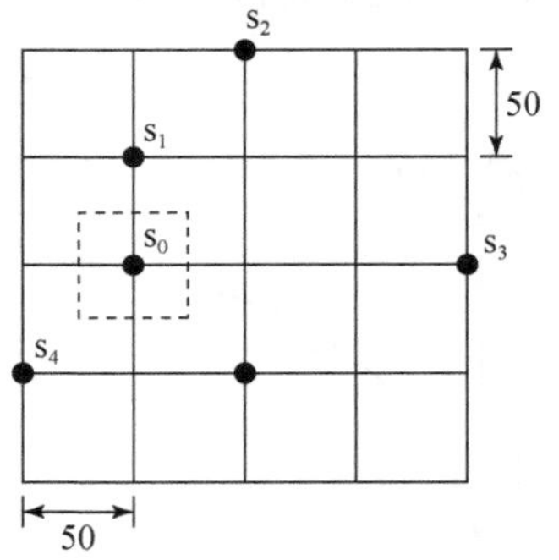

图 4.11　取样点以及待插值估计的点

第二步，根据这 4 个数据，确定变异函数，即进行结构分析。假设研究区域满足二阶平稳，那么平面上的二维变异函数为一个各向同性的球状模型，得其参数值为块金常数等于 2，变程等于 200，拱高等于 20。得变异函数为

$$\gamma(h)=\begin{cases}0, & h=0\\ 2+20\left(\dfrac{3h}{400}-\dfrac{h^3}{2\times200^2}\right), & h\in(0,\ 200]\\ 22, & h>200\end{cases}$$

第三步，求权重系数。通过克里金方程组来求权重系数。首先需要根据变异函数表达式、变异函数和协方差函数的关系式来求取观测点之间以及观测和待估计点之间的协方差矩阵。有了协方差矩阵，即可求解克里金方程组得到权重系数。4 个权重系数分别为 0.5182、0.0220、0.0886 和 0.3721。

第四步，加权求和，计算估计值。

$$Z_0^*=0.5182\times20\%+0.0220\times18\%+0.0886\times15\%+0.3712\times19\%=19.1418\%$$

第二节　主成分分析

主成分分析是一种通过降维技术把多个变量化为少数几个主成分（新的综合变量）的多元统计方法。这些主成分能够反映原始变量的大部分信息，通常表示为原始变量的线性组合，且要求这些主成分各自所包含的信息互不重叠，即主成分之间互不相关。

在实际的海洋、气象和环境要素的分析和预报中，往往需要分析许多变量（预报因子）。由于变量很多，它们之间或多或少存在一定的相关性。这势必增加问题的复杂性。主成分分析可以帮助我们抓住问题的主要特点，用较少的（无相关性）指标代替原来较多的指标，同时又能综合反映原来较多指标的信息。

主成分分析在历史上曾经有个非常著名的应用。美国的统计学家斯通（Stone）在 1947 年关于国民经济的研究中以 17 个反映国民收入与支出的变量为基础，利用主成分分析，将这 17 个变量重新组合为 3 个可以测量的新变量，而这 3 个新变量可以代表原来 97.4% 的信息。也就是说，经过主成分分析，变量数目大大减少，而丢失的信息却微不足道，从而极大地减轻了对经济活动进行统计分析的负担。

一、主成分分析的几何表示

从几何的角度入手学习主成分分析方法，能够帮助读者有效地理解该方法的核心要旨。为了能够在二维平面上展示其几何分布形态，下面以两个变量为例来进行说明。假设这两个原始变量分别为 x_1 和 x_2，新的综合变量为 y_1 和 y_2，如图 4.12 所示。

根据图 4.12，图中任意散点在两个不同的坐标系下有不同的坐标表示。整个散点的分布或者相对位置表明了其所包含的内在信息，这些信息的多少可以分别用两个坐标系下两条坐标轴方向的方差的和来表示。坐标系的变化（旋转）并未改变散点的相对位置，因此存在如下关系：

$$\frac{1}{n}\sum_{i=1}^{n}(x_{1i}-\bar{x}_1)^2+\frac{1}{n}\sum_{i=1}^{n}(x_{2i}-\bar{x}_2)^2=\frac{1}{n}\sum_{i=1}^{n}(y_{1i}-\bar{y}_1)^2+\frac{1}{n}\sum_{i=1}^{n}(y_{2i}-\bar{y}_2)^2$$
$$\approx\frac{1}{n}\sum_{i=1}^{n}(y_{1i}-\bar{y}_1)^2 \tag{4.44}$$

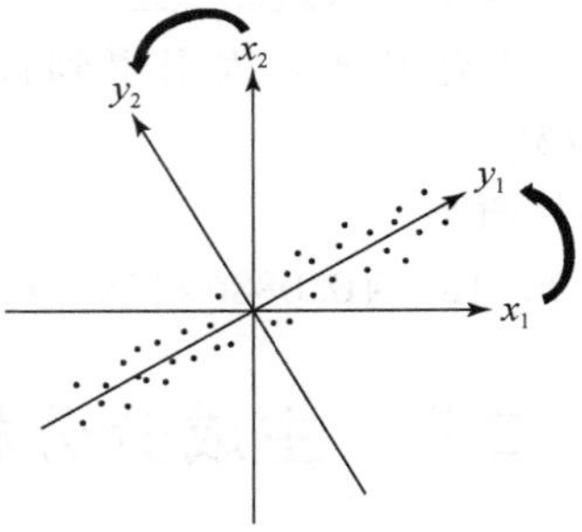

图 4.12　主成分几何示意图

即坐标系旋转前后，散点的总方差没有发生变化。然而，可以看到旋转之后方差更多地集中到了 y_1 轴上，或者说变量 y_1 包含了更多的散点所蕴含的信息。因此，为了之后研究方便，这时可以在考虑实际情况及需满足条件的前提下，选择舍去变量 y_2，仅仅分析 y_1 的变化即可。总体来看，由分析原始变量 x_1 和 x_2，转而改为分析新的变量 y_1，起到了简化数据结构，提高分析效率和降低数据维度的目的。观察图 4.12 散点的分布还会发现，散点越集中到一条直线上（两个变量的相关系数越高），越容易找到集中了大部分原始信息的新的综合变量。

上述坐标的旋转与平移可表示为

$$y_1=x_1\cos\theta+x_2\sin\theta$$
$$y_2=-x_1\sin\theta+x_2\cos\theta$$

或者用矩阵相乘的形式表示为

$$\begin{bmatrix}y_1\\y_2\end{bmatrix}=\begin{pmatrix}\cos\theta & \sin\theta\\-\sin\theta & \cos\theta\end{pmatrix}\begin{bmatrix}x_1\\x_2\end{bmatrix}$$

其系数矩阵是正交矩阵。这就提示我们可以根据线性代数中的有关定理，通过正交变换建立主成分，因子的转换可以看成坐标系变换问题。

主成分分析的几何意义可以总结为：如果把 x_1 和 x_2 变量第 i 个样品看成二维因子空间中的一个点（x_{1i}，x_{2i}），那么新变量空间中的第 i 个点可以看成是由原因子空间作线性变换的结果，即：

$$y_i=\boldsymbol{B}^{\mathrm{T}}x_i\quad(i=1,\cdots,n) \tag{4.45}$$

其中，

$$\boldsymbol{y}_i=(y_{1i}\quad y_{2i})^{\mathrm{T}}$$
$$\boldsymbol{x}_i=(x_{1i}\quad x_{2i})^{\mathrm{T}}$$

主成分分析就是要找出变换矩阵$\boldsymbol{B}^{\mathrm{T}}=\begin{pmatrix} b_{11} & b_{12} \\ b_{21} & b_{22} \end{pmatrix}^{\mathrm{T}}$，根据以下的分析推导，我们知道该矩阵是由原始因子 x_1 和 x_2 的协方差阵的特征向量为列向量所组成的矩阵。

二、主成分的导出（以两个变量为例）

我们希望原变量 x_1 和 x_2 组成一个新变量 y，可以简要表示为

$$y=b_1x_1+b_2x_2 \tag{4.46}$$

现在要求取 b_1 和 b_2 两个系数，使得 y 具有极大的方差，即：

$$S_y^2=\frac{1}{n}\sum_{i=1}^{n}(y_i-\bar{y})^2 \tag{4.47}$$

达到极大值，其中 n 为所取的样本容量。这一确定式（4.46）模型系数的原则称为方差极大原则。将式（4.46）代入式（4.47）得

$$S_y^2=\sum_{i=1}^{n}(b_1x_{1i}+b_2x_{2i}-b_1\bar{x}_1-b_2\bar{x}_2)^2 \tag{4.48}$$

式（4.48）右边进一步展开为

$$b_1^2\frac{1}{n}\sum_{i=1}^{n}(x_{1i}-\bar{x}_1)^2+2b_1b_2\frac{1}{n}\sum_{i=1}^{n}[(x_{1i}-\bar{x}_1)(x_{2i}-\bar{x}_2)]+b_2^2\frac{1}{n}\sum_{i=1}^{n}(x_{2i}-\bar{x}_2)^2$$

从而得到

$$S_y^2=b_1^2s_{11}+2b_1b_2s_{12}+b_2^2s_{22} \tag{4.49}$$

式中，s_{11} 为变量 x_1 的方差；s_{22} 为变量 x_2 的方差；s_{12} 为两者的协方差。

为了求取式（4.46）的系数，将式（4.49）看作关于 b_1 和 b_2 的函数

$$Q^*(b_1,b_2)=S_y^2=b_1^2s_{11}+2b_1b_2s_{12}+b_2^2s_{22} \tag{4.50}$$

则式（4.47）模型的极大问题转化为函数 $Q^*(b_1,b_2)$ 的极大问题。

此外，在求 Q^* 极大值时，需要对新变量中的线性组合系数 b_1 和 b_2 加上约束条件：

$$b_1^2+b_2^2=1$$

在上面的约束条件下，求 Q^* 的极大值问题，可利用求函数的条件极值的拉格朗日乘数法（黄嘉佑，2004），转换为计算下面函数的极值问题：

$$Q(b_1,b_2)=b_1^2s_{11}+2b_1b_2s_{12}+b_2^2s_{22}-\lambda(b_1^2+b_2^2-1) \tag{4.51}$$

式中，λ 为拉格朗日乘子。

由微积分里求极值的方法，令函数一阶导数为零

$$\frac{\partial Q}{\partial b_1}=0,\ \frac{\partial Q}{\partial b_2}=0$$

求导之后可以分别得到：

$$\begin{cases}(s_{11}-\lambda)b_1+s_{12}b_2=0\\ s_{12}b_1+(s_{22}-\lambda)b_2=0\end{cases} \tag{4.52}$$

也就是

$$(\boldsymbol{S}-\lambda\boldsymbol{E})\boldsymbol{b}=0$$

式中，$\boldsymbol{S}$ 为 x_1 和 x_2 的协方差矩阵；$\boldsymbol{E}$ 为单位阵；λ 为矩阵 $\boldsymbol{S}$ 的特征值；$\boldsymbol{b}$ 为对应的特征向量。由于 $\boldsymbol{S}$ 的秩为 2，故它有两个非零的特征值 λ_1 和 λ_2，以及对应的特征向量 $\boldsymbol{b}_1=(b_{11},b_{21})^{\mathrm{T}}$ 和 $\boldsymbol{b}_2=(b_{12},b_{22})^{\mathrm{T}}$，根据组合系数的约束条件，这两个向量构成标准正交向量组。

因此，满足式（4.51）极值问题的解有两组，分别组成新的变量：

$$\begin{cases} y_1=b_{11}x_1+b_{21}x_2 \\ y_2=b_{12}x_1+b_{22}x_2 \end{cases}$$

这两个新变量就称为主成分。主成分顺序对应于 $\boldsymbol{S}$ 特征值排列顺序，设 $\lambda_1 \geqslant \lambda_2$，则称 y_1 为第一个主成分，对应于 λ_1；y_2 为第二个主成分，对应于 λ_2。

那么新得到的主成分的方差如何求取呢？

根据矩阵 $\boldsymbol{S}$ 的特征值 λ_1 和对应的特征向量$\boldsymbol{b}_1=(b_{11},\ b_{21})^{\mathrm{T}}$，式（4.52）可以写为

$$\begin{cases} (s_{11}-\lambda_1)b_{11}+s_{12}b_{21}=0 \\ s_{12}b_{11}+(s_{22}-\lambda_1)b_{21}=0 \end{cases}$$

在第一个式子两边乘以 b_{11}，第二个式子两边乘以 b_{21}，之后相加，得到

$$(s_{11}-\lambda_1)b_{11}^2+2s_{12}b_{11}b_{21}+(s_{22}-\lambda_1)b_{21}^2=0$$

将含有 λ_1 的项移到方程右边，并根据 y_1 的方差表达式得到

$$S_{y1}^2=b_{11}^2s_{11}+2b_{11}b_{21}s_{12}+b_{21}^2s_{22}=\lambda_1(b_{11}^2+b_{21}^2) \tag{4.53}$$

由于 $b_{11}^2+b_{21}^2=1$，所以主成分 y_1 的方差为 $S_{y1}^2=\lambda_1$。同理可证明，主成分 y_2 的方差为 λ_2。

主成分分析中，新得到的变量的方差与构成新变量组合系数的特征向量对应的特征值相等。

三、标准化的主成分

由原变量的标准化变量线性组合而成的新变量表示为

$$y_z=b_{z1}x_{z1}+b_{z2}x_{z2} \tag{4.54}$$

如果新变量的方差达到极大，这种新变量称为标准化主成分。类似于求协方差的方法，标准化主成分的方差为

$$S_{yz}^2=b_{z1}^2+2rb_{z1}b_{z2}+b_{z2}^2 \tag{4.55}$$

式中，r 为原始变量 x_1 和 x_2 的相关系数，b_{z1}和 b_{z2}满足

$$\begin{cases} (1-\lambda_z)b_{z1}+rb_{z2}=0 \\ rb_{z1}+(1-\lambda_z)b_{z2}=0 \end{cases} \tag{4.56}$$

由此可知，λ_z 应为两个变量的相关矩阵的特征值，b_{z1}和 b_{z2}为对应的特征向量的元素。

从相关矩阵的特征多项式

$$\begin{vmatrix} 1-\lambda_z & r \\ r & 1-\lambda_z \end{vmatrix}=\lambda_z^2-2\lambda_z+1-r^2=0 \tag{4.57}$$

可以解出两个特征值为

$$\begin{cases}\lambda_{z1}=1+r\\ \lambda_{z2}=1-r\end{cases} \tag{4.58}$$

进一步解出特征向量为

$$\begin{cases}\boldsymbol{b}_{z1}=(b_{z11}b_{z21})^{\mathrm{T}}=\left(\dfrac{1}{\sqrt{2}}\dfrac{1}{\sqrt{2}}\right)^{\mathrm{T}}\\ \boldsymbol{b}_{z2}=(b_{z12}b_{z22})^{\mathrm{T}}=\left(-\dfrac{1}{\sqrt{2}}\dfrac{1}{\sqrt{2}}\right)^{\mathrm{T}}\end{cases} \tag{4.59}$$

所以第一主成分的方差为

$$s_{yz1}^2=\lambda_{z1}=1+r \tag{4.60}$$

第二主成分的方差为

$$s_{yz2}^2=\lambda_{z2}=1-r \tag{4.61}$$

由此可见，当原变量 x_1 和 x_2 之间的相关系数 r（设 $r>0$）越大，那么第一主成分的解释方差越大，第二主成分的解释方差就越小。也就是说，从第一主成分可以反映原变量总方差的绝大部分（黄嘉佑，2004）。请联系前边论述的主成分的几何意义理解。

四、各主成分贡献率

因为主成分的方差贡献是按 $\boldsymbol{S}$ 矩阵的特征值大小排列的，所以，我们通常不需要用全部主成分，只要用前面几个。

可以定义主成分 z_k 的贡献率为

$$C(k)=\lambda_k/\sum_{i=1}^{m}\lambda_i \tag{4.62}$$

即该主成分的方差在总方差中所占比例。

主成分 z_1，z_2，…，z_p 的累积贡献率为

$$C(p)=\sum_{k=1}^{p}\lambda_k/\sum_{k=1}^{m}\lambda_k \tag{4.63}$$

$C(k)$的数值越大，表明主成分 z_k 的贡献率越大，也就是它“综合反映” x_1，x_2，…，x_m 的能力越强，或者说，用 z_k 可以反映原始资料包含的大部分信息。

五、多个变量主成分的导出

设我们研究分析的对象是某一海洋要素场，场中有 m 个空间点，抽取样本容量为 n 的样本，记这 m 个空间点上要素分别表示为 x_1，x_2，…，x_m，其观测值为 $x_{ki}(k=1,\cdots,m;\ i=1,\cdots,n)$。

由这 m 个变量线性组合成一新变量：

$$y=b_1x_1+b_2x_2+\cdots+b_mx_m \tag{4.64}$$

令 $\boldsymbol{b}=(b_1, b_2, \cdots, b_m)^{\mathrm{T}}$，$\boldsymbol{x}=(x_1, x_2, \cdots, x_m)^{\mathrm{T}}$，式（4.64）可以写成

$$y=\boldsymbol{b}^{\mathrm{T}}\boldsymbol{x} \tag{4.65}$$

如果 y 满足方差极大的要求，则称 y 为原 m 个变量的主成分。

新综合变量的平均值为：$\bar{y}=\boldsymbol{b}^{\mathrm{T}}\bar{\boldsymbol{x}}$，其中 $\bar{\boldsymbol{x}}=(\bar{x}_1\bar{x}_2\cdots\bar{x}_m)^{\mathrm{T}}$ 为 m 个变量的平均值向量；$y_i=\boldsymbol{b}^{\mathrm{T}}\boldsymbol{x}_i$，其中 $\boldsymbol{x}_i=(x_{1i}x_{2i}\cdots x_{mi})^{\mathrm{T}}$ 是 m 个变量第 i 个样品观测向量。将前面这两个线性表达式代入方差表达式（4.47）得到

$$s_y^2=\frac{1}{n}\sum_{i=1}^{n}(\boldsymbol{b}^{\mathrm{T}}\boldsymbol{x}_i-\boldsymbol{b}^{\mathrm{T}}\bar{\boldsymbol{x}})(\boldsymbol{b}^{\mathrm{T}}\boldsymbol{x}_i-\boldsymbol{b}^{\mathrm{T}}\bar{\boldsymbol{x}})^{\mathrm{T}}=\boldsymbol{b}^{\mathrm{T}}\left[\frac{1}{n}\sum_{i=1}^{n}(\boldsymbol{x}_i-\bar{\boldsymbol{x}})(\boldsymbol{x}_i-\bar{\boldsymbol{x}})^{\mathrm{T}}\right]\boldsymbol{b} \tag{4.66}$$

令

$$\boldsymbol{S}=\left[\frac{1}{n}\sum_{i=1}^{n}(\boldsymbol{x}_i-\bar{\boldsymbol{x}})(\boldsymbol{x}_i-\bar{\boldsymbol{x}})^{\mathrm{T}}\right] \tag{4.67}$$

恰好是 m 个变量的协方差矩阵，所以新的综合变量的方差为 $s_y^2=\boldsymbol{b}^{\mathrm{T}}\boldsymbol{S}\boldsymbol{b}$。同样在$\boldsymbol{b}^{\mathrm{T}}\boldsymbol{b}=1$ 的约束条件下，求极值，转化为求

$$Q=\boldsymbol{b}^{\mathrm{T}}\boldsymbol{S}\boldsymbol{b}-\lambda(\boldsymbol{b}^{\mathrm{T}}\boldsymbol{b}-1) \tag{4.68}$$

的极值问题，求函数 Q 对 $\boldsymbol{b}$ 的一阶导数为零，得到

$$\frac{\partial Q}{\partial \boldsymbol{b}}=2\boldsymbol{S}\boldsymbol{b}-2\lambda\boldsymbol{b}=0 \tag{4.69}$$

即$(\boldsymbol{S}-\lambda\boldsymbol{E})\boldsymbol{b}=0$。使得 $\boldsymbol{b}$ 有非零解，必有 $|\boldsymbol{S}-\lambda\boldsymbol{E}|=0$，即关于矩阵 $\boldsymbol{S}$ 的特征多项式。所以，寻找新综合变量的组合系数问题转化为求解矩阵 $\boldsymbol{S}$ 的特征值和特征向量的问题。

矩阵 $\boldsymbol{S}$ 为 $m\times m$ 阶的协方差矩阵，假设其为非奇异矩阵，其秩为 m，则它的 m 个非零特征值记为 $\lambda_1\geqslant\lambda_2\geqslant\cdots\geqslant\lambda_m$，对应的 m 个特征向量记为 $\boldsymbol{b}_1$，$\boldsymbol{b}_2$，$\cdots$，$\boldsymbol{b}_m$，可得到 m 个主成分。

m 个主成分还可以写为主成分向量，表示为

$$\boldsymbol{y}=\boldsymbol{B}^{\mathrm{T}}\boldsymbol{x}$$

式中，$\boldsymbol{y}=(y_1, y_2, \cdots, y_m)^{\mathrm{T}}$ 为 m 个新的综合变量，即主成分；$\boldsymbol{B}$ 为 m 个特征向量为列向量组成的矩阵，即：

$$\boldsymbol{B}=\begin{pmatrix} b_{11} & b_{12} & \cdots & b_{1m} \\ b_{21} & b_{22} & \cdots & b_{2m} \\ \vdots & \vdots & & \vdots \\ b_{m1} & b_{m2} & \cdots & b_{mm} \end{pmatrix}$$

六、主成分的主要性质

（1）各主成分的方差分别为原 m 个变量的协方差阵的特征值。

（2）不同的主成分之间彼此是无关的。

证明：

因为主成分表示为原变量的线性组合

$$\boldsymbol{y}=\boldsymbol{B}^{\mathrm{T}}\boldsymbol{x} \tag{4.70}$$

则求取主成分的协方差矩阵为

$$\frac{1}{n}\boldsymbol{y}_0\boldsymbol{y}_0^{\mathrm{T}}=\frac{1}{n}\boldsymbol{B}^{\mathrm{T}}\boldsymbol{x}_0\boldsymbol{x}_0^{\mathrm{T}}\boldsymbol{B}=\boldsymbol{B}^{\mathrm{T}}\boldsymbol{SB}$$

式中，下标 0 为中心化资料的意思；$\boldsymbol{S}$ 为原始变量 $\boldsymbol{x}$ 的协方差矩阵，根据实对称矩阵对角化，有

$$\boldsymbol{B}^{\mathrm{T}}\boldsymbol{SB}=\begin{pmatrix}\lambda_1 & 0 & \cdots & 0\\ 0 & \lambda_2 & \cdots & 0\\ \vdots & \vdots & & \vdots\\ 0 & 0 & \cdots & \lambda_m\end{pmatrix}=\Lambda \tag{4.71}$$

可以看到，主成分的协方差矩阵除了主对角线元素之外，其他元素为零，所以不同的主成分之间彼此是无关的。

（3）各主成分的方差贡献大小按矩阵 S 的特征值大小顺序排列。

（4）m 个主成分的总方差与原 m 个变量的总方差相等。

证明：

根据式（4.71），S 和 Λ 相似。根据相似矩阵具有相同的迹，这两个矩阵主对角线上的元素之和相等。

所以有以下关系式存在：

$$\sum_{i=1}^{m} S_{ii}=\sum_{i=1}^{m}\lambda_i \tag{4.72}$$

特别是对于标准化数据，变量方差为 1 时：

$$\sum_{i=1}^{m}\lambda_i=m \tag{4.73}$$

也就是对于标准化数据，其所有主成分的方差和为 m。

（5）因子载荷（不加证明）。

主成分 z_k 和原变量 x_i 的相关系数，称为因子负荷量：

$$a_{ik}=\frac{\sqrt{\lambda_k}\,b_{ki}}{\sqrt{s_{ii}}}\quad (k,\ i=1,\ 2,\ \cdots,\ m) \tag{4.74}$$

式中，λ_k 为第 k 个主成分的方差；b_{ki} 为第 k 个主成分的线性表达式中第 i 个原始变量之前的系数；s_{ii} 是第 i 个原始变量的方差。

（6）m 个主成分与第 i 个原始变量 x_i 的相关系数的平方和等于 1（不加证明）。

$$\sum_{k=1}^{m} a_{ik}^2=1\quad (i=1,\ 2,\ \cdots,\ m) \tag{4.75}$$

（7）m 个原始变量和第 k 个主成分的相关系数，与特征值 λ_k（即第 k 个主成分的方差）有如下关系（不加证明）：

$$\sum_{i=1}^{m} s_{ii}a_{ik}^2=\lambda_k\quad (k=1,\ 2,\ \cdots,\ m) \tag{4.76}$$

七、求取主成分的具体步骤

第一步，整理资料，根据需要进行中心化或者标准化处理，建立资料矩阵 $\boldsymbol{X}_{m\times n}$，有 m 个原始变量（空间点），n 个样本；

第二步，求取 $\boldsymbol{X}_{m\times n}$ 的 m 阶协方差矩阵 $\boldsymbol{S}$；

第三步，求矩阵 $\boldsymbol{S}$ 的特征值和特征向量。其中特征值从大到小排列为 $\lambda_1\geqslant\lambda_2\geqslant\cdots\geqslant\lambda_m$，对应特征向量构成矩阵从左向右排列为 $\boldsymbol{B}=(\boldsymbol{b}_1\quad\boldsymbol{b}_2\quad\cdots\quad\boldsymbol{b}_m)$；

第四步，计算主成分的方差贡献以及累积方差贡献，根据贡献值大小取前若干个主成分，计算主成分（新的综合变量）的数值。

八、应用实例

利用 X 波段雷达观测海浪参数时，由于 X 波段的电磁波受降雨的影响而衰减，降雨时 X 波段雷达的观测精度受到很大影响。图 4.13（a）是降雨时 X 波段雷达观测的一个径向的海面回波强度，雷达回波中包含几个峰值，但是相邻的波峰之间有多个极小值，不易分辨海浪造成的波峰和波谷。对该径向回波作一维傅里叶变换得到其一维波数谱，如图 4.13（b），在波数较小的区域有明显的波峰（波数为 0.0051rad/m 附近），而这不是我们要观测的重力波。因此，从受降雨影响的雷达图像中不易准确提取波浪信息。

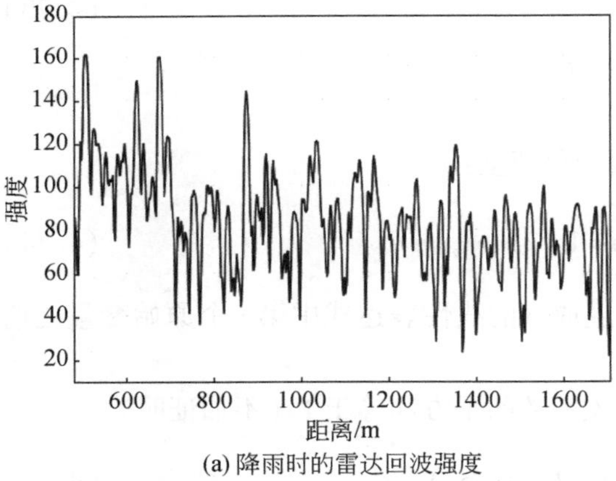

(a) 降雨时的雷达回波强度

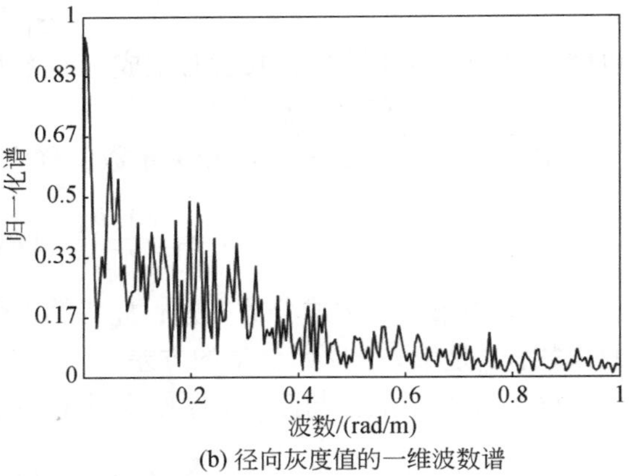

(b) 径向灰度值的一维波数谱

图 4.13　降雨时的雷达回波强度及其波数谱

为了从降雨时的导航 X 波段雷达图像中提取海浪的参数，首先用主成分分析提取波浪变化的主成分，经滤波减小降雨的影响，然后用谱分析获得波浪的一维波数谱，再根据海浪理论就可以获得海浪的波长和周期等参数。例如，选取原始雷达图像中相邻的 11 个径向的灰度值做主成分分析，如图 4.14（a），可以看出第一主成分有较清晰的波峰和波谷，能更好地反映波浪的变化，即第一主成分包含了明显的海浪变化信息，而其他主成分的噪声较大（振幅远小于第一主成分的振幅)，所以在降雨时可以只考虑第一主成分。对第一主成分作一维傅里叶变换后得波数谱［图 4.14（b）］，可以得到谱的峰值波长为 112m，与真实的海浪符合较好。这说明利用主成分分析法可以从降雨时的雷达图像中有效提取海浪的信息。

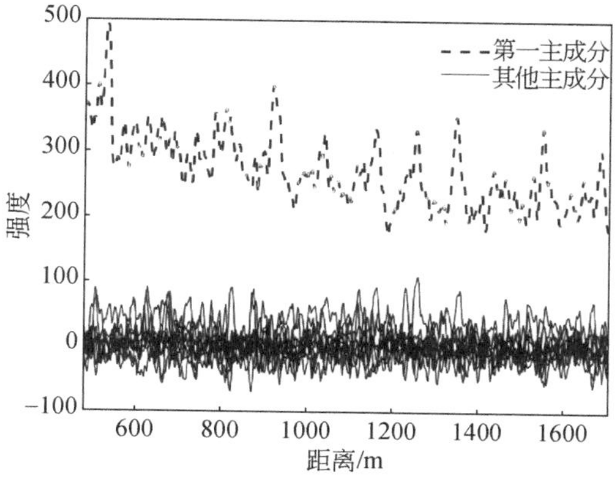

(a) 雷达回波强度的主要成分

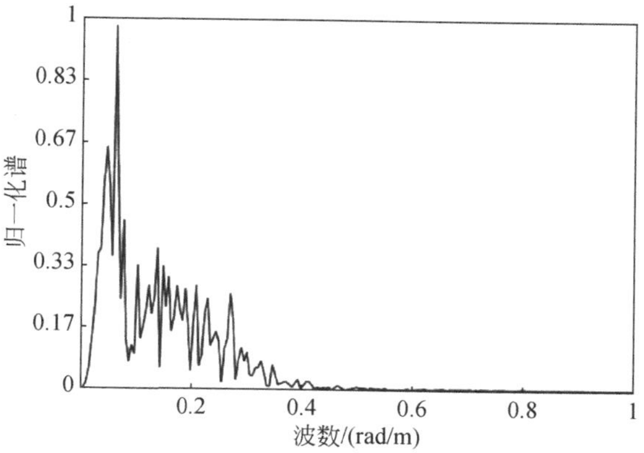
(b) 第一主成分的波数谱

图 4.14　雷达回波强度的主成分及其波数谱

第三节　经验正交函数分解

某一区域的变量场通常由多个观测站或者网格点构成，这给直接研究其时空变化特征带来困难。把原变量场分解为正交函数的线性组合，构成较少的互不相关的典型模态，即可利用较少的模态代替原始变量场，同时每个模态都含有尽量多的原始场的信息。经验正交函数（empirical orthogonal function，EOF）方法最早由统计学家 Pearson 在 1902 年提出，由 Lorenz（1956）引入气象问题分析中。它是一种常用的变量场分解方法，具有以下优点：第一，与傅里叶变换或者小波变换相比，EOF 不需要使用特定的基函数，适用范围广泛；第二，它能在有限区域对不规则分布的站点进行分解；第三，展开收敛速度快；第四，分离出的空间结构具有一定的物理意义，便于数据的解释。因此，EOF 分解在数据场的时间序列分析中得到了广泛的应用。

近三十多年来，出现了适合于各种分析目的的 EOF 方法，如扩展 EOF（EEOF）方法、旋转 EOF（REOF）方法、风场 EOF（EOFW）方法、复变量 EOF（CEOF）方法等。EOF 方法不但用于观测资料的分析，还用于 GCM（大气环流模式）资料的分析和数值模式的设计。现在，EOF 方法已作为一种基本的分析手段频繁地出现在海洋科学、大气科学、环境科学、地质学、地理学研究的文献中。

一、EOF 分解的原理

不失一般性，将某一海洋要素场的观测资料以矩阵形式给出：

$$
\boldsymbol{X}_{m\times n}=\begin{bmatrix} x_{11} & x_{12} & \cdots & x_{1n} \\ x_{21} & x_{22} & \cdots & x_{2n} \\ \vdots & \vdots & & \vdots \\ x_{m1} & x_{m2} & \cdots & x_{mn} \end{bmatrix} \tag{4.77}
$$

式中，m 为空间点的个数（网格点）；n 为时间点个数或样本数。在矩阵 $\boldsymbol{X}_{m\times n}$ 中，每一列表示某一特定时间点的取值，即该时间点的空间分布；每一行表示某一空间点在一系列时间点上的取值，通常为一个时间序列。

海洋要素场的经验正交函数分解，是将 $\boldsymbol{X}_{m\times n}$ 分解为空间函数 $\boldsymbol{V}$ 和时间函数 $\boldsymbol{Z}$ 两部分，即：

$$
\boldsymbol{X}=\boldsymbol{V}\boldsymbol{Z} \tag{4.78}
$$

其中，

$$
\boldsymbol{V}_{m\times n}=(\boldsymbol{v}_1\ \boldsymbol{v}_2\cdots\ \boldsymbol{v}_m)=\begin{bmatrix} v_{11} & v_{12} & \cdots & v_{1n} \\ v_{21} & v_{22} & \cdots & v_{1n} \\ \vdots & \vdots & & \vdots \\ v_{m1} & v_{m2} & \cdots & v_{1n} \end{bmatrix} \tag{4.79}
$$

$v_i(i=1,2,\cdots,m)$ 表示第 i 个典型场，即矩阵中的任意一列就是一个典型场，它仅仅是空间的函数。

$$
\boldsymbol{Z}_{m\times n}=\begin{bmatrix} z_{11} & z_{12} & \cdots & z_{1n} \\ z_{21} & z_{22} & \cdots & z_{1n} \\ \vdots & \vdots & & \vdots \\ z_{m1} & z_{m2} & \cdots & z_{1n} \end{bmatrix} \tag{4.80}
$$

$\boldsymbol{Z}$ 的第 i 行，即第 i 个典型场所对应的时间权重系数，表征典型场随时间的演变特征。

EOF 分解需满足如下两个重要条件。

（1）典型场正交（正交单位向量）：

$$
\boldsymbol{v}_i\cdot\boldsymbol{v}_j=\begin{cases}0, & i\neq j\\ 1, & i=j\end{cases}
\quad (i,j=1,2,\cdots,m) \tag{4.81}
$$

（2）时间权重系数正交：

$$
\boldsymbol{Z}\cdot\boldsymbol{Z}^{\mathrm{T}}=\boldsymbol{\Lambda}=\begin{bmatrix} \lambda_1 & & & 0 \\ & \lambda_2 & & \\ & & \ddots & \\ 0 & & & \lambda_m \end{bmatrix} \tag{4.82}
$$

具体分解的方法如下。

由 $\boldsymbol{X}=\boldsymbol{V}\boldsymbol{Z}$，可知：

$$
\boldsymbol{X}\boldsymbol{X}^{\mathrm{T}}=\boldsymbol{V}\boldsymbol{Z}\boldsymbol{Z}^{\mathrm{T}}\boldsymbol{V}^{\mathrm{T}} \tag{4.83}
$$

令 $\boldsymbol{A}=\boldsymbol{X}\boldsymbol{X}^{\mathrm{T}}$，因为 $\boldsymbol{A}$ 为实对称矩阵，根据实对称矩阵分解原理，一定有下式成立：

$$
\boldsymbol{A}=\boldsymbol{V}\boldsymbol{\Lambda}\boldsymbol{V}^{\mathrm{T}} \tag{4.84}
$$

式中，$\boldsymbol{V}$ 为矩阵 $\boldsymbol{A}$ 的单位特征向量是列向量时构成的矩阵；$\boldsymbol{\Lambda}$ 为 $\boldsymbol{A}$ 的特征值组成的对角矩阵。

当求出来 $\boldsymbol{V}$ 以后，可求出

$$\boldsymbol{Z}=\boldsymbol{V}^{\mathrm{T}}\boldsymbol{X} \tag{4.85}$$

分解工作至此完成。

对海洋要素场的分解，经验正交函数（EOF）更有其优越性，表现在：

（1）没有固定的函数形式（根据场的资料阵进行分解），是以“经验”为主的，因而不需许多数学假设，更易符合实际。

（2）能在不规则分布站点使用，也就是能用于观测资料，同时也能用于再分析等数值模式输出的要素场。

（3）既可以在空间不同点进行分解，以及在同一站点对不同时间点分解，也可对同一站点不同要素做分解。

二、误差的估计和计算

通过 EOF 方法可以把一个时空场分解为空间函数和时间函数两部分。在空间函数 $\boldsymbol{V}$ 中，每一列代表一个空间典型场，是由 $\boldsymbol{A}$ 矩阵特征值对应的特征向量构成，按照特征值的大小从左往右排列，即按照特征值大小排列为 $\lambda_1 \geqslant \lambda_2 \geqslant \cdots \geqslant \lambda_m$，对应特征向量 $\boldsymbol{v}_1 \geqslant \boldsymbol{v}_2 \geqslant \cdots \geqslant \boldsymbol{v}_m$ 组成 $\boldsymbol{V}$ 矩阵。因此，$\boldsymbol{V}$ 矩阵左边第一列称作第一空间典型场，或者称为第一典型场，甚至究其本质称为第一特征向量，依次往右是第二典型场，第三典型场，……。第一典型场对应的时间系数是 $\boldsymbol{Z}$ 矩阵的第一行。假设我们用前 P 个典型场及其对应的时间系数相乘，会得到一个拟合的时空场：

$$\boldsymbol{X} \approx \hat{\boldsymbol{X}}=\boldsymbol{V}_p \cdot \boldsymbol{Z}_n \tag{4.86}$$

其中

$$\hat{\boldsymbol{X}}=(\hat{x}_{it}) \quad (i=1,2,\cdots,m;\ t=1,2,\cdots,n)$$

是用 p 个特征向量时的拟合时空场。那么这个拟合时空场能够代表原始时空场多大比例的信息呢？这时可以用误差场来衡量，即：

$$\boldsymbol{X}-\hat{\boldsymbol{X}}=(x_{it}-\hat{x}_{it}) \tag{4.87}$$

可以证明［证明请参考黄嘉佑（2004）和施能（2009）］拟合场的误差平方和为

$$Q=\sum_{i=1}^{m}\sum_{t=1}^{n}(x_{it}-\hat{x}_{it})^2=\sum_{i=1}^{m}\lambda_i-\sum_{i=1}^{p}\lambda_i \tag{4.88}$$

即 m 个特征值的和减去前 p 个特征值的和。而第 i 个特征向量场对原始场 $\boldsymbol{X}_{m\times n}$ 的贡献率 ρ 为

$$\rho=\lambda_i / \sum_{i=1}^{m}\lambda_i \tag{4.89}$$

即第 i 个特征值除以所有特征值的和。前 p 个特征向量场的累积贡献率 F 为

$$F=\sum_{i=1}^{p}\lambda_i / \sum_{i=1}^{m}\lambda_i \tag{4.90}$$

相对误差 R_e 为

$$R_e = \left(\sum_{i=1}^{m} \lambda_i - \sum_{i=1}^{p} \lambda_i \right) / \sum_{i=1}^{m} \lambda_i \tag{4.91}$$

三、显著性检验

EOF 分析是基于 n 个样本所进行的，样本不同，结果也会不同。如何依据 n 的大小来选取有物理意义的典型场来进行分析呢？而且分解出的经验正交函数究竟是有物理意义的信号，还是没有任何意义的噪声？这时需进行显著性检验，特别是当 m 大于 n 的时候。

North（1982）提出计算特征值误差范围来进行显著性检验：

$$e_j = \lambda_j \left(\frac{2}{n} \right)^{0.5} \tag{4.92}$$

式中，e_j 为相邻特征值之间的样本误差。当相邻特征值满足 $\lambda_j - \lambda_{j+1} \geqslant e_j$ 时，这两个特征值可以分离，所对应的经验正交函数有意义。例如，第一特征值为 10，样本数为 50，则根据式（4.92），第二特征值必须小于 8 才有意义。因此，较大的样本数 n 以及较快的收敛速度（m 个空间点相关程度较高）是 EOF 分析发挥作用的良好保证。

四、空间函数（特征向量）及时间系数的解释

在应用 EOF 方法对时空场进行分析时，对结果的解释至关重要，有两方面需要注意：①通过显著性检验的前几项特征向量最大限度地表征了某一区域气候变量场的变率分布结构，代表该变量场典型的空间分布结构，如果特征向量各分量为同一符号，则反映该区域变量变化趋势基本一致的特征，绝对值较大处为中心；如果特征向量是正负相间的分布形式，说明呈现反位相变化。②特征向量对应的时间系数代表该特征向量表示的空间分布型的时间变化特征，系数绝对值越大，说明这一时刻这类分布形式越典型。正值表示与空间分布型一致的状况，负值表示相反的分布形式。

五、计算步骤

（1）根据分析目的，确定 $\boldsymbol{X}$ 的具体形态（原始、距平或标准化）；

（2）由 $\boldsymbol{X}$ 求矩阵 $\boldsymbol{A} = \boldsymbol{X}\boldsymbol{X}^{\mathrm{T}}$；

（3）求 $\boldsymbol{A}$ 的全部特征值 λ_h 和特征向量 V_h，h 是非零特征值的个数；

（4）将特征值作非升序排列，并对特征向量序数作相应变动；

（5）由 $\boldsymbol{X}$ 及主要的 $\boldsymbol{V}_p$，求其时间序数 $\boldsymbol{Z}_n$，主要的个数（典型场）由分析目的及分析对象决定；

（6）计算每个特征向量的方差贡献，以及前 p 个特征向量的累积方差贡献；

（7）显著性检验；

（8）输出计算结果。

六、应用实例

在近岸海区，随着水深的变化，海浪的波长逐渐减小，波峰线也发生弯曲，这些现象导致雷达观测的海面图像不均匀，即此时的雷达回波信号序列不是稳定随机过程。传统的雷达图像的谱分析方法主要是基于傅里叶变换，傅里叶变换不适用于非稳定序列，而经验正交函数分解可以用于分析非稳定序列。

下面用经验正交函数方法分析导航 X 波段雷达图像序列，从中提取出波浪场的主要成分。首先选取一个较大的区域，用 EOF 方法将这一区域的雷达图像序列分解为不同的模态，然后每次选取单一的模态重构这一区域的雷达图像，用这种方法就可以获得只包含单一 EOF 模态的图像。图 4. 15（a）是从原始雷达图像序列中选取的一个子区域，由于噪声和海面非线性调制等因素的影响，图像中的海浪条纹不清晰，即海浪造成的雷达回波信号很弱。图 4. 15（b）是这一图像的二维波数谱，它表明图像中的低频的噪声占了总能量的大部分，造成无法分辨出海浪的能量。我们将这一组雷达图像序列进行 EOF 分解，选取

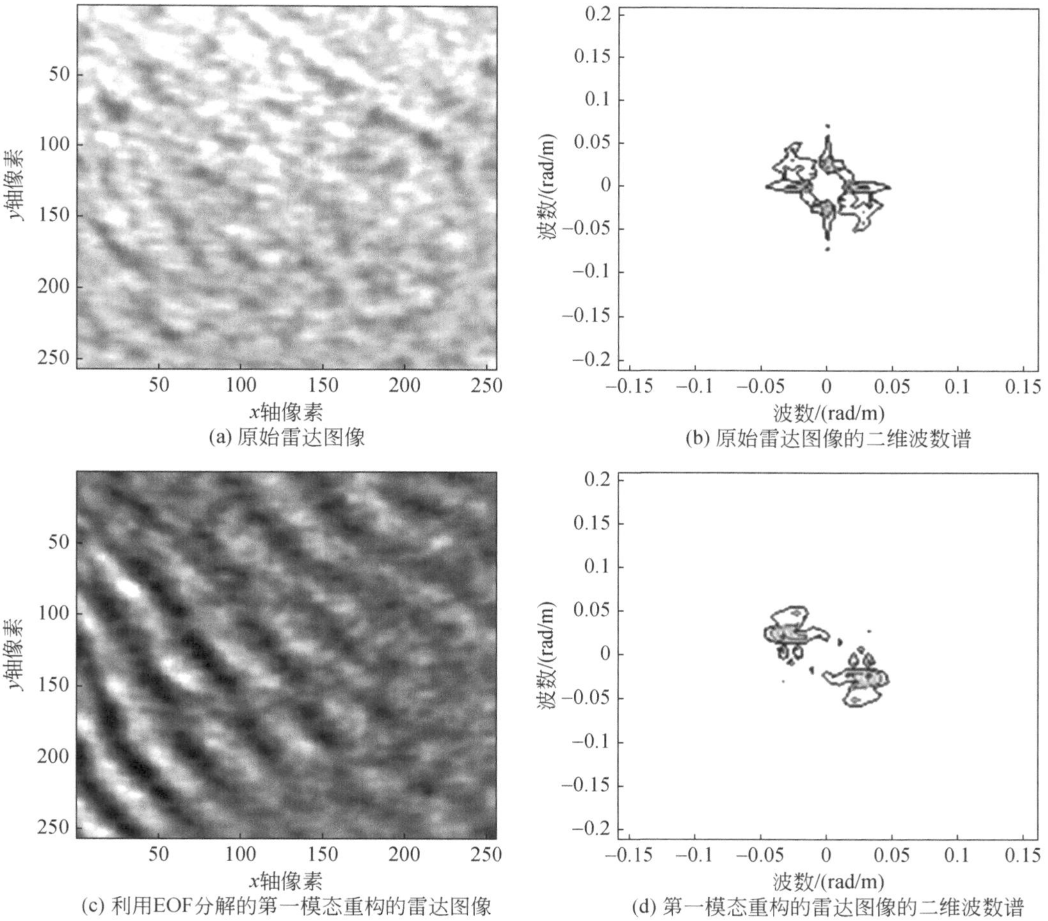

(a) 原始雷达图像　(b) 原始雷达图像的二维波数谱

(c) 利用EOF分解的第一模态重构的雷达图像　(d) 第一模态重构的雷达图像的二维波数谱

图 4. 15　2013 年 1 月 12 日采集的一幅导航 X 波段雷达图像及其二维波数谱（彩图见文后彩插）

其中的第一模态，再用第一模态重构雷达图像，如图 4.15（c）所示。从图 4.15（c）中可以清晰地看到海浪产生的条纹，图 4.15（d）是其二维波数谱，它也表明 EOF 分析方法有效提取了雷达图像中的海浪能量，即滤除了噪声。

根据图 4.15 可知，EOF 方法有效滤除了雷达图像中的噪声，有利于提取出海浪的能量。传统的傅里叶变换算法不适用于不均匀的复杂海区，从这种意义上说，使用 EOF 方法处理导航 X 波段雷达图像序列更有优势。

第四节　多变量正交函数分解

在海洋和大气变量场的分析中，经常需要考虑多个变量场综合在一起时变化的气候特征，需要使用多变量场经验正交函数分解（multivariable empirical orthogonal function, MVEOF）方法进行分析。MVEOF 又称为组合 EOF，它把多个变量场组合在一起进行 EOF 分析。由于不同要素的单位有差别，数据的变化幅度也不同，在 MVEOF 分析中，不同变量场的数据要进行标准化处理，消除变量之间的单位和变化幅度的差异，从而使变量之间具有可比性（黄嘉佑和李庆祥，2015）。

一、MVEOF 的时间和空间函数

假设有 m 个海洋要素标准化的资料场，各要素变量场中的空间点位置及数量可以不同，但要求分析的时间区间一致，即要求时间的样本容量 n 相同，其中第 i 个要素场空间点数为 p_i，把它们的数据资料矩阵作为分块矩阵放在一起构成一个组合资料矩阵，如：

$$\boldsymbol{X}_{p\times n}=\begin{pmatrix}\boldsymbol{X}_{1,\ p_1\times n}\\ \boldsymbol{X}_{2,\ p_2\times n}\\ \vdots\\ \boldsymbol{X}_{m,\ p_m\times n}\end{pmatrix} \tag{4.93}$$

式中，p 为 m 个变量场的空间变量数之和。

对组合资料矩阵进行经验正交函数分解，得到对应第 k 个主分量的空间函数是由 m 个要素变量场的空间函数组成，每个空间函数可以分别绘制空间分布图，称为对应要素场的空间模态。第 i 个要素的空间模态在第 k 个主分量的空间函数中的解释方差表示为

$$FV_i^{(k)}=\frac{V_i^{(k)}}{V_i^0}\times 100\% \tag{4.94}$$

式中，$V_i^{(k)}$ 为第 i 个要素模态使用第 k 个主分量的空间函数得到的估计要素场中所有格点变量的方差之和；V_i^0 为第 i 个要素原始场中所有变量的方差之和。

二、MVEOF 的计算步骤

（1）由 m 个变量场的距平变量场或者标准化变量场，组成为 p 个变量的综合资料矩

阵［式（4.93）］，计算 p 个变量的协方差矩阵或者相关矩阵。

（2）求协方差矩阵或者相关矩阵的 p 个特征值和特征向量，得到协方差矩阵或者相关矩阵的 p 个特征向量和特征值组成的矩阵。

（3）从特征向量中提取 m 个变量场中对应第 k 个特征值的特征向量分量，绘出 m 个空间函数分布图，构成对应的空间模态。

（4）使用特征向量和资料矩阵，求得多变量场的主分量（时间系数）。

三、实例

朱志伟等在 2013 年对春夏东亚大气环流年代际转折的影响研究中应用了多变量正交函数分解方法。如图 4.16 所示，其给出了春季大气环流多变量正交函数分解第一和第二模态的空间结构以及对应的时间系数。从该图可以看到春季第一模态主要特征为 35°N 附近存在西南-东北向的横槽，同时在 20°N 附近存在西南-东北向的高压脊，45°N 附近存在西北-东南向的高压脊，槽与南侧脊之间为异常西南风所控制，槽与北侧脊之间为异常东南风所控制；降水场上，在南侧脊线以南的中国南海、中南半岛、菲律宾及其以东地区为

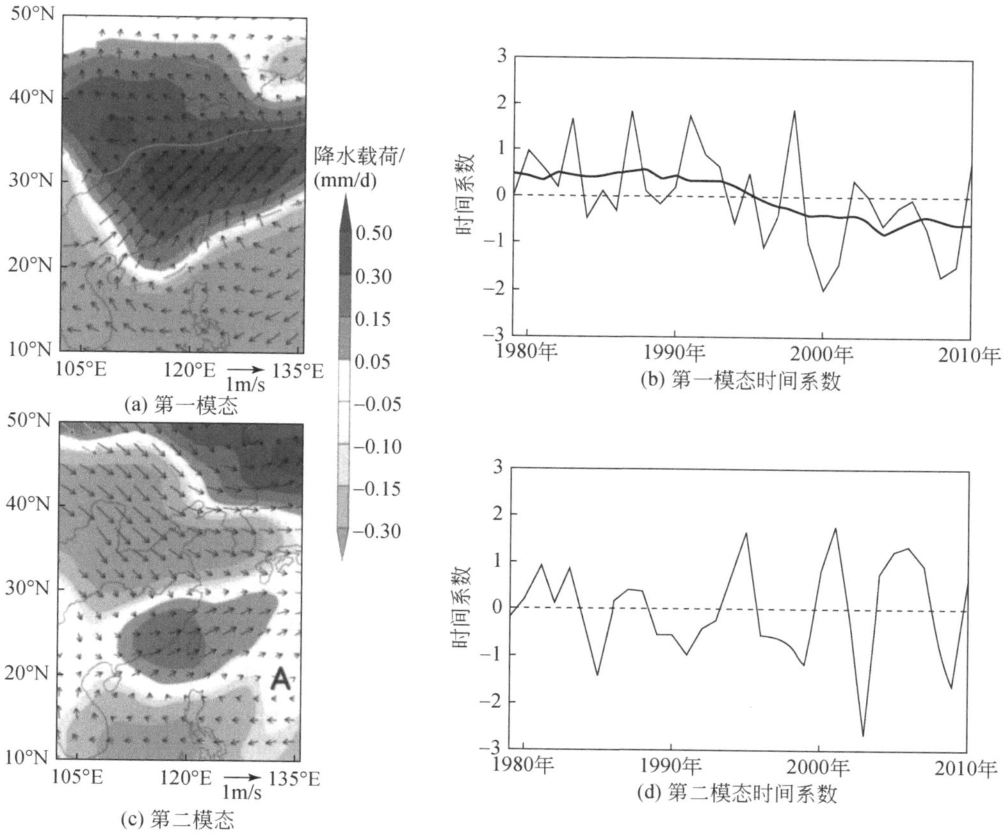

图 4.16　春季大气环流多变量正交函数分解模态以及对应的时间系数（彩图见文后彩插）

降水负异常区，而在南侧脊线以北的中国东部大陆、朝鲜半岛及日本地区为降水正异常区。在春季第二模态上，中国大陆东南部受西北太平洋异常反气旋影响为异常西南风所控制；中国大陆其他区域受东西伯利亚异常气旋影响为异常西北风所控制。相应地，降水场上受异常西南风控制的地区为降水正异常区。

第五节　奇异值分解

Prohaska（1976）提出将 EOF 分析技术直接用于两个海洋或者气象场的交叉相关系数场的分解计算方案，目的是最大限度地分离出两个场的高相关区，以此来了解成对变量场之间相关系数场的空间结构以及各自对相关场的贡献。

一、基本原理

奇异值分解（singular value decomposition，SVD），是将实矩阵 $\boldsymbol{A}_{m\times n}$ 分解为

$$\boldsymbol{A}_{m\times n}=\boldsymbol{U}_{m\times m}\begin{pmatrix}\boldsymbol{\Sigma} & 0\\ 0 & 0\end{pmatrix}_{m\times n}\boldsymbol{V}_{n\times n}^{\mathrm{T}} \tag{4.95}$$

式中，$\boldsymbol{U}$ 和 $\boldsymbol{V}$ 均为正交矩阵，即：

$$\boldsymbol{U}\cdot\boldsymbol{U}^{\mathrm{T}}=\boldsymbol{E} \tag{4.96}$$

$$\boldsymbol{V}^{\mathrm{T}}\cdot\boldsymbol{V}=\boldsymbol{E} \tag{4.97}$$

其中，$\boldsymbol{\Sigma}=\mathrm{diag}(\sigma_1\ \sigma_2\cdots\sigma_r)$，$r\leqslant\min(m,\ n)$，而且 $\sigma_1\geqslant\sigma_2\geqslant\cdots\geqslant\sigma_r>0$，$\sigma_i$ 称为奇异值。

要对矩阵 $\boldsymbol{A}_{m\times n}$ 进行分解，关键是如何求取满足条件的 $\boldsymbol{U}$、$\boldsymbol{V}$ 和 $\boldsymbol{\Sigma}$。

由式（4.95）可得到：

$$\boldsymbol{A}_{m\times n}=\boldsymbol{U}_{m\times r}\boldsymbol{\Sigma}_{r\times r}\boldsymbol{V}_{n\times r}^{\mathrm{T}} \tag{4.98}$$

式（4.98）用节缩形式表示，且 $\boldsymbol{U}$、$\boldsymbol{V}$ 都只取 r 列，奇异值有 r 个。

由于 $\boldsymbol{A}^{\mathrm{T}}\boldsymbol{A}=\boldsymbol{V}\Sigma^{\mathrm{T}}\boldsymbol{U}^{\mathrm{T}}\boldsymbol{U}\Sigma\boldsymbol{V}^{\mathrm{T}}$，且 $\boldsymbol{U}^{\mathrm{T}}\boldsymbol{U}=\boldsymbol{E}$，所以可以得到

$$\boldsymbol{A}^{\mathrm{T}}\boldsymbol{A}=\boldsymbol{V}\begin{pmatrix}\sigma_1^2 & \cdots & 0\\ \vdots & & \vdots\\ 0 & \cdots & \sigma_r^2\end{pmatrix}\boldsymbol{V}^{\mathrm{T}} \tag{4.99}$$

和

$$\boldsymbol{A}\boldsymbol{A}^{T}=\boldsymbol{U}\begin{pmatrix}\sigma_1^2 & \cdots & 0\\ \vdots & & \vdots\\ 0 & \cdots & \sigma_r^2\end{pmatrix}\boldsymbol{U}^{\mathrm{T}} \tag{4.100}$$

所以，σ_1^2，σ_2^2，…，σ_r^2 既是 $\boldsymbol{A}^{\mathrm{T}}\boldsymbol{A}$ 的特征值，也是 $\boldsymbol{A}\boldsymbol{A}^{\mathrm{T}}$ 的特征值。

而 $\boldsymbol{V}=(\boldsymbol{v}_1\quad \boldsymbol{v}_2\quad\cdots\quad \boldsymbol{v}_r)$ 是由对应特征值的方阵 $\boldsymbol{A}^{\mathrm{T}}\boldsymbol{A}$ 的特征向量组成，称为右奇向量；$\boldsymbol{U}=(\boldsymbol{u}_1\quad \boldsymbol{u}_2\quad\cdots\quad \boldsymbol{u}_r)$ 是由对应特征值的方阵 $\boldsymbol{A}\boldsymbol{A}^{\mathrm{T}}$ 的特征向量组成，称为左奇向量。实矩阵 $\boldsymbol{A}$ 的奇异值就是这些方阵特征值的正的平方根 σ_1，σ_2，…，σ_r。

所以，对式（4.95）进行分解，也就是找到左奇向量和右奇向量，以及奇异值。将其

转化成求取以上两个方阵的特征值和特征向量的问题，特征值的正的平方根就是奇异值（对角矩阵 $\boldsymbol{\Sigma}$ 的对角线元素），特征值对应的特征向量分别是左奇向量和右奇向量。

我们可以利用 SVD 来分析两个物理时空场的关系。假设有两个场，分别是左场 $\boldsymbol{X}_{m_1\times n}$ 和右场 $\boldsymbol{Y}_{m_2\times n}$，其中 m_1 和 m_2 分别表示左右场的空间点数目，n 表示时间点。可以看出，所分析的两个场空间点数目可以不同，但是时间采样点必须一致。对两个场进行 SVD 分解时，先令

$$\boldsymbol{A}=(\boldsymbol{X}\cdot\boldsymbol{Y}^{\mathrm{T}})_{m_1\times m_2} \tag{4.101}$$

这时我们得到一个实矩阵 $\boldsymbol{A}$，可以做如下分解：

$$\boldsymbol{A}_{m_1\times m_2}=\boldsymbol{U}_{m_1\times r}\boldsymbol{\Sigma}_{r\times r}\boldsymbol{V}^{\mathrm{T}}_{m_2\times r},\ r\leqslant\min(m_1,m_2) \tag{4.102}$$

其中，

$\boldsymbol{U}_{m_1\times r}=(\boldsymbol{u}_1\quad \boldsymbol{u}_2\quad \cdots\quad \boldsymbol{u}_r)$，$u_i(i=1\ \cdots\ r)$称为左奇向量；

$\boldsymbol{V}_{m_2\times r}=(\boldsymbol{v}_1\quad \boldsymbol{v}_2\quad \cdots\quad \boldsymbol{v}_r)$，$v_i(i=1\ \cdots\ r)$称为右奇向量；

奇异值为 $\boldsymbol{\Sigma}=\mathrm{diag}(\sigma_1\quad \sigma_2\quad \cdots\quad \sigma_r)$，$r\leqslant\min(m_1,\ m_2)$。

类似于 EOF，$\boldsymbol{u}_i$ 是左场 $\boldsymbol{X}_{m_1\times n}$时空场的第 i 个典型场，$\boldsymbol{v}_i$ 是右场 $\boldsymbol{Y}_{m_2\times n}$的第 i 个典型场。

将两个原始物理时空场分别按照各自的奇向量展开为

$$\begin{aligned}\boldsymbol{X}_{m_1\times n}&=\boldsymbol{U}_{m_1\times r}\cdot\boldsymbol{T}_{r\times n}\\ \boldsymbol{Y}_{m_2\times n}&=\boldsymbol{V}_{m_2\times r}\cdot\boldsymbol{Z}_{r\times n}\end{aligned} \tag{4.103}$$

式中，$\boldsymbol{T}_{r\times n}$和 $\boldsymbol{Z}_{r\times n}$分别为左场和右场的时间权重系数。可通过下式求得：

$$\begin{aligned}\boldsymbol{T}_{r\times n}&=\boldsymbol{U}^{\mathrm{T}}_{m_1\times r}\cdot\boldsymbol{X}_{m_1\times n}\\ \boldsymbol{Z}_{r\times n}&=\boldsymbol{V}^{\mathrm{T}}_{m_2\times r}\cdot\boldsymbol{Y}_{m_2\times n}\end{aligned} \tag{4.104}$$

$\boldsymbol{U}$ 和 $\boldsymbol{V}$ 是交叉协方差矩阵得到的，包含了两个场的相关信息，所以不同于 EOF 所针对的单一物理场。SVD 相当于将左、右变量场分解为左、右奇向量的线性组合，每一对奇向量和相应的时间系数确定了一对 SVD 模态。

二、方差贡献和累积方差贡献

类似于 EOF，我们可以定量评价奇向量的贡献率。第 k 对奇向量（$\boldsymbol{u}_k$ 和 $\boldsymbol{v}_k$）的贡献率为

$$\mathrm{SCF}_k=\frac{\sigma_k^2}{\sum\limits_{i=1}^{r}\sigma_i^2} \tag{4.105}$$

前 k 对奇向量的累积贡献率为

$$\mathrm{CSCF}_k=\frac{\sum\limits_{i=1}^{k}\sigma_i^2}{\sum\limits_{i=1}^{r}\sigma_i^2} \tag{4.106}$$

此外，根据奇异向量对应的时间系数的方差，可以计算某一奇异向量（左或者右）对各自场的展开精度，也就是计算时间序列的方差除以总方差（左场或者右场所有时间系数方差的和）。

三、三种重要相关系数

（1）每一对奇向量对应的时间系数之间的相关系数，表示每对奇向量之间相关关系的密切程度，反映两个典型场之间的相关性；

（2）异性相关系数（heterogeneous），即左（右）变量场每个格点（站点）上的时间序列与右（左）奇异向量的时间系数之间的相关系数，将这些相关系数绘制成空间分布图，称为左（右）非齐次（异性）相关图。该图表示一个场的展开系数（时间系数）与另一个场之间的相关分布情况，反映两个变量场相互关系的分布结构，显著相关区域是两变量场相互作用的关键区域；

（3）同性相关系数（homogeneous），即左（右）变量场每个格点（站点）上的时间序列与左（右）奇异向量的时间系数之间的相关系数，表示一个场的展开系数（时间系数）与同一个场之间的相关分布，反映左（右）变量场协同变化的地理分布。

四、显著性检验

从统计意义上讲，SVD 分析要求样本量 n 要大于两个变量场的空间点数 m，才能得到有统计意义的 SVD 模态。由于通常的分析中，空间点数比较多，甚至大于样本量，这时的结果究竟是有意义的信号还是噪声，需要进行显著性检验。

可以采用蒙特卡罗方法对 SVD 的模态进行统计检验，基本原理就是，利用随机发生器产生 100 ~ 1000 对与要分析场数据结构一致的场，计算这些场的某一模态的方差贡献，之后从大到小排序，取前边处在 95% 位置的值为临界值，实际计算值如果大于该值，说明在 95% 显著性水平上是显著的［详情参考施能（2009）］。

五、SVD 分析计算步骤

第一步，计算两个距平变量场或标准化变量场的交叉协方差矩阵 $\boldsymbol{A}_{m\times n}$；

第二步，对实非对称矩阵 $\boldsymbol{A}_{m\times n}$ 进行奇异值分解，即计算 $\boldsymbol{A}_{m\times n}$ 矩阵的 r 个奇异值和左奇异向量与右奇异向量；

第三步，根据左（右）变量场及左（右）奇异向量计算时间系数矩阵；

第四步，计算每对奇异向量的方差贡献和累积方差贡献；

第五步，用蒙特卡罗方法对奇异向量作显著性检验；

第六步，计算通过检验的奇异向量（典型场/SVD 模态）时间系数之间的相关系数，即异性相关系数和同性相关系数，得到异性相关图（场）和同性相关图（场）。

六、应用实例

朱益民等（2008）根据 1951 ~ 1998 年的全球海洋表面温度资料和大气再分析资料，利用奇异值分解、子波变换分析方法和绕极涡分析途径，揭示冬季太平洋海表温度与北半球中纬度大气环流异常共变模态的时空特征。他们将冬季太平洋区域 SST 异常和北半球绕

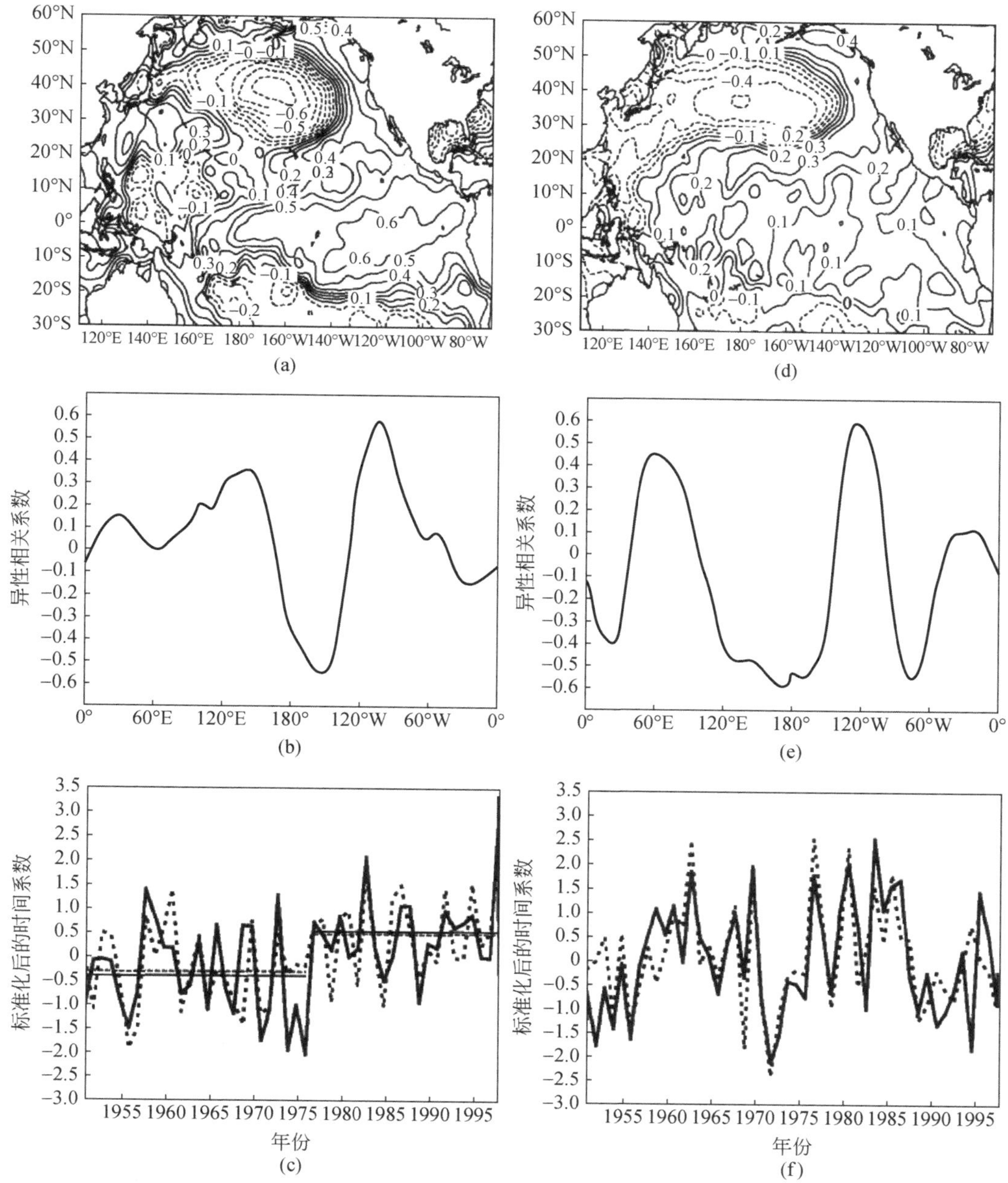

图 4. 17　冬季太平洋 SST 异常与北半球绕极涡纬度异常的协方差矩阵奇异值分解

极涡［即500hPa高度场上5400m（位势计）特征等值线］纬度值异常的协方差矩阵进行奇异值分解，揭示冬季太平洋SST异常与北半球中纬度大气环流之间的关系。结果表明，对协方差做出主要贡献的分量主要是前两个SVD模态（累积方差为76.4%），而其他模态方差贡献均在10%以下。

第一对奇异向量解释了协方差的50%，图4.17（a）~（c）分别给出了第一对奇异向量对应的绕极涡纬度异常的异性相关系数随着经度的分布、太平洋SST异常的异性相关系数分布和时间系数序列。第二对奇异向量解释了协方差的26.2%，图4.17（d）~（f）分别给出了第二对奇异向量对应的绕极涡纬度异常的异性相关系数随着经度的分布、太平洋SST异常的异性相关系数分布和时间系数序列。根据图4.17（a）可知SST异常位于热带中东太平洋和中纬度北太平洋，而且当热带中东太平洋异常暖时，北太平洋中部异常冷，黑潮和北美西海岸地区异常暖；反之亦然。

第六节　卡尔曼滤波

1960年Kalman发表其著名的论文“A New Approach to Linear Filtering and Prediction Problems”，在这篇论文中，描述了用递归方法解决离散系统线性滤波的问题，我们今天称之为卡尔曼滤波算法。卡尔曼滤波应用广泛且功能强大，它可以估计信号的过去和当前状态，以及预测将来的状态，即使并不知道模型的确切性质。其基本思想是：以最小均方误差为最佳估计准则，采用信号与噪声的状态空间模型，利用前一时刻的估计值和当前时刻的观测值来更新对状态变量的估计，求出当前时刻的最优估计值。该算法根据建立的系统方程和观测方程对需要处理的信号做出满足最小均方误差的估计（彭丁聪，2009）。

一、离散线性卡尔曼滤波原理

最初的卡尔曼滤波算法被称为基本卡尔曼滤波算法，适用于解决随机线性离散系统的状态或参数估计问题。

在实际应用中，我们可以将物理系统的运行过程看作是一个状态转换过程。在海洋学中，这些状态可以看作温度、盐度及其他海洋要素，这些要素在时空上发生着变化。一个水团可以被看作一个系统，描述该系统的性质和状态的参量可以是温度、盐度或者密度等。我们假设系统状态可以用一个向量 $\boldsymbol{X} \in R^n$ 来表示，这个向量属于 n 维空间。为了描述方便，作以下假设：①物理系统的状态转换过程可以描述为一个离散时间的随机过程；②系统状态受控制输入的影响（如海表温度会受到辐射的影响）；③系统状态及观测过程都不可避免地受噪声影响，也就是系统状态在时间上的延续也伴随着噪声的延续，而对系统的观测也包含着噪声的影响，无法获得状态的真值。

在以上假设前提下，定义系统状态变量为 $\boldsymbol{X} \in R^n$，系统控制输入为 $\boldsymbol{U}_k$，系统过程激励噪声为 $\boldsymbol{W}_k$，可得出系统的状态方程：

$$\boldsymbol{X}_k = A\boldsymbol{X}_{k-1} + B\boldsymbol{U}_{k-1} + \boldsymbol{W}_{k-1} \tag{4.107}$$

定义观测变量 $\boldsymbol{Z}_k \in R^m$，观测噪声为 V_k，得到量测方程：

$$\boldsymbol{Z}_k=H\boldsymbol{X}_k+\boldsymbol{V}_k \tag{4.108}$$

假设 $\boldsymbol{W}_k$，$\boldsymbol{V}_k$ 相互独立且是正态分布的均值为零的白噪声：

$$\boldsymbol{W}_k\sim(0,\ \boldsymbol{Q}) \tag{4.109}$$

$$\boldsymbol{V}_k\sim(0,\ \boldsymbol{R}) \tag{4.110}$$

式中，$\boldsymbol{Q}$ 为过程激励噪声协方差矩阵；$\boldsymbol{R}$ 为观测噪声协方差矩阵。

我们统称 A、B、H 为状态变换矩阵，是状态变换过程中的调整系数，是从建立的系统数学模型中导出来的，假设它们是常数。

从建立的系统数学模型出发，可以导出卡尔曼滤波的计算原型，包括时间更新方程和测量更新方程。为了便于描述，做以下说明：①$\hat{\boldsymbol{X}}_k^-\in\boldsymbol{R}^n$，为第 k 步之前的状态已知的情况下，第 k 步的先验状态估计值（$^-$代表先验，$\hat{}$代表估计）；②$\hat{X}_k\in\boldsymbol{R}^n$，为加入观测变量 $\boldsymbol{Z}_k$ 的信息情况下，第 k 步的后验状态估计值。$\boldsymbol{X}_k$ 表示真值。由此定义先验估计误差和后验估计误差：

$$\boldsymbol{e}_k^-=\boldsymbol{X}_k-\hat{\boldsymbol{X}}_k^- \tag{4.111}$$

$$\boldsymbol{e}_k=\boldsymbol{X}_k-\hat{\boldsymbol{X}}_k \tag{4.112}$$

先验估计误差的协方差矩阵为

$$\boldsymbol{P}_k^-=E(\boldsymbol{e}_k^-\boldsymbol{e}_k^{-\mathrm{T}}) \tag{4.113}$$

后验估计误差的协方差矩阵为

$$\boldsymbol{P}_k=E(\boldsymbol{e}_k\boldsymbol{e}_k^{\mathrm{T}}) \tag{4.114}$$

式（4.115）构造了卡尔曼滤波器的表达式，即先验估计 $\hat{\boldsymbol{X}}_k^-$ 和加权的测量变量 $\boldsymbol{Z}_k$ 与其预测 $H\hat{X}_k^-$ 之差的线性组合构成了后验状态估计：

$$\hat{\boldsymbol{X}}_k=\hat{\boldsymbol{X}}_k^-+\boldsymbol{K}(\boldsymbol{Z}_k-\boldsymbol{H}\hat{\boldsymbol{X}}_k^-) \tag{4.115}$$

式（4.115）中测量变量与其预测值之差（$\boldsymbol{Z}_k-\boldsymbol{H}\hat{\boldsymbol{X}}_k^-$）反映了预测值和实际值之间的不一致程度，称为测量过程的残余。$n\times m$ 阶矩阵 $\boldsymbol{K}$ 叫作残余的增益，其作用是使后验估计误差协方差最小。可以通过以下步骤求出 $\boldsymbol{K}$：将式（4.115）代入式（4.112），再代入式（4.114），将 $\boldsymbol{P}_k$ 对 $\boldsymbol{K}$ 求导，使一阶导数为零，可以求出 $\boldsymbol{K}$，$\boldsymbol{K}$ 的一种形式为

$$\boldsymbol{K}_k=\boldsymbol{P}_k^-\boldsymbol{H}^{\mathrm{T}}\ (\boldsymbol{H}\boldsymbol{P}_k^-\boldsymbol{H}^{\mathrm{T}}+\boldsymbol{R})^{-1} \tag{4.116}$$

对卡尔曼增益的确定是建立滤波模型的关键步骤之一，它能显著影响模型的效率。

二、滤波器模型的建立

卡尔曼滤波器包括两个主要过程：预估与校正。预估过程主要是利用历史数据，通过时间更新方程建立对当前状态的先验估计，向前推算当前状态变量和误差协方差估计的值，以便为下一个时间状态构造先验估计值；校正过程负责反馈，利用测量更新方程在预估过程的先验估计值及当前观测变量的基础上建立起对当前状态的改进的后验估计。这样的一个过程，我们称为预估-校正过程，对应的这种估计算法称为预估-校正算法。以下给

出离散卡尔曼滤波的时间更新方程和状态更新方程。

时间更新方程：

$$\hat{\boldsymbol{X}}_k^- = \boldsymbol{A}\hat{\boldsymbol{X}}_{k-1} + \boldsymbol{B}\hat{\boldsymbol{U}}_{k-1} \tag{4.117}$$

$$\boldsymbol{P}_k^- = \boldsymbol{A}\boldsymbol{P}_{k-1}\boldsymbol{A}^{\mathrm{T}} + \boldsymbol{Q} \tag{4.118}$$

状态更新方程：

$$\boldsymbol{K}_k = \boldsymbol{P}_k^-\boldsymbol{H}^{\mathrm{T}}(\boldsymbol{H}\boldsymbol{P}_k^-\boldsymbol{H}^{\mathrm{T}} + \boldsymbol{R})^{-1} \tag{4.119}$$

$$\hat{\boldsymbol{X}}_k = \hat{\boldsymbol{X}}_k^- + \boldsymbol{K}_k(\boldsymbol{Z}_k - \boldsymbol{H}\hat{\boldsymbol{X}}_k^-) \tag{4.120}$$

$$\boldsymbol{P}_k = (\boldsymbol{I} - \boldsymbol{K}_k\boldsymbol{H})\boldsymbol{P}_k^- \tag{4.121}$$

式中，$\boldsymbol{A}$ 为作用在 $\hat{\boldsymbol{X}}_{k-1}$ 上的 $n\times n$ 状态变换矩阵；$\boldsymbol{B}$ 为作用在控制向量 $\hat{\boldsymbol{U}}_{k-1}$ 上的 $n\times l$ 输入控制矩阵；$\boldsymbol{H}$ 为 $m\times n$ 观测模型矩阵，它把真实状态空间映射成观测空间；$\boldsymbol{P}_k^-$ 为 $n\times n$ 先验估计误差协方差矩阵；$\boldsymbol{P}_k$ 为 $n\times n$ 后验估计误差协方差矩阵；$\boldsymbol{Q}$ 为 $n\times n$ 过程噪声协方差矩阵；$\boldsymbol{R}$ 为 $m\times m$ 观测噪声协方差矩阵；$\boldsymbol{I}$ 为 $n\times n$ 阶单位矩阵；$\boldsymbol{K}_k$ 为 $n\times m$ 阶矩阵，被称为卡尔曼增益或混合因数，作用是使后验估计误差协方差最小。

三、一个简化的例子

假设描述某地海域的春季海表温度的状态方程和量测方程分别为

$$\boldsymbol{T}_k = \boldsymbol{A}\boldsymbol{T}_{k-1} + \boldsymbol{B}\boldsymbol{U}_{k-1} + \boldsymbol{W}_{k-1} \tag{4.122}$$

$$\boldsymbol{Z}_k = \boldsymbol{H}\boldsymbol{T}_k + \boldsymbol{V}_k \tag{4.123}$$

为了说明问题和计算方便，考虑到是每年特定季节的海表温度，现假设系统控制输入 $\boldsymbol{U}_{k-1}$ 为零。此外，忽略噪声 $\boldsymbol{W}_{k-1}$ 的影响，假设 $\boldsymbol{A}$ 为常数 1，我们就可以得到一个极简的状态方程：

$$\boldsymbol{T}_k = \boldsymbol{T}_{k-1} \tag{4.124}$$

也就是假设年复一年的春季海表温度不变。对于量测方程，假设算子 $\boldsymbol{H}$ 为 1，$\boldsymbol{V}_k$ 是一个白噪声，可反映出我们测量海表温度时各种误差总的大小。

故时间更新方程可简化为

$$\hat{\boldsymbol{T}}_k^- = \hat{\boldsymbol{T}}_{k-1} \tag{4.125a}$$

$$\boldsymbol{P}_k^- = \boldsymbol{P}_{k-1} + \boldsymbol{Q} \tag{4.125b}$$

因为 $\boldsymbol{Q}$ 越小，表示预测就越准确，这里把 $\boldsymbol{Q}$ 设为零。则有

$$\boldsymbol{P}_k^- = \boldsymbol{P}_{k-1} \tag{4.126}$$

现在，根据以上一系列假设简化，可以得到简化的状态更新方程为

$$\boldsymbol{K}_k = \boldsymbol{P}_k^-(\boldsymbol{P}_k^- + \boldsymbol{R})^{-1} \tag{4.127a}$$

$$\hat{\boldsymbol{T}}_k = \hat{\boldsymbol{T}}_k^- + \boldsymbol{K}_k(\boldsymbol{Z}_k - \hat{\boldsymbol{T}}_k^-) \tag{4.127b}$$

$$\boldsymbol{P}_k = (\boldsymbol{I} - \boldsymbol{K}_k)\boldsymbol{P}_k^- \tag{4.127c}$$

现在假设观测误差协方差 R 是 0.1。那么在以上简化基础上可以开始进行递归滤波。

第 1 步，初始化滤波器，即当 $k=0$ 时的状态，我们设初始温度为 0，误差为 1：

$$T_0=0$$

$$P_0=1$$

这时，我们第一次人工观测的温度假设是 16.8℃。

第 2 步，更新当前时间。根据简化的时间更新方程为

$$\hat{\boldsymbol{T}}_k^-=\hat{\boldsymbol{T}}_{k-1} \text{和} \boldsymbol{P}_k^-=\boldsymbol{P}_{k-1}$$

可以得到

$$T_1=T_0=0 \text{ 和 } P_1=P_0=1$$

第 3 步，更新当前的状态。根据简化的状态更新方程为

$$\boldsymbol{K}_k=\boldsymbol{P}_k^-(\boldsymbol{P}_k^-+\boldsymbol{R})^{-1},$$

有

$$K_1=P_1(P_1+R)^{-1},$$

如果设 R 为 0.1，则有

$$K_1=1\times(1+0.1)^{-1}=0.91$$

再根据 $\hat{T}_1=\hat{T}_1^-+K_1(Z_1-\hat{T}_1^-)$，有

$$T_1=0+0.91\times(16.8-0)=15.27$$

根据 $\boldsymbol{P}_k=(\boldsymbol{I}-\boldsymbol{K}_k)\boldsymbol{P}_k^-$，有

$$P_1=(1-0.91)\times1=0.09$$

目前为止，第一轮卡尔曼滤波完成，继续第二轮：

$$T_2=T_1=15.27$$

$$P_2=P_1=0.09$$

$$K_2=0.09\times(0.09+0.1)^{-1}=0.47$$

假设第二次人工观测的温度值为 17.5℃，则：

$$T_2=15.27+0.47\times(17.5-15.27)=16.32$$

$$P_2=(1-0.47)\times0.09=0.05$$

第二轮滤波完成后，继续第三轮滤波（略），直至结果收敛，满足精度需要。

本例子做了较多的简化，与实际应用有较大差距，目的是让读者对卡尔曼滤波的过程有一个相对完整的认识。

第七节　混合层深度估计

海洋近表层由于太阳辐射、降水、风力强迫等作用，形成温度、盐度、密度几乎垂向均匀的混合层（mixed layer，ML）。混合层在海气相互作用过程中起着重要作用，也影响着海洋的生产力。海洋与大气的能量、动量、物质交换主要通过混合层进行，从而也与气候的变化相关。此外，混合层的观测对于验证和改进大洋环流模式中的混合层参数化方案具有重要价值。

鉴于混合层在科学研究中的重要作用，其恰当定义和准确计算至关重要。有研究指出，等温层深度（温跃层顶界深度）与等盐度层深度或混合层深度（mixed layer depth，MLD）（密度跃层顶界深度）并不一定重合。在没有直接湍流耗散测量的情况下，混合层深度来源于使用各种代理变量的海洋剖面数据。从 CTD 和其他剖面仪器数据估算 MLD 的方法分为四大类：①在表层剖面中找到预定步骤的阈值法或找到上层的临界梯度；②最小二乘回归方法，拟合两个或更多的线段到近海表剖面；③积分深度尺度方法，根据水体的整体性质（如守恒性）计算上层的深度；④基于指定的误差最小化的适合直线段的分割融合算法。

方法①和方法④认为混合层是物理的不同实体，其深度可以根据观测密度结构来确定，而不受任何整体守恒约束的影响。相比之下，方法③将混合层视为连续密度分布的两层近似的上部分量，其推导必须满足某些守恒要求，如总质量守恒。

一、阈值方法

在海气相互作用研究中表面混合层深度 D 被定义为深度 z，在该深度处，密度差为 $\Delta\sigma_\theta(z)=\sigma_\theta(z)-\sigma_\theta(z_0)$，一般为 0.01kg/m^3［图 4.18（a）］；其中，Z_0 是参考深度（一般在海表 $Z_0=0\sim10$m 深度的范围内），$\sigma_\theta(z)=\rho_\theta(z)-1000$kg/m^3 是测量密度 ρ_θ 的密度异常。因为阈值法比较简单，所以手工可以完成深度估计分析计算，一般的基础差为 0.01kg/m^3。得到的昼夜深度估计值与湍流耗散测量结果类似，阈值方法的阈值为 0.01kg/m^3，已经成为许多混合层深度研究的事实标准。在海洋气候研究中，重点关注 MLD 在数月和更长时间内的平均变化，超过 0.125kg/m^3 的阈值更常用于月平均数据［参见 Kara 等（2002）的表 1］。0.01kg/m^3 的阈值法的一个缺点是它通常忽略了包括高叶绿素、营养盐和颗粒物浓度的几乎相同密度的下层水（Robinson et al.，1993；Washburn et al.，1998），并忽略了湍流混合向更浅的深度退缩的速度比底部层化的侵蚀速度快这一事实。

因为海洋学家可以获得比盐度（以及密度）剖面数据更多的温度剖面数据，而且盐度测量往往比温度测量噪声更大，因此混合层深度通常与水温的阶梯式变化（0.01～0.5℃）相关联。然而，在可能的情况下，最好使用 σ_θ 作为 MLD 的估计量，主要因为它是密度结构，直接影响水体中湍流混合的稳定性和程度。原位密度不太可靠，因为翻转湍流可导致在 10m 深度上 0.04kg/m^3 的绝热变化（Schneider and Müller，1990）。

较少使用的阈值梯度法将混合层深度定义为密度梯度 $\partial\sigma_\theta(z)/\partial z$ 首先超过 0.01kg/m^3［图 4.18（b）］或其他指定水平的深度。密度梯度法在 MLD 估计量一致性方面被认为不如密度差法（Schneider and Müller，1990）。

二、阶梯函数最小二乘回归方法

因与剖面近似有关的问题，需要为海洋剖面定制曲线拟合算法，包括使用最小二乘线性近似（Papadakis，1981；Freeland et al.，1997）。Papadakis（1981）使用三段线性拟合和牛顿逼近方法来找到一般混合层深度问题的最小方差解。Freeland 等（1997）采用两段

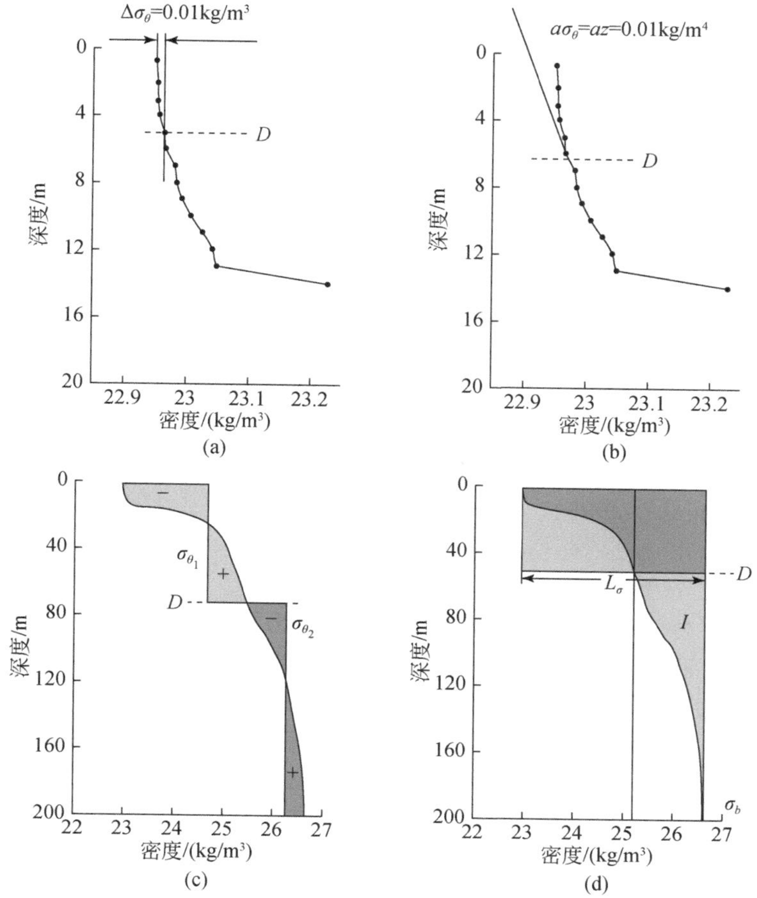

图 4.18　1997 年 7 月 19 日温哥华岛西海岸 CTD 台站 LH07 获得的不同密度剖面的混合层深度（D）估算

最小二乘法获得东北太平洋海洋站 P（50°N，145°W）的冬季混合层深度的时间序列。两段式的情况可以通过分析来解决，对于之前的 CTD 数据非常有用。

两段式方法［图4.18（c）］寻求一个连续的水密度分布 $\sigma_\theta(z)$ 的阶梯状最小二乘法近似，z 从表面向下：

$$\sigma_\theta(z)=\begin{cases}\sigma_{\theta_1}, & 0\leqslant z_a<z<D\\ \sigma_{\theta_2}, & D<z<z_b\end{cases} \tag{4.128}$$

式中，z_a 为近海表深度；D 为估计的混合层深度；$z_b=200\sim500\text{m}$ 为低于季节深度的任意混合层深度；σ_{θ_1}、σ_{θ_2} 分别为混合层和中间层的恒定位势密度。关于 σ_{θ_1}、σ_{θ_2} 和 D 最小化积分为

$$\Phi=\int_{z_a}^{D}[\sigma_\theta(z)-\sigma_{\theta_1}]^2\mathrm{d}z+\int_{D}^{z_b}[\sigma_\theta(z)-\sigma_{\theta_2}]^2\mathrm{d}z \tag{4.129}$$

得到解

$$F(D)=\sigma_\theta D-\frac{1}{2}\left[\frac{\int_{z_a}^{D}\sigma_\theta(z)\mathrm{d}z}{D-z_a}+\frac{\int_{D}^{z_b}\sigma_\theta(z)\mathrm{d}z}{z_b-D}\right]=0 \tag{4.130}$$

这可以用数值方法求解。两段逼近在计算上是稳定的，增加分段或“步骤”的数量可以改善对轮廓数据的近似，但通常会导致计算更加复杂。最小二乘拟合的质量因剖面而异，具体取决于底层分层的结构。

三、积分深度尺度法

混合层深度 D 的简单估计就是积分深度尺度［图 4.18（d）］，也称为“陷阱深度”（Price et al.，1986），其中，

$$D=\frac{\int_0^{z_b} zN_b^2 z\mathrm{d}z}{\int_0^{z_b} N_b^2 z\mathrm{d}z}=\frac{\int_{z_a}^{z_b}(\sigma_{\theta b}-\sigma_\theta)\mathrm{d}z}{(\sigma_{\theta b}-\sigma_{\theta a})} \tag{4.131}$$

式中，z_a 和 z_b 为近表深度和任意参考深度（如 $z_a=0$ 和 $z_b\sim 250\mathrm{m}$）；$\sigma_{\theta b}=\sigma_\theta(z_b)$，$\sigma_{\theta a}=\sigma_\theta(z_a)$（Freeland et al.，1997）。其中，

$$N(z)=\left(-\frac{g}{\rho_0}\frac{\mathrm{d}\rho_\theta}{\mathrm{d}z}\right)^{1/2} \tag{4.132}$$

式中，$N(z)$为是浮力（Brunt-Väisälä）频率；g 为重力加速度；ρ_0 为参考密度。与通常仅需要密度分布的上部的阈值方法不同，阶梯函数和积分深度尺度方法需要指定比混合层深度深得多的参考密度。

将两层函数拟合到连续剖面的第二积分方法，通过要求与双层系统的势能成正比的参数 Φ_{fit}等于水柱的原始连续剖面的对应值 ψ_0，来确定混合层深度（实际上是密度跃层深度）。已知 σ_{θ_1}、σ_{θ_2}是两层（混合层和参考层）的恒定密度，并考虑相对于参考层深度 $z_b=H=250\mathrm{db}$①（$\sim 250\mathrm{m}$）的估计。基于 Ladd 和 Stabeno（2012）的工作，我们得到

$$\Phi_0=\int_0^H[\sigma_\theta(z)-\overline{\sigma_\theta}]z\mathrm{d}z \tag{4.133a}$$

其中，

$$\overline{\sigma_\theta}=\frac{1}{H}\int_0^H\sigma_\theta z\mathrm{d}z \tag{4.133b}$$

是深度平均密度。设定式（4.133a）和式（4.133b）中的积分为两层情况获得的对应值，具体为

$$\Phi_{fit}=\frac{1}{2}[D^2(\sigma_{\theta_1}-\overline{\sigma_\theta})+(H^2-D^2)(\sigma_{\theta_2}-\overline{\sigma_\theta})] \tag{4.134a}$$

$$\overline{\sigma_\theta}=\frac{[D\sigma_{\theta_1}+(H-D)\sigma_{\theta_2}]}{H} \tag{4.134b}$$

得出混合层深度的估计值：

$$D=\frac{2\Phi_0}{H(\overline{\sigma_\theta}-\sigma_{\theta_1})} \tag{4.135}$$

① db 为分巴，1 分巴 = 0.1 巴（bar），$1\mathrm{bar}=10^5\mathrm{Pa}$。

式（4.135）的解决方案要求我们为上层密度 σ_{θ_1} 指定一个值。在研究东北太平洋冬季混合层深度时，Freeland（2013）任意设定 σ_{θ_1} 等于在上层 60m 充分混合的平均密度。该深度被认为是可以选择的最大深度，而不接近在该地区冬季曾经观察到的最浅混合层深度（大约 90m）。当太阳照射升温和减少风的混合会导致东北太平洋混合层深度减至 20m 及其以下时，则该方法不适用于夏季月份。

四、分割融合算法

通常使用阈值差分法估计的混合层深度与视觉估计的混合层深度存在明显不同。事实上，阶梯函数和积分深度尺度方法的深度估计比表面混合层深度更能代表主要的密度跃层深度，因此提出了估计混合层深度的分割融合算法（Thomson and Fine，2009）。该方法首先由 Pavlidis 和 Horowitz（1974）提出，用来估计平面曲线和波形的最优分解，也可用于近似水柱中的其他结构特征。

分割融合算法使用分段多项式函数逼近指定的曲线，其中调整拟合曲线中的断点（子集边界的位置和斜率的变化）以适应可用数据（图 4.19）。该算法通过定义分离不同段的

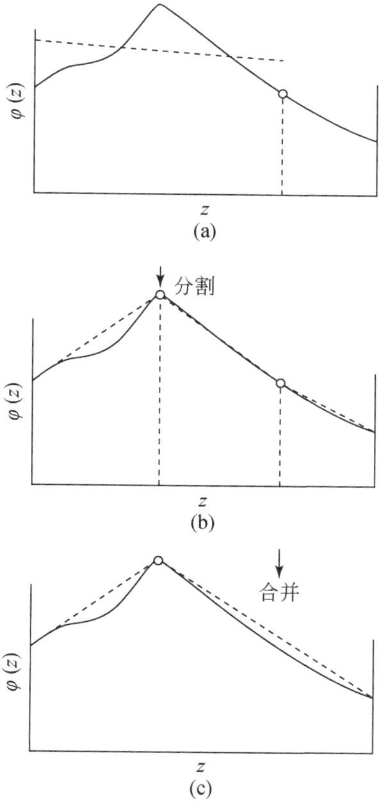

图 4.19　一次迭代就可以找到最佳分割的分割融合算法的图示（Thomson and Fine，2009）
（a）中曲线 $\varphi(z)$ 的左侧线段的初始拟合（虚线）在断点处分割为（b），形成三个单独的线段，然后两个右侧线段在（c）中合并形成一个线段

断点的位置，分段近似参数和近似误差来提供轮廓分解。一般来说，拟合的段是不相交的，但是可以通过对近似曲线的局部调整来使其满足连续性要求。该方法解决了将一系列片段拟合到轮廓 $\varphi(z)$ 的问题，其中 z 是深度，φ 表示温度、盐度、密度、荧光或其他廓线变量。给定一组点 $S=\{z_i, \varphi_i\}, i=1, 2, \cdots, n$，我们寻求最小数目 n，使得 S 被划分为 n 个子集 $S_1, S_2, \cdots, S_n$，其中数据每个子集的点由最多 $m-1$ 个阶数多项式近似，误差范数小于某个指定量 ε。该算法将具有相似近似系数的相邻拟合段合并，并将这些段与不可接受的误差范围分开。使用最小二乘法或类似方法将曲线拟合到指定的数据集，由于拟合较高阶多项式有其自身的一些问题，该方法通常限于分段线性近似，其中 $m=2$。假设最上面的段（混合层）具有近似垂直分布，则该段的 $m=1$。

分割融合算法消除了对分段数 n 的先验选择的需要，不需要指定初始分段。以这种方式，直接获得每个段（或所有段）的误差范围不超过指定边界的分割。计算经验表明，分割融合算法发现的局部最小值接近于 N 阶计算时间的全局最小值。对于规定的误差标准，混合层深度 D 等于分段线性拟合的最上段。为了避免剖面变量的缩放问题，包括对每个变量需要不同的误差标准，变量 z 和 $\varphi(z)$ 被归一化，使得

$$z^*=\frac{z-z_{\min}}{z_{\max}-z_{\min}};\ \varphi^*(z)=\frac{\varphi(z)-\varphi_{\min}}{\varphi_{\max}-\varphi_{\min}} \tag{4.136}$$

其中，下标 max，min 表示在感兴趣深度范围内给定变量的最大值和最小值，$0\leqslant(z^*,\varphi^*)\leqslant1$。分割融合算法使用非零起始深度（如 $z_{\min}=2.5$m），以避免在站保持期间与船舶船体的冲洗或湍流相关的问题，$z_{\max}\geqslant150$m，以确保捕获混合层深度，而不考虑季节变化的影响。与阈值方法一样，分割融合算法需要预定义误差范围。为了确定 MLD 估计对指定误差范围的敏感性，Thomson 和 Fine（2009）在宽的误差值范围内检查了 MLD 估计值，从 0.001 ~0.03，并发现对于 1997 年 7 月在加拿大温哥华岛西海岸的船舶测量线收集的 CTD 剖面，标准 $\varepsilon=0.01$ 的结果通常给出最接近于"视觉"MLD 估计的值（图 4.20）。

五、方法的比较

Thomson 和 Fine（2009）的各种混合层深度估计器（分割融合算法、阈值方法、两步及三步回归方法和积分深度尺度法）之间的比较表明，在没有湍流耗散测量的情况下，只有阈值方法和分割融合方法提供了混合层深度的准确估计。回归方法和积分深度尺度法的估计比表面混合层深度更能代表永久性的密度跃层深度。阈值方法和分割融合算法在宽范围的阈值和误差标准值上给出几乎相同的 MLD 结果。对于阈值方法，MLD 估计随着阈值增加而增加，而对于分割融合算法，MLD 估计密切地捕获"视觉"混合层深度并且在宽范围的标准值上保持不变。在上层具有弱密度梯度的情况下，阈值方法估计 MLD 的能力在很大程度上取决于阈值。相反，分割融合算法很容易找到与视觉估计密切相对应的 MLD。当上层具有"显著"密度梯度时，两种方法难以估计混合层深度；没有明确的混合层，深度估计值总是取决于指定的误差值。在这种情况下，积分深度尺度法可以更好地逼近"双层"垂直结构。

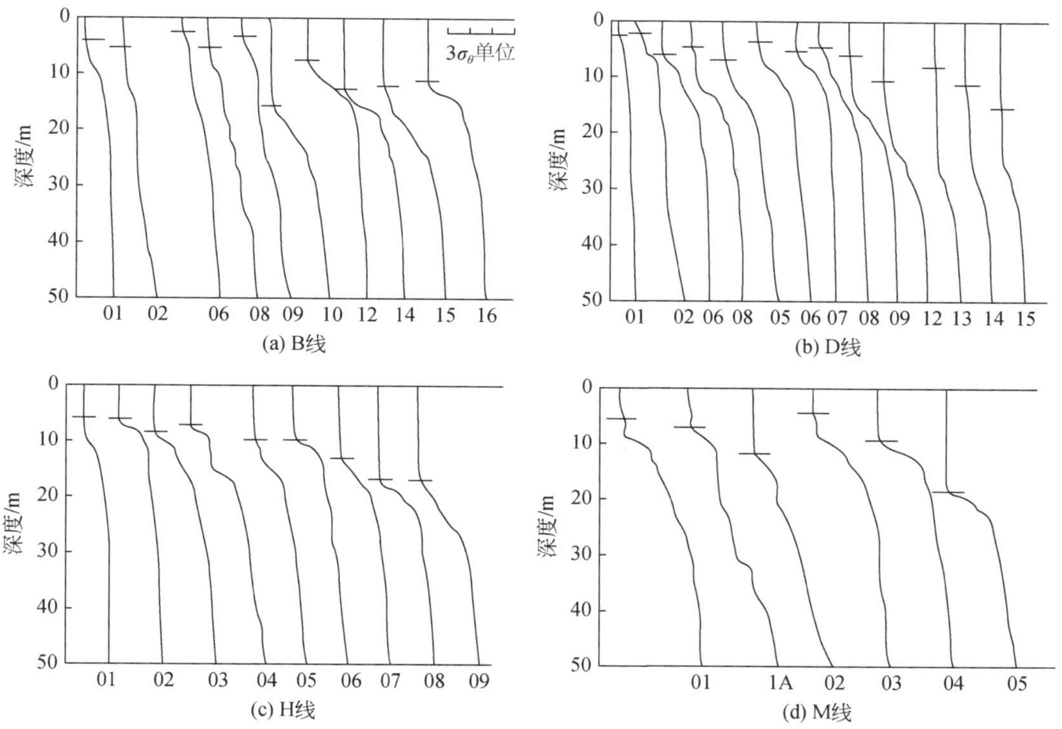

图 4.20 1997 年 7 月在温哥华岛西海岸收集的 CTD 的 1m 平均密度（σ_θ）剖面图的顶部部分
［据 Thomson 和 Fine（2009）］

水平条表示使用分割融合算法导出的混合层深度。σ_θ 的通常范围为 22～25kg/m^3。在 B 线剖面图中显示了 $3\sigma_\theta$ 单位的比例

表 4.1 显示了温哥华岛西海岸二十年来收集的所有密度剖面的五种方法的平均深度和标准偏差的统计总结。

表 4.1 不同估计方法的平均混合层深度（MLD_{sub}）和标准误差（标准偏差/$\sqrt{N}$，N=样本数）

（单位：m）

方法	$MLD_{S\&M}$	MLD_{TH}	MLD_{GR}	D_σ	D_2	D_3
MLD_{sub}	12.51±0.32	12.43±0.33	12.57±0.38	60.4±0.6	60.9±0.7	35.60±0.46

注：下标 S&M，TH 和 GR 分别表示分割融合，阈值方法和阈值梯度方法。D_σ 是积分深度尺度法，D_2 是两步回归方法，D_2 是三步回归方法。

阈值方法（TH）的结果基于标准阈值 $\Delta\sigma_\theta=0.01\text{kg/m}^3$，梯度 $\frac{\Delta\sigma_\theta}{\Delta z}=0.006\text{kg/m}^4$ 时阈值梯度法（GR）的结果。分割融合算法的指定误差范数 $\varepsilon=0.003$ 与 $\Delta\sigma_\theta=0.01\text{kg/m}^3$ 的阈值方法值一致。如表 4.1 所示，使用阈值方法和分割融合算法获得的平均混合层深度与基于回归和积分深度尺度方法的平均混合层深度显著不同。来自阈值方法和分割融合算法（平均 MLD≈12m）的平均深度是回归方法和积分深度尺度法（平均 MLD≈60m）的 1/5。

第八节 逆 方 法

一、逆方法的概述

在地球科学领域，逆方法已经成为一种精妙且成熟的分析工具。例如，地球物理研究中，该方法可以根据地震波来推测地球内部的结构。地球物理学中的逆问题，本质上是找到一个地球结构模型，该模型可能已经生成了可观测到的声波传播时间数据。逆问题中的输入和输出都是已知的，结果是找到一个“模型”，而这个模型可以将一组数据转换为另一组数据，这与使用已知输入和参数确定的物理系统来预测输出的正问题相反。

在海洋学中，逆方法有多种应用，包括使用已知的示踪剂分布和地转流动力学来推断绝对洋流，其他应用包括使用水下声波传播时间来确定全球海洋的平均温度以进行长期气候研究，或使用海底压力记录仪（如 DART）、有线观测站、沿海潮汐仪，以帮助确定主要跨洋海啸的震源区域。还可以使用逆方法来确定不列颠哥伦比亚省海岸水体的起源和混合。在这些海洋学应用中，“解”就是我们先前在地球物理问题中称为“模型”的东西。内核函数是根据所讨论问题的物理原理制定的，通过将“解”与输入数据进行匹配可以找到结果。感兴趣的读者可以参考 Bennett 在 1992 年出版的专著 *Inverse Methods in Physical Oceanography*，以深入了解海洋学中逆方法的理论和应用。

通常，逆问题采用以下形式：

$$e(t) = \int_a^b C(t, \xi) m(\xi) \mathrm{d}\xi \tag{4.137}$$

式中，$e(t)$ 为输入数据；$m(\xi)$ 为模型；$C(t, \xi)$ 为变量 ξ 的核函数。

核函数是从有关问题的相关物理方程式确定的，并假定是已知的。正是对这些核函数的明智选择，使逆问题成为一项复杂的工作，需要海洋学家具备一定的物理视野来处理此类工作。为了提取有关模型 $m(\xi)$ 的信息，我们可以考虑将逆理论的应用仅限于一组观测值的线性逆方法。Bennett 将其称为“有限维逆理论”。在对这种形式的逆理论进行讨论时，Bennett 认为其适用于以下情况：

（1）基于物理定律但具有多种解的不完整海洋模型；

（2）数量的度量未包含在原始模型中，但通过其他物理定律与该模型有关；

（3）对模型或数据的不均等约束；

（4）物理定律和数据中误差的先前估计；

（5）分析物理定律、度量和不平等系统中的信息水平。

式（4.137）是第一类 Fredholm 积分方程。当用于数据 $e(t)$ 的信息可得到时，逆理论的中心作用在于求解该方程式，以提取有关模型 $m(\xi)$ 的信息。重要的是要认识到，除非知道问题的物理原理和几何状态［即已建立式（4.137）］，否则无法解决逆问题。因此，除非可以解决正问题，否则不可能考虑逆问题的解决方案。正问题的物理特征可能是不适定的，在这种情况下，并非所有解决方案都会匹配，或者匹配仅是巧合，而不是式（4.137）的解。因此，关于逆问题的解决方案要提出的基本问题是：

（1）是否存在解？换句话说，是否有一个能产生 $e(t)$ 的 $m(\xi)$？

（2）如何构造解？

（3）解是否唯一？

（4）如何评价非唯一性？

上述问题的答案取决于数据 $e(t)$。从理论上讲，存在三种类型的数据：

（1）无限数量的精确数据；

（2）数量有限的精确数据；

（3）数量有限的不精确的数据。

实际上，只有类型（3）的数据出现，因为我们被迫处理观测值，观测值包含各种测量和采样误差。尽管完美的数据仅限于数学领域，但考虑解析的“逆”通常是有益的。例如，对于

$$x(f)=\int_{-\infty}^{\infty}x(t)\mathrm{e}^{-\mathrm{i}2\pi ft}\mathrm{d}t \tag{4.138}$$

其解析逆为

$$x(t)=\frac{1}{2\pi}\int_{-\infty}^{\infty}x(f)\mathrm{e}^{\mathrm{i}2\pi ft}\mathrm{d}t \tag{4.139}$$

同样，对于

$$\varphi(x)=\frac{2}{\lambda}\int_{x}^{a}\frac{r\varepsilon(r)}{\sqrt{(r^2-x^2)}}\mathrm{d}r \tag{4.140}$$

其逆为

$$\varepsilon(r)=-\frac{\lambda}{\pi}\int_{r}^{a}\frac{\frac{\mathrm{d}\varphi}{\mathrm{d}x}}{\sqrt{(r^2-x^2)}}\mathrm{d}x \tag{4.141}$$

在第二种情况下，我们需要了解 $\mathrm{d}\varphi/\mathrm{d}x$ 才能找到 $\varepsilon(r)$，对于理想的连续数据［图 4.21（a）］，甚至对于数量有限的精确数据样本［图 4.21（b）］，这都很容易做到。但是，如果是数量有限的不精确数据［图 4.21（c）］，则很难估算 $\mathrm{d}\varphi/\mathrm{d}x$。

处理数量有限的不精确数据的问题是应用逆方法的最常见障碍。通常，这些不精确性可以被视为叠加在真实数据上的加性噪声，因此可以使用统计技术进行处理。这些加性误差会“模糊”或扭曲我们对解（模型）的理解。不幸的是，不能得出这样的结论：如果误差噪声很小，那么模型失真也将很小。这是因为大多数地球物理核函数都会使模型变得平滑，从而改变正和逆问题的响应长度范围。换句话说，使用不精确数据的逆过程获得的解可能与实际生成数据的模型有很大不同。此外，模型的特定解也不是唯一的，各种各样的解同样可能存在。

在大多数逆方法的海洋学应用中，我们主要对寻找可复制观测结果的模型感兴趣。在此，主要的问题是任何逆方法解的非唯一性，这是可以再现数量有限的观测值的众多函数之一。当数据不精确时，这种非唯一性会变得更加严重，因为在任何实际海洋学应用中都存在。在海洋学中应用逆方法的关键是选择“正确的”（我们指的是最可能或最合理的）反演模型解。

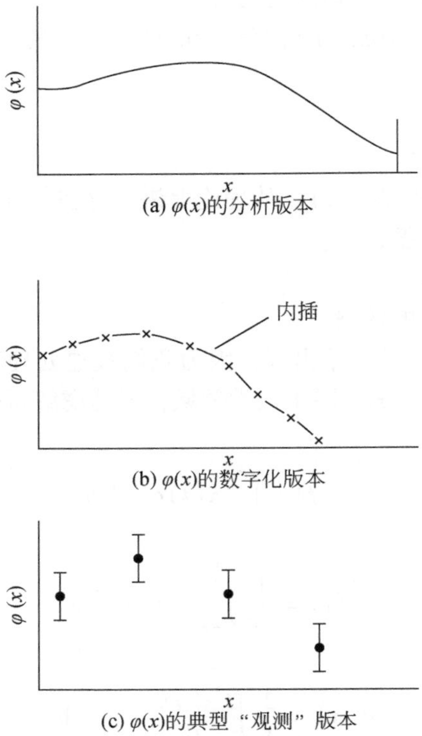

图 4.21　式（4.141）的解 $\varepsilon(r)$ 所需的函数 $\varphi(x)$ 的三个示例

$\varphi(x)$ 的分析版本（a）和数字化版本（b）容易实现求逆，

由四个均值（加上标准偏差）组成，对其进行求逆准确度大大降低（Thomson and Emery，2014）

海洋学中的逆向构造可以采取参数化建模的形式。在这种情况下，我们将模型写为 $m=f(a_1, a_2, \cdots, a_N)$，并寻求一种数值方案来找到参数 $a_i(i=1, 2, \cdots, N)$ 的适当值。当物理系统实际上具有这种形式并取决于许多输入参数时，就可以进行参数化。通过收集 N 个以上的数据点并对式（4.142）采用最小二乘法最小化，找到参数来确定该模型。

$$\varphi = \sum_{i=1}^{N} (e_i - e_i')^2 \tag{4.142}$$

式中，$e_i' = f(a_1, a_2, \cdots, a_N; \varepsilon_i)$，$\varepsilon_i$ 是第 i 个核函数。

二、逆方法的几何说明

由于搜集有关未知参数和信息是不充分或相矛盾的，地球物理中的多数资料问题没有唯一解，以简单的线性问题为例（张爱军等，1996）：

$$\sum_{k=1}^{K} D_{lk} P_k = b_l \quad (l = 1, 2, \cdots, L) \tag{4.143}$$

式中，b_l 为观测资料；$P_k(k=1, 2, \cdots, K)$ 为未知参数；$\sum_{k=1}^{K} D_{lk}P_k$ 为资料拟合模式。如果 $L>K$，

形成超定问题，式（4.143）无解；如果 $L<K$，形成未定问题，式（4.143）有无穷多个解，加上 $K-L$ 个附加条件才能确定唯一解，下面以超定问题为例，对逆方法做几何解释。

假设资料 $\boldsymbol{b}$ 为资料空间 D_L 中的 L 维向量，由 P_k 组成的模式空间是 D_L 中的一个 K 维子空间 M_K，即 $M_K \subset D_L$。如图 4.22，只有当 $\boldsymbol{b} \in M_K$ 时，模式参数 P_k 才有解存在，当 $\boldsymbol{b} \notin M_K$ 时，最优解是最接近 $\boldsymbol{b}$ 的那个向量$\boldsymbol{b}_{\parallel}$，即：

$$\| \boldsymbol{b}-\boldsymbol{b}_{\parallel} \| = \| \boldsymbol{b}_{\perp} \| = \text{最小} \tag{4.144}$$

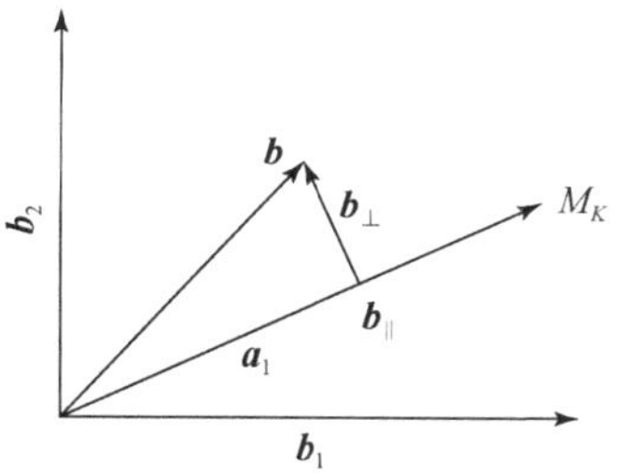

图 4.22　资料向量与模式空间示意图

设 $\boldsymbol{W}_{lj}$为 $\boldsymbol{D}_L$ 空间中的正定对称矩阵，式（4.144）可以写为

$$\begin{aligned} \varepsilon^2 &= \| \boldsymbol{b} - \boldsymbol{b}_{\parallel} \| = \| \boldsymbol{b} - \sum_{k=1}^{K} P_k a_k \| \\ &= \sum^{l,j} (b_l - \sum^{k} D_{lk} P_k) \boldsymbol{W}_{lj} (b_j - \sum^{k'} D_{jk'} P_{k'}) \end{aligned}$$

求取极小值，根据最小二乘法原理，有$\dfrac{\partial \varepsilon^2}{\partial P_k}=0$

从而有

$$\sum^{l,j} \boldsymbol{D}\, lk \boldsymbol{W}_{lj} \left(b_j - \sum^{k'} \boldsymbol{D}\, lk' P_{k'} \right) = 0 \tag{4.145}$$

写成矩阵形式为

$$\boldsymbol{D}^{+} \boldsymbol{WDP} = \boldsymbol{D}^{+} \boldsymbol{Wb} \tag{4.146}$$

式中，+为矩阵的加号逆，属于一种广义逆矩阵；$\boldsymbol{D}=(\boldsymbol{D}_{lk})$为 $l \times k$ 阶矩阵；$\boldsymbol{W}=(\boldsymbol{W}_{lj})$为 k 阶权矩阵；$\boldsymbol{P}$ 和 $\boldsymbol{b}$ 为未知参数和观测资料向量，$\boldsymbol{D}^{+}=(\boldsymbol{D}_{kl})$为 D 矩阵的逆矩阵。如果方阵 $\boldsymbol{D}^{+}\boldsymbol{WD}$ 的逆矩阵存在，则式（4.146）的解为

$$\boldsymbol{P} = (\boldsymbol{D}^{+} \boldsymbol{WD})^{-1} \boldsymbol{D}^{+} \boldsymbol{Wb}$$

未定问题的几何解释与超定问题相似，只需将未知数空间与资料空间对换。

三、一般线性逆问题模型

逆方法与一般动力计算的区别在于：一般的动力计算在动力模型确定后，根据边界条件和初始条件（即上边提到的输入）计算海区内的流速或流量。这就是所谓的正问题，在这个问题中所选的参考层流速一般是经验给定的；逆方法将实际观测资料与海洋模型相结合，用温盐观测资料来计算估计绝对速度及混合参数等模型中的关键参数（张爱军等，1996）。

假设运动是静力平衡、地转平衡、质量守恒、无涡动、无内波或其他各种误差。两个水文观测站的水平位置为 X_1 和 X_2，测得温度 T 和盐度 S 由状态方程计算密度 $\rho(x, z, T, S)$，则：

$$\frac{\partial P}{\partial z} = -g\rho \tag{4.147}$$

$$fv = -\frac{1}{\rho_0}\frac{\partial P}{\partial x} \tag{4.148}$$

故

$$v(x, z) = \frac{g}{\rho_0 f}\int_{z_0}^{z}\frac{\partial \rho}{\partial x}\mathrm{d}z + b = \boldsymbol{V}_r + b(x, z_0) \tag{4.149}$$

式中，z_0 为任意常数，称为参考层；$\boldsymbol{V}_r$ 为相对速度；b 为参考层速度。显然 $\boldsymbol{V}_r$ 可以用实测的密度场资料通过简单差分计算。关键是要确定未知量 b，以等密度面将计算海域分为 M 层，每层内的无辐散条件即为

$$\sum_{j=1}^{N}\delta_j\left(\int_{P_{jl}}^{P_{jl'}}\boldsymbol{V}_j(p)\,\mathrm{d}p + b_j\Delta P_{jl}\right)\Delta x_j = 0 \tag{4.150}$$

其中，$\Delta P_{jl} = P_{jl'} - P_{jl}$，$\delta_j = \pm 1$。由流入流出闭区域确定定义矩阵 $\boldsymbol{A}$ 为 $\{\boldsymbol{A}_{jl}\} = \{\Delta P_{jl}\Delta x_j\}$，列向量 $\boldsymbol{c} = \left\{\sum_{j=1}^{N}\delta_j\left[\int_{P_{jl}}^{P_{jl'}}\boldsymbol{V}_j(p)\,\mathrm{d}p\right]\Delta x_j\right\}$，式（4.150）以矩阵形式表示为

$$\boldsymbol{Ab} = -\boldsymbol{c} \tag{4.151}$$

矩阵 $\boldsymbol{A}$ 为 $m\times n$ 阶矩阵，式（4.151）即一般线性逆问题模式。

四、逆问题的奇异值分解法

式（4.151）确定的逆问题一般是超定的或者未定的，矩阵 $\boldsymbol{A}$ 不是满秩的，一般用奇异分解法求解。

对于矩阵 $\boldsymbol{A}$，有下列关系式：

$$\begin{aligned}
\boldsymbol{A}\boldsymbol{v}_l &= \lambda_l\boldsymbol{u}_l \\
\boldsymbol{A}^{\mathrm{T}}\boldsymbol{u}_l &= \lambda_l\boldsymbol{v}_l \\
\boldsymbol{A}^{\mathrm{T}}\boldsymbol{A}\boldsymbol{v}_l &= \lambda_l^2\boldsymbol{v}_l \\
\boldsymbol{A}\boldsymbol{A}^{\mathrm{T}}\boldsymbol{u}_l &= \lambda_l^2\boldsymbol{u}_l
\end{aligned} \tag{4.152}$$

式中，$l=1, 2, \cdots, m$；λ_l^2 为 $\boldsymbol{A}^{\mathrm{T}}\boldsymbol{A}$ 或者 $\boldsymbol{A}\boldsymbol{A}^{\mathrm{T}}$ 的特征值；$\boldsymbol{u}$ 和 $\boldsymbol{v}$ 分别为矩阵 $\boldsymbol{A}\boldsymbol{A}^{\mathrm{T}}$ 和 $\boldsymbol{A}^{\mathrm{T}}\boldsymbol{A}$ 的对应特征值 λ_l^2 的特征向量。

同时，$\boldsymbol{U}_l$ 和 $\boldsymbol{V}_l$ 是正交的。

$$\boldsymbol{U}_l^{\mathrm{T}}\boldsymbol{U}_{l'} = \sum_{i=1}^{m}U_{li}U_{il'} = \delta_{ll'}$$

$$\boldsymbol{V}_l^{\mathrm{T}}\boldsymbol{V}_{l'} = \sum_{i=1}^{m}V_{li}V_{il'} = \delta_{ll'}$$

将 $\boldsymbol{A}$ 分解为

$$\boldsymbol{A}=\boldsymbol{ULV}^{\mathrm{T}}=\begin{pmatrix}u_{11} & \cdots & u_{1m}\\ \vdots & \ddots & \vdots\\ u_{m1} & \cdots & u_{mm}\end{pmatrix}\begin{pmatrix}\lambda_1 & \cdots & 0\\ \vdots & \ddots & \vdots\\ 0 & \cdots & \lambda_m\end{pmatrix}\begin{pmatrix}v_{11} & \cdots & v_{1n}\\ \vdots & \ddots & \vdots\\ v_{m1} & \cdots & v_{mn}\end{pmatrix} \tag{4.153}$$

加权矩阵 $\boldsymbol{W}$ 为对角矩阵：

$$\boldsymbol{W}_{ii}=d_i\Delta x_i \tag{4.154}$$

$$\boldsymbol{AW}^{0.5}\boldsymbol{W}^{-0.5}b=-\boldsymbol{c} \tag{4.155}$$

所以

$$\hat{b}=\boldsymbol{W}^{-1}\boldsymbol{A}^{\mathrm{T}}(\boldsymbol{AW}^{-1}\boldsymbol{A}^{\mathrm{T}})^{-1}(-\boldsymbol{c}) \tag{4.156}$$

另外，存在 $n-m$ 个 $\boldsymbol{V}_l$ 满足：$\boldsymbol{AV}_l=0$，$l=m+1$，…，n。

加上零空间的作用，则可以得到 b 的一般解为

$$b=-\sum_{l=1}^{m}\frac{\boldsymbol{U}_l^{\mathrm{T}}\boldsymbol{c}}{\boldsymbol{\lambda}_i}\boldsymbol{V}_l+\sum_{l=m+1}^{n}\beta_l\boldsymbol{V}_l \tag{4.157}$$

式中，β_l 为任意常数。因此，我们只能在一定条件下求最优解。

五、最优解的确定

由于模式基于假定的限制和海洋观测中的误差，矩阵 $\boldsymbol{A}$ 将出现一些接近于零的小特征值，所得的 SVD 解式（4.156）不能准确满足式（4.151）而产生一个剩余项，即：

$$\boldsymbol{A}\hat{b}-\boldsymbol{c}=\boldsymbol{R}$$

则范数 $\boldsymbol{R}$ 用来衡量逆方法解的每层守恒程度，一般要求 b 和 $\boldsymbol{R}$ 同时为最小。但是在海洋中往往存在 $\boldsymbol{R}$ 较小，而 b 过大的秩，在这种情形下，我们求 Franklin 解，即在满足 $\boldsymbol{A}b-\boldsymbol{c}\leqslant e^2$（$e$ 为预选定的常数）条件下，b 为最小的解。

六、应用实例

逆理论在海洋学中的一个重要应用就是计算大尺度海洋环流的绝对海流（Bennett, 1992）。在 20 世纪 70 年代，关于这类问题提出了两种不同的方法。一种方法称作“β 螺旋技术”，该技术使用表达地转和连续性（质量守恒）的简单方程式来解释大尺度开放海洋速度场的垂直结构。另一种方法（Wunsch 方法）可以同时估计海洋封闭路径周围的参考速度，所得到的绝对速度与地球运动以及各种水平的热量和盐分的守恒相一致。

下面以第一种方法为例说明。该方法的基本方程式包括：Boussinesq 流体中水平地转流（$\boldsymbol{u}$，$\boldsymbol{v}$）的线性化 β 平面方程：

$$-\rho_0 f\boldsymbol{v}=-\frac{\partial \boldsymbol{p}}{\partial x} \tag{4.158a}$$

$$\rho_0 f\boldsymbol{u}=-\frac{\partial \boldsymbol{p}}{\partial y} \tag{4.158b}$$

流体静力方程：

$$0=-\frac{\partial p}{\partial z}-\rho g \tag{4.159}$$

质量守恒（连续）方程：

$$\nabla \cdot \boldsymbol{u}+\frac{\partial \boldsymbol{w}}{\partial z}=0 \tag{4.160}$$

式中，f 为科里奥利参数；ρ 为相对于平均密度 ρ_0 的密度扰动。

设 $\boldsymbol{x}=(x, y)$，$\boldsymbol{u}=(u, v)$；使用上述方程式［式（4.158）~式（4.160）］，我们可以得出著名的“热成风”关系，其垂直积分速度分量为

$$u(\boldsymbol{x}, z)=u_0(\boldsymbol{x})+(g/f\rho_0)\int_{z_0}^{z}\rho_y(x, \zeta)\mathrm{d}\zeta \tag{4.161a}$$

$$v(\boldsymbol{x}, z)=v_0(\boldsymbol{x})-(g/f\rho_0)\int_{z_0}^{z}\rho_x(x, \zeta)\mathrm{d}\zeta \tag{4.161b}$$

式中，下标 x 和 y 表示偏微分；u_0 和v_0 为某个参考深度处的速度分量。

由式（4.158）~式（4.160）也能得到著名的 Sverdrup 内部涡度平衡关系式：

$$\boldsymbol{w}_z=\beta \boldsymbol{v}/f \tag{4.162}$$

式中，β 为科氏参数的北向梯度分量；$f=f(y)=f_0+\beta y$ 为 β 平面近似。

即使在密度场 ρ 已知的条件下，以上这些方程也不能完全确定整个绝对速度场（$\boldsymbol{u}$，$\boldsymbol{w}$）。但是，面对这种不确定性，我们选择确定特定深度处的速度场，其中 $\boldsymbol{u}=\boldsymbol{u}(x, z_0)$，$\boldsymbol{w}=\boldsymbol{w}(x, z_0)$。一些研究证明可以通过假设满足稳态守恒定律的某些可测量的保守示踪剂 φ 来估计这些未知参考值。所谓稳态守恒定律即满足

$$\boldsymbol{u}\cdot\nabla\varphi+\boldsymbol{w}\varphi_z=0 \tag{4.163}$$

示踪剂可以是盐度（S）、位温（θ），或者是它们的函数。结合式（4.161）~式（4.163），可以得到

$$\left(\boldsymbol{u}\cdot\nabla+\boldsymbol{w}\frac{\partial}{\partial z}\right)(f\varphi_z)=(\boldsymbol{g}/\rho_0)\boldsymbol{J} \tag{4.164}$$

式中，$\boldsymbol{J}$ 为雅可比行列式 $\boldsymbol{J}(\rho, \varphi)=\rho_x\varphi_y-\rho_y\varphi_x$；$f\varphi_z$ 为位势涡度，如果密度守恒，则涡度将守恒。示踪剂方程式可再次用于消除垂直速度：

$$\boldsymbol{u}\cdot\boldsymbol{a}=\left(\frac{\boldsymbol{g}}{\rho_0}\right)\boldsymbol{J}(\rho, \varphi) \tag{4.165}$$

其中，

$$\boldsymbol{a}(x, z)=\nabla(f\varphi_z)-\frac{\nabla\varphi}{\varphi_z}\varphi_{zz} \tag{4.166}$$

结合式（4.161）可知

$$\boldsymbol{u}_0\cdot\boldsymbol{a}=c \tag{4.167}$$

式中，$\boldsymbol{u}_0$ 为在深度为 z_0 处的水平速度；c 为

$$c(x, z)=-\boldsymbol{u}'\boldsymbol{a}+\left(\frac{\boldsymbol{g}}{\rho_0}\right)\boldsymbol{J}(\rho, \varphi) \tag{4.168}$$

式中，$\boldsymbol{u}'$为取决于密度场的热风关系中水平速度的一部分。

因为 a 和 c 依赖于 g、ρ、f、$\nabla\rho$、∇f、φ_z 和 φ_{zz}，所以可以使用间隔紧密的水文测站，通过测量 $T(z)$ 和 $S(z)$ 来确定它们。

所以，根据式（4.167），并借助水文资料便可以计算 $\boldsymbol{u}_0$。式（4.167）在所有水平上均适用，因此可以使用两个不同水平来指定 $\boldsymbol{u}_0$ 和 $\boldsymbol{v}_0$。我们可以再根据式（4.164）来计算垂速度 $\boldsymbol{w}$。事实上，式（4.167）不是精确的关系，它是从近似动力学定律得出的，并且是根据包含测量和采样误差的数据计算得出的。因此，依据式（4.167）估计出的 u_0 应该最好地拟合了所选择的两个水平的数据。

假设，从水文资料里选择了 N 个水平。令 $c_n=x(x, z_n)$，$a_n=a(x, z_n)$，$1\leqslant n\leqslant N$，根据最小二乘拟合：

$$R^2 = \sum_{n=1}^{N} R_n^2 = \sum_{n=1}^{N} (c_n - \boldsymbol{u}_0 a_n)^2 \tag{4.169}$$

式中，R_n 为在水平 n 上的残差；R^2 为均方根误差（RMSE）。假如 $\boldsymbol{u}_0$ 满足简单的线性关系

$$\boldsymbol{M}\boldsymbol{u}_0 = d \tag{4.170}$$

则 R^2 获得最小值。其中 2×2 系统的非负矩阵 $\boldsymbol{M}$ 取决于 a_n 的成分，而 d 取决于 a_n 和 c。如果 a 或 c 随着深度而变化，则式（4.165）意味着总的速度矢量 $\boldsymbol{u}$ 也必须取决于深度。对于 β 螺旋问题，我们发现大型洋流在每个站点构成一个深度螺旋。

图 4.23 来自于 Stommel 和 Schott（1977）的研究，他们使用北大西洋的水文资料估计 $\boldsymbol{u}_0$，参考水平设置在 z_0 = 1000m 深度处。研究发现在 28° N，36° W，$\boldsymbol{u}_0$ = 0.0034 ± 0.00030m/s，$\boldsymbol{v}_0$ = 0.0060±0.00013m/s。

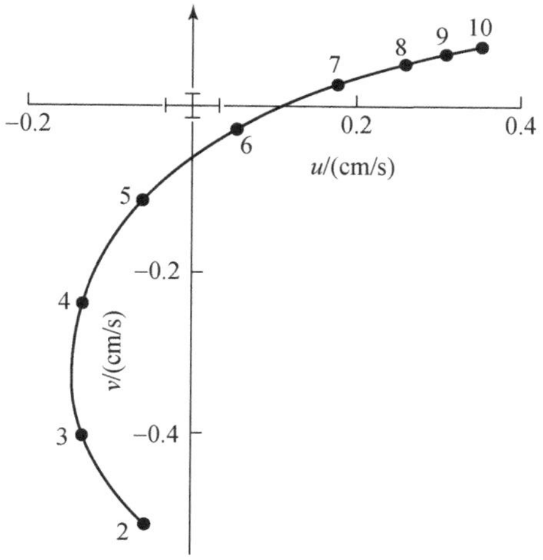

图 4.23　β 螺旋在 28°N，36°W 的水平速度 $\boldsymbol{u}=[\boldsymbol{u}(z), \boldsymbol{v}(z)]$

黑点数值为深度，单位为 hm

β 螺旋问题包括两个基本的反演概念。首先，我们要处理一组不完整的物理定律[式（4.158）~式（4.160）]或对其进行重排，就像热成风[式（4.161a）和式（4.161b）]情况，其中包括未知的参考速度。其次，我们经常求助于额外数量的间接观测，在本示例中，这是一个保守的示踪剂。

思考练习题

1. 什么是最优插值？简要叙述最优插值的基本原理。

2. 什么是克里金插值？请写出克里金方程组。

3. 试总结普通克里金和简单克里金方法的差异。

4. 设三个变量(X_1, X_2, X_3)的样本协方差矩阵为

$$\begin{bmatrix} s^2 & s^2 r & 0 \\ s^2 r & s^2 & s^2 r \\ 0 & s^2 r & s^2 \end{bmatrix},\ -\frac{1}{\sqrt{2}}<r<\frac{1}{\sqrt{2}},$$

试求主成分和每个主成分的方差贡献率。

5. 在一项对杨树的性状的研究中，测定了 20 株杨树树叶，每个叶片测定了四个变量：叶长（X_1），2/3 处宽（X_2），1/3 处宽（X_3），1/2 处宽（X_4）。这四个变量的相关系数矩阵的特征根和标准正交特征向量分别为

$$\lambda_1 = 2.920,\ \boldsymbol{U}_1' = (0.1485,\ -0.5735,\ -0.5577,\ -0.5814)$$
$$\lambda_2 = 1.024,\ \boldsymbol{U}_2' = (0.9544,\ -0.0984,\ 0.2695,\ 0.0824)$$
$$\lambda_3 = 0.049,\ \boldsymbol{U}_3' = (0.2516,\ 0.7733,\ -0.5589,\ -0.1624)$$
$$\lambda_4 = 0.007,\ \boldsymbol{U}_4' = (-0.0612,\ 0.2519,\ 0.5513,\ -0.7930)$$

（1）写出四个主成分，计算它们的贡献率。

（2）计算四个变量在前两个主成分上的载荷，由因子载荷矩阵，你认为这两个主成分应该如何解释？你能给它们分别起个名字吗？

6. 试证明拟合场的误差平方和为

$$Q = \sum_{i=1}^{m} \sum_{t=1}^{n} (x_{it} - \hat{x}_{it})^2 = \sum_{i=1}^{m} \lambda_i - \sum_{i=1}^{p} \lambda_i$$

7. EOF 分解需要满足什么条件？

8. 设$\boldsymbol{X} = (x_1, x_2, x_3)'$的协方差矩阵为$\boldsymbol{\Sigma}$，$\boldsymbol{\Sigma}$的特征值为$\lambda_1 \leqslant \lambda_2 \leqslant \lambda_3$，其中，

$$\boldsymbol{\Sigma} = \begin{bmatrix} 1 & -1 & 2 \\ -1 & 3 & 0 \\ 2 & 0 & 9 \end{bmatrix}$$

试求：（1）对其进行主成分分析；

（2）主成分的累积贡献率。

9. 多变量正交函数分解的步骤是什么？

10. MVEOF 与 EOF 相比有什么区别？

11. 已知矩阵：

$$\boldsymbol{A} = \begin{bmatrix} 1 & 1 \\ 1 & 1 \\ 0 & 0 \end{bmatrix}$$

通过计算$\boldsymbol{A}\boldsymbol{A}^{\mathrm{T}}$和$\boldsymbol{A}^{\mathrm{T}}\boldsymbol{A}$的特征值和特征向量，求矩阵$\boldsymbol{A}$的奇异值分解。

12. 在对多个变量进行主成分分析时，变量间的相关性大小对主成分分析的结果有何影响？

13. 试述主成分分析的性质和计算步骤。

14. 经验正交函数（EOF）方法所得到的空间函数和时间函数如何对应构成不同的典型场和时间系数？如何衡量不同典型场的相对重要性？

15. 如何解释经验正交函数（EOF）方法中典型场和时间系数的物理意义？

16. 查阅4～5篇公开发表的研究论文中，包含经验正交函数方法解决实际问题的例子，完成一篇简报，详细阐述其中的应用和物理解释。

17. 阐述奇异值分解（SVD）的基本原理以及三类重要的相关系数及物理解释。

18. 简述奇异值分解（SVD）的基本计算步骤。

19. 标准Kalman滤波算法具有一定的应用条件，试给出这些主要条件。

20. 给出卡尔曼滤波的定义，写出卡尔曼滤波的5个基本方程，并解释方程中$\boldsymbol{P}$，$\boldsymbol{Q}$，$\boldsymbol{R}$矩阵的物理意义。

21. 卡尔曼滤波器模型建立包括哪两个过程？有什么功能？

22. 何谓海洋混合？海洋混合层的定义是什么？引起海洋混合的主要原因有哪些？

23. 混合层深度的计算方法主要有哪两种，优缺点是什么？

24. 海洋表层盐度的分布特征是什么？

25. 简要说明中国近海冬季上混合层的形成过程。

26. 什么是逆方法？

27. 在地球物理学研究中，仅限于一组观测值的线性逆方法适用于哪些情况？

28. 要获得反演问题的解决方案，需要回答哪四个基本问题？

29. “有限维逆理论”适用于哪些情况？

第五章　极值分布和重现期极值的估计

科学估计海洋水文气象要素的极值参数，对于军事、防灾减灾和各项工程建设有着至关重要的指导作用。例如，在海洋石油钻井平台和近岸海洋工程的设计建造中，需要参考当地海洋环境多年一遇风速、水位、水温、气温、波高和波周期的极值大小统计资料，目的是避免在实际海洋开发中设计参数估计值偏低，而导致工程建筑被破坏，造成巨大的人民财产损失。同时，也可以在一定程度上避免无依据地提高参数估计值，增大投入的成本。

当前成熟的动力学模式难以模拟极端值或者突变。然而，从概率论的意义上讲，各种气象和水文要素的观测极值都可以看作受多种因素影响的随机变量，这些要素的极值可以是稳定的，其变化可以进行概率的预报。

第一节　极值分析中的重现期

在工程设计中主要参考的依据是各种水文环境要素极值的重现期值或某一极值可能平均在多少年出现一次，如五十年一遇最大风速、百年一遇波高等。这里的“五十年”和“百年”统称为重现期，即在多次试验中，某一事件反复出现的平均时间间隔，或重现期之间的平均间隔期（陈上及和马继瑞，1991）。

假设某一海洋要素的年极值 ξ 的概率密度函数为 $f(x)$，则 ξ 的分布函数为 $F(x)$，表示为

$$F(x') = P\{\xi < x'\} = \int_{-\infty}^{x'} f(x)\,\mathrm{d}x = P \tag{5.1}$$

式（5.1）中的 P 就是图 5.1 中斜线阴影的面积，表示小于某一特征值 x' 的累积概率，称为“左侧概率”。而在图 5.1 中右侧的 P' 为超过 x' 的累积概率，称为“右侧概率”，也称为超过率，表示为

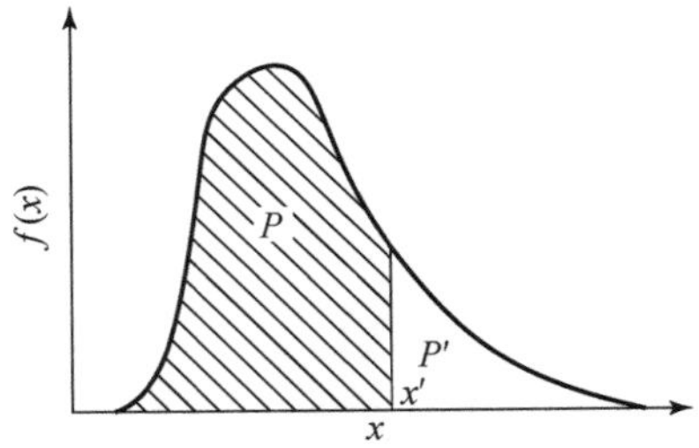

图 5.1　累积概率图

$$1 - F(x') = P\{\xi \geqslant x'\} = \int_{x'}^{\infty} f(x)\,\mathrm{d}x = P' \tag{5.2}$$

因此有 $P'+P=1$。

当 ξ 大于或小于某个特定值 x' 的事件，平均在 T 年内出现 1 次时，则把这个 T 叫作 ξ 的特定值 x' 的重现期（再现期），而在 T 年内平均出现 1 次的特定值 x' 叫作重现期值。则有

$$T=\frac{1}{P}=\frac{1}{1-F(x')} \tag{5.3}$$

式中，x'为“T 年一遇”极大值。

$$T=\frac{1}{P}=\frac{1}{F(x')} \tag{5.4}$$

式中，x_1'为“T 年一遇”极小值。

可见，重现期是左侧概率或者右侧概率的倒数。重现期和重现期值是互为函数关系，只要知道分布函数（或者概率密度函数），就可以解出极值和重现期。所以，要对极值的概率分布进行推断。

工程设计上，P'称作设计频率（简称频率）。例如，取波高的设计频率 $P'=0.01$，重现期 $T=100$，$x'_{0.99}$为百年一遇波高。所谓百年一遇并不代表百年内恰好出现一次，只是在统计意义上，百年中可期望发生一次，或每年发生的概率为 1%。当然，给定重现期，极值变量的数值越大，说明超越概率越小，则极端事件发生的可能性也就越小。

图 5.2 为某站 T 年一遇最高水位曲线，说明重现期和重现期极值的关系。其中横轴表示重现期（10～1000 年），纵轴表示最高水位（m）。可见随着重现期增加，水位极值也在增加，但是曲线的斜率越来越小。

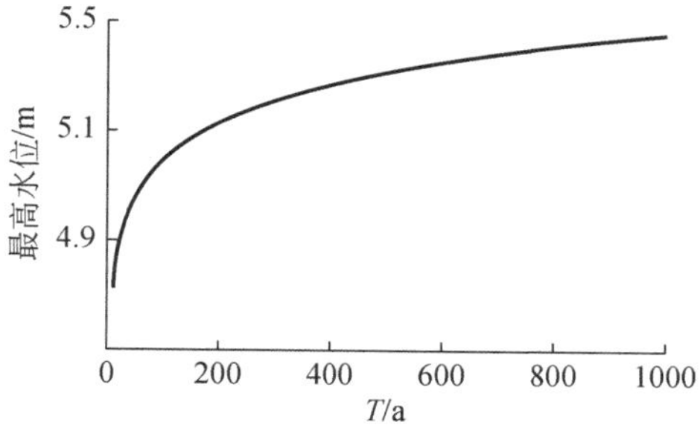

图 5.2　某站 T 年一遇最高水位曲线

由于海洋水文气象观测资料有限，为了从有限资料中推算可能出现的极值，需要借助极值分布理论和适线法，找到适合的理论频率曲线，或将曲线化成直线，推算多年一遇的极值。而式（5.1）～式（5.4）告诉我们，只要给定概率密度函数 $f(x)$ 和重现期 T，就可以计算重现期为 T 年的极值。因此，对于某一海洋要素，主要是需要根据其特点选择适当的极值分布形式，并根据已有实测数据来估计极值分布的参数，即确定概率密度函数的具体形式。

常用的极值估计方法有经验频率、皮尔逊Ⅲ型曲线法、耿贝尔（Gumbel）曲线法、

韦布尔（Weibull）曲线法和以短期观测资料为基础，由原始分布求极值分布的方法等。前两种方法是经验性的，后面的方法都是以极值分布理论为基础的。

第二节　极值分布曲线及估计方法

极值分布是从严格的概率论基本概念导出的，更适合于海洋要素重现期极值的估计。极值分布与原始分布有关，只要原始分布已知，就可以知道极值分布。但是，通常原始分布未知，或者当样本容量太大时，极值分布也不容易计算得出。因此，一些研究进一步证明了极值分布仅有少数几种类型，且找出了收敛到这些分布时，原始分布应该满足的条件。在海洋资料分析中，常用的是耿贝尔分布和韦布尔分布。

一、耿贝尔分布

耿贝尔分布属于 Fisher-Tippett Ⅰ型极值分布，比较适用于水文气象极值的估算，且只要随机变量的原始分布属于正态分布或者 Γ 分布等指数分布族，其极值分布就渐近于耿贝尔分布（陈上及和马继瑞，1991）。

随机样本 X 中极大值 X_{max} 的耿贝尔分布函数见下式

$$F(x)=P\{X_{max}<x\}=\exp\left\{-\exp\left[-\left(\frac{x-a}{b}\right)\right]\right\} \quad (5.5)$$

$$(b>0,\quad -\infty<x<+\infty)$$

式中，a 为位置参数；b 为尺度参数。

式（5.5）也可以改写为

$$F(x)=P\{X_{max}<x\}=\exp\{-\exp[-A(x-B)]\} \quad (5.6)$$

式中，$A=1/b$；$B=a$。

令 $y=A(x-B)$，则其概率密度函数为

$$f(x)=A\mathrm{e}^{-y-\mathrm{e}^{-y}} \quad (5.7)$$

这时，最大值 X_{max} 超过特定值 x' 的概率，即超值累积概率为

$$P(x')=P\{X_{max}\geqslant x'\}=1-F(x)=1-\exp\{-\exp[-A(x-B)]\} \quad (5.8)$$

式中，$P(x')$ 为设计频率 P'；A 为常数；B 为概率分布的众值。

利用耿贝尔频率曲线拟合海洋要素极值，就需要估计参数 A 和 B。常用的方法有矩法、最小二乘法、次序统计量法和简算法等。

（一）矩法估计

经过积分推导（略）后可得到

$$A=\frac{\pi}{\sqrt{6}}\frac{1}{\sigma}=\frac{1.2826}{\sigma} \quad (5.9)$$

$$B=E(X)-\gamma\frac{\sqrt{6}}{\pi}\sigma \quad (5.10)$$

式中，σ 为随机变量 X 的均方差；$E(X)$ 为数学期望；γ 为欧拉常数（$\gamma=0.5772$）。

可见，只要求得随机变量 X 的数学期望和均方差，就可求得耿贝尔曲线的两个参数 A 和 B。

令对应于给定重现期 T 的 x 的值为 x'，当样本容量足够大时，用样本均值 $\bar{x}$ 和样本均方差 s_x 代替总体均值和均方差。则有

$$x'=\left(\Phi\frac{s_x}{\bar{x}}+1\right)\bar{x} \tag{5.11}$$

式中，Φ 为耿贝尔曲线的离均系数，是设计频率 P' 的函数，当 P' 已知时，Φ 可查表 5.1 得到。

表 5.1　耿贝尔曲线的离均系数 Φ

P'/%	Φ	P'/%	Φ
0.001	8.53	30	0.35
0.01	6.73	40	0.07
0.05	5.48	50	-0.16
0.1	4.94	60	-0.38
0.5	3.68	70	-0.59
1	3.14	80	-0.82
2	2.59	90	-1.10
3	2.27	95	-1.31
5	1.87	97	-1.43
10	1.30	99	-1.64
20	0.72	99.9	-1.96

当给定重现期 T，相当于给定了 P'，可通过查表 5.1 获得相应的 Φ 值。因此，由实测计算出年最大值的 $\bar{x}$ 和 s_x，根据式（5.11）就可得到对应的重现期值 x'。

（二）最小二乘法估计

用最小二乘法绘制耿贝尔分布曲线，就是用最小二乘原理求耿贝尔曲线的两个参数 A 和 B 的方法，该方法具有一定的理论依据，因此应用比较广泛。

假设有 n 个实测年最大值 $x_i(i=1, 2, \cdots, n)$，令 $y=A(x-B)$。根据式（5.8），可知：

$$P'=1-\exp[-\exp(-y)] \tag{5.12}$$

取两次自然对数得到

$$y=-\ln[-\ln(1-P')] \tag{5.13}$$

由于 x_i 为随机变量，其经验频率可以由数学期望公式 $E(P)=\dfrac{i}{n+1}$ 得到，所以这时可以得到 $y_i(i=1, 2, \cdots, n)$。

根据最小二乘法原理，需要使 $\sum\limits_{i=1}^{n}[y_i-A(x_i-B)]^2$ 达到最小，可以求得参数 A 和 B

的估计量：

$$\hat{A}=\frac{s_y}{\hat{r}_{xy}s_x} \tag{5.14}$$

$$\hat{B}=\bar{x}-\frac{1}{\hat{A}}\bar{y} \tag{5.15}$$

式中，s_x 和 s_y 分别为 x_i 和 y_i 的均方差；$\hat{r}_{xy}$ 为 x_i 和 y_i 的普通相关系数；$\bar{x}$ 和 $\bar{y}$ 分别为 x_i 和 y_i 的平均值。

求得估计量 $\hat{A}$ 和 $\hat{B}$ 之后，代入式（5.8），得到

$$\hat{P}(x)=1-\exp\{-\exp[-\hat{A}(x-\hat{B})]\} \tag{5.16}$$

这时要估计今后 T 年一遇的波高极值 x'，只需求 $\hat{P}(x)=\frac{1}{1+T}$ 的 x' 即可。所以有

$$\exp\{-\exp[-\hat{A}(x-\hat{B})]\}=\frac{T}{T+1} \tag{5.17}$$

式（5.17）两边取两次自然对数，可以得到 x' 的解为

$$x'=B-\frac{1}{A}\ln\left[-\ln\left(\frac{T}{T+1}\right)\right] \tag{5.18}$$

二、韦布尔分布

韦布尔（Weibull）分布是瑞典物理学家 Weibull 于 1939 年提出的理论，被广泛用于风速和波高最大值重现期的计算。相对于耿贝尔分布，韦布尔分布也是从理论推导出的分布函数，但是却含有三个参数，有较大的灵活性。其分布函数是

$$P(X_{\max}\geqslant x)=1-F(x)=\exp\left[-\left(\frac{x-a}{b}\right)^c\right] \tag{5.19}$$

概率密度函数是

$$f(x)=\begin{cases}\frac{c}{b}\left(\frac{x-a}{b}\right)^{c-1}\exp\left[-\left(\frac{x-a}{b}\right)^c\right], & x\geqslant a\\ 0, & x<a\end{cases} \tag{5.20}$$

式中，c 为形状参数；b 为比例参数；a 为位置参数。这三个参数均大于零。比例参数和位置参数只与概率密度分布的横坐标有关。

令 $y=\frac{x-a}{b}$，则 y 的概率密度函数是

$$f(y)=cy^{c-1}\exp(-y)^c \tag{5.21}$$

由式（5.21）可知，c 取不同的值，就可以绘出不同的分布曲线。当 $c=1$ 时，是指数分布，当 c 趋近于 3 或者 4 时，接近于正态分布。因此 c 被称作形状参数。

韦布尔分布参数的估计，有概率纸算法，该方法是将数据标在概率纸上，其分布属于向上弯曲和向下弯曲时，经过几次对数据点的平移，就可将数据点分布直线化，配制成一直线，从而估计出各参数。此外，还有数值解法来估计参数。下面主要介绍用数值的方法

来估计韦布尔的三个关键参数。

根据式（5.19），可以得到重现期 $T(x)$ 的函数式为

$$T(x)=\frac{1}{1-F(x)}=\exp\left(\frac{x-a}{b}\right)^{c} \tag{5.22}$$

重现期对应的 x' 为

$$x'=b\ (\ln T)^{\frac{1}{c}}+a \tag{5.23}$$

式（5.22）两边取两次对数，得到

$$\ln[\ln T(x)]=c\ln(x-a)-c\ln b \tag{5.24}$$

这时，令 $X=\ln(x-a)$，$Y=\ln[\ln T(x)]$，$B=-c\ln b$，式（5.24）可以写成

$$Y=cX+B \tag{5.25}$$

式（5.25）就是一条直线，其中，c 为直线的斜率，也是韦布尔分布的形状参数，B 为截距。

令 $G(x)=1-F(x)$，则有

$$Y=\ln[\ln T(x)]=\ln\left[\ln\left(\frac{1}{G(x)}\right)\right] \tag{5.26}$$

将年最大风速值从大到小排列：$x_1\geqslant x_2\geqslant\cdots\geqslant x_n$，并取经验频率分布函数为

$$G_n^*(x)=\frac{i}{n+1}\quad(i=1,2,\cdots,n) \tag{5.27}$$

令

$$\begin{cases}Y_i=\ln[\ln([G_n^*(x_i)]^{-1})]\\ X_i=\ln(x_i-a)\\ (i=1,2,\cdots,n)\end{cases}$$

这时，式（5.25）改写为

$$\boldsymbol{Y}=\boldsymbol{Z\beta} \tag{5.28}$$

式中，$\boldsymbol{Y}=(Y_1Y_2\cdots Y_n)^{\mathrm{T}}$ 为 n 维列向量；$\boldsymbol{\beta}=(Bc)^{\mathrm{T}}$ 为 2 维列向量。

$$\boldsymbol{Z}_{n\times2}=\begin{pmatrix}1 & \cdots & 1\\ X_1 & \cdots & X_n\end{pmatrix}^{\mathrm{T}}$$

其中，B 和 c 可用最小二乘法解得

$$c=\frac{n\sum_{i=1}^{n}X_iY_i-\left(\sum_{i=1}^{n}X_i\right)\left(\sum_{i=1}^{n}Y_i\right)}{n\sum_{i=1}^{n}X_i^2-\left(\sum_{i=1}^{n}X_i\right)^2} \tag{5.29}$$

$$B=\frac{\sum_{i=1}^{n}Y_i\sum_{i=1}^{n}X_i^2-\sum_{i=1}^{n}Y_iX_i\sum_{i=1}^{n}X_i}{n\sum_{i=1}^{n}X_i^2-\left(\sum_{i=1}^{n}X_i\right)^2} \tag{5.30}$$

因为，$B=-c\ln b$，所以 $b=\mathrm{e}^{-\left(\frac{B}{c}\right)}$。

综合式（5.29）和式（5.30）可得

$$b = \exp\left[-\frac{\sum_{i=1}^{n} Y_i \sum_{i=1}^{n} X_i^2 - \sum_{i=1}^{n} Y_i X_i \sum_{i=1}^{n} X_i}{n\sum_{i=1}^{n} X_i Y_i - \left(\sum_{i=1}^{n} X_i\right)\left(\sum_{i=1}^{n} Y_i\right)}\right] \tag{5.31}$$

可以看出，参数 c、B 和 b 均是观测值 x_i 和参数 a 的函数。下面的关键问题就是获得参数 a，而且要满足

$$Q = \sum_{i=1}^{n} [Y_i - c\ln(X_i - a) - B]^2 \tag{5.32}$$

达到最小值，也就是找到使得式（5.25）拟合的曲线与观测的误差平方和最小的参数 a。

为解决上面这个问题，采用简化的牛顿迭代公式（陈上及和马继瑞，1991）：

$$a_{m+1} = a_m - \frac{Q_m}{L} \tag{5.33}$$

式中，L 为迭代步长；m 为迭代次数。

具体迭代步骤如下。

第一步，$m=0$，$a=a_1$，$Q=Q_0$，$L=L_0$，参数 a 允许的误差限定为一个很小的数 ε（等于0.01或者0.001等）。

第二步，$m=m+1$，将 a_m 和 x_i 实测数据代入 $Y_i=\ln[\ln([G_n^*(x_i)]^{-1})]$和 $X_i=\ln(x_i-1)$，得到 Y_i 和 X_i，再根据式（5.29）~式（5.31）计算得到 c_m、b_m 和 B_m。

第三步，由式（5.32）计算出 Q_m，比较 Q_m 和 Q_{m-1}的大小，如果 $Q_m>Q_{m-1}$，说明在 Q_{m-2}和 Q_m 之间必有 $Q_{\min}$，则转入第四步；否则，令 $a_{m+1} = \left|a_m - \frac{Q_m}{L}\right|$，返回第二步继续迭代。

第四步，如果 $\Delta a=a_m-a_{m-1}>\varepsilon$，就返回到前两次迭代点

$$Q_m \Leftarrow Q_{m-2}$$

$$a_m \Leftarrow a_{m-2}$$

$$c_m \Leftarrow c_{m-2}$$

并把迭代步长减小二分之一，即 $L\Leftarrow L\times 2$，$a_{m+1} = \left|a_m - \frac{Q_m}{L}\right|$，转回第二步继续迭代；否则，如果 $a_m-a_{m-1}<\varepsilon$，就停止迭代。停止迭代前一次，所得迭代值

$$\hat{a} = a_{m-1}$$

$$\hat{b} = b_{m-1}$$

$$\hat{c} = c_{m-1}$$

就是所求参数在精度 ε 下的数值解。

关于第一步中初值的设置，Q_0 是为了保证算法不至于在第一次迭代时就结束而设置的参数，一般取大于10的整数；为保证精度，L_0 一般不小于10，也不宜过大，否则影响收敛速度；a_1 的选择是越靠近精确值越好，如果满足条件

$$Q(a_1)Q''(a_1)>0 \tag{5.34}$$

则牛顿迭代算法为单调收敛。

根据式（5.32），$Q(a_1)\geqslant Q_{\min}$，所以式（5.34）成立，只需满足

$$Q''(a_1)>0 \tag{5.35}$$

这个条件等价于

$$\sum_{i=1}^{n}(Y_i-cX_i-B)+nc>0 \tag{5.36}$$

该条件可以检验和修正初值 a_1。

第三节 海洋典型要素极值计算实例

一、风速极大值估计

风速极大值对风压和波压起着直接作用，而后两者造成了海洋工程所受的主要外部荷载。此外，风压与风速的平方成正比，风速的稍许变化都会对风压产生大的影响，因此准确估计风速最大值至关重要。当然，对风速极大值的原始观测资料的质量控制也必不可少。

某沿岸海洋观测站的年最大风速 WS_{max} 和对应的风向记录如表 5.2 所示。该站记录为 10min 平均风速，风速仪高度 10.7m（接近 10m 标准高度）。下面用耿贝尔曲线来估计。

表 5.2 某站年最大风速 WS_{max} 和对应的风向记录

年份	1966	1967	1968	1969	1970	1971	1972	1973	1974
WS_{max}/(m/s)	20.6	20.1	18.1	19.9	23.0	30.0	30.0	23.0	28
风向	E	N	ENE	NE	WNW	E	NW	NNW	NNW
年份	1975	1976	1977	1978	1979	1980	1981	1982	
WS_{max}/(m/s)	27.0	29.0	27.07	26.7	23.0	29.0	27.0	24.0	
风向	NNW	NNW	ENE	NNW	NNW	NNE	NNW	NNW	

依据耿贝尔分布函数为

$$F(x)=\exp\{-\exp[-A(x-B)]\} \tag{5.37}$$

其中，参数的估计为

$$\hat{A}=\frac{\pi}{\sqrt{6}}\frac{1}{s_x}=\frac{1.2826}{s_x} \tag{5.38}$$

$$\hat{B}=\bar{x}-\bar{y}\frac{\sqrt{6}}{\pi}s_x=\bar{x}-0.45s_x \tag{5.39}$$

其中，$y=A(x-B)$，$y=\gamma$，γ 为欧拉常数，$\gamma=0.5772$。

采用矩法计算海洋观测站五十年一遇和百年一遇风速极大值。

该站 17 年的风速最大值样本的均值 $\bar{x}=25.03$m/s；均方差 $s_x=3.73$m/s。

五十年一遇，即 $T=50$a，所以 $P'=1/50=0.02$，即 2%。查表 5.1，相应的 Φ 值为 2.59。

表 5.3 依赖于样本量的耿贝尔极值分布数值表

N	λ																$\overline{Y}_N$	σ_N
	T=1000	T=500	T=200	T=100	T=50	T=25	T=20	T=10	T=4									
	P=0. 999	P=0. 998	P=0. 995	P=0. 99	P=0. 98	P=0. 96	P=0. 95	P=0. 9	P=0. 75	P=0. 5	P=0. 25	P=0. 1	P=0. 05	P=0. 03	P=0. 01	P=0. 001		
8	7. 103	6. 336	5. 321	4. 551	3. 779	3. 001	2. 749	1. 953	0. 842	-0. 130	-0. 897	-1. 458	-1. 749	-1. 923	-2. 224	-2. 673	0. 4843	0. 9043
9	6. 909	6. 162	5. 174	4. 425	3. 673	2. 916	2. 670	1. 895	0. 814	-0. 133	-0. 879	-1. 425	-1. 709	-1. 879	-2. 172	-2. 609	0. 4902	0. 9288
10	6. 752	6. 021	5. 055	4. 322	3. 587	2. 847	2. 606	1. 848	0. 790	-0. 136	-0. 855	-1. 400	-1. 677	-1. 843	-2. 129	-2. 556	0. 4952	0. 9497
11	6. 622	5. 905	4. 957	4. 238	3. 516	2. 789	2. 553	1. 809	0. 771	-0. 138	-0. 854	-1. 378	-1. 650	-1. 813	-2. 095	-2. 514	0. 4995	0. 9678
12	6. 513	5. 807	4. 874	4. 166	3. 456	2. 741	2. 509	1. 777	0. 755	-0. 139	-0. 844	-1. 360	-1. 628	-1. 788	-2. 065	-2. 478	0. 5035	0. 9833
13	6. 418	5. 723	4. 802	4. 105	3. 404	2. 699	2. 470	1. 748	0. 741	-0. 141	-0. 836	-1. 345	-1. 609	-1. 767	-2. 040	-2. 446	0. 5070	0. 9972
14	6. 337	5. 650	4. 741	4. 052	3. 360	2. 663	2. 437	1. 724	0. 729	-0. 142	-0. 829	-1. 331	-1. 592	-1. 748	-2. 018	-2. 420	0. 5100	1. 0095
15	6. 266	5. 286	4. 687	4. 005	3. 321	2. 632	2. 408	1. 703	0. 718	-0. 143	-0. 823	-1. 320	-1. 578	-1. 732	-1. 999	-2. 396	0. 5128	1. 0206
16	6. 196	5. 523	4. 634	3. 959	3. 283	2. 601	2. 379	1. 682	0. 708	-0. 145	-0. 817	-1. 308	-1. 563	-1. 716	-1. 980	-2. 373	0. 5157	1. 0318
17	6. 137	5. 471	4. 589	3. 921	3. 250	2. 575	2. 355	1. 664	0. 699	-0. 146	-0. 811	-1. 299	-1. 552	-1. 703	-1. 965	-2. 354	0. 5181	1. 0411
18	6. 087	5. 426	4. 551	3. 888	3. 223	2. 552	2. 335	1. 649	0. 692	-0. 146	-0. 807	-1. 291	-1. 541	-1. 691	-1. 951	-2. 338	0. 5202	1. 0493
19	6. 043	5. 387	4. 518	3. 860	3. 199	2. 533	2. 317	1. 636	0. 685	-0. 147	-0. 803	-1. 283	-1. 532	-1. 681	-1. 939	-2. 323	0. 5220	1. 0566
20	6. 006	5. 354	4. 490	3. 836	3. 179	2. 517	2. 302	1. 625	0. 680	-0. 148	-0. 800	-1. 277	-1. 525	-1. 673	-1. 930	-2. 311	0. 5236	1. 0628
22	5. 933	5. 288	4. 435	3. 788	3. 138	2. 484	2. 272	1. 603	0. 669	-0. 149	-0. 794	-1. 265	-1. 510	-1. 657	-1. 910	-2. 287	0. 5268	1. 0754
24	5. 870	5. 232	4. 387	3. 747	3. 104	2. 457	2. 246	1. 584	0. 659	-0. 150	-0. 788	-1. 255	-1. 497	-1. 642	-1. 893	-2. 266	0. 5296	1. 0864
26	5. 816	5. 183	4. 346	3. 711	3. 074	2. 433	2. 224	1. 568	0. 651	-0. 151	-0. 783	-1. 246	-1. 486	-1. 630	-1. 879	-2. 249	0. 5320	1. 0961

续表

N	λ																$\overline{Y}_N$	σ_N
	T=1000	T=500	T=200	T=100	T=50	T=25	T=20	T=10	T=4									
	P=0.999	P=0.998	P=0.995	P=0.99	P=0.98	P=0.96	P=0.95	P=0.9	P=0.75	P=0.5	P=0.25	P=0.1	P=0.05	P=0.03	P=0.01	P=0.001		
28	5.769	5.141	4.310	3.681	3.048	2.412	2.205	1.553	0.644	−0.152	−0.779	−1.239	−1.477	−1.619	−1.866	−2.233	0.5343	1.1047
30	5.727	5.104	4.279	3.653	3.026	2.393	2.188	1.541	0.638	−0.153	−0.776	−1.232	−1.468	−1.610	−1.855	−2.219	0.5362	1.1124
35	5.642	5.027	4.214	3.598	2.979	2.356	2.153	1.515	0.625	−0.154	−0.768	−1.218	−1.451	−1.591	−1.832	−2.191	0.5403	1.1285
40	5.576	4.968	4.164	3.554	2.942	2.326	2.126	1.495	0.615	−0.155	−0.762	−1.208	−1.438	−1.576	−1.814	−2.170	0.5436	1.1413
45	5.522	4.920	4.123	3.519	2.913	2.303	2.104	1.479	0.607	−0.156	−0.758	−1.198	−1.427	−1.564	−1.800	−2.152	0.5463	1.1519
50	5.479	4.881	4.090	3.491	2.889	2.283	2.086	1.466	0.601	−0.157	−0.754	−1.191	−1.418	−1.553	−1.788	−2.138	0.5485	1.1607
60	5.410	4.820	4.038	3.446	2.852	2.253	2.059	1.446	0.591	−0.158	−0.748	−1.180	−1.404	−1.538	−1.770	−2.115	0.5521	1.1747
70	5.359	4.774	4.000	3.413	2.824	2.230	2.038	1.430	0.583	−0.159	−0.744	−1.172	−1.394	−1.526	−1.756	−2.098	0.5548	1.1854
80	5.319	4.738	3.970	3.387	2.802	2.213	2.022	1.419	0.577	−0.159	−0.740	−1.165	−1.386	−1.517	−1.746	−2.085	0.5569	1.1938
90	5.287	4.709	3.945	3.366	2.784	2.199	2.008	1.409	0.572	−0.160	−0.737	−1.160	−1.379	−1.510	−1.737	−2.075	0.5586	1.2007
100	5.261	4.686	3.925	3.349	2.770	2.187	1.998	1.401	0.568	−0.160	−0.735	−1.155	−1.374	−1.504	−1.730	−2.056	0.5600	1.2065
200	5.130	4.568	3.826	3.283	2.698	2.129	1.944	1.362	0.549	−0.162	−0.723	−1.134	−1.347	−1.474	−1.694	−2.023	0.5672	1.2360
500	5.032	4.481	3.753	3.200	2.645	2.086	1.905	1.333	0.535	−0.164	−0.714	−1.117	−1.326	−1.451	−1.668	−1.990	0.5724	1.2588
1000	4.992	4.445	3.722	3.174	2.623	2.069	1.889	1.321	0.529	−0.164	−0.710	−1.110	−1.318	−1.442	−1.657	−1.976	0.5745	1.2685
∞	4.936	4.395	3.679	3.137	2.592	2.044	1.866	1.305	0.521	−0.164	−0.705	−1.100	−1.305	−1.428	−1.641	−1.957	0.5772	1.2826

注：λ 为样本数据总数 N 和设计频率 P 的函数；T 为重现期，单位为 a；$\overline{Y}_N$ 为 y 的数学期望。

而重现期值 $x'=\left(\Phi\frac{s_x}{\bar{x}}+1\right)\bar{x}=\left(2.59\times\frac{3.73}{25.03}+1\right)\times25.03=34.69\text{m/s}$，所以，该站点五十年一遇的风速极大值为34.69m/s；同理，可以计算百年一遇的风速极大值为36.74m/s。

如果选定一倍标准差范围作为置信区间（置信的概率为68.269%），根据极大值的分布，一半的置信区间值为（Gumbel，1954）

$$\Delta x=\frac{1.14071}{\sigma_N}s_x=\frac{1.14071}{1.0411}\times3.73=4.10\text{m/s} \tag{5.40}$$

式中，s_x 为样本均方差；σ_N 为考虑样本容量 N 的均方差，可通过查表5.3获得。

所以置信区间内的极值为：五十年一遇的风速极大值为（34.69±4.10）m/s；百年一遇的风速极大值为（36.74±4.10）m/s。

二、波高多年一遇极大值的估计

以黄海某站为例，计算十年和五十年一遇波高极值。该站1956～1983年的实测年最大波高值，并按照从大到小排列如表5.4所示（陈上及和马继瑞，1991）。

表5.4　某站年最大波高

序号	1	2	3	4	5	6	7	8	9	10	11	12	13	14
年最大波高 x/m	7.4	6.8	6.1	5.2	5.0	4.9	4.9	4.5	4.5	4.4	4.1	4.1	4.1	4.1
序号	15	16	17	18	19	20	21	22	23	24	25	26	27	28
年最大波高 x/m	4.0	4.0	3.9	3.8	3.5	3.5	3.5	3.4	3.4	3.3	3.3	3.2	3.2	3.0

（一）算法Ⅰ

依据耿贝尔曲线，根据表5.4，计算得：

平均值 $\bar{x}=4.25\text{m}$；

均方差 $s_x=1.08\text{m}$。

当重现期 T 分别为10年和50年，且查表5.1，P' 分别为10%和2%时，相应的离均系数 Φ 值为1.30和2.59。

由此，计算波高极值为

十年一遇最大波高 $H_{10}=\left(1.30\times\frac{1.08}{4.25}+1\right)\times4.25=5.65\text{m}$

五十年一遇最大波高 $H_{50}=\left(2.59\times\frac{1.08}{4.25}+1\right)\times4.25=7.05\text{m}$

（二）算法Ⅱ

根据分布函数

$$F(x)=P\{X_{\max}<x\}=\exp\{-\exp[-A(x-B)]\}$$

两边取两次对数，得到

$$x'=B-\frac{1}{A}\ln(-\ln P) \tag{5.41}$$

此外，令 $Y=A(X-B)$，则 Y 的分布函数和概率密度函数为

$$F(y)=\exp[-\exp(-y)] \tag{5.42}$$

$$f(y)=A\exp[-y-\exp(-y)] \tag{5.43}$$

已证明有以下关系：

$E(Y)=\gamma=0.5772$，γ 为欧拉常数，且 $Y=A(X-B)$ 是线性函数，所以有

$$E(X)=B+\frac{E(Y)}{A}=B+\frac{\gamma}{A}=B+\frac{0.5772}{A} \tag{5.44}$$

代入 B 的表达式，式（5.41）变为

$$x'=\left(\bar{x}-\frac{\gamma}{A}\right)-\frac{1}{A}\ln(-\ln P) \tag{5.45}$$

同样因为 $Y=A(X-B)$ 是线性函数，以及依据方差的性质（董双林，1989），所以有

$$\sigma_X^2=\frac{1}{A^2}\sigma_Y^2 \tag{5.46}$$

式（5.45）可化为

$$\begin{aligned} x'&=\bar{x}-\frac{1}{A}[\gamma+\ln(-\ln P)] \\ &=\bar{x}-\frac{\sigma_x}{\sigma_y}[\gamma+\ln(-\ln P)] \end{aligned} \tag{5.47}$$

如果令 $\lambda_{NP}=\frac{1}{\sigma_y}[-\gamma-\ln(-\ln P)]$，则：

$$x'=\bar{x}+\sigma_x\lambda_{NP} \tag{5.48}$$

式中，λ_{NP} 为样本数据总数 N 和设计频率 P 的函数，可通过查表5.3（表中 σ_N 即 σ_Y，λ 即 λ_{NP}）得到，N 表示该值与数据总数有关。

现在，如果有了样本均值和均方差，我们就可以根据式（5.48）和查表5.3得到极值 x'。

在 $N=28$ 时，查表5.3得 $\lambda_{28,0.9}=1.553$；$\lambda_{28,0.98}=3.048$。

所以十年一遇设计波高 $H_{10}=4.25+1.08\times1.553=5.9\text{m}$；

五十年一遇设计波高 $H_{50}=4.25+1.08\times3.048=7.5\text{m}$。

可见，第二种算法得到的波高值比第一种要偏高一些。

三、多年一遇最高、最低校核水位的计算

海洋工程中，将寒潮、台风、地震等原因引起的非天文潮水位或特殊天气过程引起的多年一遇最高和最低水位叫作校核高水位和校核低水位。处在校核高低水位并不会破坏海岸设施，但可对其造成影响，使之不能正常运行，因此不同于设计高低水位。要依据大量水位资料的统计特征，采用年频率统计方法，由连续20年以上的高低潮潮位，求出多年一遇的高低潮潮位作为校核水位。海面水位的年频率分布采用耿贝尔曲线，其极小值分布

$$P(x')=P\{X_{\max}\geqslant x'\}=1-F(x)=1-\exp\{-\exp[-A(x-B)]\}\tag{5.49}$$

表示随机变量最大值 $X_{\max}$ 超过特定值 x' 的概率，即超值累积概率。

假设已有某港口 20 年的年最高和最低潮位资料（表 5.5），求五十年一遇的校核高水位和校核低水位（陈上及和马继瑞，1991）。

表 5.5　某港口 20 年的年最高和最低潮位

序号	1	2	3	4	5	6	7	8	9	10
年最高潮位 X_H/cm	569	565	562	561	560	555	554	550	550	547
年最低潮位 X_L/cm	2	6	10	11	11	14	19	23	24	26
序号	11	12	13	14	15	16	17	18	19	20
年最高潮位 X_H/cm	545	541	541	541	540	536	536	536	532	529
年最低潮位 X_L/cm	29	29	33	34	34	36	42	43	43	49

计算样本均值和均方差分别如下。

年最高潮位：$\overline{X}_H=547.5\text{cm}$；$s_H=11.395\text{cm}$。

年最低潮位：$\overline{X}_L=25.9\text{cm}$；$s_L=13.32\text{cm}$。

高低潮位的样本容量 $N=20$，查表 5.3 得到各个设计频率 P 对应的 λ 的值。有了均值、均方差和 λ 的值，就可以计算对应的最高和最低潮位，得到表 5.6。

表 5.6　耿贝尔理论曲线的估计

P	0.999	0.99	0.98	0.95	0.5	0.1
λ	6.006	3.836	3.179	2.302	−0.148	−1.277
$X'_H=\overline{X}_H+\lambda s_H$/cm	615.9	591.2	583.7	573.7	545.8	533.2
$X'_L=\overline{X}_L-\lambda s_L$/cm	−54.1	−25.2	−16.4	−4.8	27.9	42.9

根据表 5.6 可见，五十年一遇的校核高水位是 5.83m，校核低水位是−0.16m，百年一遇的校核高水位是 5.91m，校核低水位是−0.25m。

置信区间的计算方法同式（5.40），需要查表 5.3，20 个数据对应的 σ_N 为 1.0628。计算得到的置信区间分别是 12.23cm（校核高水位），14.30cm（校核低水位）。因此，五十年一遇校核高水位为（5.83±0.12）m，校核低水位是（−0.16±0.14）m。

四、多年一遇海流极值的估计

多年一遇海流极值的估计所面对的主要问题是缺乏长时间序列的资料来进行统计分析。因此，Pugh（1982）将极值水位联合分布分析法进一步推广至海流极值分析，得到潮流与余流联合分布求海流极值的方法。该方法的优点是不需要多年的极值资料，只需一年或者更少的资料就能满足分析，在得到多年一遇最大流速的同时，还可以求出对应的流向（陈上及和马继瑞，1991）。

该方法假设潮流和余流为相互独立的随机变量，依据矢量的联合分布来求得海流极值。根据应用的目的不同，海流极值的估计可分为不分流向和按照流向两种估计法。

（一）不分流向海流流速极值的估计

取一年以上的连续测流资料，将逐时的包含流速和流向的矢量分解为两个标量，分别是东西向流速和南北向流速。之后再分别进行调和分析，求得各分潮的调和常数。这时，就可以得到各分量的潮流回报流速，再用实测流速减去潮流回报流速，就得到余流的东西和南北方向的流速。这时，实测海流被分为了潮流和余流两部分。下面，以平均流速为起点，以一定的间距（如0.1m/s），把潮流流速分量和余流流速分量分别分成若干个小区间，分别对这四个分量统计频率密度函数［潮流东西向 $P_T(u)$、潮流南北向 $P_T(v)$、余流东西向 $P_T(v)$ 和余流南北向 $P_T(v)$］。

所谓潮流与余流的联合分布，就是潮流和余流各自对应分量合成流速的频率密度函数。例如，潮流向北流速1m/s的频率为0.5；潮流向南流速1m/s的频率为0.5。余流向东流速1m/s的频率为0.5；余流向西流速1m/s的频率为0.5。则潮流与余流合成后的海流流速为：$\sqrt{1+1}=1.41$m/s，流向为东北、东南、西南和西北的频率各为 $0.5\times0.5=0.25$［$P=P_T(u)\cdot P_S(v)$］。同理，可求得其他流向流速的联合分布。当得到联合分布的流速频率之后，就可以绘制海流流速累积频率分布图，进一步求取海流极值流速的重现期。

（二）各个流向上流速多年一遇极值的估计

上述方法求取的海流极值不分流向，如果要同时给出流速极值对应的流向，在求得 $P_T(u)$、$P_T(v)$、$P_T(v)$ 和 $P_T(v)$ 之后，还需进一步计算。

将潮流和余流流速频率密度分别组合成联合分布，即 $P_T(u, v)$ 和 $P_S(u, v)$，统计频率时，从0.0m/s算起，间距取0.1m/s。将潮流和余流的联合概率分布看作二维概率密度函数，即：

$$P_c(u, v)=\int_{-\infty}^{\infty}\int_{-\infty}^{\infty}P_T(u-x, v-y)\cdot P_S(x, y)\,\mathrm{d}x\mathrm{d}y \tag{5.50}$$

式中，u 和 v 分别为潮流的东西和南北分量；x 和 y 分别为余流的东西和南北分量，向东和向北为正。由于 u 和 v 是离散数据，在计算时可以改为求累加和的形式：

$$P_c(u, v)=\sum_i\sum_j P_T(u-i\Delta x, v-j\Delta y)\cdot P_S(i\Delta x, j\Delta y) \tag{5.51}$$

式中，i 和 j 均为整数；Δx 和 Δy 为流速区间间隔，可取0.1m/s。

为了便于求取各流向的流速极值，上述直角坐标系表示有所不便，可将原坐标下的概率密度函数变换为极坐标系的概率密度函数 $P(\theta, r)$，完成坐标变换即得到给定流向流速的总体概率密度函数。其中，θ 代表24个方向，流向以15°为一个方位，从正北方向开始，按照顺时针 θ 分别为1、2、3、…、24。例如，$P_r(2, 10)$ 表示流向在15°～30°范围内，流速在0.9～1.0m/s区间内的概率。

之后，根据所得到的累积超值概率函数，按照24个方位绘制出分布图，每个方位的累积概率曲线就可以说明该方位多年一遇的海流极值。

五、多年一遇最高和最低温度极值的估计

总体而言，多年一遇水、气温度最高极值的估计与风、浪和水位极值估计方法基本类似，本节主要讲述最低极值的估计。

因为，从大到小排列的一组数值，如果每个数值都变为相反的符号（正数变负数或者相反变换），那么这组数值将变为从小到大排列的形式。所以有

$$X_{min} = -X^*_{max} \tag{5.52}$$

即一组样本中最小值，也就是这组样本取负号的最大值。因此，极小值的耿贝尔分布是

$$P(X_{min}<x) = P(-X^*_{max}<x) = P(X^*_{max}>-x) = 1-P(X^*_{max}<-x) = 1-\mathrm{e}^{-\mathrm{e}\left(\frac{a+x}{b}\right)} \tag{5.53}$$

韦布尔分布是

$$P(X_{min}<x) = 1-\mathrm{e}^{-\left(\frac{x-a}{b}\right)^c} \tag{5.54}$$

假设某港口 1951～1980 年的年最高和最低极端气温列于表 5.7，计算该站五十年一遇最高和最低气温极值（陈上及和马继瑞，1991）。

经计算，多年最高气温的平均值为 35.70℃，均方差为 1.49℃；最低气温的平均值为 −13.53℃，均方差为 2.05℃。

查表 5.1，得到对应于设计频率 P' 的离均系数 Φ 值，所以有表 5.8 的结果。五十年一遇最高气温极值为 39.57℃，最低气温极值为 −18.84℃；百年一遇最高气温极值为 40.39℃；最低气温极值为−19.97℃。

置信区间的计算同式（5.40），需要查表 5.3，计算得最高气温置信区间为 1.51℃；最低气温置信区间为 2.07℃。

表 5.7　1951～1980 年的年最高和最低极端气温

序号	1	2	3	4	5	6	7	8	9	10
最高气温 X_H/℃	39.9	38.7	37.3	37.3	37.2	37	36.9	36	36.5	36.5
最低气温 X_L/℃	−18.3	−17.1	−16.2	−16	−15.9	−15.8	−15.7	−14.4	−14.4	−14.3
序号	11	12	13	14	15	16	17	18	19	20
最高气温 X_H/℃	36.3	35.8	35.7	35.7	35.6	35.6	35.5	35.5	35.1	35
最低气温 X_L/℃	−14.3	−14.1	−13.6	−13.5	−13.4	−13	−12.9	−12.8	−12.7	−12.6
序号	21	22	23	24	25	26	27	28	29	30
最高气温 X_H/℃	34.7	34.6	34.6	34.5	34.4	34.4	34.3	33.8	33.6	33.1
最低气温 X_L/℃	−12.5	−12.5	−12.3	−12	−11.9	−11.8	−11.6	−10.9	−10.2	−9.2

因此，五十年一遇最高气温极值为（39.57±1.51）℃；五十年一遇最低气温极值为（−18.84±2.07）℃。百年一遇最高气温极值为（40.39±1.51）℃；百年一遇最低气温极值为（−19.97±2.07）℃。

表 5.8 耿贝尔理论分布计算

P'	1	2	10	20	50	90
Φ	3. 14	2. 59	1. 30	0. 72	−0. 16	−1. 10
最大极值 $X'_H=\bar{X}_H\left(\Phi\dfrac{s_H}{\bar{X}_H}+1\right)$	40. 39	39. 57	37. 65	36. 78	35. 47	34. 07
最小极值 $X'_L=\bar{X}_L\left(\Phi\dfrac{s_L}{\lvert\bar{X}_L\rvert}+1\right)$	−19. 97	−18. 84	−16. 20	−15. 01	−13. 20	−11. 28

思考练习题

1. 在极值分析中，重现期是如何定义的，重现期值又是什么，两者是什么关系？

2. 简述如何用最小二乘法估计耿贝尔分布曲线的参数。

3. 简述韦布尔分布极值参数估计的方法。

4. 请写出耿贝尔分布函数。

5. 某站具有 1975～1998 年间的最高潮位 456cm、504cm、490cm、459cm、512cm、452cm、479cm、460cm、493cm、499cm、493cm、480cm、551cm、453cm、467cm、486cm、457cm、451cm、480cm、483cm、468cm、473cm、475cm、512cm，应用耿贝尔分布，推求该站五十年一遇的极端高潮位，已知 $\lambda_{P,N}=3.104$。

6. 请写出韦布尔分布函数。

7. 实测年数为 24 年，按年最大流量法抽样，试用韦布尔公式求排行 1、2 的最大流量的累积频率与重现期。

8. “百年一遇的洪水不可能连续两年发生”，此话对吗？为什么？

9. 请解释十年一遇保证率为 95% 的水位的统计含义。

10. 按年最大值法抽样的 21 年实测最大流量的和 $\sum_{i=1}^{21} Q_i = 4800\text{m}^3/\text{s}$，且其中有一特大洪水流量 $Q_{\max}=1200\text{m}^3/\text{s}$，另通过调查考证得 101 年内在实测资料以外还有两次特大洪水，分别为 $1100\text{m}^3/\text{s}$、$1000\text{m}^3/\text{s}$，试求：

(1) 各特大洪水的重现期；

(2) 实测系列中排位第二的洪水重现期。

11. 某金属材料的疲劳寿命服从韦布尔分布，15 个试件的疲劳寿命分别为 28300 次，35800 次，42200 次，47500 次，51200 次，57600 次，65000 次，66800 次，73600 次，81000 次，88000 次，98200 次，105000 次，115500 次，144500 次。估计分布参数、$N=4\times10^4$ 次的可靠度及 $R=0.90$ 时的可靠寿命。

12. 简述韦布尔分布中三个参数对其分布的影响。

13. 试用 MATLAB 绘制韦布尔分布曲线。

14. 根据表5.9中某水文站观测的年平均流量的变化，利用耿贝尔频率分布曲线推求$Q_{1\%}$和$Q_{2\%}$的设计流量。

表5.9　某水文站观测的年平均流量的变化（1975～2004年）

顺序号	年份	流量/(m^3/s)	顺序号	年份	流量/(m^3/s)
1	1975	380	16	1990	2000
2	1976	880	17	1991	1650
3	1977	740	18	1992	1000
4	1978	750	19	1993	300
5	1979	1000	20	1994	700
6	1980	1190	21	1995	1090
7	1981	1050	22	1996	800
8	1982	1300	23	1997	400
9	1983	1480	24	1998	1430
10	1984	1550	25	1999	650
11	1985	1250	26	2000	900
12	1986	500	27	2001	450
13	1987	550	28	2002	1120
14	1988	680	29	2003	950
15	1989	620	30	2004	540

15. 百年一遇洪水的意思是什么？

16. 重现期为一千年的洪水，其含义是什么？

17. 概率为5%的洪水，其重现期为多少？

18. 发电年设计保证率为95%，相应重现期应为多少？

19. 某水库，设计洪水频率为1%，设计年径流保证率为90%，分别计算其重现期，并说明两者含义有何差别。

20. 某站年雨量系列符合皮尔逊Ⅲ型分布，经频率计算已求得该系列的统计参数：均值$\bar{P}=900\text{mm}$，$C_v=0.20$，$C_s=0.20$，试结合表5.10推求百年一遇的雨量？

表5.10　皮尔逊Ⅲ型曲线$\boldsymbol{\Phi}$值表

C_s	P/%				
	1	10	50	90	95
0.30	2.54	1.31	−0.05	−1.24	−1.55
0.60	2.75	1.33	−0.10	−1.20	−1.45

21. 有哪些估计耿贝尔分布函数中参数A和B的方法？

22. 常用的极值估计方法有哪些？

23. 某站的春季最大风速如表5.11所示，为10m高度处的10min平均风速。请估计该站五十年一遇和百年一遇的风速极大值。

表 5.11 某站的春季最大风速

年份	1980	1981	1982	1983	1984	1985	1986	1987	1988
WS_{max}/(m/s)	23.2	22.5	19.3	19.7	24.0	31.0	29.7	24.1	29.3
年份	1989	1990	1991	1992	1993	1994	1995	1996	1997
WS_{max}/(m/s)	28.2	30.0	28.06	27.2	22.9	28.4	25.8	25.0	27.3

24. 根据表 5.12 分别计算某港口五十年一遇和百年一遇的校核高水位和校核低水位。

表 5.12 某港口年最高和最低潮位

序号	1	2	3	4	5	6	7	8	9	10
年最高潮位 X_H/cm	534	565	535	575	555	545	524	576	566	538
年最低潮位 X_L/cm	3	7	9	12	14	16	20	22	23	25
序号	11	12	13	14	15	16	17	18	19	20
年最高潮位 X_H/cm	524	578	567	537	541	533	538	535	536	532
年最低潮位 X_L/cm	30	31	34	35	35	37	40	41	42	48

25. 某站 1961～1990 年的年最高和最低极端气温如表 5.13 所示，计算该站五十年一遇最高和最低气温极值。

表 5.13 某站 1961～1990 年的年最高和最低极端气温

序号	1	2	3	4	5	6	7	8	9	10
最高气温 X_H/℃	39.1	38.0	36.5	37.2	37.1	36.6	36.4	35.8	36.4	36.4
最低气温 X_L/℃	-18.4	-17.4	-16.2	-16.9	-16.7	-16.7	-16.3	-14.9	-14.7	-15.1
序号	11	12	13	14	15	16	17	18	19	20
最高气温 X_H/℃	36.2	35.5	35.7	34.8	34.8	34.7	34.9	35.0	34.8	34.2
最低气温 X_L/℃	-14.6	-14.1	-14.5	-14.3	-14.3	-13.6	-13.4	-13.1	-13.5	-12.7
序号	21	22	23	24	25	26	27	28	29	30
最高气温 X_H/℃	33.8	33.8	34.5	34.4	34.2	33.9	33.6	33.1	33.5	33.0
最低气温 X_L/℃	-12.6	-12.8	-12.3	-12.9	-12.7	-12.7	-12.2	-11.4	-10.5	-10.0

参考文献

陈佳琪，杨日杰，战和，等 . 2012. 海洋温度剖面最优插值及其效果分析 . 海军航空工程学院学报，27（6）：713-720.

陈上及，马继瑞 . 1991. 海洋数据处理分析方法及其应用 . 北京：海洋出版社 .

陈忠彪 . 2014. 导航 X 波段雷达近岸海洋动力学参数反演方法研究 . 北京：中国科学院研究生院博士论文 .

董双林 . 1989. Gumbel 分布的参数估计方法的统计分析 . 水利学报，11：35-42.

高郭平，韩树宗，董兆乾，等 . 2003. 南印度洋中国中山站至澳大利亚费里曼特尔断面海洋锋位置及其年际变化 . 海洋学报（中文版），25（6）：9-19.

何宜军，陈戈，郭佩芳，等 . 2002. 高度计海洋遥感研究与应用 . 北京：科学出版社 .

黄嘉佑 . 1990. 气象统计分析与预报方法 . 北京：气象出版社 .

黄嘉佑，李庆祥 . 2015. 气象数据统计分析方法 . 北京：气象出版社 .

靳国栋，刘衍聪，牛文杰 . 2003. 距离加权反比插值法和克里金插值法的比较 . 长春工业大学学报：自然科学版，24（3）：53-57.

刘俊斐 . 2007. 基于希尔伯特−黄变换（HHT）的海洋平台结构模态参数识别方法研究 . 青岛：中国海洋大学硕士论文 .

彭丁聪 . 2009. 卡尔曼滤波的基本原理及应用 . 软件导刊，8（11）：32-34.

施能 . 2009. 气象统计预报 . 北京：气象出版社 .

田铮，秦超英 . 2007. 随机过程与应用 . 北京：科学出版社 .

王家华，高海余，周叶. 1999. 克里金地质绘图技术—计算机的模型和算法. 北京：石油工业出版社.

吴胜和 . 2010. 储层表征与建模 . 北京：石油工业出版社 .

颜庆津 . 2012. 数值分析（第 4 版）. 北京：北京航空航天大学出版社 .

杨晓霞，沈桐立，徐文金，等 . 1991. 最优插值客观分析方法 . 南京气象学院学报，14（4）：566-574.

喻文健 . 2015. 数值分析与算法（第 2 版）. 北京：清华大学出版社 .

张爱军，侯文峰 . 1996. 逆方法在物理海洋中的应用综述 . 海洋通报，15（3）：75-80.

张芩，马继瑞 . 1995. 用客观分析方法生成海洋要素格点分布场 . 海洋通报，14（4）：73-78.

朱江，徐启春，王赐震，等 . 1995. 海温数值预报资料同化试验 I. 客观分析的最优插值法试验. 海洋学报（中文版），17（6）：9-20.

朱益民，杨修群，谢倩，等 . 2008. 冬季太平洋海表温度与北半球中纬度大气环流异常的共变模态 . 自然科学进展，2：161-171.

Bennett A F. 1992. Inverse methods in physical oceanography. Cambridge：Cambridge University Press.

Berkeley G. 1710. A treatise concerning the principles of human knowledge. London：Jacob Tonson.

Bryden H. 1979. Poleward heat flux and conversion of available potential energy in Drake Passage. Journal of Marine Research，37：1-22.

Dempster A P. 1990. Causality and statistics. Journal of Statistical Planning and Inference，25：261-278.

Elgar S. 1988. Comment on "fourier transform filtering：A cautionary note" by A. M. G. Forbes. Journal of Marine Research，93：15755-15756.

Evans J C. 1985. Selection of a numerical filtering method：Convolution or transform windowing? Journal of Geophysical Research：Atmospheres，90（C3）：4991-4994.

Fofonoff N P，Tabata S. 1966. Variability of oceanographic conditions between ocean station P and Swiftsure Bank off the Pacific coast of Canada. Journal of the Fisheries Research Board of Canada，23：825-868.

Forbes A. 1988. Fourier transform filtering：A cautionary note. Journal of Geophysical Research：Oceans，93：

6958-6962.

Freeland H J. 2013. Evidence of change in the winter mixed layer in the northeast pacific ocean: A problem revisited. Atmosphere-Ocean, 50: 126-133.

Freeland H J, Church J A, Smith R L, et al. 1985. Current meter data from the australian coastal experiment: A data report. Canberra: CSIRO Marine Laboratories.

Freeland H, Denman K, Wong C S, et al. 1997. Evidence of change in the winer mixed layer in the Northeast Pacific Ocean. Deep-Sea Research Part I: Oceanographic Research Papers, 44: 2117-2129.

Gandin L S. 1965. Objective Analysis of Meteorological Fields. Jerusalem: Israel Program for Scientific Translations.

Godin G. 1972. The analysis of tides. Toronto: University of Toronto Press.

Granger C W. 1969. Investigating causal relations by econometric models and cross-spectral methods. Econometrica, 37: 424.

Gumbel E G. 1954. Statistical theory of extreme value and some practical applications. National Bureau of Standards, Applied Mathematics Series, 33.

Hamming R W. 1977. Digital filters. Engle-wood Cliffs: Prentice-Hall.

Huang N E, Zheng S, Steven R L, et al. 1998. The empirical mode decomposition and the hilbert spectrum for nonlinear and non-stationary time series analysis. Proceedings of the Royal Society A: Mathematical, 454: 903-995.

Kaiser J F. 1966. Digital filters. In: Kuo F F, Kaiser J F. eds. System analysis by digital computer. New York: Wiley.

Kanasewich E R. 1975. Time series analysis in geophysics. Edmonton: University of Alberta Press.

Kara A B, Rochford P A, Hurlburt H E. 2002. Naval research laboratory mixed layer depth (NMLD) climatologies, NRL Rep, 26.

Ladd C, Bond N A. 2002. Evaluation of the NCEP/NCAR reanalysis in the NE Pacific and the Bering Sea. Journal of Geophysical Research: Oceans, 107 (C10): 22 (1-9) .

Ladd C, Stanebo P J. 2012. Stratification on the Eastern Bering Sea shelf revisited. Deep-Sea Research Part II, 65-70: 72-83.

Lanczos C, Teichmann T. 1957. Applied analysis. Engle-wood Cliffs: Prentice-Hall.

Liang X S. 2008. Information flow within stochastic dynamical systems. Physical Review E—Statistical Nonlinear and Soft Matter Physics, 78 (3): 031113.

Liang X S. 2014. Unraveling the cause-effect relation between time series. Physical Review E—Statistical Nonlinear and Soft Matter Physics, 90: 052150.

Liang X S. 2015. Normalizing the causality between time series. Physical Review E—Statistical Nonlinear and Soft Matter Physics, 92: 022126.

Liang X S. 2016. Information flow and causality as rigorous notions ab initio. Physical Review E—Statistical Nonlinear and Soft Matter Physics, 94: 052201.

Liang X S. 2018. Causation and information flow with respect to relative entropy. Chaos: An Interdisciplinary Journal of Nonlinear, 28: 075311.

Lorenz E. 1956. Empirical Orthogonal Functions and Statistical Weather Prediction. Cambridge Mass: Air Force Cambridge Research Center, Air Research and Development Command.

McDuff R, Massoth G, Baker E, et al. 1988. Hydrothermal fluids and plumes of Cleft Segment, Juan de Fuca Ridge. Eos Transactions American Geophysical Union.

Mcintosh P C. 1990. Oceanographic data interpolation: Objective analysis and splines. Journal of Geophysical Research: Oceans, 95 (C8): 13-529, 541.

Middleton J H. 1983. Low-frequency trapped waves on a wide, reef-fringed continental shelf. Journal of Physical Oceanography, 13: 1371-1382.

Montgomery R B. 1958. Water characteristics of Atlantic ocean and of world ocean. Deep-Sea Research, 5: 134-148.

Mooers C N K, SmithR L. 1968. Continental shelf waves off oregon. Journal of Geophysical Research, 73: 549-557.

Nowlin W D, Bottero J S, Pillsbury R D. 1986. Observations of internal and near-inertial oscillations at drake passage. Journal of Physical Oceanography, 16: 87-108.

O'Neil W J. 2013. Doing data science: Straight talk from the frontier. Cambridge: O'Reilly Media.

Otnes R K, Enochson L, Jihnson S H. 1972. Digital time series analysis. New York: Journal of Dynamic Systems Mearsurement.

Papadakis J E. 1981. Determination of the wind mixed layer by an extension of newton's method. Sydney: Ocean Sciences.

Pavlidis T, Horowitz S L. 1974. Segmentation of plane curves. IEEE Transactions on Computers, C-23 (8): 860-870.

Pickard G L, Emery W J. 1979. Descriptive physical oceanography: An introduction. New York: Pergamon Press.

Price J F, Weller R A, Pinkel R. 1986. Diurnal cycling: Observations and model of the upper ocean response to diurnal heating, cooling and wind mixing. Journal of Geophysical Research, 91: 8411-8427.

Prohaska J T. 1976. A technique for analyzing the linear relationships between two meteorological fields. Monthly Weather Review, 104: 1345-1353.

Pugh D T. 1982. Estimating extreme currents by combining tidal and surge probabilities. Ocean Engineering, 9 (4): 361-372.

Rabiner L R. 1975. Theory and application of digital signal processing. IEEE Transactions on Acoustics Speech and Signal Processing, 23 (4): 394-395.

Roberts J, Roberts T D, 1978. Use of the butterworth low-pass filter for oceanographic data. Journal of Geophysical Research: Oceans, 83: 5510-5514.

Robinson A R, Mc Gillicuddy D J, Calman J, et al. 1993. Mesoscale and upper ocean variabilities during the 1989 JGOFS bloom study. Deep Sea Research Part II: Topical Studies in Oceanography, 40 (1-2): 9-35.

Sayles M A, Aagaard K, Coachman L K. 1979. Oceanographic Atlas of the Bering Sea Basin. Seattle: University of Washington Press.

Schneider N, Müller P. 1990. The meridional and seasonal structure of the mixed-layer depth and its diurnal amplitude observed during the Hawaii-to-Tahiti shuttle experiment. Journal of Physical Oceanography, 20: 1395-1404.

Smirnov. 2013. Spurious causalities with transfer rntropy. Physical Review Statal Nonlinear and Soft Matter Physics, 87: 042917.

Spiess F. 1928. The meteor expedition-research and experiences during the german atlantic expedition 1925-27. New Delhi: Amerind.

Stips A, Macias D, Coughlan C, et al. 2016. On the causal structure between CO_2 and global temperature. Scientific Reports, 6: 21691.

Stommel H, Schott F. 1977. The beta spiral and the determination of the absolute velocity field from hydrographic station data. Deep Sea Research, 24: 325-329.

Sturges W. 1983. On interpolating gappy records for time series analysis. Journal of Geophysical Research, 88: 9736-9740.

Tabata S. 1978a. On the accuracy of sea-surface temperatures and salinities observed in the Northeast Pacific. Atmosphere Ocean, 16: 237-247.

Tabata S. 1978b. Comparison of observations of sea- surface temperatures at ocean station "P" and NOAA buoy stations and those made by merchant ships traveling in their vicinities, in the Northeast Pacific Ocean. Journal of Applied Meteorology, 17: 374-385.

Tabata S, Stickland J A. 1972. Summary of oceanographic records obtained from moored instruments in the strait of georgia, 1969-70. Current Velocity and Seawater Temperature from Station H-06. Canada: Environment Canada.

Taylor K E. 2001. Summarizing multiple aspects of model performance in a single diagram. Journal of Geophysical Research, 106: 7183-7192.

Tchernia P. 1980. Descriptive regional oceanography. Oxford: Pergamon Press.

Thomson R E. 1983. A comparison between computed and measured oceanic winds near the british columbia coast. Journal of Geophysical Research: Oceans, 88: 2675-2683.

Thomson R E, Fine I V. 2009. A diagnostic model for mixed layer depth estimation with application to ocean station P in the northeast Pacific. Journal of Physical Oceanography, 39: 1399-1415.

Thomson R E, Emery W J. 2014. Data analysis methods in physical oceanography. Amsterdam: Elsevier Science.

Walters R A, Heston C. 1982. Removing tidal- period variations from time- series data using low- pass digital filters. Journal of Physical Oceanography, 12: 112-115.

Washburn L, Emery B M, Jones B H, et al. 1998. Eddy stirring and phytoplankton patchiness in the subarctic north atlantic in late summer. Deep Sea Research Part I: Oceanographic, 45: 1411-1439.

Webster J T, Gunst R F, Mason R L. 1974. Latent root regression analysis. Technometrics, 16: 513-522.

Worthington L V. 1981. The water masses of the world ocean: Some results of a fine-scale census. Evolution of Physical Oceanography: 42-69.

彩　插

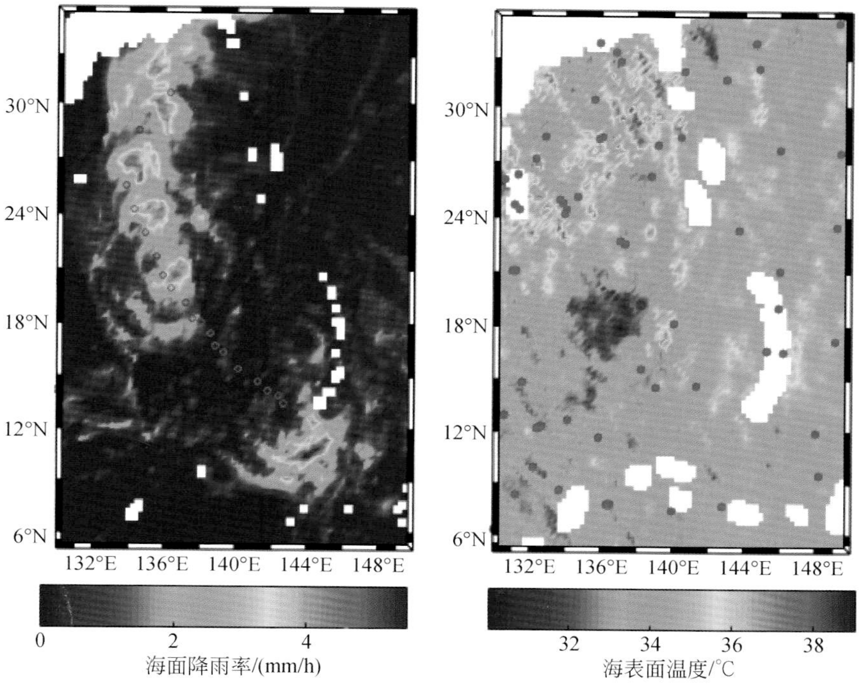

图 1.2　台风期间 WindSat 卫星观测的海面降雨率和 SMOS 卫星观测的海表面温度

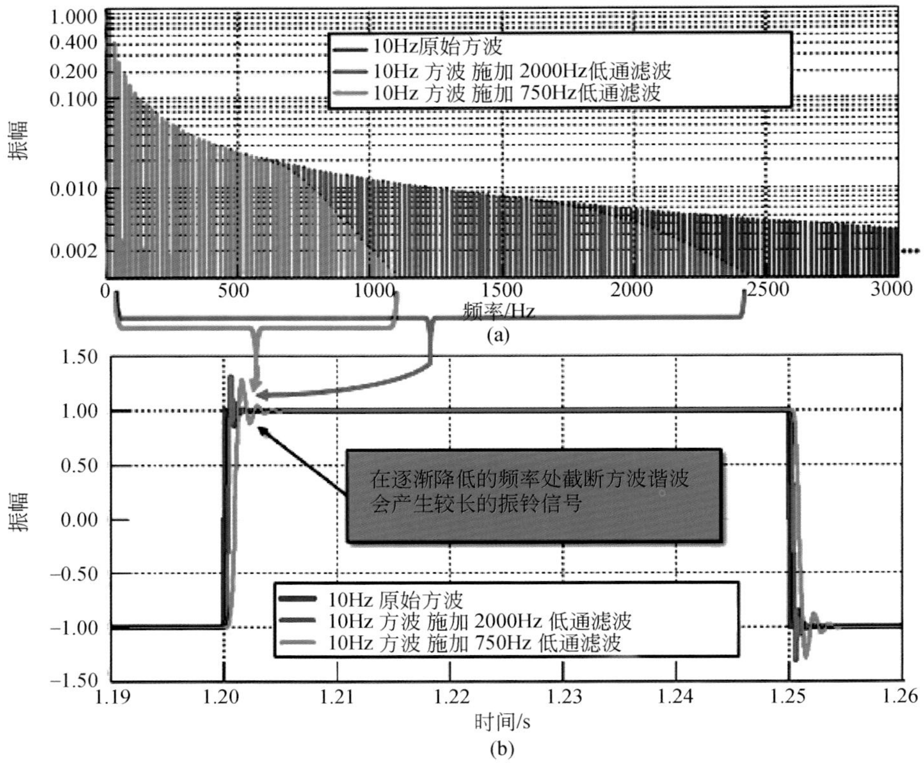

图 1.22　不同频率成分的方波的频谱（a）和时域波形（b）

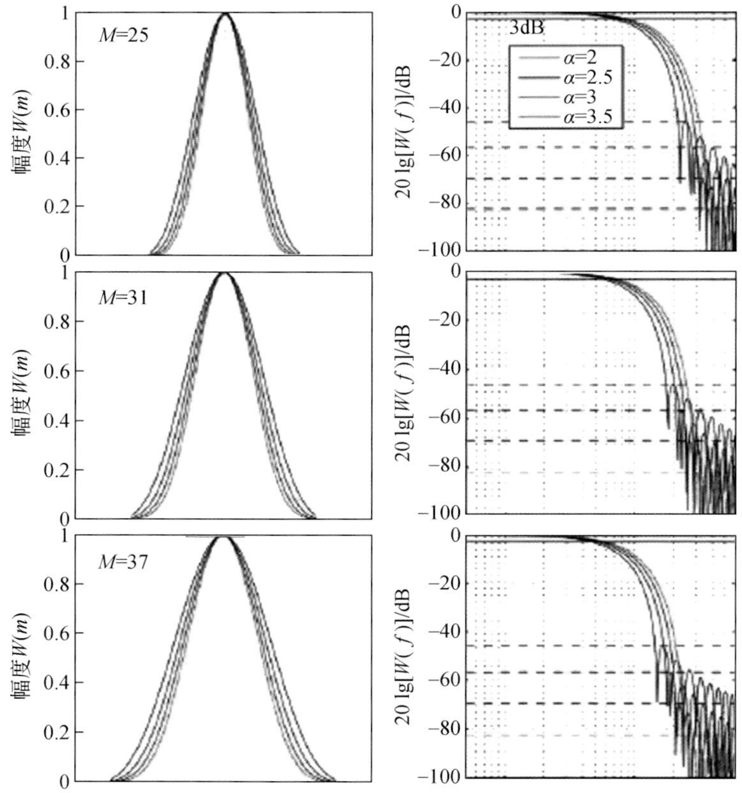

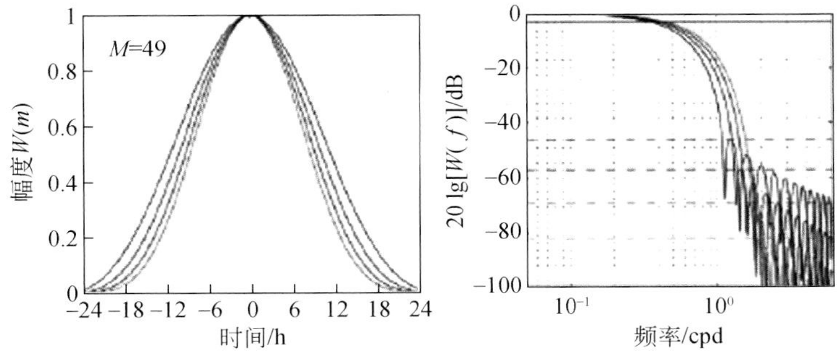

(a) 脉冲响应
(b) 频率响应

图 1.37　用于去除小时时间序列的低通凯泽-贝塞尔滤波器的频率响应函数 $W(f)$ 和相应的滤波器权重（脉冲响应）W_m

四个 α 值（2，2.5，3，3.5）和四个滤波器长度 M（25h，31h，37h，49h）对应的响应函数

由于 $W(f)$ 关于 $f=0$ 对称，图中只显示了它的正频率

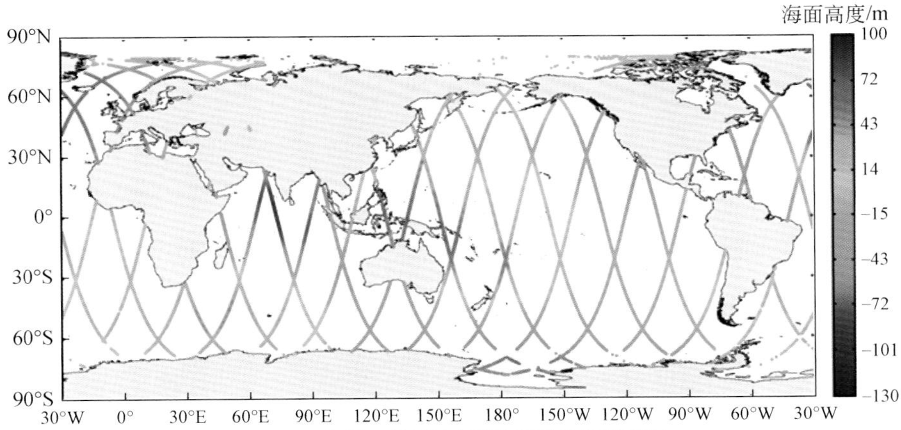

(a) 海洋二号雷达高度计获得的海面高度

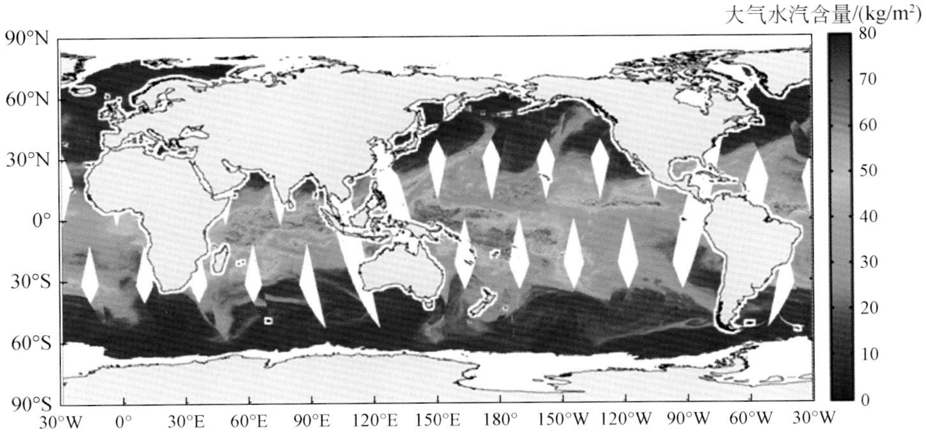

(b) 海洋二号扫描微波辐射计获得的全球大气水汽含量

图 1.47　海洋二号卫星观测数据展示

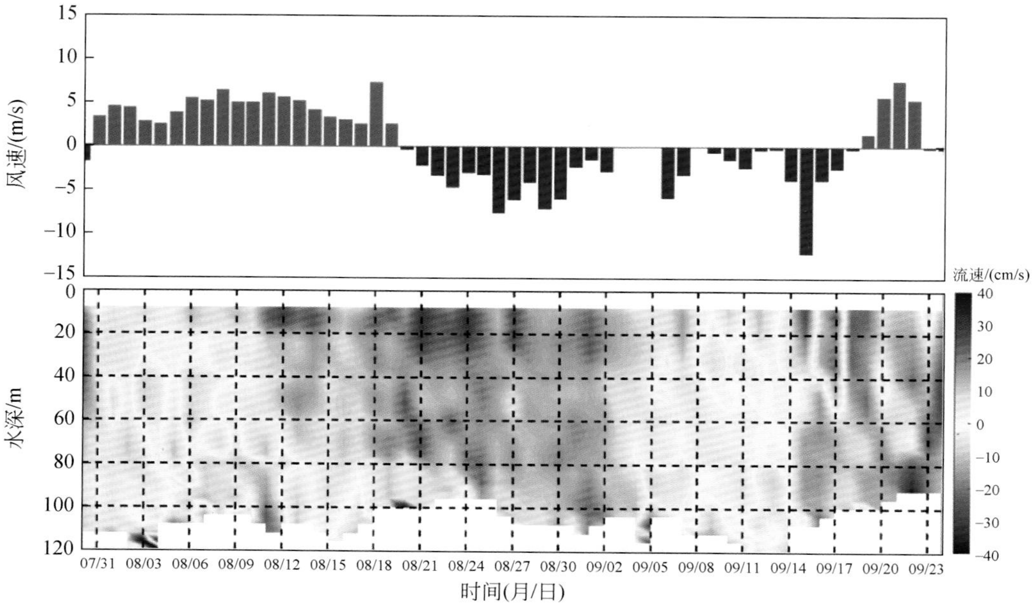

图 1.58　位于南海的风和海流经向分量的时间序列

地点在南海（19.0°N，117.5°E）。风速为离海面高度 4m 处测量。通过安装在大陆斜坡 500m 水深的 75kHz ADCP 向上每隔 4m 测量一个海流

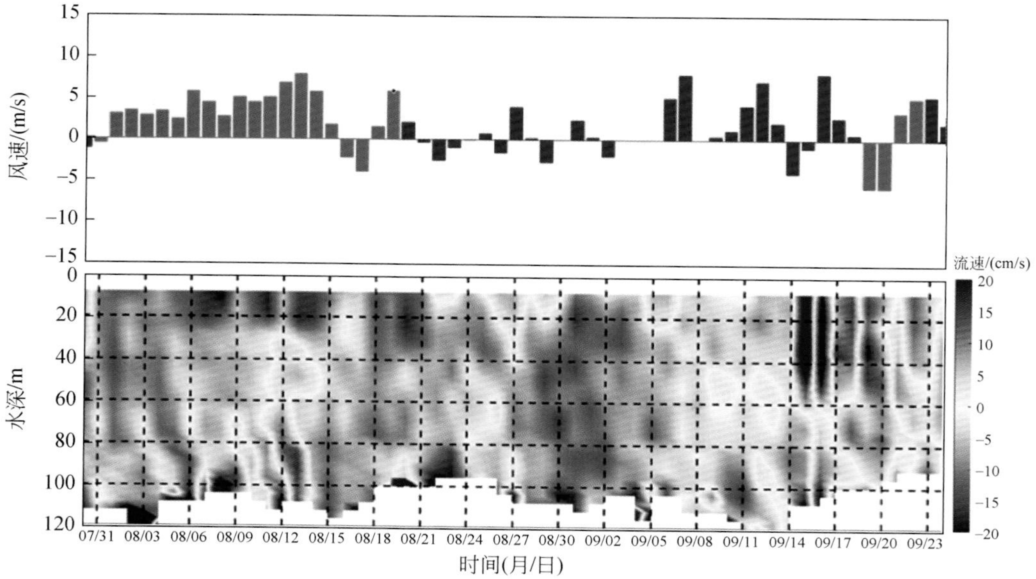

图 1.59　位于南海的风和海流纬向分量的时间序列

地点在南海（19.0°N，117.5°E）。风速为离海面高度 4m 处测量。通过安装在大陆斜坡 500m 水深的 75kHz ADCP 向上每隔 4m 测量一个海流

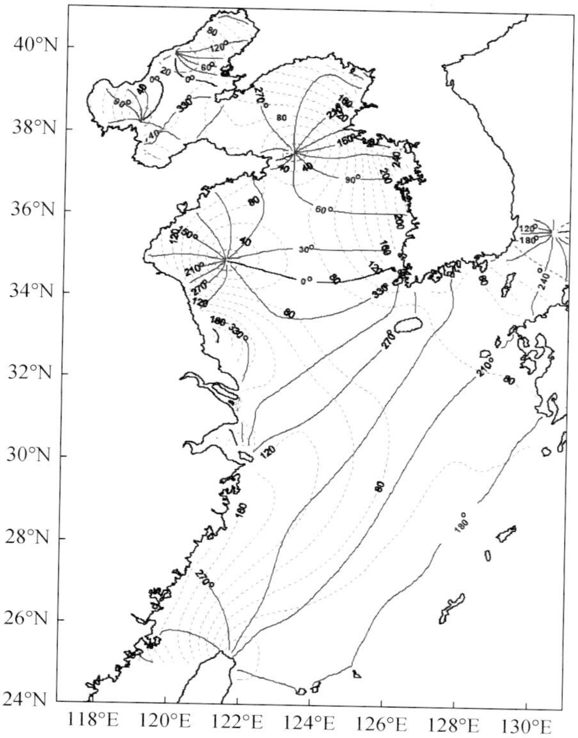

图 1.63　我国黄海、渤海、东海 M_2 分潮的同潮图

实线为迟角（°），虚线为振幅（cm）（何宜军等，2002）

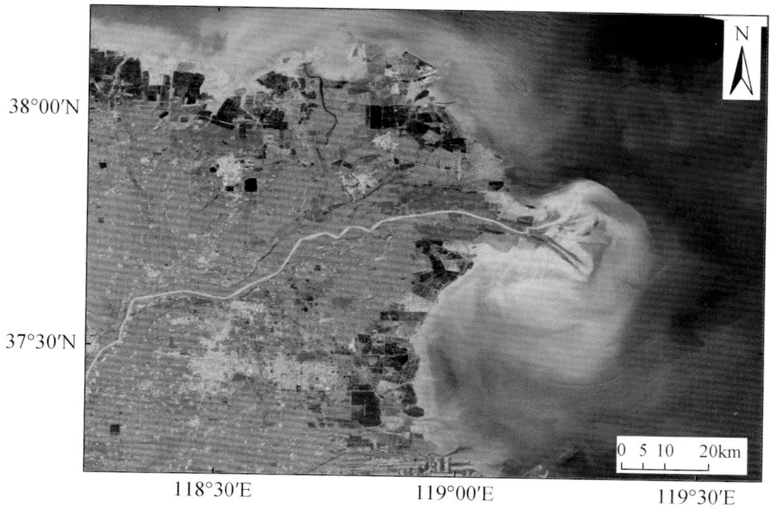

图 1.66　黄河三角洲 Landsat 的 TM 影像假彩色图像

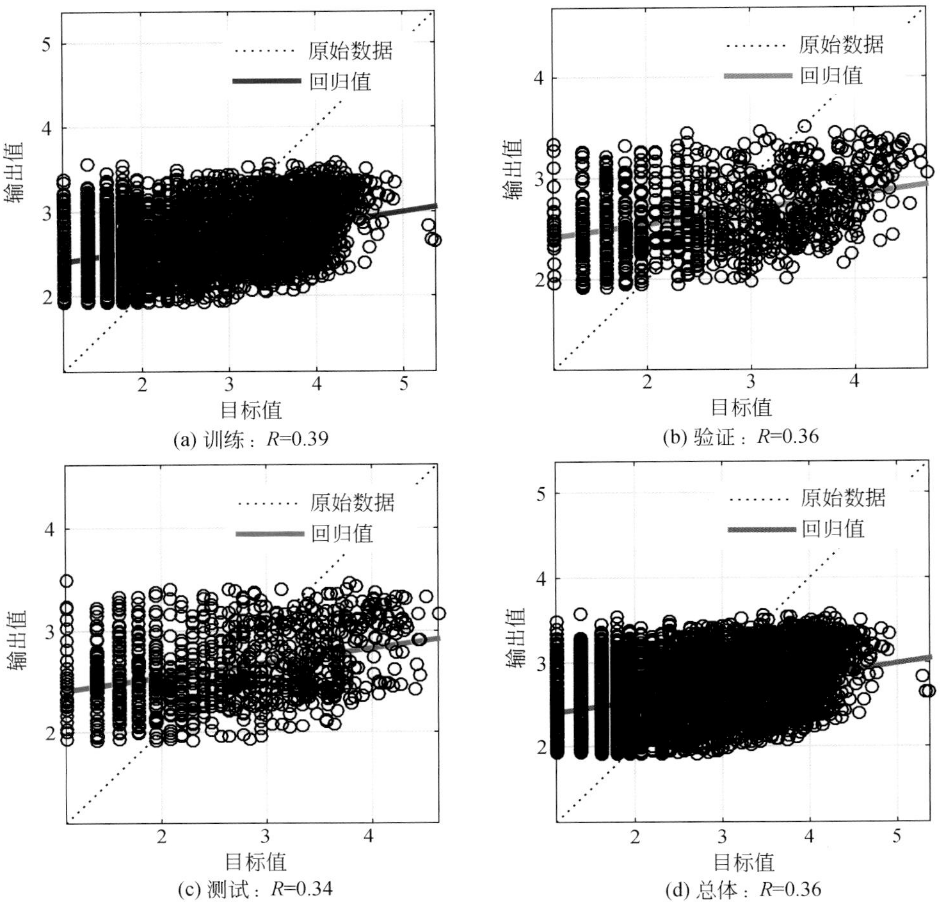

图 3.31 利用神经网络估计非线性回归模型的结果

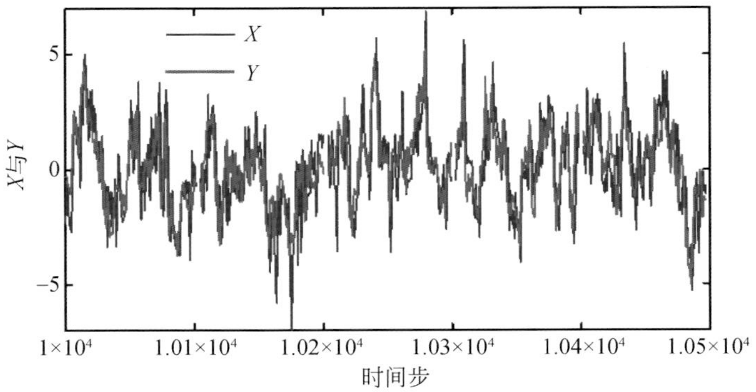

图 3.34 情形 I 的两条序列 X 和 Y

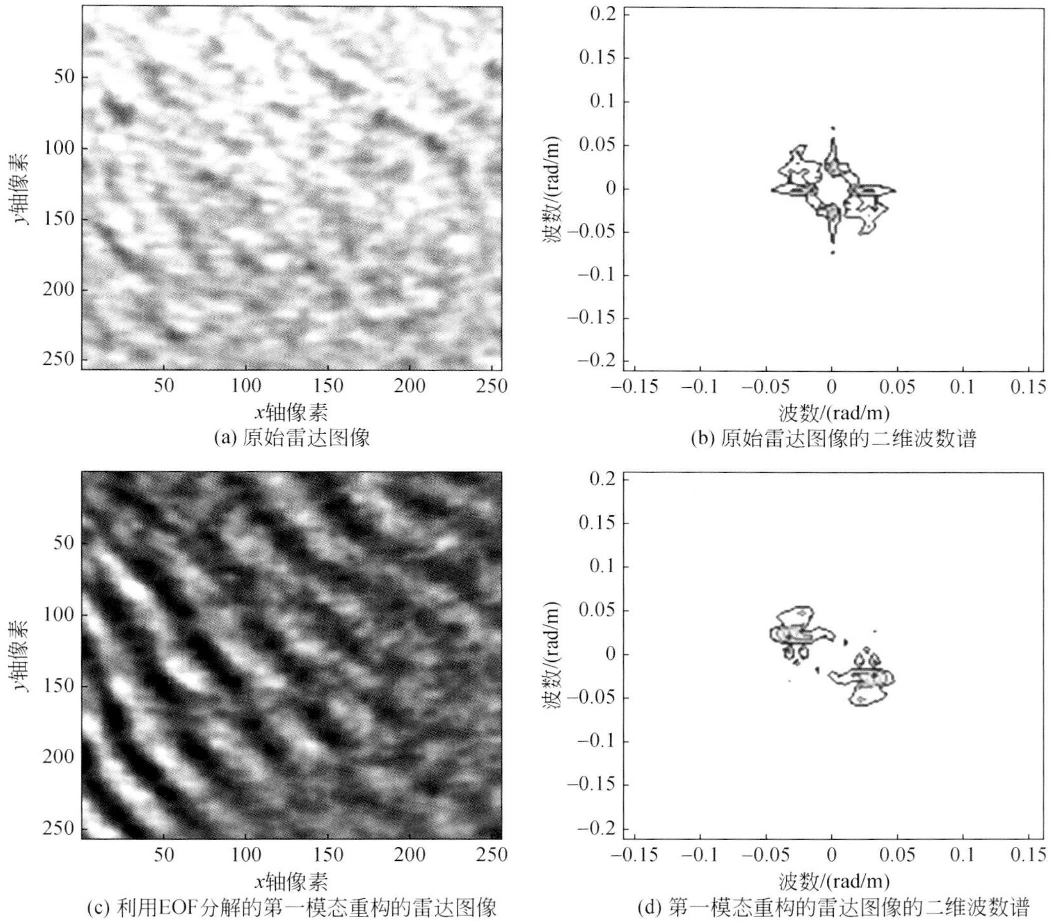

(a) 原始雷达图像　(b) 原始雷达图像的二维波数谱

(c) 利用EOF分解的第一模态重构的雷达图像　(d) 第一模态重构的雷达图像的二维波数谱

图 4.15　2013 年 1 月 12 日采集的一幅导航 X 波段雷达图像及其二维波数谱

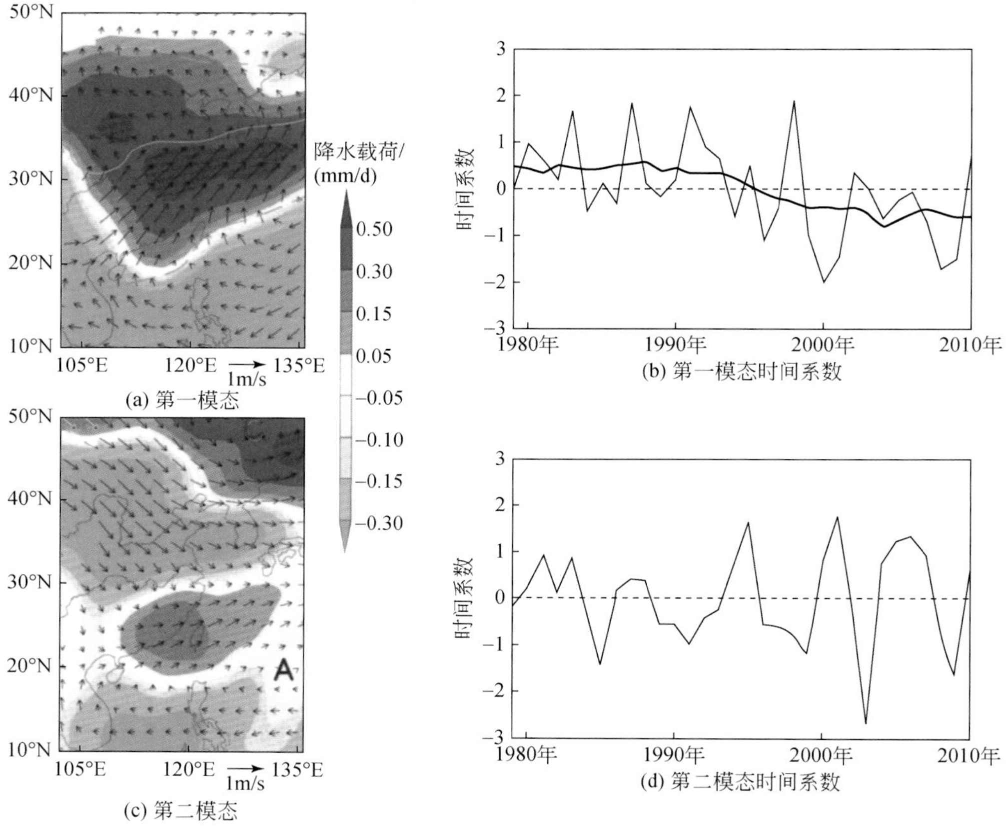

图 4.16 春季大气环流多变量正交函数分解模态以及对应的时间系数